江川博康 著
弱点克服
大学生の
線形代数
改訂版
東京図書

はしがき

本書は,大学の数学として最初に学ぶ線形代数でつまずいている人,あるいは高校でのベクトルおよび行列の授業を十分に受けられなかった文系出身の人で大学の線形代数が必要となった人が見てすぐわかることを最大の目標において書き上げました.『弱点克服　大学生の微積分』の姉妹編です.

教養課程で学ぶ線形代数の重要かつ典型的な内容の中から，85 項目をとりあげました．レベルは基本から標準です．読みやすく勉強しやすいように，一つの項目を見開きで，左頁が用語および定理・公式などの解説，さらに例題をとりあげて計算方法・公式の使い方などを説明しました．また，右頁はそれぞれの項目の重要問題の解答および解答へのアプローチとなるポイントを入れました．解答は，さまざまな問題を解く上での土台になるように，きわめてオーソドックスなものを心がけました．さらに，理解の確認をはかれるように，各章末に練習問題として類題をつけ，巻末に詳しい解答を載せました．

本書は，理系の人で，大学の数学と高校の数学とのギャップに困っている人にはもちろん，文系の学部から理系の大学・学部への転部・編入を考えている人にも，絶好の指南書になるものと確信しています．

この本がそのような方々のお役に立てることを願っています．

最後になりましたが，東京図書編集部の須藤静雄氏，則松直樹氏には執筆の当初より貴重なご意見，温かい励ましのお言葉をいただき，終始お世話になりました．ここに，感謝の意を表します．

2006 年 11 月
江川博康

改訂にあたって

改訂前の本書は，『弱点克服　大学生の微積分』の姉妹編として 2006 年に書き上げました．以来，重版を重ねてきましたが，高等学校の数学に関する学習指導要領が改訂されたため，平成 24 年 4 月以降に入学した高校生は行列を学ばないことになりました．そこで，行列の導入部分を充実させるべく，『弱点克服　大学生の線形代数』も改訂しました．

教養課程で学ぶ線形代数を 9 つの章に分けて，重要かつ典型的な内容の中から 80 項目を取り上げました．特に，抽象的な色の濃いベクトル空間（第 5 章・第 6 章）については，理解が少しでもスムーズにいくように書き換えました．さらに，一つひとつ類題をマスターするのではなく，全体を見渡して復習できるよう，2 つの章ごと（第 1,2 章，第 3,4 章，…）に練習問題をつけました（ただし，第 9 章は 1 つの章のみ）．4 学期制の大学ではこれらの区分が目安になると思います．巻末に詳しい解答を載せましたので，これに従って学習すれば，十分な試験対策になると確信しています．

本書が，初版と変わらず，皆さんのお役に立てることを願っています．

2016 年 6 月

江川博康

●目次

Chapter **3.** 階数（rank）と連立方程式の解法　43

Chapter **4.** 行列式とその計算　61

★問題の頁数のあとのマス目は，自分の理解の度合いを記入しておくのにご利用ください.

Chapter 5. 一般の n 次元ベクトル空間　87

Chapter 6. 線形写像と表現行列　109

Chapter 7. 計量線形空間（内積空間）と複素化 133

Chapter 8. 固有値問題とジョルダン標準形 147

Chapter 9. 2次形式と2次曲線・2次曲面　171

■カバー・表紙デザイン　高橋　敦（LONGSCALE）

このテキストの使用説明書

本テキストは，大学数学の線形代数の分野を十分に理解し，具体的な問題に対応できる実力を養えるように，さまざまな工夫を凝らした．

■考え方さえわかれば，文系でも「線形代数」はだいじょうぶ

線形代数は，微積分と比べると多くの公式や複雑なテクニックの必要な計算はほとんどなく，前半の第 4 章での計算は原理からすれば中学校の連立方程式の解き方と同じことをやっているにすぎないし，ここでの計算はこの後もいろいろな場面で頻繁に登場する，重要な計算手段である．その意味では，それほど予備知識の準備を必要としないので，ある程度の時間をかけて取り組めば習得しやすく，試験でも点を取りやすい．

ただし，第 5 章以降は抽象的な表現へと移行していく．それらの多くはそれまでに扱われた事柄を抽象化したものであるため，とくにベクトル・行列になじみの少ない読者を想定して，第 1 章や第 2 章の構成を工夫した．ここは，単に最低限の重要事項を解説するだけでなく，後で学ぶ抽象化された内容の理解にもつながるようにしたつもりである．

■このテキストを複合的に利用して，より効果的な学習を！

いきなり問題を解くのはたいへんという人は，まず本文の左ページからじっくり読んでいくことを勧める．本文はすべて見開き 2 ページで，左ページに基本事項と重要事項のていねいな解説を，右ページに問題の詳細な解答を載せた．時間がないときはとりあえず左ページのゴシック体になっている用語や網掛けの部分を確認していけば，基本事項が押さえられるようにもなっている．

また，右ページの解答ではオーソドックスな解法を心がけて，間違えやすいところでは，右の欄に注をつけた．解答の中に A B C といったマークを配置しているが，これはいわば「採点基準」のようなものである．まったく手の出ない問題でも，下敷きなどで解答ページを隠しておいて，A の部分まで見たところで，それをヒントにもう一度考えてみるなどの工夫をして使ってほしい．

第 1, 2 章，第 3, 4 章，第 5, 6 章，第 7, 8 章，第 9 章というように 5 つのセットに分けた練習問題には，本文中の問題よりいくらかレベルの高いものもある．これらについても，やはり思考や計算課程をなるべく省略せずに，ていねいな解答を載せた．本文の解説・解答をしっかり理解し，練習問題まで取り組めば，大学の基礎数学の一つである線形代数については十分な実力がつくであろう．

記号一覧

$\lvert A \rvert$	行列 A の行列式
$\oplus$	直和
$A(x) \sim B(x)$	多項式行列 $A(x)$ と $B(x)$ が対等である
$\tilde{A}$	行列 A の余因子行列
A'	行列 A の転置行列
$\mathrm{adj}\, A$	行列 A の余因子行列（adjoint matrix）
$\boldsymbol{C}$	複素数全体の集合
$\boldsymbol{C}^n$	複素 n 次元ベクトル空間
$D(A)$	行列 A の行列式
$\det A$	行列 A の行列式（determinant）
$\dim W$	ベクトル空間 W の次元（dimension）
$f(V)$	V の写像 f による像
$f^{-1}(0)$	写像 f の核
$\mathrm{Im}\, f$	写像 f による像（image）
$\mathrm{Ker}\, f$	写像 f の核（kernel）
$\boldsymbol{R}$	実数全体の集合
$\boldsymbol{R}^n$	実 n 次元ベクトル空間
$r(A)$	行列 A の階数
$\mathrm{rank}\, A$	行列 A の階数（rank）
$\mathrm{sgn}(\sigma)$	置換 σ の符号（sign）
${}^tA$	行列 A の転置行列

Chapter 1

矢線ベクトルと 2 次元・3 次元の幾何学

問題 01　ベクトルの演算

(1)　半径1の円に内接する正八角形 ABCDEFGH において，$\overrightarrow{\mathrm{AB}}=\vec{a}$，$\overrightarrow{\mathrm{AH}}=\vec{b}$ とおく．

①　ベクトル $\vec{a}-\vec{b}$，$\vec{a}+\vec{b}$ の大きさを求めよ．

②　ベクトル $\overrightarrow{\mathrm{AE}}$，$\overrightarrow{\mathrm{AD}}$ を $\vec{a}$，$\vec{b}$ を用いて表せ．

(2)　円 O の直交する弦 AB，CD の交点を P とするとき，次の等式を示せ．

$$\overrightarrow{\mathrm{PA}}+\overrightarrow{\mathrm{PB}}+\overrightarrow{\mathrm{PC}}+\overrightarrow{\mathrm{PD}}=2\,\overrightarrow{\mathrm{PO}}$$

解説　中学校で習った，図形の証明などの「初等幾何」は，高等学校だと，座標やベクトルを利用しての「座標幾何」や「ベクトル幾何」として登場する．なぜ，ワザワザこのような道具立てをする必要があるのだろうか？

理由の1つには，「演算のできる世界のコトバに翻訳できる」ことがある．座標幾何を創ったデカルトは，幾何学を創るのに，相似とピタゴラスの定理しか必要としなかったと述べた．そのくらいシンプルに，長さの相等や平行・垂直，線分比などの関係を，数式計算から示せる．また，ベクトルを用いると，2次元でも3次元でも（あるいは4次元以上でも！）同じ表現で話ができる．

さて，そのベクトルの幾何学的定義を紹介する．線分 AB に対して，向きをもった線分（**有向線分**）$\overrightarrow{\mathrm{AB}}$ を矢印付きで考える．このとき，シッポ（**始点**）を平行移動して重ねれば，矢のほう（**終点**）も重なるものはすべて等しい，と見なしたものを，**ベクトル**という．

このとき，まず，たし算，**零ベクトル**，**逆ベクトル**を

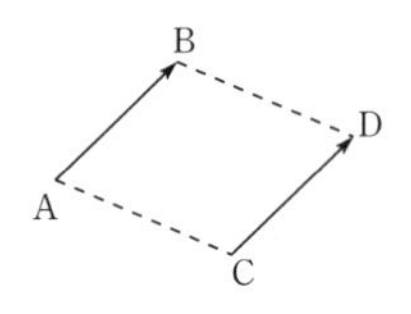

$\overrightarrow{\mathrm{AB}}+\overrightarrow{\mathrm{BC}}=\overrightarrow{\mathrm{AC}}$

（適当に平行移動して，終点と始点をくっつける）

$\overrightarrow{\mathrm{AB}}+\overrightarrow{\mathrm{BA}}=\overrightarrow{\mathrm{AA}}=\vec{0}\Rightarrow\overrightarrow{\mathrm{BA}}=-\overrightarrow{\mathrm{AB}}$

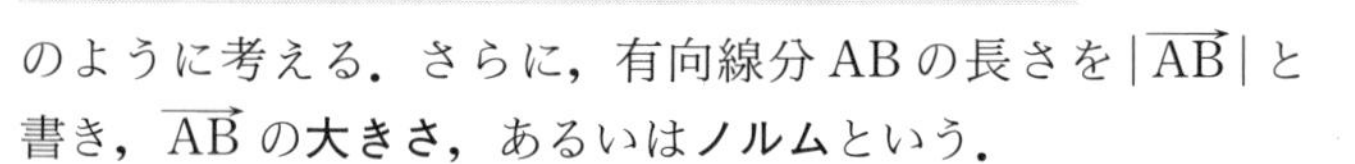

のように考える．さらに，有向線分 AB の長さを $|\overrightarrow{\mathrm{AB}}|$ と書き，$\overrightarrow{\mathrm{AB}}$ の**大きさ**，あるいは**ノルム**という．

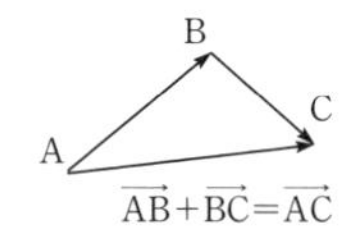

ノルムが1のベクトルを**単位ベクトル**というが，$\overrightarrow{\mathrm{AB}}$ と同じ向きの単位ベクトルを $\vec{e}$ とすると，$\overrightarrow{\mathrm{AB}}=|\overrightarrow{\mathrm{AB}}|\cdot\vec{e}$　のように書いてよい．もっと一般に線分 AB と CD が平行なら，その線分比と向きにより，

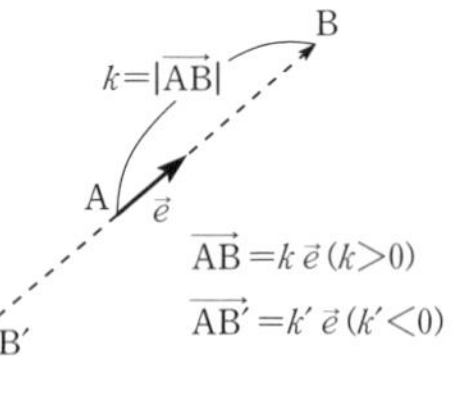

$\overrightarrow{\mathrm{CD}}=k\,\overrightarrow{\mathrm{AB}}$　（$\overrightarrow{\mathrm{AB}}$ と $\overrightarrow{\mathrm{CD}}$ の向きが逆なら $k<0$）

と表し，これを**スカラー倍**という．

上記の演算が考えられる舞台（空間）を，**ベクトル空間**という．

解答

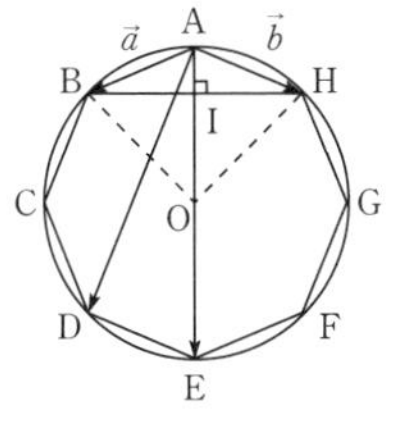

(1)① 円の中心をOとすると，△OBH は直角二等辺三角形だから

$$|\vec{a}-\vec{b}|=|\overrightarrow{\mathrm{HB}}|=\sqrt{2}\,\mathrm{OB}$$ ㋐
$$=\sqrt{2}$$ ……(答)

また，線分 BH と AE の交点を I とおくと，△OBI は直角二等辺三角形だから

$$|\vec{a}+\vec{b}|=2|\overrightarrow{\mathrm{AI}}|=2(\mathrm{OA}-\mathrm{OI})$$ ㋑
$$=2\left(1-\frac{1}{\sqrt{2}}\right)=2-\sqrt{2}$$ A ……(答)

② $\overrightarrow{\mathrm{AE}}$ は $\vec{a}+\vec{b}$ と同じ向きのベクトルで，大きさは 2 だから

$$\overrightarrow{\mathrm{AE}}=2\cdot\frac{\vec{a}+\vec{b}}{|\vec{a}+\vec{b}|}=\frac{2}{2-\sqrt{2}}(\vec{a}+\vec{b})$$ ㋒ B
$$=(2+\sqrt{2})(\vec{a}+\vec{b})$$ ……(答)

また，$\overrightarrow{\mathrm{AD}}=\overrightarrow{\mathrm{AE}}+\overrightarrow{\mathrm{ED}}=\overrightarrow{\mathrm{AE}}-\overrightarrow{\mathrm{AH}}$ ㋓
$$=(2+\sqrt{2})(\vec{a}+\vec{b})-\vec{b}$$
$$=(2+\sqrt{2})\vec{a}+(1+\sqrt{2})\vec{b}$$ C ……(答)

(2) AB，CD の中点をそれぞれ M，N とすると，円の性質から㋔

OM⊥AB，　ON⊥CD

また，AB⊥CD だから，四角形 ONPM は長方形である．

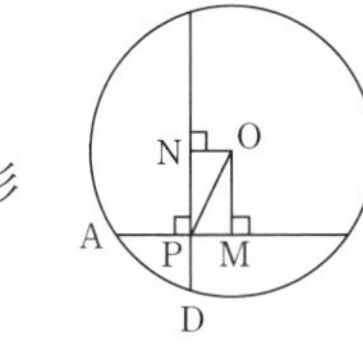

$$\therefore\ \overrightarrow{\mathrm{OM}}+\overrightarrow{\mathrm{ON}}=\overrightarrow{\mathrm{OP}}$$ A

一方，$\overrightarrow{\mathrm{PA}}+\overrightarrow{\mathrm{PB}}=(\overrightarrow{\mathrm{OA}}-\overrightarrow{\mathrm{OP}})+(\overrightarrow{\mathrm{OB}}-\overrightarrow{\mathrm{OP}})$
$$=(\overrightarrow{\mathrm{OA}}+\overrightarrow{\mathrm{OB}})-2\overrightarrow{\mathrm{OP}}=2\overrightarrow{\mathrm{OM}}-2\overrightarrow{\mathrm{OP}}$$

同様に $\overrightarrow{\mathrm{PC}}+\overrightarrow{\mathrm{PD}}=2\overrightarrow{\mathrm{ON}}-2\overrightarrow{\mathrm{OP}}$ ㋕

よって，$\overrightarrow{\mathrm{PA}}+\overrightarrow{\mathrm{PB}}+\overrightarrow{\mathrm{PC}}+\overrightarrow{\mathrm{PD}}$
$$=2(\overrightarrow{\mathrm{OM}}+\overrightarrow{\mathrm{ON}}-2\overrightarrow{\mathrm{OP}})$$
$$=-2\overrightarrow{\mathrm{OP}}=2\overrightarrow{\mathrm{PO}}$$ B

㋐ 減法の定義から
$\vec{a}-\vec{b}=\overrightarrow{\mathrm{AB}}-\overrightarrow{\mathrm{AH}}=\overrightarrow{\mathrm{HB}}$
BH は円に内接する正方形の一辺．

㋑ AB＝AH だから，AB，AH を隣り合う 2 辺とする平行四辺形はひし形である．よって，加法の定義から，
$\vec{a}+\vec{b}=\overrightarrow{\mathrm{AB}}+\overrightarrow{\mathrm{AH}}=2\overrightarrow{\mathrm{AI}}$

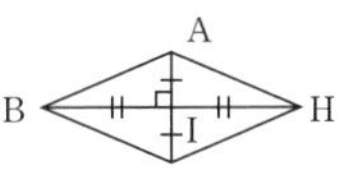

㋒ $\overrightarrow{\mathrm{AE}}$ は $\overrightarrow{\mathrm{AI}}$ と同じ向きで，その単位ベクトルは
$$\frac{\overrightarrow{\mathrm{AI}}}{|\overrightarrow{\mathrm{AI}}|}=\frac{2\overrightarrow{\mathrm{AI}}}{2|\overrightarrow{\mathrm{AI}}|}=\frac{\vec{a}+\vec{b}}{|\vec{a}+\vec{b}|}$$
$(=\overrightarrow{\mathrm{AO}})$

㋓ $\overrightarrow{\mathrm{ED}}$ は $\overrightarrow{\mathrm{AH}}$ の逆ベクトル．

㋔ 円の弦の垂直 2 等分線は円の中心を通る．

㋕ $\overrightarrow{\mathrm{PC}}+\overrightarrow{\mathrm{PD}}$
$=(\overrightarrow{\mathrm{OC}}-\overrightarrow{\mathrm{OP}})+(\overrightarrow{\mathrm{OD}}-\overrightarrow{\mathrm{OP}})$
$=(\overrightarrow{\mathrm{OC}}+\overrightarrow{\mathrm{OD}})-2\overrightarrow{\mathrm{OP}}$
$=2\overrightarrow{\mathrm{ON}}-2\overrightarrow{\mathrm{OP}}$

POINT ともかく，まだここではベクトルの本格的な計算までは至らないが，㋒や㋕の表現をおさえておこう．

問題 02　位置ベクトル

三角形 ABC の内心を I とする．A，B，C，I の位置ベクトルを $\vec{a}$，$\vec{b}$，$\vec{c}$，$\vec{i}$ とし，3 辺 BC，CA，AB の長さを a，b，c とするとき，

$$\vec{i}=\frac{a\vec{a}+b\vec{b}+c\vec{c}}{a+b+c}$$

であることを示せ．

解説　平面上で定点 O を定めると，その平面上の任意の点 A の位置は

$$\vec{a}=\overrightarrow{\mathrm{OA}}$$

によって定まる．このとき，$\vec{a}$ を点 O に関する点 A の**位置ベクトル**といい，点 A を A$(\vec{a})$ で表す．

また，2 点 A$(\vec{a})$，B$(\vec{b})$ に対して $\overrightarrow{\mathrm{AB}}$ は $\overrightarrow{\mathrm{AB}}=\vec{b}-\vec{a}$ と表される．

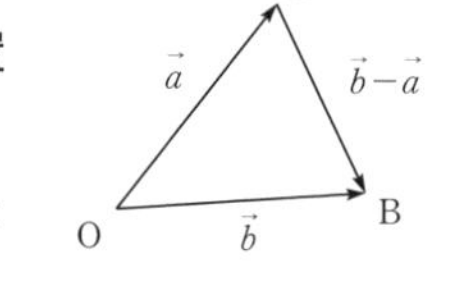

[1]　内分点・外分点の位置ベクトル

2 点 A$(\vec{a})$，B$(\vec{b})$ を結ぶ線分 AB を $m:n$ の比に内分する点 P の位置ベクトル $\vec{p}$ は

$$\vec{p}=\overrightarrow{\mathrm{OP}}=\overrightarrow{\mathrm{OA}}+\overrightarrow{\mathrm{AP}}$$

$$=\vec{a}+\frac{m}{m+n}\overrightarrow{\mathrm{AB}}=\vec{a}+\frac{m}{m+n}(\vec{b}-\vec{a})$$

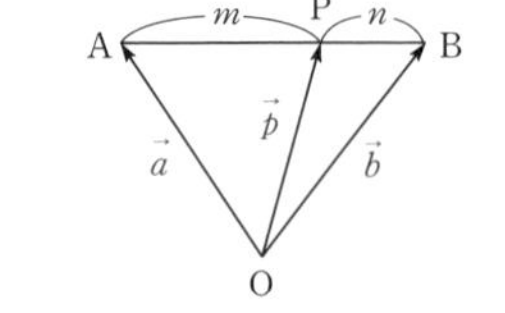

$$\therefore\quad \vec{p}=\frac{n\vec{a}+m\vec{b}}{m+n}$$

また，線分 AB を $m:n$ の比に外分する点 Q の位置ベクトル $\vec{q}$ は次のようになる．

$$\vec{q}=\frac{-n\vec{a}+m\vec{b}}{m-n}$$

(内分点のときの n を $-n$ にする)

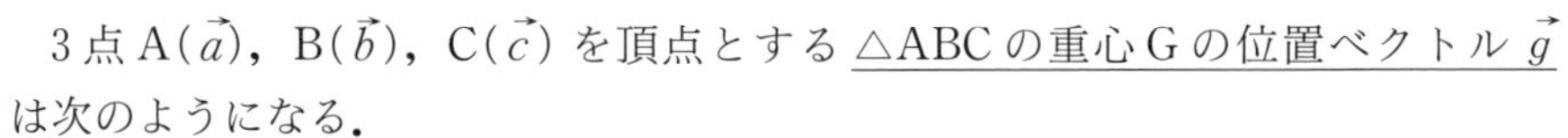

[2]　三角形の重心の位置ベクトル

3 点 A$(\vec{a})$，B$(\vec{b})$，C$(\vec{c})$ を頂点とする △ABC の重心 G の位置ベクトル $\vec{g}$ は次のようになる．

重心 G は中線 AM を 2：1 の比に内分するから

$$\vec{g}=\frac{\vec{a}+2\vec{m}}{2+1}=\frac{\vec{a}+2\cdot\dfrac{\vec{b}+\vec{c}}{2}}{3}$$

$$\therefore\quad \vec{g}=\frac{\vec{a}+\vec{b}+\vec{c}}{3}$$

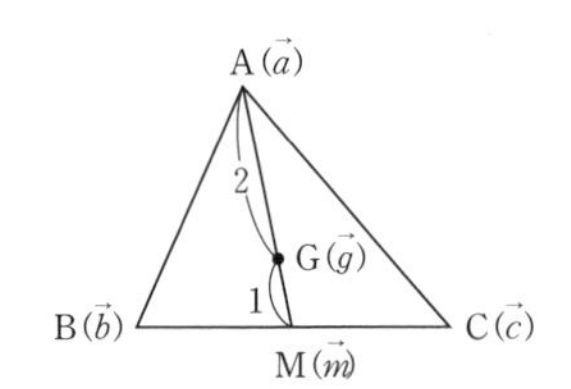

解答

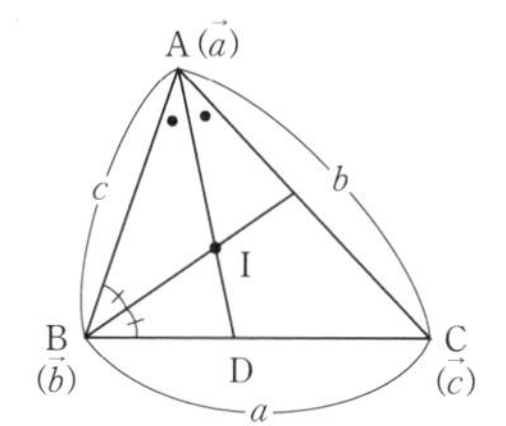

三角形の内心は 3 つの頂角の 2 等分線の交点である．AI と BC の交点を D とおくと，㋐角の 2 等分線の性質から **A**

$$\mathrm{BD}:\mathrm{DC}=\mathrm{AB}:\mathrm{AC}$$
$$=c:b$$
$$\therefore\quad \mathrm{BD}=\frac{c}{c+b}\mathrm{BC}=\frac{ac}{b+c}$$

したがって

$$\mathrm{AI}:\mathrm{ID}=\mathrm{BA}:\mathrm{BD}$$
$$=c:\frac{ac}{b+c}=(b+c):a$$

よって，D の位置ベクトルを $\vec{d}$ とおくと

$$\vec{d}=\underset{㋑}{\frac{b\vec{b}+c\vec{c}}{c+b}}\quad \textbf{B}$$
$$\therefore\quad \vec{i}=\underset{㋒}{\frac{a\vec{a}+(b+c)\vec{d}}{(b+c)+a}}$$
$$=\underset{㋓}{\frac{a\vec{a}+b\vec{b}+c\vec{c}}{a+b+c}}\quad \textbf{C}$$

（別解）　$\vec{i}=\overrightarrow{\mathrm{OI}}=\overrightarrow{\mathrm{OA}}+\overrightarrow{\mathrm{AI}}$

$$=\vec{a}+\frac{\mathrm{AI}}{\mathrm{AD}}\overrightarrow{\mathrm{AD}}\quad \textbf{A}$$
$$=\vec{a}+\frac{b+c}{(b+c)+a}\cdot\frac{b\overrightarrow{\mathrm{AB}}+c\overrightarrow{\mathrm{AC}}}{c+b}\quad \textbf{B}$$
$$=\vec{a}+\frac{b(\vec{b}-\vec{a})+c(\vec{c}-\vec{a})}{a+b+c}$$
$$=\frac{a\vec{a}+b\vec{b}+c\vec{c}}{a+b+c}\quad \textbf{C}$$

㋐　角の 2 等分線は，「対辺を隣辺の比に分ける」

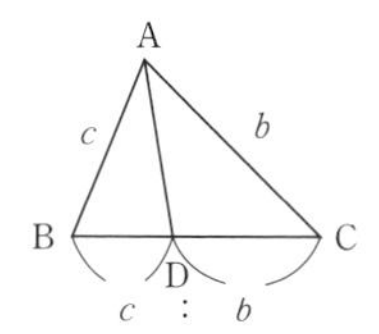

㋑　D は辺 BC を $c:b$ の比に内分するから，内分点の公式を用いる．

㋒　I は線分 AD を $(b+c):a$ の比に内分する．

㋓　これは，3 教科の得点をベクトルで表して，$\vec{a}$ 点が a 人，$\vec{b}$ 点が b 人，$\vec{c}$ 点が c 人と考えると，合計得点を人数で割った平均点と見なせる．重心 $\vec{g}$ が，単純平均 $\vec{g}=\frac{\vec{a}+\vec{b}+\vec{c}}{3}$ であるのに対して，重みつき平均になっている．

POINT 内分（外分）の表現は直線や平面のパラメータ表示と合わせて理解しておくとよい（cf. 問題 07）．

問題 03　1次独立 (1)

四辺形ABCDの辺ABとDCの延長，ADとBCの延長がそれぞれE，Fで交わるとする．AC，BD，EFの中点P，Q，Rは同一直線上にあることを証明せよ．(この直線を四辺形ABCDのニュートン線という)

解 説　平面上の $\vec{0}$ でない2つのベクトル $\vec{a}$，$\vec{b}$ が平行でないとき，$\vec{a}$ と $\vec{b}$ は**1次独立**であるといい，平行，すなわち始点を重ねたとき同一直線上にあるとき，$\vec{a}$ と $\vec{b}$ は**1次従属**であるという．

(1)　$\vec{a}$，$\vec{b}$ が1次独立 $\iff$ $h\vec{a}+k\vec{b}=\vec{0}$ が成り立つのは $h=k=0$ に限る．
$\iff$ 位置ベクトル $\vec{a}$，$\vec{b}$ によって定まる平面上の任意のベクトル $\vec{c}$ は

$$\vec{c}=\alpha\vec{a}+\beta\vec{b}\quad(\alpha,\ \beta \text{ は実数})$$

とただ1通りに表される．

(2)　$\vec{a}$，$\vec{b}$ が1次従属 $\iff$ $h\vec{a}+k\vec{b}=\vec{0}$ を満たす少なくとも1つは0でない h，k が存在する．
$\iff$ $\vec{a}$ または $\vec{b}$ が他方の1次結合，すなわち $\vec{a}=\beta\vec{b}$，$\vec{b}=\alpha\vec{a}$ で表される．

ここで，1次独立の定番である例題を挙げておこう．

(例題)　△OABにおいて辺OAを3：2の比に内分する点をC，辺OBを2：1の比に内分する点をDとし，線分AD，BCの交点をPとする．このとき，$\overrightarrow{OP}$ を $\overrightarrow{OA}=\vec{a}$，$\overrightarrow{OB}=\vec{b}$ を用いて表せ．

(解答)　Pは2線分の交点だから，$\overrightarrow{OP}$ を2通りで表す．

AP：PD$=s：1-s$ とおくと

$$\overrightarrow{OP}=(1-s)\overrightarrow{OA}+s\overrightarrow{OD}=(1-s)\vec{a}+\frac{2}{3}s\vec{b}\qquad\cdots\cdots①$$

CP：PB$=1-t：t$ とおくと

$$\overrightarrow{OP}=t\overrightarrow{OC}+(1-t)\overrightarrow{OB}$$
$$=\frac{3}{5}t\vec{a}+(1-t)\vec{b}\qquad\cdots\cdots②$$

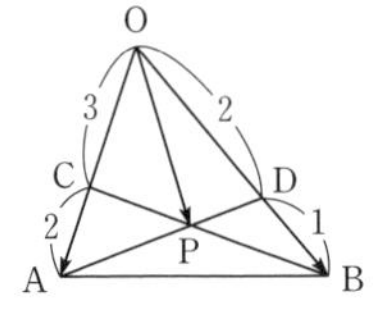

$\vec{a}$，$\vec{b}$ は1次独立だから，①，②から

$$1-s=\frac{3}{5}t \quad かつ \quad \frac{2}{3}s=1-t \qquad \therefore\quad s=\frac{2}{3},\ t=\frac{5}{9}$$

よって，①に代入して　$\overrightarrow{OP}=\dfrac{1}{3}\vec{a}+\dfrac{4}{9}\vec{b}$

解答

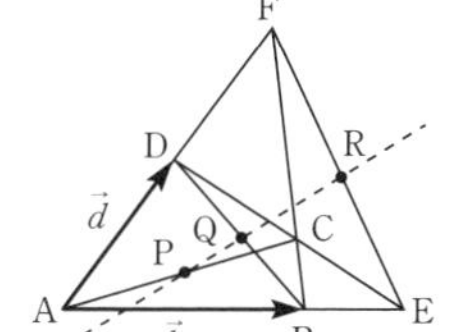

$\overrightarrow{AB}=\vec{b}$，$\overrightarrow{AD}=\vec{d}$ とおくとき

$\overrightarrow{AC}=l\vec{b}+m\vec{d}$ ㋐

(l，m は実数) Ａ

と表せるものとする．

$\overrightarrow{AE}=s\vec{b}$　……①

また，$\overrightarrow{AE}=\overrightarrow{AD}+\overrightarrow{DE}=\vec{d}+t\overrightarrow{DC}$

$=\vec{d}+t(l\vec{b}+m\vec{d}-\vec{d})$

$=lt\vec{b}+(1+mt-t)\vec{d}$　……②

㋑①，②から，$lt\vec{b}+(1+mt-t)\vec{d}=s\vec{b}$

$\vec{b}$，$\vec{d}$ は1次独立だから

$lt=s$　……③，　$1+mt-t=0$……④ Ｂ

ここで，㋒$m=1$とすると

$\overrightarrow{DC}=\overrightarrow{AC}-\overrightarrow{AD}=(l\vec{b}+\vec{d})-\vec{d}=l\vec{b}$

から，$\overrightarrow{DC}\,/\!/\,\vec{b}$ となり㋓不合理． Ｃ　∴　$m\neq 1$

したがって，④，③から $t=\dfrac{1}{1-m}$，$s=\dfrac{l}{1-m}$

$$\therefore\quad \overrightarrow{AE}=\frac{l}{1-m}\vec{b}$$

同様に　㋔$\overrightarrow{AF}=\dfrac{m}{1-l}\vec{d}$ Ｄ

$\overrightarrow{AP}=\dfrac{\overrightarrow{AC}}{2}=\dfrac{l\vec{b}+m\vec{d}}{2}$，$\overrightarrow{AQ}=\dfrac{\vec{b}+\vec{d}}{2}$

$\overrightarrow{AR}=\dfrac{\overrightarrow{AE}+\overrightarrow{AF}}{2}=\dfrac{1}{2}\left(\dfrac{l}{1-m}\vec{b}+\dfrac{m}{1-l}\vec{d}\right)$

これより

$\overrightarrow{PQ}=\overrightarrow{AQ}-\overrightarrow{AP}=\dfrac{(1-l)\vec{b}+(1-m)\vec{d}}{2}$

$\overrightarrow{PR}=\overrightarrow{AR}-\overrightarrow{AP}=\dfrac{lm\{(1-l)\vec{b}+(1-m)\vec{d}\}}{2(1-l)(1-m)}$

よって，㋕$\overrightarrow{PR}$ は $\overrightarrow{PQ}$ の実数倍となるので，P，Q，R は同一直線上にある． Ｅ

㋐　$\vec{b}$，$\vec{d}$ は1次独立だから，$\overrightarrow{AC}$ は $\vec{b}$ と $\vec{d}$ の実数倍の和（1次結合）としてただ1通りに表される．

㋑　Eは2直線AB，DCの交点だから，$\overrightarrow{AE}$ を①，②のように2通りで表し，$\vec{b}$，$\vec{d}$ が1次独立であることを用いる．

㋒　④から $(1-m)t=1$ となるので，$m\neq 1$ を確かめてから，t の値を求める．

㋓　$\overrightarrow{DC}\,/\!/\,\vec{b}$ のとき，DCとABは交わらないことになる．

㋔　$\overrightarrow{AF}=k\vec{d}$ となるが，図形の対称性から，k は $s=\dfrac{l}{1-m}$ の l と m を交換した値となる．

㋕　$\overrightarrow{PR}$
$$=\frac{lm}{(1-l)(1-m)}\overrightarrow{PQ}$$

POINT　「係数比較」が可能な条件として，1次独立があることを十分に理解しておくこと．

問題 04　ベクトルの内積

三角形OABにおいて，ベクトルを $\overrightarrow{OA}=\vec{a}$，$\overrightarrow{AB}=\vec{b}$ とし，$\angle OAB=\alpha$ $(0<\alpha<180^\circ)$ とする．ベクトルの内積を用いて，三角形の2辺の長さの和は他の1辺より長くなることを証明せよ．

解説　$\vec{0}$ でない2つのベクトル $\vec{a}$，$\vec{b}$ に対し，始点を一致させたときの角 θ のうち，$0\leqq\theta\leqq180^\circ$ であるものを，**ベクトル $\vec{a}$，$\vec{b}$ のなす角**という．

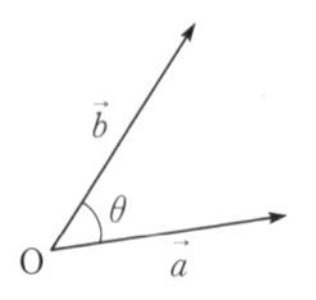

$\vec{a}$，$\vec{b}$ のなす角が θ のとき，$|\vec{a}||\vec{b}|\cos\theta$ を $\vec{a}$ と $\vec{b}$ の内積といい，$\vec{a}\cdot\vec{b}$ または $(\vec{a},\vec{b})$ で表す．すなわち

$$\vec{a}\cdot\vec{b}=|\vec{a}||\vec{b}|\cos\theta\quad(0\leqq\theta\leqq180^\circ)$$

$\vec{a}=\vec{0}$ または $\vec{b}=\vec{0}$ のときは，$\vec{a}\cdot\vec{b}=0$ と定める．

これより，$\vec{0}$ でない2つのベクトル $\vec{a}$，$\vec{b}$ のなす角 θ は，$\cos\theta=\dfrac{\vec{a}\cdot\vec{b}}{|\vec{a}||\vec{b}|}$ となる．

(例)　$|\vec{a}|=4$，$|\vec{b}|=3$ とすると

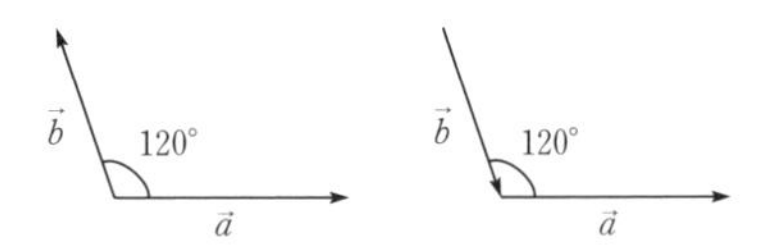

左図の場合は

$$\vec{a}\cdot\vec{b}=|\vec{a}||\vec{b}|\cos120^\circ=-6$$

右図の場合は，なす角に注意して

$$\vec{a}\cdot\vec{b}=|\vec{a}||\vec{b}|\cos60^\circ=6$$

[1]　**内積の計算法則**

ベクトル $\vec{a}$，$\vec{b}$，$\vec{c}$ と実数 k，l について

① $|\vec{a}|^2=\vec{a}\cdot\vec{a}$　　② $\vec{a}\cdot\vec{b}=\vec{b}\cdot\vec{a}$　　(交換法則)

③ $(\vec{a}+\vec{b})\cdot\vec{c}=\vec{a}\cdot\vec{c}+\vec{b}\cdot\vec{c}$，$\vec{a}\cdot(\vec{b}+\vec{c})=\vec{a}\cdot\vec{b}+\vec{a}\cdot\vec{c}$　　(分配法則)

④ $(k\vec{a})\cdot\vec{b}=\vec{a}\cdot(k\vec{b})=k(\vec{a}\cdot\vec{b})$

⑤ $|k\vec{a}+l\vec{b}|^2=k^2|\vec{a}|^2+2kl\vec{a}\cdot\vec{b}+l^2|\vec{b}|^2$

(例)　ベクトル $\vec{a}$，$\vec{b}$ が $|\vec{a}|=3$，$|\vec{b}|=2$，$|\vec{a}-\vec{b}|=3$ のとき，$\vec{a}\cdot\vec{b}$ を求めると

$|\vec{a}-\vec{b}|^2=3^2$　　$|\vec{a}|^2-2\vec{a}\cdot\vec{b}+|\vec{b}|^2=9$

$3^2-2\vec{a}\cdot\vec{b}+2^2=9$　　$\therefore\ \vec{a}\cdot\vec{b}=2$

[2]　**ベクトルの垂直条件**

2つのベクトル $\vec{a}$，$\vec{b}$ のなす角が 90° のとき，$\vec{a}$ と $\vec{b}$ は**垂直である**といい，$\vec{a}\perp\vec{b}$ と表す．$\vec{0}$ でない2つのベクトル $\vec{a}$，$\vec{b}$ について，次式が成り立つ．

$$\vec{a}\perp\vec{b}\iff\vec{a}\cdot\vec{b}=0$$

解答

$|\vec{a}|=p$，$|\vec{b}|=q$

$(p>0,\ q>0)$

とおく．

$\vec{a}$ と $\vec{b}$ のなす角は，㋐

$180^\circ-\alpha$ だから

$$\vec{a}\cdot\vec{b}=|\vec{a}||\vec{b}|\cos(180^\circ-\alpha)$$
$$=-pq\cos\alpha \quad \text{A}$$

ここで，$\overrightarrow{OB}=\overrightarrow{OA}+\overrightarrow{AB}=\vec{a}+\vec{b}$ だから

$$|\overrightarrow{OB}|^2=|\vec{a}+\vec{b}|^2$$
$$=|\vec{a}|^2+2\vec{a}\cdot\vec{b}+|\vec{b}|^2$$
$$=p^2+2\cdot(-pq\cos\alpha)+q^2$$
$$=p^2+q^2-2pq\cos\alpha \quad \text{B}$$
㋑
$$<p^2+q^2-2pq\cdot(-1)$$
$$=(p+q)^2$$

$$\therefore\quad |\overrightarrow{OB}|<p+q$$
㋒

したがって　$OB<OA+AB$

よって，三角形の 2 辺の長さの和は他の 1 辺より長い．C

㋐　$\vec{a}$ と $\vec{b}$ のなす角は α ではない．$\overline{OA}$ と $\overline{AB}$ の始点をそろえて，なす角は $180^\circ-\alpha$ となる．

㋑　$0<\alpha<180^\circ$ だから
$-1<\cos\alpha<1$
となるが，ここでは
$\cos\alpha>-1$ を用いた．

㋒　$|\overrightarrow{OB}|=OB$，
$p=|\vec{a}|=OA$，
$q=|\vec{b}|=AB$

（注意）　$\cos\alpha<1$ を用いると

$$|\overrightarrow{OB}|^2=p^2+q^2-2pq\cos\alpha$$
$$>p^2+q^2-2pq\cdot 1=(p-q)^2$$

となり　$|\overrightarrow{OB}|>|p-q|$

$$-|\overrightarrow{OB}|<p-q<|\overrightarrow{OB}|$$

これより　$p<q+|\overrightarrow{OB}|$

$$\therefore\quad OA<AB+OB$$

として導いてもよい．

POINT　実は，一般的なベクトルの大きさ＝「ノルム」の定義とは

$$\begin{cases} |\vec{x}|\geqq 0\ ;\ |\vec{x}|=0 \Rightarrow \vec{x}=\vec{0} \\ |r\vec{x}|=|r||\vec{x}| \\ |\vec{x}+\vec{y}|\leqq|\vec{x}|+|\vec{y}| \end{cases}$$

の 3 条件を満たすもので，この 3 番目の三角不等式から内積の $|\vec{x}\cdot\vec{y}|\leqq|\vec{x}||\vec{y}|$ が得られる．

問題05　1次独立 (2)

四面体OABCにおいて，辺ABの中点をE，辺OCを2：1に内分する点をF，辺OAを1：2に内分する点をPとする．また，Qを$\overrightarrow{\mathrm{BQ}}=t\overrightarrow{\mathrm{BC}}$を満たす辺BC上の点とする．

EFとPQが交わるとき，実数tの値を求めよ．

解説　これまでは平面上のベクトルについて触れてきたが，空間においても有向線分ABで表されるベクトルを考え，$\overrightarrow{\mathrm{AB}}$，$\vec{a}$などと表す．

空間のベクトルについても，ベクトルの相等，逆ベクトル，和・差，実数倍などが平面上のベクトルの場合と同様に定義される．したがって，空間における線分の内分点・外分点の位置ベクトルの公式も，平面の場合とまったく同様にとり扱うことができる．

空間の3つのベクトル$\vec{a}$，$\vec{b}$，$\vec{c}$に対して，$k\vec{a}+l\vec{b}+m\vec{c}=\vec{0}$を満たす実数$k$，$l$，$m$が$k=l=m=0$に限るとき，ベクトル$\vec{a}$，$\vec{b}$，$\vec{c}$は3次元空間において**1次独立**であるという．そうでないとき，$\vec{a}$，$\vec{b}$，$\vec{c}$は**1次従属**であるという．もしも，$\vec{a}$，$\vec{b}$，$\vec{c}$が同一平面上にあるときは，上のk，l，mのうち$m\neq0$だったなら，$\vec{c}=k'\vec{a}+l'\vec{b}$と表せて，$k'\vec{a}+l'\vec{b}+(-1)\vec{c}=\vec{0}$となるので，$\vec{a}$，$\vec{b}$，$\vec{c}$は1次従属である．したがって，$\vec{a}$，$\vec{b}$，$\vec{c}$が1次独立のときは，$\overrightarrow{\mathrm{OA}}=\vec{a}$，$\overrightarrow{\mathrm{OB}}=\vec{b}$，$\overrightarrow{\mathrm{OC}}=\vec{c}$とすると，右図のように四面体OABCができる．逆に，四面体の3脚である$\vec{a}$，$\vec{b}$，$\vec{c}$は1次独立である．

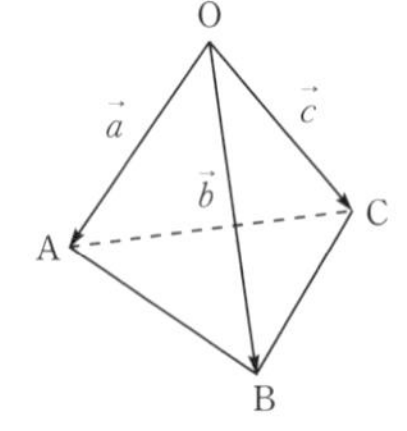

(1)　$\vec{a}$，$\vec{b}$，$\vec{c}$が1次独立 $\Longleftrightarrow$ $k\vec{a}+l\vec{b}+m\vec{c}=\vec{0}$が成り立つのは，$k=l=m=0$に限る．

$\Longleftrightarrow$ $k\vec{a}+l\vec{b}+m\vec{c}=k'\vec{a}+l'\vec{b}+m'\vec{c}$が成り立つのは$k=k'$，$l=l'$，$m=m'$に限る．

$\Longleftrightarrow$ 空間内の任意のベクトル$\vec{d}$は

$$\vec{d}=\alpha\vec{a}+\beta\vec{b}+\gamma\vec{c}\quad(\alpha, \beta, \gamma\text{は実数})$$

とただ1通りに表される．

このとき，$\langle\vec{a}, \vec{b}, \vec{c}\rangle$を**基底**，$(\alpha, \beta, \gamma)$を**基底に関する$\vec{d}$の成分**という．

(2)　$\vec{a}$，$\vec{b}$，$\vec{c}$が1次従属 $\Longleftrightarrow$ $k\vec{a}+l\vec{b}+m\vec{c}=\vec{0}$を満たす少なくとも1つは0でない$k$，$l$，$m$が存在する．

$\Longleftrightarrow$ $\vec{a}$，$\vec{b}$，$\vec{c}$の中の任意の1つは他の1次結合で表される．

解答

㋐ $\overrightarrow{OA}=\vec{a}$，$\overrightarrow{OB}=\vec{b}$，$\overrightarrow{OC}=\vec{c}$ とおくと，

$$\overrightarrow{OE}=\frac{\vec{a}+\vec{b}}{2},$$

$$\overrightarrow{OF}=\frac{2}{3}\vec{c},\quad \overrightarrow{OP}=\frac{1}{3}\vec{a}$$

$\overrightarrow{BQ}=t\overrightarrow{BC}$ から

$$\overrightarrow{OQ}=\overrightarrow{OB}+\overrightarrow{BQ}$$
$$=\vec{b}+t(\vec{c}-\vec{b})=(1-t)\vec{b}+t\vec{c}$$ A

いま，EF と PQ が交わるとし，㋑交点を R とする．

ER：RF$=\alpha$：$(1-\alpha)$，PR：RQ$=\beta$：$(1-\beta)$ とおくと

$$\overrightarrow{OR}=(1-\alpha)\overrightarrow{OE}+\alpha\overrightarrow{OF}$$
$$=(1-\alpha)\cdot\frac{1}{2}\vec{a}+(1-\alpha)\cdot\frac{1}{2}\vec{b}+\alpha\cdot\frac{2}{3}\vec{c}\quad\cdots\cdots①$$

$$\overrightarrow{OR}=(1-\beta)\overrightarrow{OP}+\beta\overrightarrow{OQ}$$
$$=(1-\beta)\cdot\frac{1}{3}\vec{a}+\beta(1-t)\vec{b}+\beta t\vec{c}\quad\cdots\cdots②$$ B

①，②で，㋒$\vec{a}$，$\vec{b}$，$\vec{c}$ は 1 次独立だから C

$$\frac{1-\alpha}{2}=\frac{1-\beta}{3},\quad \frac{1-\alpha}{2}=\beta(1-t),\quad \frac{2}{3}\alpha=\beta t$$

第 1 式から　$3\alpha-2\beta=1$　……③

第 2，3 式から t を消去して

$$\frac{1+\alpha}{2}+\frac{2}{3}\alpha=\beta\qquad\therefore\quad \alpha-6\beta=-3\quad\cdots\cdots④$$

③，④から　$\alpha=\frac{3}{4}$，$\beta=\frac{5}{8}$

よって　㋓$t=\frac{2\alpha}{3\beta}=\frac{3}{2}\cdot\frac{8}{15}=\frac{4}{5}$ D　……(答)

㋐ 位置ベクトルの始点を O とおく．

㋑ R を線分 EF 上，PQ 上の点として，$\overrightarrow{OR}$ を 2 通りで表す．R は，線分 EF，PQ の内分点だから，

ER：RF$=\alpha$：$(1-\alpha)$（和 1）

PR：RQ$=\beta$：$(1-\beta)$（和 1）

のようにおいて考える．

㋒ $\vec{a}$，$\vec{b}$，$\vec{c}$ はどの 2 つのベクトルも平行ではないから，1 次独立である．

㋓ $\frac{2}{3}\alpha=\beta t$ より，$t=\frac{2\alpha}{3\beta}$

POINT　E，F，P がのっている平面上に点 Q が含まれる，としてもよいが，いずれにしても，㋒の確認は必要．

問題06　内積と成分

3次元空間上の点A(2, 2, 0)，B(−1, 1, 1)，C(1, 0, 2)，O(0, 0, 0)に対してベクトル $\vec{a}$，$\vec{b}$，$\vec{c}$ を順に $\vec{a}=\overrightarrow{OA}$，$\vec{b}=\overrightarrow{OB}$，$\vec{c}=\overrightarrow{OC}$ で定義する．

(1)　$\vec{a}$ と $\vec{b}$ に垂直なベクトルを求めよ．

(2)　三角形OABの面積を求めよ．

(3)　三角錐OABCの体積を求めよ．

解説　原点をOとする座標空間において，x 軸，y 軸，z 軸上の正の向きの単位ベクトルを**基本ベクトル**といい，それぞれ $\vec{e_1}$，$\vec{e_2}$，$\vec{e_3}$ で表す．

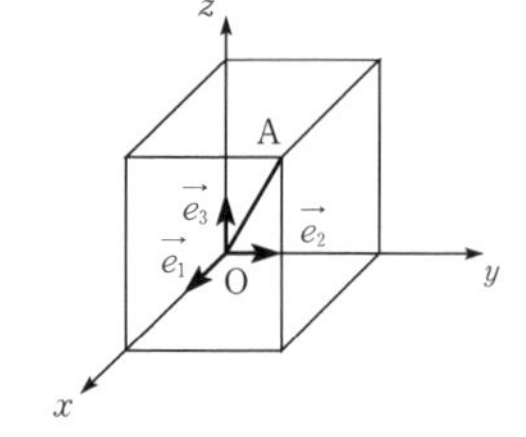

ベクトル $\vec{a}$ に対して，$\vec{a}=\overrightarrow{OA}$ となる点Aの座標を (a_1, a_2, a_3) とすると

$$\vec{a}=a_1\vec{e_1}+a_2\vec{e_2}+a_3\vec{e_3}$$

と表せる．このとき，a_1，a_2，a_3 をそれぞれ，$\vec{a}$ の x **成分**，y **成分**，z **成分**といい，$\vec{a}={}^t[a_1\ a_2\ a_3]$ と表す．すなわち，$\vec{e_1}={}^t[1\ 0\ 0]$，$\vec{e_2}={}^t[0\ 1\ 0]$，$\vec{e_3}={}^t[0\ 0\ 1]$ である（^{t}[★ ◎ ■] の表記については，p. 18参照）．

$\vec{a}={}^t[a_1\ a_2\ a_3]$，$\vec{b}={}^t[b_1\ b_2\ b_3]$ で，k が実数のとき，次式が成り立つ．

① $|\vec{a}|=\sqrt{a_1{}^2+a_2{}^2+a_3{}^2}$

② $\vec{a}=\vec{b} \Longleftrightarrow a_1=b_1,\ a_2=b_2,\ a_3=b_3$

③ $k\vec{a}={}^t[ka_1\ ka_2\ ka_3]$

④ $\vec{a}\pm\vec{b}={}^t[a_1\pm b_1\quad a_2\pm b_2\quad a_3\pm b_3]$

(例)　$\vec{a}={}^t[3\ 2\ -6]$ と同じ向きの単位ベクトルは

$$\frac{\vec{a}}{|\vec{a}|}=\frac{1}{\sqrt{3^2+2^2+(-6)^2}}{}^t[3\ 2\ -6]={}^t\left[\frac{3}{7}\ \frac{2}{7}\ -\frac{6}{7}\right]$$

また，空間の $\vec{0}$ でない2つのベクトル $\vec{a}={}^t[a_1\ a_2\ a_3]$，$\vec{b}={}^t[b_1\ b_2\ b_3]$ のなす角を $\theta\,(0\leqq\theta\leqq 180^\circ)$ とおくと，内積に関しては次のようになる．

① $\vec{a}\cdot\vec{b}=a_1b_1+a_2b_2+a_3b_3$

② $\cos\theta=\dfrac{\vec{a}\cdot\vec{b}}{|\vec{a}||\vec{b}|}=\dfrac{a_1b_1+a_2b_2+a_3b_3}{\sqrt{a_1{}^2+a_2{}^2+a_3{}^2}\sqrt{b_1{}^2+b_2{}^2+b_3{}^2}}$

③ $\vec{a}\perp\vec{b} \Longleftrightarrow \vec{a}\cdot\vec{b}=0 \Longleftrightarrow a_1b_1+a_2b_2+a_3b_3=0$　**(垂直条件)**

(例)　$\vec{a}={}^t[1\ 2\ -3]$，$\vec{b}={}^t[-3\ 1\ 2]$ のなす角 θ は

$$\cos\theta=\frac{\vec{a}\cdot\vec{b}}{|\vec{a}||\vec{b}|}=\frac{1\times(-3)+2\times1+(-3)\times2}{\sqrt{14}\sqrt{14}}=-\frac{1}{2}\qquad \therefore\quad \theta=120^\circ$$

解答

(1)　$\vec{a}={}^t[2\ 2\ 0]$，$\vec{b}={}^t[-1\ 1\ 1]$ の両方に垂直なベクトルを $\vec{u}={}^t[a\ b\ c]$ とおくと

　ア $\vec{a}\cdot\vec{u}=0$ から　　$2a+2b=0$

　$\vec{b}\cdot\vec{u}=0$ から　　$-a+b+c=0$　A

　　$\therefore$　$b=-a$，$c=2a$

よって　$\vec{u}={}^t[a\ -a\ 2a]$

　　$=a\,{}^t[1\ -1\ 2]$　$(a\neq 0)$　B　……(答)

(2)　$\vec{a}\cdot\vec{b}=2\cdot(-1)+2\cdot 1+0\cdot 1=0$

したがって，$\angle\mathrm{AOB}=90^\circ$　A

よって，イ △OAB の面積 S は

$$S=\frac{1}{2}\cdot\mathrm{OA}\cdot\mathrm{OB}$$

$$=\frac{1}{2}\cdot 2\sqrt{2}\cdot\sqrt{3}=\sqrt{6}$$　B　……(答)

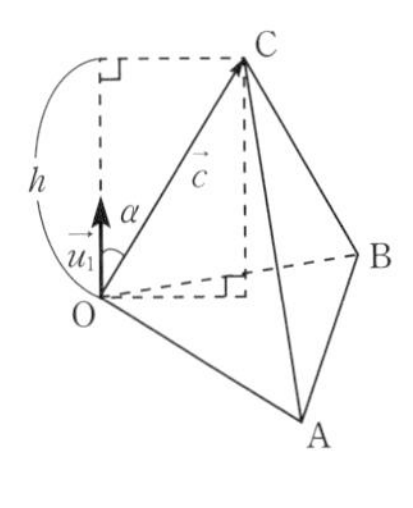

(3)　(1) で得られたベクトル ${}^t[1\ -1\ 2]$ と同じ向きの単位ベクトルを $\vec{u_1}$ とおくと

$$\vec{u_1}=\frac{1}{\sqrt{1^2+(-1)^2+2^2}}\,{}^t[1\ -1\ 2]$$

$$=\frac{1}{\sqrt{6}}\,{}^t[1\ -1\ 2]$$　A

$\vec{c}$ と $\vec{u_1}$ のなす角を α とし，C から平面 OAB への距離を h とおくと

ウ $h=\big||\vec{c}|\cos\alpha\big|=\big||\vec{c}||\vec{u_1}|\cos\alpha\big|=|\vec{c}\cdot\vec{u_1}|$

$$=\left|\frac{1}{\sqrt{6}}\{1\cdot 1+0\cdot(-1)+2\cdot 2\}\right|=\frac{5}{\sqrt{6}}$$　B

よって，求める三角錐 OABC の体積 V は

$$V=\frac{1}{3}Sh=\frac{1}{3}\cdot\sqrt{6}\cdot\frac{5}{\sqrt{6}}=\frac{5}{3}$$　C　……(答)

ア　$\vec{a}\perp\vec{u}$ から，$\vec{a}\cdot\vec{u}=0$

イ　一般には，次のようにして求める．

　$\angle\mathrm{AOB}=\theta$ とおくと

$$S=\frac{1}{2}|\vec{a}||\vec{b}|\sin\theta$$

$$=\frac{1}{2}|\vec{a}||\vec{b}|\sqrt{1-\cos^2\theta}$$

$$=\frac{1}{2}\sqrt{|\vec{a}|^2|\vec{b}|^2-(\vec{a}\cdot\vec{b})^2}$$

ウ

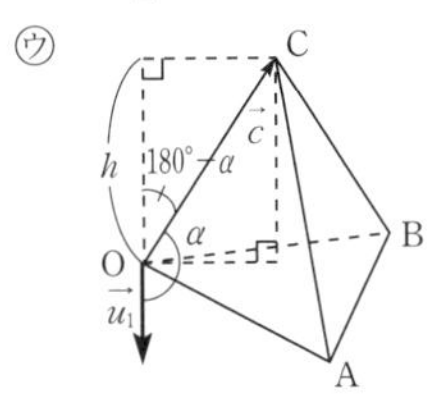

α の大きさにより

$h=|\vec{c}|\cos\alpha$

または

$h=|\vec{c}|\cos(180^\circ-\alpha)$

　$=-|\vec{c}|\cos\alpha$

まとめて解答のようになる．

POINT　(3) の ウ で $h=|\vec{c}\cdot\vec{u_1}|$ で表わされることは，問題08 でまた確認するが，内積の利用法の1つとして，おさえておこう．

問題 07　媒介変数による直線・平面の方程式

座標空間において，点 $(3, -3, 6)$ を通り，方向ベクトルが ${}^t[2\ 1\ 1]$ の直線 l を含み，原点を通る平面を π とする．

(1)　直線 l，および平面 π の方程式を，媒介変数表示で表せ．

(2)　原点から直線 l までの距離を求めよ．

解説　ここでは，3 次元空間における直線・平面の方程式を，媒介変数（パラメータ）を使って表す方法を学ぶ．問題 02 での内分・外分の考えを利用するとよい．

[1]　直線の方程式

点 $\mathrm{A}(\vec{a})$ を通り，$\vec{v}\,(\neq \vec{0})$ に平行な直線 l のベクトル方程式は，l 上の動点を $\mathrm{P}(\vec{p})$ として

$$\vec{p} = \vec{a} + t\vec{v} \quad (-\infty < t < \infty) \quad \cdots\cdots①$$

と表される．このとき，t を**媒介変数**，$\vec{v}$ を直線 l の**方向ベクトル**という．

(1)　①の成分表示　点 $\mathrm{P}(x, y, z)$，$\mathrm{A}(x_1, y_1, z_1)$，$\vec{v} = {}^t[a\ b\ c]$ で

$$\begin{bmatrix} x \\ y \\ z \end{bmatrix} = \begin{bmatrix} x_1 \\ y_1 \\ z_1 \end{bmatrix} + t \begin{bmatrix} a \\ b \\ c \end{bmatrix} \iff \begin{cases} x = x_1 + at \\ y = y_1 + bt \\ z = z_1 + ct \end{cases} \quad \text{（媒介変数表示）}$$

(2)　2 点 $\mathrm{A}(x_1, y_1, z_1)$，$\mathrm{B}(x_2, y_2, z_2)$ を通る直線 m の方程式

$$\begin{bmatrix} x \\ y \\ z \end{bmatrix} = (1-t) \begin{bmatrix} x_1 \\ y_1 \\ z_1 \end{bmatrix} + t \begin{bmatrix} x_2 \\ y_2 \\ z_2 \end{bmatrix} \quad \left(\begin{matrix}\text{AB を } t : 1-t \text{ に} \\ \text{内分（外分）する点} \\ \text{の軌跡}\end{matrix}\right)$$

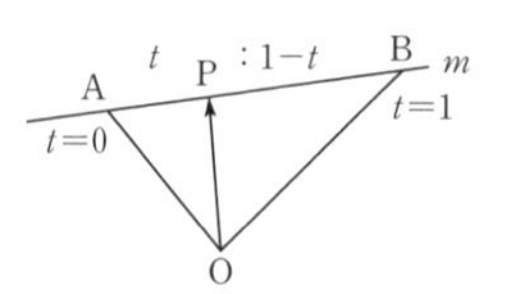

[2]　平面の方程式

点 $\mathrm{A}(\vec{a})$ を通り，1 次独立な $\vec{u}$，$\vec{v}\ (\neq \vec{0})$ に平行な平面 π のベクトル方程式は，動点を $\mathrm{P}(\vec{p})$ として

$$\vec{p} = \vec{a} + s\vec{u} + t\vec{v} \quad (s, t \in \boldsymbol{R})$$

3 点 $\mathrm{A}(x_1, y_1, z_1)$, $\mathrm{B}(x_2, y_2, z_2)$, $\mathrm{C}(x_3, y_3, z_3)$ を通る平面のベクトル方程式は

$$\begin{bmatrix} x \\ y \\ z \end{bmatrix} = s \begin{bmatrix} x_1 \\ y_1 \\ z_1 \end{bmatrix} + t \begin{bmatrix} x_2 \\ y_2 \\ z_2 \end{bmatrix} + u \begin{bmatrix} x_3 \\ y_3 \\ z_3 \end{bmatrix}, \quad s + t + u = 1$$

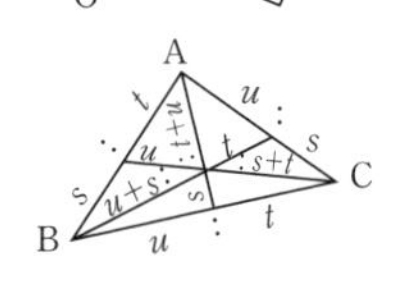

で表せる．これは各点に s，t，u の重みつき重心を考えている．

解答

(1)　直線 l の方程式は，

$$\begin{bmatrix} x \\ y \\ z \end{bmatrix} = \begin{bmatrix} 3 \\ -3 \\ 6 \end{bmatrix} + t\begin{bmatrix} 2 \\ 1 \\ 1 \end{bmatrix} = \begin{bmatrix} 3+2t \\ -3+t \\ 6+t \end{bmatrix} \quad \cdots\cdots(\text{答})$$

(ア)（A）

直線 l の方向ベクトルは，平面 π に平行で，点 $(3, -3, 6)$ の位置ベクトルも平面 π に平行．これらは1次独立（B）となるから，平面 π が原点を通ることから，

$$\begin{bmatrix} x \\ y \\ z \end{bmatrix} = s\begin{bmatrix} 3 \\ -3 \\ 6 \end{bmatrix} + t\begin{bmatrix} 2 \\ 1 \\ 1 \end{bmatrix} = \begin{bmatrix} 3s+2t \\ -3s+t \\ 6s+t \end{bmatrix} \quad \cdots\cdots(\text{答})$$

(イ)（C）

(2)　直線 l 上の点をPとしたとき，(1) の結果から

$$|\overrightarrow{OP}|^2 = (3+2t)^2 + (-3+t)^2 + (6+t)^2 \quad (\text{A})$$
$$= 9 + 12t + 4t^2 + 9 - 6t + t^2 + 36 + 12t + t^2$$
$$= 6t^2 + 18t + 54 \quad (\text{ウ})$$
$$= 6\left(t + \frac{3}{2}\right)^2 + \frac{3}{4}\cdot 54 \quad (\text{B})$$

となるから，$\overline{OP}$ は $t = -\dfrac{3}{2}$ のとき，最小となり，（C）

$$\overline{OP} = \sqrt{\frac{3}{4}\cdot 3^3 \cdot 2} = \frac{9}{2}\sqrt{2} \quad (\text{D}) \quad \cdots\cdots(\text{答})$$

[別解]　原点と点Pとの距離が最小となるのは，直線 l（の方向ベクトル）と $\overrightarrow{OP}$ が垂直のとき，つまり，方向ベクトルと $\overrightarrow{OP}$ との内積が0となるところだから，

$$\begin{bmatrix} 2 \\ 1 \\ 1 \end{bmatrix} \cdot \begin{bmatrix} 3+2t \\ -3+t \\ 6+t \end{bmatrix} = 6 + 4t - 3 + t + 6 + t = 6t + 9 = 0$$

で，これから $t = -\dfrac{3}{2}$ となる．

(ア)　高校までだとこれを

$$\frac{x-3}{2} = y + 3 = z - 6$$

のように書くことが多かったかもしれないが，分母が0のときの断わりなどメンドウだし，後々の計算では，

　パラメータは消去しないほうが便利．

(イ)　ここから行列の形で

$$\begin{bmatrix} x \\ y \\ z \end{bmatrix} = \begin{bmatrix} 3 & 2 \\ -3 & 1 \\ 6 & 1 \end{bmatrix}\begin{bmatrix} s \\ t \end{bmatrix}$$

のように表現してもよい．

(ウ)　直線と点との距離は1変数の2次関数の最小値を考えればよい．これが，平面と点との距離だと，2変数となり，やっかいである．この場合には［別解］のような考え方から解法を考える（cf. 問題08）．

POINT　前の問題02でも述べたが，内分・外分の表現と，このパラメータ表示とはつなげておこう．

問題 08　正射影と平面の方程式（内積の応用）

点 $\mathrm{A}\left(0, \frac{1}{4}, \frac{1}{5}\right)$, $\mathrm{B}\left(\frac{1}{3}, 0, \frac{1}{5}\right)$, $\mathrm{C}\left(\frac{1}{3}, \frac{1}{4}, 0\right)$ を通る平面を π とする.

(1)　平面 π の方程式と法線ベクトルを求めよ.

(2)　原点Oと平面 π との距離を求めよ.

(3)　平面 π に関して, 原点Oと対称な点Pの座標を求めよ.

解説　ここでは, 3次元空間においての内積の効用として, [1] ある方向への正射影と [2] 平面の方程式（陰関数表示）について学ぶ. いずれも,「垂直なベクトル同士の内積が0」という性質が関わっている.

[1]　ある方向への正射影

$\vec{p}$ の, ある単位ベクトル $\vec{e}$ ($|\vec{e}|=1$) 方向への**正射影**（$\vec{p}$ の $\vec{e}$ 方向への成分ともいう）を求めたい（右図). $\vec{p}$ と $\vec{e}$ のなす角を θ としたときに, 正射影$=(|\vec{p}|\cos\theta)\vec{e}=(|\vec{p}|\cdot|\vec{e}|\cos\theta)\vec{e}=(\vec{p}\cdot\vec{e})\vec{e}$ としてもよいが, $\vec{p}$ を $\vec{e}$ 方向に平行な $\vec{p}_{/\!/}$ と垂直な $\vec{p}_{\perp}$ に分けて, $\vec{p}=\vec{p}_{/\!/}+\vec{p}_{\perp}$ とし

$\vec{p}\cdot\vec{e}=(\vec{p}_{/\!/}+\vec{p}_{\perp})\cdot\vec{e}=\vec{p}_{/\!/}\cdot\vec{e}$ で, $\vec{p}_{/\!/}=(\pm|\vec{p}_{/\!/}|)\vec{e}$ から, 正射影としてよい.

すなわち, $\vec{p}_{/\!/}=(\vec{p}\cdot\vec{e})\vec{e}$ が, $\vec{p}$ の $\vec{e}$ 方向の正射影ベクトル で,

$\vec{p}_{\perp}=\vec{p}-\vec{p}_{/\!/}=\vec{p}-(\vec{p}\cdot\vec{e})\vec{e}$　　として, 点と直線の距離も求められる.

[2]　平面の方程式

平面に垂直なベクトルを**法線ベクトル**という.

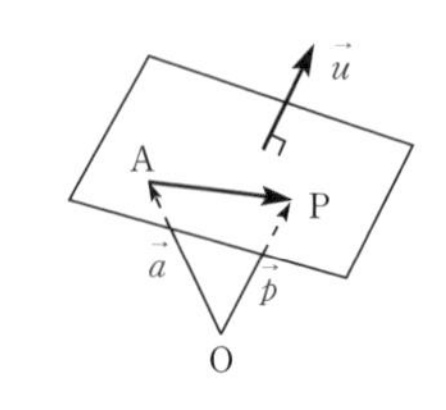

点 $\mathrm{A}(\vec{a})$ を通り, 法線ベクトルが $\vec{u}$ である平面の
ベクトル方程式は　　$(\vec{p}-\vec{a})\cdot\vec{u}=0$

$\mathrm{P}(x, y, z)$, $\mathrm{A}(x_1, y_1, z_1)$, $\vec{u}={}^t[a\ \ b\ \ c]$ とおくと,

$$a(x-x_1)+b(y-y_1)+c(z-z_1)=0$$

一般には, 平面の方程式は $ax+by+cz+d=0$ (x, y, zの1次方程式).

では, [1] [2] を利用して, 平面 $ax+by+cz+d=\vec{u}\cdot\vec{p}+d=0$ と, その上にない点$\mathrm{P_0}(x_0, y_0, z_0)$ との距離を求めよう. 平面上の点Aをとったとき, [1] から, $\overline{\mathrm{P_0A}}$ の $\vec{u}$ 方向の正射影（の絶対値）が求める距離になる.

$$\left|\overrightarrow{\mathrm{P_0A}}\cdot\frac{\vec{u}}{|\vec{u}|}\right|=\frac{|(\overrightarrow{\mathrm{OA}}-\overrightarrow{\mathrm{OP_0}})\cdot\vec{u}|}{|\vec{u}|}=\frac{|\overrightarrow{\mathrm{OA}}\cdot\vec{u}-\overrightarrow{\mathrm{OP_0}}\cdot\vec{u}|}{|\vec{u}|}$$

（で, $\vec{u}\cdot\overrightarrow{\mathrm{OA}}+d=0$ だから）

$$=\frac{|-d-\overrightarrow{\mathrm{OP_0}}\cdot\vec{u}|}{|\vec{u}|}=\frac{|\overrightarrow{\mathrm{OP_0}}\cdot\vec{u}+d|}{|\vec{u}|}=\frac{|ax_0+by_0+cz_0+d|}{\sqrt{a^2+b^2+c^2}}$$

この結果は**ヘッセの公式**とよばれるが, 内積の使われ方を理解すればよい.

解答

(1)　$\overrightarrow{AB}={}^t\begin{bmatrix}\frac{1}{3} & -\frac{1}{4} & 0\end{bmatrix}$，$\overrightarrow{AC}={}^t\begin{bmatrix}\frac{1}{3} & 0 & -\frac{1}{5}\end{bmatrix}$からこれらに垂直なベクトルは，右図から㋐ A ${}^t\begin{bmatrix}\frac{1}{20} & \frac{1}{15} & \frac{1}{12}\end{bmatrix}$

したがって，求めたい法線ベクトルは，成分を簡単な整数として表すと

$$60\times{}^t\begin{bmatrix}\frac{1}{20} & \frac{1}{15} & \frac{1}{12}\end{bmatrix}={}^t[3\ 4\ 5]$$ ……(答)

B

平面 π の方程式は，$3x+4y+5z=d$ と書けて，これが点 $A\left(0, \frac{1}{4}, \frac{1}{5}\right)$ を通ることから

$$d=3\cdot 0+4\cdot\frac{1}{4}+5\cdot\frac{1}{5}=2$$

$$3x+4y+5z=2$$ C ……(答)

(2)　平面 π の法線ベクトルを大きさ 1 にとると，

$$\vec{e}=\frac{1}{\sqrt{3^2+4^2+5^2}}\begin{bmatrix}3\\4\\5\end{bmatrix}=\frac{1}{5\sqrt{2}}\begin{bmatrix}3\\4\\5\end{bmatrix}$$ A

原点 O から平面 π に下ろした垂線の足を H とすると，㋑ $\overrightarrow{OH}$ は $\overrightarrow{OA}$ の $\vec{e}$ 方向への正射影となるから，

$\overrightarrow{OH}=(\overrightarrow{OA}\cdot\vec{e})\,\vec{e}$ B で，求める距離$=|\overrightarrow{OH}|$ より

$$|\overrightarrow{OH}|=|(\overrightarrow{OA}\cdot\vec{e})||\vec{e}|$$

$$=\left|{}^t\begin{bmatrix}0 & \frac{1}{4} & \frac{1}{5}\end{bmatrix}\cdot\frac{1}{5\sqrt{2}}{}^t[3\ 4\ 5]\right|\times 1$$

$$=\frac{2}{5\sqrt{2}}=\frac{\sqrt{2}}{5}$$ C ……(答)

(3)　$\overrightarrow{OP}=2\,\overrightarrow{OH}$㋒ $=2\cdot\frac{\sqrt{2}}{5}\vec{e}$ A

$$=2\frac{\sqrt{2}}{5}\cdot\frac{1}{5\sqrt{2}}{}^t[3\ 4\ 5]=\frac{2}{25}{}^t[3\ 4\ 5]$$

$$\therefore\quad P\left(\frac{6}{25}, \frac{8}{25}, \frac{2}{5}\right)$$ B ……(答)

㋐

$$\begin{array}{cccccc}\frac{1}{3} & -\frac{1}{4} & 0 & \frac{1}{3} & -\frac{1}{4} & 0\\ & \times & \times & \times & & \\ \frac{1}{3} & 0 & -\frac{1}{5} & \frac{1}{3} & 0 & -\frac{1}{5}\\ \hline & \frac{1}{20} & \frac{1}{15} & \frac{1}{12} & & \end{array}$$

$\vec{a}={}^t[a\ b\ c]$，$\vec{p}={}^t[p\ q\ r]$ の 2 つに垂直なベクトルの求め方としては，

$$\begin{array}{cccccc}a & b & c & a & b & c\\ & \times & \times & \times & & \\ p & q & r & p & q & r\\ \hline & ① & ② & ③ & & \end{array}$$

で，①$=br-cq$，②$=cp-ar$，③$=aq-bp$ のように，求めるやり方がある．この ${}^t[br-cq\quad cp-ar\quad aq-bp]$ が $\vec{a}$，$\vec{p}$ と垂直であることは，実際に内積$=0$ を確認すればよい．実はこうして得られたベクトルを $\vec{a}$，$\vec{b}$ の外積とよび，後で登場する（問題 36 参照）．

㋑ ㋒は下の図を参照．

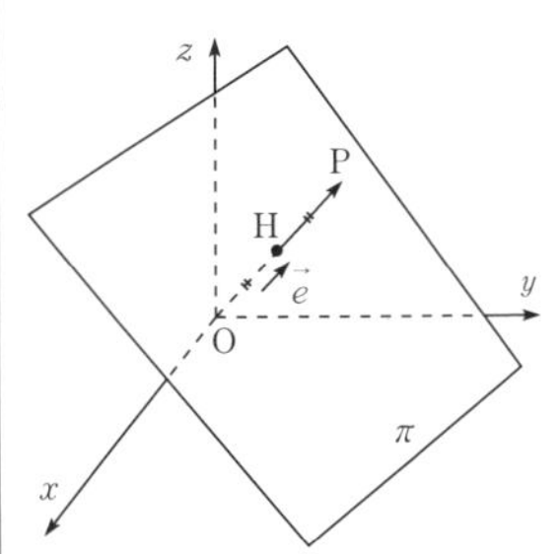

(2) を，前ページ解説で導いたヘッセの公式で求めると

$$\frac{|3\cdot 0+4\cdot 0+5\cdot 0-2|}{\sqrt{3^2+4^2+5^2}}$$

$$=\frac{2}{5\sqrt{2}}=\frac{\sqrt{2}}{5}$$

POINT　正射影を内積を利用して求めるのは，後のシュミットの直交化につながる．

◆◇◆　ベクトルの表記について　◇◆◇――――――――――――コラム

この本のChapter 1，つまりここまでのところでは，ベクトルの表現を

$\overrightarrow{\mathrm{OA}}$　　または，　　$\vec{a}$

と，頭に矢印をつけて表していた．高等学校ではこちらの表現が主流であったが，大学の数学ではあとの章で見るように，ベクトルは2次元・3次元の図形的な移動を表すだけではなく，もっと広く拡張された概念として扱われる．それで，これからの2章以降では，ベクトルはボールド体で

$\boldsymbol{a}\quad \boldsymbol{b}\quad \boldsymbol{c}$

のように表す．大学の数学や物理などではこちらの表現が一般的である．

さらに，この本ではスペースの許す限り，ベクトルは縦ベクトルで

$$x\begin{bmatrix} 2 \\ -3 \\ 4 \end{bmatrix}+y\begin{bmatrix} -1 \\ 0 \\ 2 \end{bmatrix}=\begin{bmatrix} 2x-y \\ -3x \\ 4x+2y \end{bmatrix}$$

のように表す．理由は上記の計算を横ベクトルで書くのに比べれば，縦ベクトルのほうが成分ごとの対応がずっとわかりやすいので，余計なミスをしなくてすむからである．ただし，どうしてもスペースの都合上，横に書かなくては収まらない場合には，

$${}^t[2\quad -3\quad 4]$$

のように，左肩にタテ・ヨコを入れ替えて表記したことを表す小文字の t をつけて，本来は縦ベクトルであることを主張する（問題14の転置行列の項を参照）．そして，このときには座標の表現（2, −3, 4）のように数と数の間にはコンマはつけない．

ちなみに，この本では基本的に，ベクトルの「舞台」というべきベクトル空間は，大文字のボールドイタリック体で $\boldsymbol{V}$，行列は大文字のイタリック体で A などと表記し，線形写像（変換）は普通の関数と同じく，小文字のイタリック体で，$f(\boldsymbol{x})$ などと表して，それぞれ区別をつけることにする．

Chapter 2

行列の基本と n 乗計算

問題 09　行列の加法と減法，実数倍

$A=\begin{bmatrix} 4 & 4 & -5 \\ 0 & -7 & 2 \end{bmatrix}$, $B=\begin{bmatrix} 1 & -2 & 7 \\ 3 & -1 & 5 \end{bmatrix}$, $C=\begin{bmatrix} 6 & 3 & -3 \\ -2 & 1 & 4 \end{bmatrix}$ であるとき，

(1)　$3A-2B+C$ を計算せよ．

(2)　$2(A+B+C)-5(A+2C)$ を計算せよ．

(3)　$X+2Y=A$，$Y-3X=B$ を満たす行列 X，Y を求めよ．

解説　いくつかの数や文字を長方形状に並べ，両端をかっこで囲んだものを**行列**といい，配列された数や文字を，その行列の**成分**または**要素**という．

行列においては，横の並びを**行**といい，上から第1行，第2行，……という．また，縦の並びを**列**といい，左から第1列，第2列，……という．第 i 行と第 j 列の交差点にある成分を，(i, j) **成分**または (i, j) **要素**といい，a_{ij} で表す．

$$\text{第 } i \text{ 行}\begin{bmatrix} a_{11} & a_{12} & \cdots & a_{1j} & \cdots & a_{1n} \\ a_{21} & a_{22} & \cdots & a_{2j} & \cdots & a_{2n} \\ \vdots & \vdots & & \vdots & & \vdots \\ a_{i1} & a_{i2} & \cdots & a_{ij} & \cdots & a_{in} \\ \vdots & \vdots & & \vdots & & \vdots \\ a_{m1} & a_{m2} & \cdots & a_{mj} & \cdots & a_{mn} \end{bmatrix}$$

第 j 列

m 個の行と n 個の列からなる行列を

m 行 n 列の行列　あるいは (m, n) 行列，$m\times n$ 行列

といい，特に，(n, n) 行列を **n 次の正方行列**という．行列は，大文字を用いる．$(1, n)$ 行列を n 次元の**行ベクトル**，$(m, 1)$ 行列を m 次元の**列ベクトル**という．

また，行の数および列の数がそれぞれ等しい2つの行列は，同じ型であるという．同じ型の行列 A，B において，対応する成分がすべて等しいとき，A と B は等しいといい，$A=B$ と表す．

［1］　**行列の加法・減法・実数倍**

(1)　**行列の加法**　同じ型の2つの行列 A，B に対して，対応する成分の和を成分とする行列を A と B の和といい，$A+B$ で表す．

(2)　**行列の減法**　同じ型の2つの行列 A，B に対して，$B+X=A$ を満たす行列 X を A から B を引いた差といい，$X=A-B$ で表す．

(3)　**行列の実数倍**　行列 A の各成分を k 倍したものを成分とする行列を行列 A の k 倍といい，kA で表す．

(4)　**零行列**　すべての成分が0である行列を零行列といい，O で表す．

［2］　**行列の演算法則**　A，B，C は同じ型の行列とすると

$A+B=B+A$　（**交換法則**）　　$(A+B)+C=A+(B+C)$　（**結合法則**）

$(k+l)A=kA+lA$　　$k(A+B)=kA+kB$

$(kl)A=k(lA)$　　$1A=A$　　$0A=O$　　$kO=O$

解答

(1)　$3A-2B+C$

$$=3\begin{bmatrix}4 & 4 & -5\\0 & -7 & 2\end{bmatrix}-2\begin{bmatrix}1 & -2 & 7\\3 & -1 & 5\end{bmatrix}+\begin{bmatrix}6 & 3 & -3\\-2 & 1 & 4\end{bmatrix}$$

$$=\begin{bmatrix}12 & 12 & -15\\0 & -21 & 6\end{bmatrix}+\begin{bmatrix}-2 & 4 & -14\\-6 & 2 & -10\end{bmatrix}+\begin{bmatrix}6 & 3 & -3\\-2 & 1 & 4\end{bmatrix}$$

$$=\begin{bmatrix}16 & 19 & -32\\-8 & -18 & 0\end{bmatrix}$$ A　……(答)

(2)　ア $2(A+B+C)-5(A+2C)$

$=2A+2B+2C-5A-10C=-3A+2B-8C$ A

$$=-3\begin{bmatrix}4 & 4 & -5\\0 & -7 & 2\end{bmatrix}+2\begin{bmatrix}1 & -2 & 7\\3 & -1 & 5\end{bmatrix}-8\begin{bmatrix}6 & 3 & -3\\-2 & 1 & 4\end{bmatrix}$$

$$=\begin{bmatrix}-12 & -12 & 15\\0 & 21 & -6\end{bmatrix}+\begin{bmatrix}2 & -4 & 14\\6 & -2 & 10\end{bmatrix}+\begin{bmatrix}-48 & -24 & 24\\16 & -8 & -32\end{bmatrix}$$

$$=\begin{bmatrix}-58 & -40 & 53\\22 & 11 & -28\end{bmatrix}$$ B　……(答)

(3)　イ
$$\begin{cases}X+2Y=A & \cdots\cdots①\\-3X+Y=B & \cdots\cdots②\end{cases}$$

①－②×2 から A

$$7X=A-2B=\begin{bmatrix}4 & 4 & -5\\0 & -7 & 2\end{bmatrix}-2\begin{bmatrix}1 & -2 & 7\\3 & -1 & 5\end{bmatrix}$$

$$=\begin{bmatrix}2 & 8 & -19\\-6 & -5 & -8\end{bmatrix}$$

ウ $$\therefore\quad X=\frac{1}{7}\begin{bmatrix}2 & 8 & -19\\-6 & -5 & -8\end{bmatrix}$$ B　……(答)

①×3＋②から C

$$7Y=3A+B=3\begin{bmatrix}4 & 4 & -5\\0 & -7 & 2\end{bmatrix}+\begin{bmatrix}1 & -2 & 7\\3 & -1 & 5\end{bmatrix}$$

$$=\begin{bmatrix}13 & 10 & -8\\3 & -22 & 11\end{bmatrix}$$

$$\therefore\quad Y=\frac{1}{7}\begin{bmatrix}13 & 10 & -8\\3 & -22 & 11\end{bmatrix}$$ D　……(答)

ア　$A+B+C=\begin{bmatrix}11 & 5 & -1\\1 & -7 & 11\end{bmatrix}$，

$A+2C=\begin{bmatrix}16 & 10 & -11\\-4 & -5 & 10\end{bmatrix}$

を先に計算して求めてもよいが，解答のように A，B，C についてまとめたあとで具体的な計算をする方がよい．

イ　未知の行列 X，Y を求める問題である．これは，連立方程式

$$\begin{cases}x+2y=a\\-3x+y=b\end{cases}$$

を解く要領で，与えられた 2 式から X，Y を求める．

ウ　$X=\begin{bmatrix}\frac{2}{7} & \frac{8}{7} & -\frac{19}{7}\\-\frac{6}{7} & -\frac{5}{7} & -\frac{8}{7}\end{bmatrix}$

POINT　ここまでの計算については，通常の数計算での常識が通用する．次の積になるとそうはいかない．

問題 10　行列の積

次の行列 A, B, C, D がある．

$$A=\begin{bmatrix}1 & 2\\3 & 4\\5 & 6\end{bmatrix},\ B=\begin{bmatrix}3 & 7 & -5\\5 & 6 & 3\end{bmatrix},\ C=\begin{bmatrix}3\\-2\\-1\end{bmatrix},\ D=\begin{bmatrix}3 & 2 & 1\end{bmatrix}$$

このとき，これらの中の異なる2つの行列を用いてできる行列の積を求めよ．

解説　まず，2つのベクトルの積について考える．2次元の行ベクトルと2次元の列ベクトルの積は，次のように定義される．

$$\begin{bmatrix}a & b\end{bmatrix}\begin{bmatrix}p\\q\end{bmatrix}=ap+bq$$　（内積の成分計算と一致）

次に，2つの2次の正方行列 $A=\begin{bmatrix}a & b\\c & d\end{bmatrix}$, $B=\begin{bmatrix}p & q\\r & s\end{bmatrix}$ の積については，右のようにセットして，行列 C を作り，$AB=C$ と定める．

$$B=\begin{bmatrix}p & q\\r & s\end{bmatrix}$$

$$A=\begin{bmatrix}a & b\\c & d\end{bmatrix}\longrightarrow\begin{bmatrix}ap+br & aq+bs\\cp+dr & cq+ds\end{bmatrix}=C$$

ここで，たとえば C の $(1,2)$ 成分は A の第1行ベクトル $\begin{bmatrix}a & b\end{bmatrix}$ と B の第2列ベクトル $\begin{bmatrix}q\\s\end{bmatrix}$ の積(内積)になる．同様にして，次のような計算も定められる．

$$\begin{bmatrix}a & b\\c & d\end{bmatrix}\begin{bmatrix}p\\q\end{bmatrix}=\begin{bmatrix}ap+bq\\cp+dq\end{bmatrix},\quad \begin{bmatrix}a\\c\end{bmatrix}\begin{bmatrix}p & q & r\end{bmatrix}=\begin{bmatrix}ap & aq & ar\\cp & cq & cr\end{bmatrix}$$

一般には，A が (l,m) 行列，B が (m,n) 行列のとき，積 $AB=C$ は定義されて，C は (l,n) 行列となる．

C の (i,j) 成分＝A の第 i 行ベクトルと B の第 j 列ベクトルの積（内積）と覚えておこう．

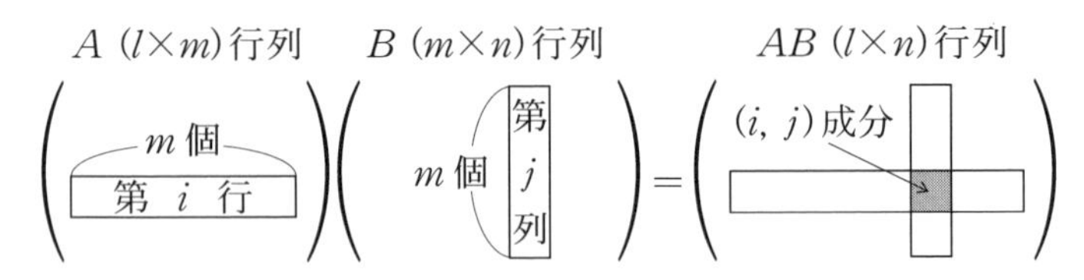

このように，行列の積は行ベクトルと列ベクトルの積がベースになっている．

なお，A の列の数と B の行の数が一致しないときは，積 AB は考えない．

解答

与えられた行列の型は，それぞれ

$A\cdots(3,2)$ 行列，$B\cdots(2,3)$ 行列

$C\cdots(3,1)$ 行列，$D\cdots(1,3)$ 行列

したがって，$A\sim D$ の中の 2 つの行列を用いてできる 12 通りの積のうち，それが定義できるのは ㋐

㋑ AB，BA，BC，CD，DA，DC

の 6 個である．Ａ まず

㋒ $$AB=\begin{bmatrix}1&2\\3&4\\5&6\end{bmatrix}\begin{bmatrix}3&7&-5\\5&6&3\end{bmatrix}$$

$$=\begin{bmatrix}1\times3+2\times5&1\times7+2\times6&1\times(-5)+2\times3\\3\times3+4\times5&3\times7+4\times6&3\times(-5)+4\times3\\5\times3+6\times5&5\times7+6\times6&5\times(-5)+6\times3\end{bmatrix}$$

$$=\begin{bmatrix}13&19&1\\29&45&-3\\45&71&-7\end{bmatrix}$$ ……(答) Ｂ

同様にして

㋓ $$BA=\begin{bmatrix}3&7&-5\\5&6&3\end{bmatrix}\begin{bmatrix}1&2\\3&4\\5&6\end{bmatrix}=\begin{bmatrix}-1&4\\38&52\end{bmatrix}$$ Ｃ ……(答)

㋔ $$BC=\begin{bmatrix}3&7&-5\\5&6&3\end{bmatrix}\begin{bmatrix}3\\-2\\-1\end{bmatrix}=\begin{bmatrix}0\\0\end{bmatrix}$$ Ｄ ……(答)

$$CD=\begin{bmatrix}3\\-2\\-1\end{bmatrix}\begin{bmatrix}3&2&1\end{bmatrix}=\begin{bmatrix}9&6&3\\-6&-4&-2\\-3&-2&-1\end{bmatrix}$$ Ｅ ……(答)

$$DA=\begin{bmatrix}3&2&1\end{bmatrix}\begin{bmatrix}1&2\\3&4\\5&6\end{bmatrix}=\begin{bmatrix}14&20\end{bmatrix}$$ ……(答) Ｆ

$$DC=\begin{bmatrix}3&2&1\end{bmatrix}\begin{bmatrix}3\\-2\\-1\end{bmatrix}=4$$ ……(答) Ｇ

㋐ 順列の考え方から，$_4P_2=4\cdot3=12$（通り）

㋑ $AB=(3,2)$型$\times(2,3)$型（2 と 2 が一致）$=(3,3)$型

$AC=(3,2)$型$\times(3,1)$型（2 と 3 が一致しない）

より，AC は定義できない．同様にして，残りの場合もすべて調べる．

㋒，㋓　AB と BA はともに定義されるが，$AB\neq BA$．すなわち，交換法則は成立しない．

㋔　$B\neq O$ かつ $C\neq O$ であるが $BC=O$ となる．

POINT　行列の積 AB は，A の列の数$=B$ の行の数のときのみ定義される．

問題 11　行列の乗法の性質

[1]　行列 $A=\begin{bmatrix}1&2\\3&4\end{bmatrix}$, $B=\begin{bmatrix}k&2\\3&9\end{bmatrix}$（$k$ は実数）について，等式

$$(A+B)^2=A^2+2AB+B^2$$

が成り立つとき，次の問に答えよ．

(1)　k の値を求めよ．

(2)　$B=xA+yE$ となる実数 x, y を求めよ．（E は 2 次の単位行列）

[2]　任意の 2 次の正方行列 X に対して $AX=XA$ が成り立つために，行列 $A=\begin{bmatrix}a&b\\c&d\end{bmatrix}$ が満たす必要十分条件を求めよ．

解説　(1)　行列の乗法の計算法則　和と積が考えられる行列 A, B, C に対し

①　k が実数のとき $(kA)B=A(kB)=k(AB)$ $[=kAB]$

②　$(AB)C=A(BC)$ $[=ABC]$（結合法則）

③　$A(B+C)=AB+AC$，$(A+B)C=AC+BC$（分配法則）

(2)　交換法則の不成立

2 つの行列 A，B に対して，一般には，等式 $AB=BA$ は成り立たない．すなわち，行列の積においては交換法則は成り立たない．

なお，$AB=BA$ が成り立つとき，A と B は交換可能または可換である，という．このとき，A と B は同じ次数の正方行列である．

(3)　単位行列 E と零行列 O の性質　ここでは，2 次の正方行列について述べる．2 次の正方行列 $\begin{bmatrix}1&0\\0&1\end{bmatrix}$ を 2 次の単位行列といい，これを E または I で表す．任意の 2 次正方行列 A に対して　$AE=EA=A$

また，零行列 $O=\begin{bmatrix}0&0\\0&0\end{bmatrix}$ に対して　$AO=OA=O$

(4)　行列の累乗

正方行列 A を n 個掛け合わせた積を A^n と表し，A の n 乗という．すなわち，$A^2=AA$，$A^3=A^2A$，……，$A^n=A^{n-1}A$

(5)　零因子（レイ）

零行列でない 2 つの行列 A，B に対して，$AB=O$ を満たすものが存在する．このような行列 A，B を零因子という．したがって，

命題「$AB=O \Longrightarrow A=O$ または $B=O$」は，一般には成立しない．

解答

[1]　(1)　$(A+B)^2=A^2+2AB+B^2$ ……①

一般には

$(A+B)^2=(A+B)(A+B)$ ㋐

$=A^2+AB+BA+B^2$ ……②

①−②から　$O=AB-BA$

ゆえに　$AB=BA$ ㋑ A

すなわち $\begin{bmatrix}1&2\\3&4\end{bmatrix}\begin{bmatrix}k&2\\3&9\end{bmatrix}=\begin{bmatrix}k&2\\3&9\end{bmatrix}\begin{bmatrix}1&2\\3&4\end{bmatrix}$

$\begin{bmatrix}k+6&20\\3k+12&42\end{bmatrix}=\begin{bmatrix}k+6&2k+8\\30&42\end{bmatrix}$

対応する成分を比較して

$20=2k+8$，$3k+12=30$

よって　$k=6$ A ……(答)

(2)　$B=\begin{bmatrix}6&2\\3&9\end{bmatrix}$ ㋒ $=\begin{bmatrix}1&2\\3&4\end{bmatrix}+\begin{bmatrix}5&0\\0&5\end{bmatrix}=A+5E$ A

よって $x=1$，$y=5$ A ……(答)

[2]　任意の2次の正方行列 X に対して $AX=XA$ が成り立つから

$X=\begin{bmatrix}0&1\\0&0\end{bmatrix}$ ㋓ とすると $\begin{bmatrix}0&a\\0&c\end{bmatrix}=\begin{bmatrix}c&d\\0&0\end{bmatrix}$

ゆえに　$c=0$，$a=d$ A

$X=\begin{bmatrix}0&0\\0&1\end{bmatrix}$ とすると $\begin{bmatrix}0&b\\0&d\end{bmatrix}=\begin{bmatrix}0&0\\c&d\end{bmatrix}$

ゆえに　$b=0$，$c=0$ A

したがって $a=d$ かつ $b=c=0$ ㋔

逆に，このとき $A=\begin{bmatrix}a&0\\0&a\end{bmatrix}=aE$

$AX=(aE)X=a(EX)=aX$

$XA=X(aE)=a(XE)=aX$

よって，$AX=XA$ が成り立つ. ㋕ B

以上から，求める条件は

$a=d$，$b=c=0$ B ……(答)

㋐　分配法則を用いて
$(A+B)(A+B)$
$=A(A+B)+B(A+B)$
$=AA+AB+BA+BB$

㋑　A と B は可換である.

㋒　$xA+yE$
$=x\begin{bmatrix}1&2\\3&4\end{bmatrix}+y\begin{bmatrix}1&0\\0&1\end{bmatrix}$
$=\begin{bmatrix}x+y&2x\\3x&4x+y\end{bmatrix}$ として，
$B=\begin{bmatrix}6&2\\3&9\end{bmatrix}$ と比べてもよい.

㋓　A が満たす必要条件を求めるために，AX，XA の計算が楽になるような X を選ぶ.

㋔　A が満たすべき必要条件.

㋕　十分条件であることの確認.

POINT　一般には，交換法則 $AB=BA$ は成立しない. 成立するときは，
$(A+B)^2=A^2+2AB+B^2$

問題 12 行列の分割による積

次の行列の積を計算せよ．

(1) $$\begin{bmatrix} 6 & -1 & 2 \\ 0 & 5 & 1 \\ 0 & 0 & 4 \end{bmatrix}\begin{bmatrix} 3 & 2 & 5 & 3 \\ 1 & -3 & 2 & 1 \\ 0 & 0 & 0 & 2 \end{bmatrix}$$

(2) $$\begin{bmatrix} 2 & -1 & 0 & -1 \\ 3 & 5 & -3 & 2 \\ 0 & 0 & 1 & 0 \\ 0 & 0 & 0 & 1 \end{bmatrix}\begin{bmatrix} 7 & 3 & 8 & 5 \\ 4 & -2 & 9 & -3 \\ 1 & 0 & 6 & 7 \\ 0 & 1 & -4 & 8 \end{bmatrix}$$

解説 n 次の正方行列 $A=[a_{ij}]$ において，右のように，a_{ii} の成分のラインを主対角線というが，これらがすべて 1 で他の成分は 0 であるような行列を**単位行列**といい，E で表す．

$$A=\begin{bmatrix} a_{11} & & & \\ & a_{22} & & \\ & & \ddots & \\ & & & a_{nn} \end{bmatrix}$$

$\begin{bmatrix} 1 & 0 \\ 0 & 1 \end{bmatrix}$ は 2 次，$\begin{bmatrix} 1 & 0 & 0 \\ 0 & 1 & 0 \\ 0 & 0 & 1 \end{bmatrix}$ は 3 次の単位行列で，n 次の単位行列は

$\begin{bmatrix} 1 & & & \\ & 1 & & \\ & & \ddots & \\ & & & 1 \end{bmatrix}$ と表す．空白の所の成分はすべて 0 である．

単位行列 E は，同じ n 次正方行列の任意の A と可換で，$AE=A$，$EA=A$．

また，零行列 O と任意の行列 A に対しても，$AO=O$，$OA=O$ が成り立つ．

さて，行列 A の成分をいくつかの縦線と横線で分割するとき，分割されたそれぞれを行列と見て，A の**小行列**という．

(l, m) 行列 A と (m, n) 行列 B の積 AB を計算するとき，

$$A_{ik} \text{ は } (l_i, \underset{\sim}{m_k}) \text{型}, \quad B_{kj} \text{ は } (\underset{\sim}{m_k}, n_j) \text{ 型}$$

（↑―― 同じ ――↑）

の小行列に分けて考えると計算が簡単になる場合がある．たとえば

$$\begin{bmatrix} A_{11} & A_{12} \\ A_{21} & A_{22} \end{bmatrix}\begin{bmatrix} B_{11} & B_{12} \\ B_{21} & B_{22} \end{bmatrix}=\begin{bmatrix} A_{11}B_{11}+A_{12}B_{21} & A_{11}B_{12}+A_{12}B_{22} \\ A_{21}B_{11}+A_{22}B_{21} & A_{21}B_{12}+A_{22}B_{22} \end{bmatrix}$$

$$\begin{bmatrix} A_{11} & A_{12} \\ O & A_{22} \end{bmatrix}\begin{bmatrix} B_{11} & E \\ O & B_{22} \end{bmatrix}=\begin{bmatrix} A_{11}B_{11} & A_{11}+A_{12}B_{22} \\ O & A_{22}B_{22} \end{bmatrix}$$

のようになる．小行列に零行列・単位行列があると，この計算は有効である．

解答

(1)　行列を分割して求める．

$$与式=\left[\begin{array}{cc:c} 6 & -1 & 2 \\ 0 & 5 & 1 \\ \hdashline 0 & 0 & 4 \end{array}\right]\left[\begin{array}{ccc:c} 3 & 2 & 5 & 3 \\ 1 & -3 & 2 & 1 \\ \hdashline 0 & 0 & 0 & 2 \end{array}\right]$$

$$=\begin{bmatrix} A_{11} & A_{12} \\ O & A_{22} \end{bmatrix}\begin{bmatrix} B_{11} & B_{12} \\ O & B_{22} \end{bmatrix}$$ A

$$=\begin{bmatrix} A_{11}B_{11}+A_{12}O & A_{11}B_{12}+A_{12}B_{22} \\ OB_{11}+A_{22}O & OB_{12}+A_{22}B_{22} \end{bmatrix}$$

$$=\begin{bmatrix} A_{11}B_{11} & A_{11}B_{12}+A_{12}B_{22} \\ O & A_{22}B_{22} \end{bmatrix}$$ B

$$=\begin{bmatrix} 17 & 15 & 28 & 21 \\ 5 & -15 & 10 & 7 \\ 0 & 0 & 0 & 8 \end{bmatrix}$$ C　……(答)

(2)　(1) と同様に，行列を分割して求める．

$$与式=\left[\begin{array}{cc:cc} 2 & -1 & 0 & -1 \\ 3 & 5 & -3 & 2 \\ \hdashline 0 & 0 & 1 & 0 \\ 0 & 0 & 0 & 1 \end{array}\right]\left[\begin{array}{cc:cc} 7 & 3 & 8 & 5 \\ 4 & -2 & 9 & -3 \\ \hdashline 1 & 0 & 6 & 7 \\ 0 & 1 & -4 & 8 \end{array}\right]$$

$$=\begin{bmatrix} A_{11} & A_{12} \\ O & E \end{bmatrix}\begin{bmatrix} B_{11} & B_{12} \\ E & B_{22} \end{bmatrix}$$ A

$$=\begin{bmatrix} A_{11}B_{11}+A_{12}E & A_{11}B_{12}+A_{12}B_{22} \\ OB_{11}+E^2 & OB_{12}+EB_{22} \end{bmatrix}$$

$$=\begin{bmatrix} A_{11}B_{11}+A_{12} & A_{11}B_{12}+A_{12}B_{22} \\ E & B_{22} \end{bmatrix}$$ B

$$=\begin{bmatrix} 10 & 7 & 11 & 5 \\ 38 & 1 & 43 & -5 \\ 1 & 0 & 6 & 7 \\ 0 & 1 & -4 & 8 \end{bmatrix}$$ C　……(答)

㋐　零行列の部分に着目して行列を分割する．

与式

$$=\begin{bmatrix} (2,\underline{2})型 & \\ & \end{bmatrix}\begin{bmatrix} (\underline{2},3)型 & \\ & \end{bmatrix}$$

A_{11} の列の数と B_{11} の行の数が同じであることに注意．

㋑　$A_{11}B_{11}$ は (2,3) 型，
$A_{11}B_{12}+A_{12}B_{22}$ は (2,1) 型，
O は (1,3) 型，
$A_{22}B_{22}$ は (1,1) 型．

㋒　零行列および単位行列の部分に着目して行列を分割する．

POINT　計算をラクにできるように形を見定めることは，数学のさまざまな場面で出てくる．「なるべく計算をしない」のが計算のコツだ！

問題 13　乗法に関して閉じている行列

(1)　行列の集合 $P=\left\{\begin{bmatrix}1&0&a\\0&1&b\\0&0&1\end{bmatrix}\middle|\, a,\ b\text{ は任意}\right\}$ は，乗法に関して閉じていることを示せ．

(2)　n 次の上 3 角行列 A，B の積 AB は，上 3 角行列であることを示せ．

解説　集合 $Q=\left\{\begin{bmatrix}a&-2b\\b&a\end{bmatrix}\middle|\, a,\ b\text{ は任意}\right\}$ の 2 つの要素の積は

$$\begin{bmatrix}a_1&-2b_1\\b_1&a_1\end{bmatrix}\begin{bmatrix}a_2&-2b_2\\b_2&a_2\end{bmatrix}=\begin{bmatrix}a_1a_2-2b_1b_2&-2(a_1b_2+a_2b_1)\\a_1b_2+a_2b_1&a_1a_2-2b_1b_2\end{bmatrix}=\begin{bmatrix}a_3&-2b_3\\b_3&a_3\end{bmatrix}$$

となり，再び Q の要素である．

この性質を，集合 Q は乗法に関して閉じている，という．

n 次の正方行列に対して

$$\begin{bmatrix}a_{11}&a_{12}&\cdots&a_{1n}\\&a_{22}&\cdots&a_{2n}\\&&\ddots&\vdots\\O&&&a_{nn}\end{bmatrix}\text{ を上 3 角行列，}\begin{bmatrix}a_{11}&&&\\a_{21}&a_{22}&&O\\\vdots&\vdots&\ddots&\\a_{n1}&a_{n2}&\cdots&a_{nn}\end{bmatrix}\text{ を下 3 角行列，}$$

$$\begin{bmatrix}a_{11}&&&\\&a_{22}&&O\\&&\ddots&\\O&&&a_{nn}\end{bmatrix}\text{ を対角行列}$$

と呼ぶ．すなわち，正方行列 $A=(a_{ij})$ は

上 3 角行列 $\Longleftrightarrow$ $i>j$ のとき $a_{ij}=0$，下 3 角行列 $\Longleftrightarrow$ $i<j$ のとき $a_{ij}=0$

対角行列 $\Longleftrightarrow$ $i\neq j$ のとき $a_{ij}=0$

一般に，A，B が n 次の上(下)3 角行列ならば，$A\pm B$ は明らかに n 次の上(下)3 角行列となるので，n 次の上(下)3 角行列の全体は加法および減法に関して閉じている．また，n 次の対角行列の全体も明らかに加法および減法に関して閉じている．n 次の対角行列の全体は，乗法に関しては

$$AB=\begin{bmatrix}a_{11}&&&\\&a_{22}&&O\\&&\ddots&\\O&&&a_{nn}\end{bmatrix}\begin{bmatrix}b_{11}&&&\\&b_{22}&&O\\&&\ddots&\\O&&&b_{nn}\end{bmatrix}=\begin{bmatrix}a_{11}b_{11}&&&\\&a_{22}b_{22}&&O\\&&\ddots&\\O&&&a_{nn}b_{nn}\end{bmatrix}$$

となるので，この場合も閉じていることが分かる．

解答

(1)

P の2つの要素を $\begin{bmatrix}1&0&a_1\\0&1&b_1\\0&0&1\end{bmatrix}$, $\begin{bmatrix}1&0&a_2\\0&1&b_2\\0&0&1\end{bmatrix}$

とすると，積は

$$\begin{bmatrix}1&0&a_1\\0&1&b_1\\0&0&1\end{bmatrix}\begin{bmatrix}1&0&a_2\\0&1&b_2\\0&0&1\end{bmatrix}=\underset{㋐}{\begin{bmatrix}1&0&a_1+a_2\\0&1&b_1+b_2\\0&0&1\end{bmatrix}}$$ A

これは P の要素であるから，P は乗法に関して閉じている．A

(2)　n 次の上3角行列を $A=(a_{ij})$, $B=(b_{ij})$ とする．

$$AB=\begin{bmatrix}a_{11}\cdots a_{1j}\cdots a_{1i}\cdots a_{1n}\\ \vdots\quad\vdots\quad\vdots\quad\vdots\\ 0\cdots a_{jj}\cdots a_{ji}\cdots a_{jn}\\ \vdots\quad\vdots\quad\vdots\quad\vdots\\ \boxed{0\cdots 0\cdots a_{ii}\cdots a_{in}}\\ \vdots\quad\vdots\quad\vdots\quad\vdots\\ 0\cdots 0\cdots 0\cdots a_{nn}\end{bmatrix}\begin{bmatrix}b_{11}\cdots b_{1j}\cdots b_{1i}\cdots b_{1n}\\ \vdots\quad\vdots\quad\vdots\quad\vdots\\ 0\cdots b_{jj}\cdots b_{ji}\cdots b_{jn}\\ \vdots\quad\vdots\quad\vdots\quad\vdots\\ 0\cdots 0\cdots b_{ii}\cdots b_{in}\\ \vdots\quad\vdots\quad\vdots\quad\vdots\\ 0\cdots 0\cdots 0\cdots b_{nn}\end{bmatrix}$$ A

（i 行，j 列）

$i>j$ のとき AB の $(i,\ j)$ 成分は，

$$\underset{㋑}{a_{i1}b_{1j}+\cdots+a_{ii-1}b_{i-1j}+a_{ii}b_{ij}+\cdots+a_{in}b_{nj}}$$
$$=0\cdot b_{1j}+\cdots+0\cdot b_{i-1j}+a_{ii}\cdot 0+\cdots+a_{in}\cdot 0$$
$$=0$$

よって，㋒積 AB は上3角行列である．C

(別解)　(2)　数学的帰納法で示す．

[I]　$n=2$ のとき；

$\begin{bmatrix}a_{11}&a_{12}\\0&a_{22}\end{bmatrix}\begin{bmatrix}b_{11}&b_{12}\\0&b_{22}\end{bmatrix}=\begin{bmatrix}a_{11}b_{11}&a_{11}b_{12}+a_{12}b_{22}\\0&a_{22}b_{22}\end{bmatrix}$ だから，上3角行列であり成り立つ．

[II]　$n(\geqq 2)$ 次の上3角行列の積は上3行列であると仮定すると，$(n+1)$ 次の上3角行列の積は

$$\underset{㋓}{AB=\left[\begin{array}{c|c}a_{11}&\boldsymbol{a}\\\hline O&P\end{array}\right]\left[\begin{array}{c|c}b_{11}&\boldsymbol{b}\\\hline O&Q\end{array}\right]}=\left[\begin{array}{c|c}a_{11}b_{11}&a_{11}\boldsymbol{b}+\boldsymbol{a}Q\\\hline O&PQ\end{array}\right]$$

帰納法の仮定により，n 次の上3角行列 P と Q の積 PQ は上3角行列だから，AB は上3角行列である．よって，$(n+1)$ 次のときも成り立つ．　(略)

㋐ $\begin{bmatrix}1&0&c\\0&1&d\\0&0&1\end{bmatrix}$ の形である，

㋑ A, B は上3角行列であるから，$i>j$ のとき
　$a_{i1}=a_{i2}=\cdots=a_{ii-1}=0$
かつ
　$b_{ij}=b_{i+1j}=\cdots=b_{nj}=0$

㋒ 上3角行列の全体は乗法に関して閉じている．

㋓ A, B をそれぞれ分割して積を考える．O は$(n,1)$型，$\boldsymbol{a}$ と $\boldsymbol{b}$ は$(1,n)$型，P と Q は(n,n)型行列である．

POINT　正方行列 $A=(a_{ij})$ が上3角行列
　$\iff$ $i>j$ のとき $a_{ij}=0$
乗法に関しては閉じている．

問題 14 対称行列・交代行列

行列 P の転置を ${}^tP$ と表す．n 次正方行列 P が ${}^tP=P$ を満たすとき，対称行列といい，${}^tP=-P$ を満たすとき，交代行列という．

(1) n 次正方行列 A に対して

$$B=\frac{1}{2}(A+{}^tA),\quad C=\frac{1}{2}(A-{}^tA)$$

とおくとき，B は対称行列，C は交代行列であることを示せ．

(2) n 次正方行列 A は，対称行列と交代行列の和としてただ一通りに表されることを示せ．

(3) 次の正方行列 A を対称行列と交代行列の和で表せ．

$$A=\begin{bmatrix} 3 & 4 & -8 \\ 6 & -5 & 4 \\ 10 & 2 & 7 \end{bmatrix}$$

解説 (m, n) 行列 $A=[a_{ij}]$の行と列を入れ換えてできる(n, m)行列$[a_{ji}]$を，A の**転置行列**と呼ぶ．転置行列は ${}^tA$ または A' などと表す．

$$A=\begin{bmatrix} a_{11} & a_{12} & \cdots & a_{1n} \\ a_{21} & a_{22} & \cdots & a_{2n} \\ \vdots & \vdots & & \vdots \\ a_{m1} & a_{m2} & \cdots & a_{mn} \end{bmatrix} \text{ のとき，} {}^tA=\begin{bmatrix} a_{11} & a_{21} & \cdots & a_{m1} \\ a_{12} & a_{22} & \cdots & a_{m2} \\ \vdots & \vdots & & \vdots \\ a_{1n} & a_{2n} & \cdots & a_{mn} \end{bmatrix}$$

これは，次の性質をもつ．

$${}^t({}^tA)=A,\quad {}^t(A+B)={}^tA+{}^tB,\quad {}^t(kA)=k\,{}^tA,\quad {}^t(AB)={}^tB\,{}^tA$$

A と同じ型の行列 $B=[b_{ij}]$ と転置行列 ${}^tB=[b_{ji}]$ を考えると証明は容易である．

さて，本問題の文中にある**対称行列**，**交代行列**を 3 次の正方行列 $P=[p_{ij}]$ の場合について考えてみると

$${}^tP=P \iff \begin{bmatrix} p_{11} & p_{21} & p_{31} \\ p_{12} & p_{22} & p_{32} \\ p_{13} & p_{23} & p_{33} \end{bmatrix}=\begin{bmatrix} p_{11} & p_{12} & p_{13} \\ p_{21} & p_{22} & p_{23} \\ p_{31} & p_{32} & p_{33} \end{bmatrix} \iff p_{ij}=p_{ji} \quad (i \neq j)$$

$${}^tP=-P \iff \begin{bmatrix} p_{11} & p_{21} & p_{31} \\ p_{12} & p_{22} & p_{32} \\ p_{13} & p_{23} & p_{33} \end{bmatrix}=\begin{bmatrix} -p_{11} & -p_{12} & -p_{13} \\ -p_{21} & -p_{22} & -p_{23} \\ -p_{31} & -p_{32} & -p_{33} \end{bmatrix} \iff \begin{cases} p_{ii}=0 \\ p_{ji}=-p_{ij} \\ \qquad (i \neq j) \end{cases}$$

すなわち，対称行列 $P=\begin{bmatrix} a & d & e \\ d & b & f \\ e & f & c \end{bmatrix}$，交代行列 $P=\begin{bmatrix} 0 & d & e \\ -d & 0 & f \\ -e & -f & 0 \end{bmatrix}$となる．

解答

(1)　$B=\frac{1}{2}(A+{}^tA)$，$C=\frac{1}{2}(A-{}^tA)$ のとき

$${}^tB=\frac{1}{2}{}^t(A+{}^tA)=\frac{1}{2}\{{}^tA+{}^t({}^tA)\}=\frac{1}{2}({}^tA+A)$$ ㋐ A

$${}^tC=\frac{1}{2}{}^t(A-{}^tA)=\frac{1}{2}\{{}^tA-{}^t({}^tA)\}=\frac{1}{2}({}^tA-A)$$ B

$$=-\frac{1}{2}(A-{}^tA)$$

よって，${}^tB=B$　かつ ${}^tC=-C$ を満たすので，B は対称行列，C は交代行列である． C

(2)　(1) から，$A=B+C$ となるので，行列 A は，対称行列 B と交代行列 C の和として表せる． A

次に，一意性を示す．

行列 A が対称行列B_i と交代行列 C_i を用いて

$$A=B_1+C_1=B_2+C_2$$ ㋑

のように 2 通りで表せたとすると B

$$B_1-B_2=C_2-C_1(=P \text{ とおく})$$

このとき，${}^tP={}^t(B_1-B_2)={}^tB_1-{}^tB_2=B_1-B_2=P$

$${}^tP={}^t(C_2-C_1)={}^tC_2-{}^tC_1=-C_2+C_1=-P$$

したがって　$P=-P$ ㋒　　$\therefore\ P=O$

よって，$B_1=B_2$ かつ $C_1=C_2$ となり，一意性も示された．以上から，題意は示された． C

(3)　$A=\begin{bmatrix}3&4&-8\\6&-5&4\\10&2&7\end{bmatrix}$のとき，${}^tA=\begin{bmatrix}3&6&10\\4&-5&2\\-8&4&7\end{bmatrix}$

したがって，(1)，(2) の結果から

$$B=\begin{bmatrix}3&5&1\\5&-5&3\\1&3&7\end{bmatrix},\ C=\begin{bmatrix}0&-1&-9\\1&0&1\\9&-1&0\end{bmatrix}$$ A

よって，対称行列＋交代行列として

$$A=\begin{bmatrix}3&5&1\\5&-5&3\\1&3&7\end{bmatrix}+\begin{bmatrix}0&-1&-9\\1&0&1\\9&-1&0\end{bmatrix}$$ ……(答) B

㋐　転置行列の性質から，
${}^t(kA)=k\,{}^tA$
${}^t(A+B)={}^tA+{}^tB$
${}^t({}^tA)=A$
を用いた．

㋑　見かけ上は 2 通りあるとして，$B_1=B_2$，$C_1=C_2$ を導き，一意性を示す．

㋒　${}^tP=P$ かつ ${}^tP=-P$ より．

POINT　(2) は (1) の結果がすでにあるので，一意性を示すことになる．ここでは，1 次独立性を示す問題と同様に，2 通りに表現できたとして，それが結局は一致することを示す．

問題 15 ケーリー・ハミルトンの定理

(1) 2次の正方行列 $A=\begin{bmatrix} a & b \\ c & d \end{bmatrix}$ は，次の等式を満たすことを示せ．

$$A^2-(a+d)A+(ad-bc)E=O$$

(2) $A^2=A$ を満たす2次の正方行列をすべて求めよ．

解説 本問の (1) は，**ケーリー・ハミルトンの定理**と呼ばれるが，この2次正方行列 A において $a+d$ を A の**トレース（対角和）**，$ad-bc$ を行列 A の**行列式**（determinant）と呼び，それぞれ $\mathrm{tr}A$，$\det A$ と表す．

$$\mathrm{tr}A=a+d,\quad \det A=ad-bc$$

ケーリー・ハミルトンの定理の証明は解答に委ねる（Chapter 8 問題 71 参照）．

ケーリー・ハミルトンを用いた例題を考えてみよう．

（例） $A=\begin{bmatrix} a & b \\ c & d \end{bmatrix}$ が $A^2-3A-10E=O$ を満たすとき，$a+d$，$ad-bc$ の値を求めてみよう．

$A=\begin{bmatrix} a & b \\ c & d \end{bmatrix}$ は $A^2-(a+d)A+(ad-bc)E=O$ を満たすから，条件式とから A^2 の項を消去して，$(a+d)A-(ad-bc)E=3A+10E$

$$(a+d-3)A=(ad-bc+10)E$$

(i) $a+d-3\neq 0$ のとき

$A=kE$ となるので，与式に代入して $(kE)^2-3kE-10E=O$

$$(k^2-3k-10)E=O \qquad E\neq O \text{ より } \quad k^2-3k-10=0$$

$$(k+2)(k-5)=0 \qquad \therefore \quad k=-2,5$$

$$\therefore \quad A=-2E=\begin{bmatrix} -2 & 0 \\ 0 & -2 \end{bmatrix} \quad \text{または} \quad A=5E=\begin{bmatrix} 5 & 0 \\ 0 & 5 \end{bmatrix}$$

(ii) $a+d-3=0$ のとき $(ad-bc+10)E=0A=O$ より

$$ad-bc+10=0$$

よって $(a+d,ad-bc)=(-4,4)$，$(10,25)$，$(3,-10)$

ここでは，$A^2-(a+d)A+(ad-bc)E=O$ と $A^2-3A-10E=O$ の A の1次の係数と単位行列 E の係数を単純に比較して，$a+d=3$，$ad-bc=-10$ としてはいけないことに注意しよう．

解答

(1)　$A=\begin{bmatrix} a & b \\ c & d \end{bmatrix}$のとき

$$\underset{㋐}{A^2-(a+d)A}=A(A-(a+d)E)$$

$$=\begin{bmatrix} a & b \\ c & d \end{bmatrix}\begin{bmatrix} -d & b \\ c & -a \end{bmatrix}$$ A

$$=\begin{bmatrix} bc-ad & 0 \\ 0 & bc-ad \end{bmatrix}$$

$$=-(ad-bc)E$$ B

よって　$A^2-(a+d)A+(ad-bc)E=O$ C

(2)　$A^2=A$ のとき，(1) の等式から

$$A-(a+d)A+(ad-bc)E=O$$

$$(a+d-1)A=(ad-bc)E \quad \cdots\cdots ①$$ A

(i)　$a+d-1 \neq 0$ のとき，

①は $\underset{㋑}{A=kE}$ となるので，$A^2=A$ に代入して

$(kE)^2=kE$　　$\underset{㋒}{(k^2-k)E=O}$

$E \neq O$ から　$k^2-k=0$　　∴　$k=0, 1$

したがって　　$A=O$，E B

(ii)　$a+d-1=0$ のとき；

①から　$ad-bc=0$

∴　$d=1-a$，$bc=ad=a(1-a)$ C

㋓ $b \neq 0$ ならば，$a=p$，$b=q$ とおいて

$$c=\frac{p(1-p)}{q}, \quad d=1-p$$

㋔ $b=0$ ならば　$(a, d)=(0, 1)$，$(1, 0)$

$c=r$　（r は任意） D

よって，求める行列 A は

$$\begin{bmatrix} 0 & 0 \\ 0 & 0 \end{bmatrix}, \begin{bmatrix} 1 & 0 \\ 0 & 1 \end{bmatrix}, \begin{bmatrix} 0 & 0 \\ r & 1 \end{bmatrix}, \begin{bmatrix} 1 & 0 \\ r & 0 \end{bmatrix},$$

$$\begin{bmatrix} p & q \\ \dfrac{p(1-p)}{q} & 1-p \end{bmatrix} \quad \cdots\cdots(答)$$ E

（ただし，p，q，r は $q \neq 0$ で任意）

㋐　ケーリー・ハミルトンの証明方法はいくつかある．

$A^2-(a+d)A$

$=\begin{bmatrix} a & b \\ c & d \end{bmatrix}\begin{bmatrix} a & b \\ c & d \end{bmatrix}-(a+d)\begin{bmatrix} a & b \\ c & d \end{bmatrix}$

$=\begin{bmatrix} bc-ad & 0 \\ 0 & bc-ad \end{bmatrix}$

$=-(ad-bc)E$

としてもよい．

㋑　$A=\dfrac{ad-bc}{a+d-1}E=kE$

A は単位型．

㋒　一般に $pA=O$ のときは

$p=0$　または　$A=O$

ここでは $E \neq O$ に注意．

㋓　一般に，1 つの等式があれば 1 文字が消せる．ここでは，2 つの等式

$\begin{cases} a+d-1=0 \\ ad-bc=0 \end{cases}$ があるので

$a \sim d$ から 2 文字を消去して，2 文字で表せる．

㋔　$b=0$ のとき，

$a(1-a)=0$

POINT　ケーリー・ハミルトンでは，係数比較を単純に行うというミスを犯しやすいので，注意しよう．

問題 16　2次の正方行列の n 乗

(1)　$A=\begin{bmatrix} 3 & 4 \\ 0 & 1 \end{bmatrix}$のとき，$A^n$ を推定し，それが正しいことを数学的帰納法で示せ．

(2)　$A=\begin{bmatrix} 1 & 2 \\ -1 & 4 \end{bmatrix}$のとき，$A^n$ を求めよ．

解説　一般に，正方行列 A の n 乗を求めるには，推定法あるいはケーリー・ハミルトンの定理をうまく利用する方法などがある．

[1]　**数学的帰納法の利用**

A^2，A^3 などから A^n を推定し，これが成り立つことを数学的帰納法によって証明する．とくに，次の場合は数学的帰納法から求められる代表的なもの．

(1)　**対角行列**　$\begin{bmatrix} a & 0 \\ 0 & b \end{bmatrix}^n=\begin{bmatrix} a^n & 0 \\ 0 & b^n \end{bmatrix}$　(ときには証明なしに用いてもよい)

(2)　**3角行列**　$\begin{bmatrix} a & b \\ 0 & a \end{bmatrix}^n=\begin{bmatrix} a^n & nba^{n-1} \\ 0 & a^n \end{bmatrix}$，$\begin{bmatrix} a & 0 \\ c & a \end{bmatrix}^n=\begin{bmatrix} a^n & 0 \\ nca^{n-1} & a^n \end{bmatrix}$

[2]　**ケーリー・ハミルトンの定理の利用**

(1)　$A=\begin{bmatrix} a & b \\ c & d \end{bmatrix}$，$ad-bc=0$ のとき　$A^2=(a+d)A$ から，$A^n=(a+d)^{n-1}A$

(2)　$A=\begin{bmatrix} a & b \\ c & -a \end{bmatrix}$のとき $A^2=(a^2+bc)E$ から　$\begin{cases} A^{2n}=(a^2+bc)^nE \\ A^{2n-1}=(a^2+bc)^{n-1}A \end{cases}$

(3)　**除法の原理の利用**　A と E が可換であることから，ケーリー・ハミルトンから導かれる $A^2+\alpha A+\beta E=O$ を用いて

$$A^n=(A^2+\alpha A+\beta E)Q(A)+pA+qE=pA+qE$$

とする．$AE=EA=A$ が成り立つから，$x^2+\alpha x+\beta=0$ のとき x^n の値を求める解法と同じ要領で A^n を求めることができる．

[3]　**その他**

(1)　回転行列　$\begin{bmatrix} \cos\theta & -\sin\theta \\ \sin\theta & \cos\theta \end{bmatrix}^n=\begin{bmatrix} \cos n\theta & -\sin n\theta \\ \sin n\theta & \cos n\theta \end{bmatrix}$

(2)　固有値の利用　(問題 69 参照)

(3)　漸化式の利用　$A^{n+1}=AA^n$(または A^nA) から

$\begin{bmatrix} a_{n+1} & b_{n+1} \\ c_{n+1} & d_{n+1} \end{bmatrix}=\begin{bmatrix} a & b \\ c & d \end{bmatrix}\begin{bmatrix} a_n & b_n \\ c_n & d_n \end{bmatrix}$として，各数列の漸化式を作る．

解答

(1)　$A=\begin{bmatrix} a & b \\ 0 & d \end{bmatrix}$ とおくとき，$A^{n+1}=A^nA$ により ㋐

$A^2=\begin{bmatrix} a^2 & b(a+d) \\ 0 & d^2 \end{bmatrix}$，$A^3=\begin{bmatrix} a^3 & b(a^2+ad+d^2) \\ 0 & d^3 \end{bmatrix}$

これより，$a \neq d$ のとき

$$A^n=\begin{bmatrix} a^n & \dfrac{b(a^n-d^n)}{a-d} \\ 0 & d^n \end{bmatrix}$$ ㋑

すなわち　$A^n=\begin{bmatrix} 3^n & 2(3^n-1) \\ 0 & 1 \end{bmatrix}$ A　……①

と推定できる．これを数学的帰納法で示す．

（i）　$n=1$ のとき，自明．B

（ii）　$n=k$ のとき，①が成り立つと仮定すると

$$A^{k+1}=A^kA=\begin{bmatrix} 3^k & 2(3^k-1) \\ 0 & 1 \end{bmatrix}\begin{bmatrix} 3 & 4 \\ 0 & 1 \end{bmatrix}$$

$$=\begin{bmatrix} 3^{k+1} & 4\cdot 3^k+2(3^k-1) \\ 0 & 1 \end{bmatrix}=\begin{bmatrix} 3^{k+1} & 2(3^{k+1}-1) \\ 0 & 1 \end{bmatrix}$$ C

よって，$n=k+1$ のときも成り立つので，推定は正しい．D

(2)　ケーリー・ハミルトンから $A^2-5A+6E=O$ A

$A^n=(A^2-5A+6E)Q(A)+pA+qE$ B ㋒

とおく．一方，

$x^n=(x^2-5x+6)Q(x)+px+q$

$=(x-3)(x-2)Q(x)+px+q$ とおくと

$3^n=3p+q$，$2^n=2p+q$ ㋓

$\therefore\ p=3^n-2^n$，$q=3\cdot 2^n-2\cdot 3^n$ C

よって，求める A^n は

$$A^n=pA+qE$$

$$=(3^n-2^n)\begin{bmatrix} 1 & 2 \\ -1 & 4 \end{bmatrix}+(3\cdot 2^n-2\cdot 3^n)\begin{bmatrix} 1 & 0 \\ 0 & 1 \end{bmatrix}$$

$$=\begin{bmatrix} 2^{n+1}-3^n & 2(3^n-2^n) \\ 2^n-3^n & 2\cdot 3^n-2^n \end{bmatrix}$$ ……(答) D

㋐　$A=\begin{pmatrix} 3 & 4 \\ 0 & 1 \end{pmatrix}$ のまま計算してもよいが，3角行列の n 乗を推定するときは，本問のようにまずは文字に置き換えて推定するとよい．

㋑　A^n の (1,2) 成分は
$b(a^{n-1}+a^{n-2}d+\cdots+d^{n-1})$
$=\dfrac{b(a^n-d^n)}{a-d}$

㋒　$AE=EA=A$
が成り立つので，整式のように割り算ができる．

㋓　$x^n=(x-3)(x-2)Q(x)+px+q$
は x の恒等式だから，x にどのような値を代入しても成り立つ．ここでは
$x=3$，2 とおいた．

POINT　あとで固有値による一般の行列の n 乗計算が出てくるが，2次行列ではこうして解くのがラクなこともある．

問題 17　特殊な行列の n 乗

次の行列 A の n 乗を求めよ．ただし，(2) は n 次正方行列 A とする．

(1) $\begin{bmatrix} a & 0 & 0 & 0 \\ 1 & a & 0 & 0 \\ 0 & 1 & a & 0 \\ 0 & 0 & 1 & a \end{bmatrix}$　　(2) $\begin{bmatrix} 0 & a & & & \\ & 0 & a & & \\ & & \ddots & \ddots & \\ & & & 0 & a \\ & & & & 0 \end{bmatrix}$

解説　正方行列 A，B が**可換**すなわち $AB=BA$ が成り立つとき

$$(A+B)^2=(A+B)(A+B)=A^2+AB+BA+B^2=A^2+AB+AB+B^2$$
$$=A^2+2AB+B^2$$
$$(A+B)^3=(A+B)^2(A+B)=(A^2+2AB+B^2)(A+B)$$
$$=A^3+A^2B+2ABA+2AB^2+B^2A+B^3$$
$$=A^3+3A^2B+3AB^2+B^3 \quad (\because \quad ABA=A^2B,\ B^2A=AB^2)$$

となるが，これは数式の場合の乗法の公式と同じ結果になる．

一般には，$(A+B)^n=(A+B)(A+B)(A+B)\cdots(A+B)(A+B)$ の右辺を分配法則で展開したときの各項は，右辺の n 個の $A+B$ から，それぞれ A または B を取り出してその順に並べたもの，たとえば

$$ABAA\cdots BBA$$

のようになるが，行列 A と B が可換であるときは，この積は B の個数が r 個ならば次の形に整理される．

$$A^{n-r}B^r \quad (r=0, 1, 2, \cdots, n)$$

ところで，$A^{n-r}B^r$ は n 個の $A+B$ から B を取り出す r 個の因数の選び方の個数 ${}_n\mathrm{C}_r$ 個だけある．よって，**2 項定理**が適用できて

$$(A+B)^n=\sum_{r=0}^{n} {}_n\mathrm{C}_r A^{n-r}B^r \quad (AB=BA)$$

が成り立つ．本問の (1) は

$$A=\begin{bmatrix} a & 0 & 0 & 0 \\ 0 & a & 0 & 0 \\ 0 & 0 & a & 0 \\ 0 & 0 & 0 & a \end{bmatrix}+\begin{bmatrix} 0 & 0 & 0 & 0 \\ 1 & 0 & 0 & 0 \\ 0 & 1 & 0 & 0 \\ 0 & 0 & 1 & 0 \end{bmatrix}=aE+T$$

とおいて，aE と T が可換であることに着目して，$A^n=(aE+T)^n$ に 2 項定理を適用すればよい．

(2) は，2 項定理は適用できない．$A^2, A^3, \cdots\cdots$ を具体的に計算して，0 以外の成分の変化に着目してみよう．

解答

(1)　$A=\begin{bmatrix} a & 0 & 0 & 0 \\ 0 & a & 0 & 0 \\ 0 & 0 & a & 0 \\ 0 & 0 & 0 & a \end{bmatrix}+\begin{bmatrix} 0 & 0 & 0 & 0 \\ 1 & 0 & 0 & 0 \\ 0 & 1 & 0 & 0 \\ 0 & 0 & 1 & 0 \end{bmatrix}=aE+T$

㋐ T^2，T^3，T^4 を順次計算して

$$T^2=\begin{bmatrix} 0 & 0 & 0 & 0 \\ 0 & 0 & 0 & 0 \\ 1 & 0 & 0 & 0 \\ 0 & 1 & 0 & 0 \end{bmatrix},\quad T^3=\begin{bmatrix} 0 & 0 & 0 & 0 \\ 0 & 0 & 0 & 0 \\ 0 & 0 & 0 & 0 \\ 1 & 0 & 0 & 0 \end{bmatrix}$$

$$T^4=\begin{bmatrix} 0 & 0 & 0 & 0 \\ 0 & 0 & 0 & 0 \\ 0 & 0 & 0 & 0 \\ 0 & 0 & 0 & 0 \end{bmatrix}=O$$

これより，$n\geqq 4$ のとき　　$T^n=O$

aE と T は交換可能だから，$n\geqq 4$ のとき

㋑
$$\begin{aligned} A^n&=(aE+T)^n \\ &=(aE)^n+{}_n\mathrm{C}_1(aE)^{n-1}T+{}_n\mathrm{C}_2(aE)^{n-2}T^2 \\ &\quad+{}_n\mathrm{C}_3(aE)^{n-3}T^3+{}_n\mathrm{C}_4(aE)^{n-4}T^4+\cdots \\ &=a^nE+{}_n\mathrm{C}_1a^{n-1}T+{}_n\mathrm{C}_2a^{n-2}T^2+{}_n\mathrm{C}_3a^{n-3}T^3 \end{aligned}$$

$$\therefore\quad A^n=\begin{bmatrix} a^n & 0 & 0 & 0 \\ {}_n\mathrm{C}_1a^{n-1} & a^n & 0 & 0 \\ {}_n\mathrm{C}_2a^{n-2} & {}_n\mathrm{C}_1a^{n-1} & a^n & 0 \\ {}_n\mathrm{C}_3a^{n-3} & {}_n\mathrm{C}_2a^{n-2} & {}_n\mathrm{C}_1a^{n-1} & a^n \end{bmatrix}$$

これは $n=1, 2, 3$ のときも満たす。㋒　　……(答)

(2)　㋓
$$A=\begin{bmatrix} 0 & a & & & \\ & & a & & \\ & & & \ddots & \\ & & & & a \\ & & & & 0 \end{bmatrix},\quad A^2=\begin{bmatrix} 0 & 0 & a^2 & & \\ & & & \ddots & \\ & & & & a^2 \\ & & & & 0 \\ & & & & 0 \end{bmatrix},$$

$$A^3=\begin{bmatrix} 0 & 0 & 0 & a^3 & \\ & & & & \ddots \\ & & & & a^3 \\ & & & & 0 \\ & & & & 0 \\ & & & & 0 \end{bmatrix},\cdots,A^{n-1}=\begin{bmatrix} & & a^{n-1} \\ & & \\ & & \\ & & \end{bmatrix}$$

よって　　$A^n=O$　　……(答)

㋐　各自，確かめよ。

㋑　一般に，A と B が可換でないときは，$(A+B)^n$ に2項定理は適用できない。本問では，aE と T は可換である。また

$$(aE)^r=a^rE$$

㋒　${}_n\mathrm{C}_1=n$，${}_n\mathrm{C}_2=\dfrac{n(n-1)}{2}$，${}_n\mathrm{C}_3=\dfrac{n(n-1)(n-2)}{6}$ より，

${}_1\mathrm{C}_2={}_1\mathrm{C}_3={}_2\mathrm{C}_3=0$ と解釈すると，$n=1, 2, 3$ のときも A^n は成り立つ。

㋓　(1) の T^n と同様に考える。

POINT　こういう計算はまず $n=2, 3, \cdots$ とやってみること。

練習問題　解答は 190 ページから　第1，2章

1　座標平面上の 3 角形 ABC において，辺 BC を 1：2 に内分する点を P，辺 AC を 3：1 に内分する点を Q，辺 AB を 6：1 に外分する点を R とする．頂点 A，B，C の位置ベクトルをそれぞれ $\vec{a}$，$\vec{b}$，$\vec{c}$ とするとき，次の問に答えよ．

(1)　ベクトル $\overrightarrow{AP}$，$\overrightarrow{AQ}$，$\overrightarrow{AR}$ を $\vec{a}$，$\vec{b}$，$\vec{c}$ で表せ．

(2)　3 点 P，Q，R が一直線上にあることを証明せよ．

2　3 角形 ABC の外心を O，垂心を H，重心を G とする．次のことを証明せよ．

(1)　$\overrightarrow{OH}=\overrightarrow{OA}+\overrightarrow{OB}+\overrightarrow{OC}$

(2)　O，H，G は同一直線上にある（この直線は**オイラー線**とよばれる）．

3　平面上の 3 点 O，A，B は同一直線上にないものとし，線分 OA を 1：3 の比に内分する点を C，線分 OB を 1：m の比に内分する点を D，線分 BC を 2：3 の比に内分する点を E とする．

ただし，m は正の数とする．

(1)　ベクトル $\overrightarrow{DC}$ および $\overrightarrow{DE}$ を m，$\overrightarrow{OA}$，$\overrightarrow{OB}$ を用いて表せ．

(2)　$|\overrightarrow{OA}|=4|\overrightarrow{OB}|$ かつ $\overrightarrow{DE}\perp\overrightarrow{BC}$ であるとき，m の値を求めよ．

4　3 角形の頂点 A，B，C の位置ベクトルを $\vec{a}$，$\vec{b}$，$\vec{c}$ とする．このとき，3 角形の内部または周上の点 P の位置ベクトルは，

$$\alpha\vec{a}+\beta\vec{b}+\gamma\vec{c}\quad(\alpha\geqq 0,\ \beta\geqq 0,\ \gamma\geqq 0,\ \alpha+\beta+\gamma=1)$$

と 1 通りに表されることを示せ．

5　次の各問いに答えよ．

(1)　4 面体において，同一平面上にない 2 辺の対は何組あるか．また，各対の辺の中点を結んで得られる線分は 1 点で交わることを示せ．

(2)　4 面体が正 4 面体のとき，上の線分間の角を求めよ．

6　3 次元空間における 3 つの単位ベクトル $\vec{a}$，$\vec{b}$，$\vec{c}$ がある．$\vec{a}$ と $\vec{b}$ のなす角は 45°，$\vec{a}$ と $\vec{c}$ のなす角は 60°，$\vec{b}$ と $\vec{c}$ は垂直である．

このとき，$\vec{a}+x\vec{b}+y\vec{c}$ の大きさが最小となる x と y の値を求めよ．

7　2つのベクトル $\vec{a}={}^t[2\ 4\ -2]$，$\vec{b}={}^t[1\ -1\ 2]$ のなす角度と，これらのベクトルで作る平行四辺形の面積を求めよ．

8　座標空間において直線

$$l:\begin{bmatrix}x\\y\\z\end{bmatrix}=\begin{bmatrix}0\\10\\3\end{bmatrix}+t\begin{bmatrix}2\\-3\\1\end{bmatrix}$$

と直交し，点 A(1,1,2) を通る平面を π とする．

(1)　平面 π の方程式を求めよ．

(2)　平面 π と直線 l との交点を求めよ．

9　平面 α と2つの直線 g，h を

$$\alpha:\begin{bmatrix}6\\7\\4\end{bmatrix}\cdot\begin{bmatrix}x\\y\\z\end{bmatrix}-2=0,\quad g:\begin{bmatrix}x\\y\\z\end{bmatrix}=t\begin{bmatrix}1\\-3\\4\end{bmatrix},\quad h:\begin{bmatrix}x\\y\\z\end{bmatrix}=\begin{bmatrix}13\\-2\\-2\end{bmatrix}+t\begin{bmatrix}6\\-1\\8\end{bmatrix}$$

とする．

(1)　平面 $\beta: ax+by+cz+d=0$ と平面 α の交線 l が点 $(-4,2,3)$ を通り，直線 g と交わっているという．この交線 l の方程式を求めよ．

(2)　平面 β と原点との距離が2に等しいという．この平面 β の方程式を求めよ．

(3)　原点を通り，直線 l および直線 h と交わる直線の方程式を求めよ．

10　3つのベクトル $\vec{a_1}$，$\vec{a_2}$，$\vec{a_3}$ を

$$\vec{a_1}=\begin{bmatrix}1\\1\\0\end{bmatrix},\quad \vec{a_2}=\begin{bmatrix}2\\0\\1\end{bmatrix},\quad \vec{a_3}=\begin{bmatrix}2\\2\\3\end{bmatrix}$$

とする．

(1)　ベクトル $\vec{a_1}$ に平行で，長さが1であるベクトルを1つ求めよ．

(2)　(1) で求めたベクトルを $\vec{u_1}$ とする．ベクトル

$$\vec{a_2}-(\vec{u_1}\cdot\vec{a_2})\vec{u_1}\qquad\cdots\cdots①$$

とベクトル $\vec{a_2}$ との内積を求めよ．

(3)　(2) のベクトル①に平行で，長さが1であるベクトルを $\vec{u_2}$ とする．

ベクトル $\vec{u_3}=\vec{a_3}-\alpha\vec{u_1}-\beta\vec{u_2}$ が $\vec{u_1}$ と $\vec{u_2}$ の両方に直交するように α，β を求めよ．

11 次の行列 A, B, C, D がある.

$$A=\begin{bmatrix}1 & 2 & 3\\4 & 5 & 6\\7 & 8 & 9\end{bmatrix},\ B=\begin{bmatrix}2 & 1 & 0\\1 & 0 & -1\\0 & -1 & -2\end{bmatrix},\ C=\begin{bmatrix}1 & 2\\6 & 3\\5 & 4\end{bmatrix},\ D=\begin{bmatrix}1 & 0 & -1\\1 & 3 & 4\end{bmatrix}$$

(1) $4A-3B$ を計算せよ.

(2) CD と DC を計算せよ.

12 行列 $A=\begin{bmatrix}1 & 1 & 0\\0 & 1 & 1\\0 & 0 & 1\end{bmatrix}$ を,対称行列と交代行列の和で表せ.

13 次の行列の積を求めよ.

$$\begin{bmatrix}1 & -2 & 3 & 1 & 0\\4 & 7 & 5 & 0 & 1\\0 & 0 & 0 & 8 & 9\\0 & 0 & 0 & 3 & 2\end{bmatrix}\begin{bmatrix}1 & 0 & 0 & 1 & 2\\0 & 1 & 0 & 3 & 4\\0 & 0 & 1 & 5 & 6\\3 & -1 & 4 & 0 & 0\\-1 & 2 & -1 & 0 & 0\end{bmatrix}$$

14 次の各条件を満たす2次の実正方行列はどのような形をしているか.

(1) $A^2=O$, $A\neq O$

(2) $A^2=E$

15 A の転置行列を ${}^tA$ と書く.このとき,

${}^t(AB)={}^tB\,{}^tA$ となることを証明せよ.

16　実正方行列 A が ${}^tAA=A{}^tA=E$ (E は単位行列) を満たすとき，A を直交行列という．次の行列が直交行列になるように a，b，c，d の値を定めよ．

$$A=\frac{1}{2}\begin{bmatrix}1 & 1 & 1 & a\\ 1 & -1 & 1 & b\\ 1 & 1 & -1 & c\\ 1 & -1 & -1 & d\end{bmatrix}$$

17　$A=\begin{bmatrix}1 & 2\\ a & b\end{bmatrix}$，$B=\begin{bmatrix}b & -2\\ -a & 1\end{bmatrix}$ とする．

(1)　$A^2-(b+1)A$ を計算せよ．

(2)　A^5B^4 を計算せよ．

(3)　$A^5=\begin{bmatrix}0 & 0\\ 0 & 0\end{bmatrix}$ のとき，a と b の値を求めよ．

18　a，b，c，d を実数とし，$E=\begin{bmatrix}1 & 0\\ 0 & 1\end{bmatrix}$ とする．行列 $A=\begin{bmatrix}a & b\\ c & d\end{bmatrix}$ は $ad-bc=1$ を満たし，E の実数倍ではないとする．さらに，$p=a+d$ とする．このとき，次の問いに答えよ．

(1)　等式 $A^2=pA-E$ を証明せよ．

(2)　$A^3=E$ となるとき，p の値を求めよ．

(3)　$p^2+p-1=0$ は，$A^5=E$ であるための必要十分条件であることを示せ．

19 次の行列 A について，A^n を求めよ．

(1) $A=\begin{bmatrix} 0 & 0 & 0 & 1 \\ 0 & 0 & 1 & 0 \\ 0 & 1 & 0 & 0 \\ 1 & 0 & 0 & 0 \end{bmatrix}$　　(2) $A=\begin{bmatrix} 0 & 0 & 1 & 0 \\ 0 & 0 & 0 & 1 \\ -1 & 0 & 0 & 0 \\ 0 & -1 & 0 & 0 \end{bmatrix}$

(3) $A=\begin{bmatrix} 2 & 1 \\ -1 & 4 \end{bmatrix}$

20 $A=\begin{bmatrix} 0 & a_{12} & a_{13} & \cdots & a_{1n} \\ 0 & 0 & a_{23} & \cdots & a_{2n} \\ \vdots & & \ddots & & \vdots \\ 0 & 0 & 0 & \cdots & a_{n-1\,n} \\ 0 & 0 & 0 & \cdots & 0 \end{bmatrix}$ は，$A^n=O$ となることを証明せよ．

21 行列Aについて次のことを証明せよ．

(1) 任意の 2 次の正方行列 X に対して

$$AX=XA \implies A=aE$$

(2) 任意の n 次の正方行列 X に対して

$$AX=XA \implies A=aE$$

Chapter 3

階数（rank）と連立方程式の解法

問題 18 行列の基本変形

行列 $A=\begin{bmatrix} -3 & 4 & 5 & 1 \\ 1 & 0 & -2 & -5 \\ 2 & 7 & -1 & -6 \end{bmatrix}$ に，次の基本変形(1)〜(10)をこの順に行え．

（1） 1行と2行を入れかえる　（2） 2行に1行×3を加える
（3） 3行に1行×(−2) を加える　（4） 2行×(−1)
（5） 2列と3列を入れかえる　（6） 1行に2行×2を加える
（7） 3行に2行×(−3) を加える　（8） 3行×$\frac{1}{19}$
（9） 1行に3行×8を加える　（10） 2行に3行×4を加える

解 説　$m\times n$ 行列 A の行と列に対して次の変形を考える．

(1) **行基本変形**　行列 A に関する次の操作を行基本変形という．
① A の i 行を c 倍する（$c\neq 0$）．
② A の i 行に，j 行の c 倍を加える．
③ A の i 行と j 行を交換する．

(2) **列基本変形**　行列 A に関する次の操作を列基本変形という．
① A の i 列を c 倍する（$c\neq 0$）．
② A の i 列に，j 列の c 倍を加える．
③ A の i 列と j 列を交換する．

行基本変形と列基本変形を，まとめて**基本変形**という．行列 A に基本変形を何回か行って行列 B が得られるとき，$A\to B$ で表す．

（例）
$$A=\begin{bmatrix} 1 & 5 & 8 & -1 \\ 1 & 7 & 14 & -3 \\ 2 & 7 & 7 & 2 \end{bmatrix} \xrightarrow[\text{③}+\text{①}\times(-2)]{\text{②}-\text{①}} \begin{bmatrix} 1 & 5 & 8 & -1 \\ 0 & 2 & 6 & -2 \\ 0 & -3 & -9 & 4 \end{bmatrix}$$
$$\xrightarrow[\text{②}\times\frac{1}{2}]{} \begin{bmatrix} 1 & 5 & 8 & -1 \\ 0 & 1 & 3 & -1 \\ 0 & -3 & -9 & 4 \end{bmatrix} \xrightarrow[\text{③}+\text{②}\times 3]{\text{①}+\text{②}\times(-5)} \begin{bmatrix} 1 & 0 & -7 & 4 \\ 0 & 1 & 3 & -1 \\ 0 & 0 & 0 & 1 \end{bmatrix}$$
$$\xrightarrow[\boxed{3}\leftrightarrow\boxed{4}]{} \begin{bmatrix} 1 & 0 & 4 & -7 \\ 0 & 1 & -1 & 3 \\ 0 & 0 & 1 & 0 \end{bmatrix} \xrightarrow[\text{②}+\text{③}]{\text{①}+\text{③}\times(-4)} \begin{bmatrix} 1 & 0 & 0 & -7 \\ 0 & 1 & 0 & 3 \\ 0 & 0 & 1 & 0 \end{bmatrix}$$

（ただし，③+①×(−2) は3行に1行を−2倍したものを加えることを表し，$\boxed{3}\leftrightarrow\boxed{4}$ は3列と4列を交換することを表す．）

この行列の基本変形は，ほぼ同じような方法で，

行列の階数，逆行列の計算，連立1次方程式の解法

などに用いられて，線形代数ではきわめて重要な考え方の1つである．

解 答

$$\underset{㋐}{A}=\begin{bmatrix} -3 & 4 & 5 & 1 \\ 1 & 0 & -2 & -5 \\ 2 & 7 & -1 & -6 \end{bmatrix}$$

$$\xrightarrow[\text{①}\leftrightarrow\text{②}]{(1)}\begin{bmatrix} 1 & 0 & -2 & -5 \\ -3 & 4 & 5 & 1 \\ 2 & 7 & -1 & -6 \end{bmatrix}$$

$$\xrightarrow[\text{②}+\text{①}\times 3]{(2)}\begin{bmatrix} 1 & 0 & -2 & -5 \\ 0 & 4 & -1 & -14 \\ 2 & 7 & -1 & -6 \end{bmatrix}$$

$$\xrightarrow[\text{③}+\text{①}\times(-2)]{(3)}\begin{bmatrix} 1 & 0 & -2 & -5 \\ 0 & 4 & -1 & -14 \\ 0 & 7 & 3 & 4 \end{bmatrix}$$ A

$$\xrightarrow[\text{②}\times(-1)]{(4)}\begin{bmatrix} 1 & 0 & -2 & -5 \\ 0 & -4 & 1 & 14 \\ 0 & 7 & 3 & 4 \end{bmatrix}$$

$$\xrightarrow[\boxed{2}\leftrightarrow\boxed{3}]{(5)}\begin{bmatrix} 1 & -2 & 0 & -5 \\ 0 & 1 & -4 & 14 \\ 0 & 3 & 7 & 4 \end{bmatrix}$$

$$\xrightarrow[\text{①}+\text{②}\times 2]{(6)}\begin{bmatrix} 1 & 0 & -8 & 23 \\ 0 & 1 & -4 & 14 \\ 0 & 3 & 7 & 4 \end{bmatrix}$$

$$\xrightarrow[\text{③}+\text{②}\times(-3)]{(7)}\begin{bmatrix} 1 & 0 & -8 & 23 \\ 0 & 1 & -4 & 14 \\ 0 & 0 & 19 & -38 \end{bmatrix}$$ B

$$\xrightarrow[\text{③}\times\frac{1}{19}]{(8)}\begin{bmatrix} 1 & 0 & -8 & 23 \\ 0 & 1 & -4 & 14 \\ 0 & 0 & 1 & -2 \end{bmatrix}$$

$$\xrightarrow[\text{①}+\text{③}\times 8]{(9)}\begin{bmatrix} 1 & 0 & 0 & 7 \\ 0 & 1 & -4 & 14 \\ 0 & 0 & 1 & -2 \end{bmatrix}$$

$$\xrightarrow[\text{②}+\text{③}\times 4]{(10)}\begin{bmatrix} 1 & 0 & 0 & 7 \\ 0 & 1 & 0 & 6 \\ 0 & 0 & 1 & -2 \end{bmatrix}$$ C

㋐　左の変形を次のような表にまとめることがある．

	基本変形
−3　4　5　1 1　0　−2　−5 2　7　−1　−6	
1　0　−2　−5 −3　4　5　1 2　7　−1　−6	①↔②
1　0　−2　−5 0　4　−1　−14 2　7　−1　−6	②+①×3
1　0　−2　−5 0　4　−1　−14 0　7　3　4	③+①×(−2)
1　0　−2　−5 0　−4　1　14 0　7　3　4	②×(−1)
1　−2　0　−5 0　1　−4　14 0　3　7　4	2↔3

(以下略)

POINT　この計算は

$$\begin{cases} -3x+4y+5z=\ \ 1 \\ \ \ \ x \qquad\ \ -2z=-5 \\ \ \ 2x+7y-\ z=-6 \end{cases}$$ を

加減法で解いて，$x=7$，$z=6$，$y=-2$ としたのと実質的に同じ．ただし，(5) で y と z の関係が入れ替わっている．

問題 19　行列の階数（rank）(1)

次の行列 A の階数を求めよ．

(1)　$A=\begin{bmatrix} 2 & 1 & -4 & 3 \\ -3 & 1 & 1 & 8 \\ -2 & -1 & 4 & -3 \end{bmatrix}$　　(2)　$A=\begin{bmatrix} 1 & 0 & 2 & -3 \\ 0 & 1 & 2 & 5 \\ 2 & 0 & 8 & 2 \\ 1 & 1 & 4 & 2 \end{bmatrix}$

(3)　$A=\begin{bmatrix} 0 & 0 & 0 & 1 & 0 \\ 0 & 1 & -1 & 0 & 0 \\ -1 & 0 & 0 & -1 & 0 \\ 0 & -1 & 0 & 0 & 1 \\ -1 & 0 & 0 & 0 & 0 \end{bmatrix}$

解説　行列 A は $m\times n$ 行列で $A\neq O$ であるとする．このとき行列 A に基本変形を何回か行って次の形の行列に変形することができる．

$$A \longrightarrow \begin{bmatrix} E_r & X \\ O & O \end{bmatrix} \qquad \cdots\cdots①$$

ここに，E_r は r 次の単位行列，X は適当な $r\times(n-r)$ 行列である．このとき，E_r の対角線上に並ぶ1の個数 r は，A の基本変形の仕方によらずに一意に決まる．この r を行列 A の**階数**（rank）といい，$\mathrm{rank}A$ あるいは $r(A)$ などと表す．問題18の解説で取りあげた（例）は

$$A=\begin{bmatrix} 1 & 5 & 8 & -1 \\ 1 & 7 & 14 & -3 \\ 2 & 7 & 7 & 2 \end{bmatrix} \longrightarrow \begin{bmatrix} 1 & 0 & 0 & -7 \\ 0 & 1 & 0 & 3 \\ 0 & 0 & 1 & 0 \end{bmatrix}$$ より $\mathrm{rank}A=3$ となる．

A が $m\times n$ 行列のとき，明らかに $0\leqq \mathrm{rank}A\leqq m$ かつ $0\leqq \mathrm{rank}A\leqq n$ であり，$\mathrm{rank}A=0$ となるのは $A=O$ のときに限る．

なお，実際には①の形にまで変形しなくても，A を**階段行列**，すなわち

$$A \longrightarrow \begin{bmatrix} a_1\cdots b_1 & & & \\ & a_2\cdots b_2 & & \\ & & \cdots & \\ O & & & a_r\cdots b_r \end{bmatrix}, \quad a_1a_2\cdots a_r\neq 0$$

まで変形できれば，$\mathrm{rank}A=r$ としてよい．たとえば，問題18の（例）では

$$A \longrightarrow \begin{bmatrix} 1 & 0 & -7 & 4 \\ 0 & 1 & 3 & -1 \\ 0 & 0 & 0 & 1 \end{bmatrix}$$ より，3段の階段行列から $\mathrm{rank}A=3$ としてよい．

解答

(1) $A \xrightarrow[\boxed{1}\leftrightarrow\boxed{2}]{} \begin{bmatrix} 1 & 2 & -4 & 3 \\ 1 & -3 & 1 & 8 \\ -1 & -2 & 4 & -3 \end{bmatrix} \xrightarrow[\substack{②-①\\③+①}]{} \begin{bmatrix} 1 & 2 & -4 & 3 \\ 0 & -5 & 5 & 5 \\ 0 & 0 & 0 & 0 \end{bmatrix}$ ㋐ A

$\xrightarrow[②\div(-5)]{} \begin{bmatrix} 1 & 2 & -4 & 3 \\ 0 & 1 & -1 & -1 \\ 0 & 0 & 0 & 0 \end{bmatrix} \xrightarrow[①-②\times 2]{} \begin{bmatrix} 1 & 0 & -2 & 5 \\ 0 & 1 & -1 & -1 \\ 0 & 0 & 0 & 0 \end{bmatrix}$

よって $\mathrm{rank}A=2$ B ……(答)

(2) $A \xrightarrow[\substack{③-①\times 2\\④-①}]{} \begin{bmatrix} 1 & 0 & 2 & -3 \\ 0 & 1 & 2 & 5 \\ 0 & 0 & 4 & 8 \\ 0 & 1 & 2 & 5 \end{bmatrix} \xrightarrow[\substack{④-②\\③\div 4}]{} \begin{bmatrix} 1 & 0 & 2 & -3 \\ 0 & 1 & 2 & 5 \\ 0 & 0 & 1 & 2 \\ 0 & 0 & 0 & 0 \end{bmatrix}$ ㋑ A

$\xrightarrow[\substack{①-③\times 2\\②-③\times 2}]{} \begin{bmatrix} 1 & 0 & 0 & -7 \\ 0 & 1 & 0 & 1 \\ 0 & 0 & 1 & 2 \\ 0 & 0 & 0 & 0 \end{bmatrix}$

よって $\mathrm{rank}A=3$ B ……(答)

(3) $A \xrightarrow[\substack{\boxed{1}\leftrightarrow\boxed{4}\\\boxed{2}\leftrightarrow\boxed{3}}]{} \begin{bmatrix} 1 & 0 & 0 & 0 & 0 \\ 0 & -1 & 1 & 0 & 0 \\ -1 & 0 & 0 & -1 & 0 \\ 0 & 0 & -1 & 0 & 1 \\ 0 & 0 & 0 & -1 & 0 \end{bmatrix}$

$\xrightarrow[③+①]{} \begin{bmatrix} 1 & 0 & 0 & 0 & 0 \\ 0 & -1 & 1 & 0 & 0 \\ 0 & 0 & 0 & -1 & 0 \\ 0 & 0 & -1 & 0 & 1 \\ 0 & 0 & 0 & -1 & 0 \end{bmatrix}$

$\xrightarrow[\substack{⑤-③\\③\leftrightarrow④}]{} \begin{bmatrix} 1 & 0 & 0 & 0 & 0 \\ 0 & -1 & 1 & 0 & 0 \\ 0 & 0 & -1 & 0 & 1 \\ 0 & 0 & 0 & -1 & 0 \\ 0 & 0 & 0 & 0 & 0 \end{bmatrix}$ ㋒ A

よって $\mathrm{rank}A=4$ B ……(答)

㋐ $\begin{bmatrix} 1 & 2 & -4 & 3 \\ 0 & -5 & 5 & 5 \\ 0 & 0 & 0 & 0 \end{bmatrix}$

階段行列から

$\mathrm{rank}A=2$ としてもよい．

㋑ $\begin{bmatrix} 1 & 0 & 2 & -3 \\ 0 & 1 & 2 & 5 \\ 0 & 0 & 1 & 2 \\ 0 & 0 & 0 & 0 \end{bmatrix}$

階段行列から

$\mathrm{rank}A=3$ としてもよい．

㋒ 階段行列から

$\mathrm{rank}A=4$

$\begin{bmatrix} E_r & X \\ O & O \end{bmatrix}$ の形にすると

$\left[\begin{array}{cccc|c} 1 & 0 & 0 & 0 & 0 \\ 0 & 1 & 0 & 0 & -1 \\ 0 & 0 & 1 & 0 & -1 \\ 0 & 0 & 0 & 1 & 0 \\ \hline 0 & 0 & 0 & 0 & 0 \end{array}\right]$

となる．

POINT 階数（rank）は，このあとの連立方程式でも，線形写像でも重要な意味をもつが，ここでは決定のし方をおさえておこう．

問題 20 連立１次方程式（1）

次の連立１次方程式を解け．

$$\begin{cases} 2x-y-z+3u=4 \\ x+2y+z-u=3 \\ x+3y+2z+u=8 \\ 3x+y-2z+2u=-1 \end{cases}$$

解説 $x_1, x_2, \cdots, x_n$ を未知数とする連立１次方程式

$$(*)\quad \begin{cases} a_{11}x_1+a_{12}x_2+\cdots+a_{1n}x_n=b_1 \\ a_{21}x_1+a_{22}x_2+\cdots+a_{2n}x_n=b_2 \\ \quad\cdots\quad\cdots \\ a_{m1}x_1+a_{m2}x_2+\cdots+a_{mn}x_n=b_m \end{cases} \text{は} \begin{bmatrix} a_{11} & a_{12} & \cdots & a_{1n} \\ a_{21} & a_{22} & \cdots & a_{2n} \\ & \cdots & \cdots & \\ a_{m1} & a_{m2} & \cdots & a_{mn} \end{bmatrix} \begin{bmatrix} x_1 \\ x_2 \\ \vdots \\ x_n \end{bmatrix} = \begin{bmatrix} b_1 \\ b_2 \\ \vdots \\ b_m \end{bmatrix}$$

または $A\boldsymbol{x}=\boldsymbol{b}$ $(A=[a_{ij}],\ \boldsymbol{x}={}^t[x_i],\ \boldsymbol{b}={}^t[b_i])$ と表すことができる．
$m\times n$ 行列 A を連立１次方程式（＊）の**係数行列**といい，$\boldsymbol{x}$ をその**解**という．
さらに，$m\times(n+1)$ 行列 $[A\quad \boldsymbol{b}]$ を（＊）の**拡大係数行列**という．

連立１次方程式（＊）は，拡大係数行列 $[A\quad \boldsymbol{b}]$ に行基本変形を施して求めることができる．ここでは $m=n$ のときを学ぼう．

（例） 連立１次方程式 $\begin{cases} x_1-5x_2=-3 \\ 3x_1+2x_2=\ 25 \end{cases}$ を加減法によって解き，変形された各方程式の拡大係数行列をその右側に書いて示せ．

$$\begin{cases} x_1-5x_2=-3\cdots\cdots① \\ 3x_1+2x_2=\ 25\cdots\cdots② \end{cases} \quad : \quad \begin{bmatrix} 1 & -5 & -3 \\ 3 & 2 & 25 \end{bmatrix}$$

まず x_1 を消去する．

$$②+①\times(-3)\ \begin{cases} x_1-5x_2=-3\cdots\cdots① \\ \quad 17x_2=\ 34\cdots\cdots② \end{cases} \quad : \quad \xrightarrow[②+①\times(-3)]{} \begin{bmatrix} 1 & -5 & -3 \\ 0 & 17 & 34 \end{bmatrix}$$

②の係数を１にする．

$$②\times\frac{1}{17}\ \begin{cases} x_1-5x_2=-3\cdots\cdots① \\ \quad x_2=\ 2\cdots\cdots② \end{cases} \quad : \quad \xrightarrow[②\times\frac{1}{17}]{} \begin{bmatrix} 1 & -5 & -3 \\ 0 & 1 & 2 \end{bmatrix}$$

x_2 を消去する．

$$①+②\times5\ \begin{cases} x_1 \quad = \ 7\cdots\cdots① \\ \quad x_2=\ 2\cdots\cdots② \end{cases} \quad : \quad \xrightarrow[①+②\times5]{} \begin{bmatrix} 1 & 0 & 7 \\ 0 & 1 & 2 \end{bmatrix}$$

一般に，$m=n$ のときは，拡大係数行列 $[A\quad \boldsymbol{b}]$ が $[A\quad \boldsymbol{b}]\to[E_n\quad \boldsymbol{d}]$ と変形できれば，連立方程式の解は $\boldsymbol{x}=\boldsymbol{d}$ と一意に定まる．

解答 拡大係数行列に行基本変形を行う.㋐

$$
[A \quad \boldsymbol{b}] = \begin{bmatrix} 1 & 2 & 1 & -1 & 3 \\ 2 & -1 & -1 & 3 & 4 \\ 1 & 3 & 2 & 1 & 8 \\ 3 & 1 & -2 & 2 & -1 \end{bmatrix} ㋑
$$

$$
\xrightarrow[\substack{②-①\times 2 \\ ③-① \\ ④-①\times 3}]{} \begin{bmatrix} 1 & 2 & 1 & -1 & 3 \\ 0 & -5 & -3 & 5 & -2 \\ 0 & 1 & 1 & 2 & 5 \\ 0 & -5 & -5 & 5 & -10 \end{bmatrix} \text{A}
$$

$$
\xrightarrow[\substack{②\leftrightarrow ③ \\ ④\div(-5)}]{} \begin{bmatrix} 1 & 2 & 1 & -1 & 3 \\ 0 & 1 & 1 & 2 & 5 \\ 0 & -5 & -3 & 5 & -2 \\ 0 & 1 & 1 & -1 & 2 \end{bmatrix}
$$

$$
\xrightarrow[\substack{①-②\times 2 \\ ③+②\times 5 \\ (④-②)\div(-3)}]{} \begin{bmatrix} 1 & 0 & -1 & -5 & -7 \\ 0 & 1 & 1 & 2 & 5 \\ 0 & 0 & 2 & 15 & 23 \\ 0 & 0 & 0 & 1 & 1 \end{bmatrix} \text{B}
$$

$$
\xrightarrow[\substack{①+④\times 5 \\ ②-④\times 2 \\ (③-④\times 15)\div 2}]{} \begin{bmatrix} 1 & 0 & -1 & 0 & -2 \\ 0 & 1 & 1 & 0 & 3 \\ 0 & 0 & 1 & 0 & 4 \\ 0 & 0 & 0 & 1 & 1 \end{bmatrix} \text{C}
$$

$$
\xrightarrow[\substack{①+③ \\ ②-③}]{} \begin{bmatrix} 1 & 0 & 0 & 0 & 2 \\ 0 & 1 & 0 & 0 & -1 \\ 0 & 0 & 1 & 0 & 4 \\ 0 & 0 & 0 & 1 & 1 \end{bmatrix} ㋒
$$

よって

$$
\begin{bmatrix} x \\ y \\ z \\ u \end{bmatrix} = \begin{bmatrix} 2 \\ -1 \\ 4 \\ 1 \end{bmatrix} \quad \cdots\cdots(\text{答}) \ \text{D}
$$

㋐ 本問の解法を, **掃き出し法**, **ガウスの消去法**などと呼ぶ.

㋑ 与えられた方程式の1番目と2番目をあらかじめ入れ換えた. $[A \quad \boldsymbol{b}]$ の (1,1) 成分を1にするとよい.

㋒ $[A \quad \boldsymbol{b}] \to [E_n \quad \boldsymbol{d}]$ と変形できた.

POINT どの文字から消去するかで計算のし方は異なるが, 単純計算のくり返しなのでミスをしないためにも, 数字が大きくならない工夫をするのがよい.

問題 21 連立１次方程式（2）

次の連立方程式の一般解を求めよ．

$$\begin{cases} x_1+2x_2-x_3-2x_4+x_5=2 \\ 2x_1+4x_2+x_3+2x_4-2x_5=6 \\ -x_1-2x_2+2x_3+4x_4-2x_5=-1 \\ x_1+2x_2+3x_3+6x_4-3x_5=6 \end{cases}$$

解 説 まず，次の連立１次方程式を解いてみよう．

$$\begin{cases} x_1-\ \ x_2+2x_3=4 \\ 2x_1+\ \ x_2-2x_3=5 \\ 3x_1-2x_2+4x_3=11 \end{cases} \quad \cdots\cdots(*)$$

拡大係数行列に行基本変形を行うと

$$\begin{bmatrix} 1 & -1 & 2 & 4 \\ 2 & 1 & -2 & 5 \\ 3 & -2 & 4 & 11 \end{bmatrix} \xrightarrow[\text{③}+\text{①}\times(-3)]{\text{②}+\text{①}\times(-2)} \begin{bmatrix} 1 & -1 & 2 & 4 \\ 0 & 3 & -6 & -3 \\ 0 & 1 & -2 & -1 \end{bmatrix}$$

$$\xrightarrow[\text{①}+\text{③}]{\text{②}+\text{③}\times(-3)} \begin{bmatrix} 1 & 0 & 0 & 3 \\ 0 & 0 & 0 & 0 \\ 0 & 1 & -2 & -1 \end{bmatrix} \xrightarrow[\text{②}\leftrightarrow\text{③}]{} \begin{bmatrix} 1 & 0 & 0 & 3 \\ 0 & 1 & -2 & -1 \\ 0 & 0 & 0 & 0 \end{bmatrix}$$

よって，連立方程式（$*$）は $\begin{cases} x_1 \qquad\quad =3 \\ x_2-2x_3=-1 \end{cases}$ と同値であり，3 つの未知数 x_1，x_2，x_3 に対して式は１個少ない２個であることがわかる．$x_2-2x_3=-1$ を満たす x_2，x_3 は不定であるから，たとえば x_3 が任意の数をとれるものとして，$x_3=t$ とおくと，$x_1=3$，$x_2=-1+2t$，$x_3=t$ となる．よって，（$*$）の解 $\boldsymbol{x}$ は

$$\boldsymbol{x}=\begin{bmatrix} x_1 \\ x_2 \\ x_3 \end{bmatrix}=\begin{bmatrix} 3 \\ -1+2t \\ t \end{bmatrix}=\begin{bmatrix} 3 \\ -1 \\ 0 \end{bmatrix}+t\begin{bmatrix} 0 \\ 2 \\ 1 \end{bmatrix} \qquad (t \text{ は任意の数})$$

となる．前問と本問からわかるように，連立１次方程式は解ける場合でも，

解が一意であるものと無数にあるもの（不定）

とがある．また，拡大係数行列が

$$[A \quad \boldsymbol{b}] \longrightarrow \begin{bmatrix} 1 & 0 & c_1 & d_1 \\ 0 & 1 & c_2 & d_2 \\ 0 & 0 & 0 & 1 \end{bmatrix}$$ のように変形されたときは，連立１次方程式は解けない（**不能**）ことになる．詳しくは，次の問題で学ぼう．

解答

拡大係数行列に行基本変形を行う.

$$\underset{㋐}{[A\quad \boldsymbol{b}]}=\begin{bmatrix}1&2&-1&-2&1&2\\2&4&1&2&-2&6\\-1&-2&2&4&-2&-1\\1&2&3&6&-3&6\end{bmatrix}$$

$$\xrightarrow[\substack{②-①\times2\\③+①\\④-①}]{}\begin{bmatrix}1&2&-1&-2&1&2\\0&0&3&6&-4&2\\0&0&1&2&-1&1\\0&0&4&8&-4&4\end{bmatrix}\ \text{A}$$

$$\xrightarrow[\substack{①+③\\②-③\times3\\④-③\times4}]{}\begin{bmatrix}1&2&0&0&0&3\\0&0&0&0&-1&-1\\0&0&1&2&-1&1\\0&0&0&0&0&0\end{bmatrix}\ \text{B}$$

$$\xrightarrow[\substack{③-②\\②\times(-1)}]{}\begin{bmatrix}1&2&0&0&0&3\\0&0&0&0&1&1\\0&0&1&2&0&2\\0&0&0&0&0&0\end{bmatrix}$$

$$\xrightarrow[②\leftrightarrow③]{}\begin{bmatrix}1&2&0&0&0&3\\0&0&1&2&0&2\\0&0&0&0&1&1\\0&0&0&0&0&0\end{bmatrix}\ \text{C}$$

したがって，与えられた方程式は次と同値である.㋑

$$\therefore\ \begin{cases}x_1+2x_2=3\\x_3+2x_4=2\\x_5=1\end{cases}$$

よって，㋒s，t を任意定数として，求める一般解は

$$\begin{bmatrix}x_1\\x_2\\x_3\\x_4\\x_5\end{bmatrix}=\begin{bmatrix}3-2s\\s\\2-2t\\t\\1\end{bmatrix}=\begin{bmatrix}3\\0\\2\\0\\1\end{bmatrix}+s\begin{bmatrix}-2\\1\\0\\0\\0\end{bmatrix}+t\begin{bmatrix}0\\0\\-2\\1\\0\end{bmatrix}\ \text{D}$$

……(答)

㋐　未知数5個に対して，条件式（方程式）は4個だから，解は一意に定まることはない．不定か不能のいずれかである.

★連立方程式を解くときは，
行基本変形のみで
列基本変形はしない
ことに注意！
(rank 計算と混同しないコト！)

㋑　未知数5個に対して，条件式は4個から3個になった.

㋒　$x_1+2x_2=3$ および $x_3+2x_4=2$ はいずれも不定形だから，$x_2=s$，$x_4=t$ とおいて

$$\begin{cases}x_1=3-2s\\x_3=2-2t\end{cases}$$ とする.

POINT 不定（解が無数にある）といっても，左の（答）だと，5次元空間内の2次元平面というように，「定まり具合」はいろいろで，それは次の，解の自由度につながる.

問題 22　連立 1 次方程式（3）

次の 3 元連立 1 次方程式を解け．

$$\begin{cases} ax+y+z=3a \\ x+ay+z=2a+1 \\ x+y+az=a+2 \end{cases}$$

解説　$x_1, x_2, \cdots, x_n$ を未知数とする連立 1 次方程式 $A\boldsymbol{x}=\boldsymbol{b}$ の拡大係数行列 $[A \quad \boldsymbol{b}]$ に行基本変形を行って，次の行列が得られたものとする．

$$[A \quad \boldsymbol{b}] \longrightarrow \begin{bmatrix} E_r & C & \boldsymbol{d}_1 \\ O & O & \boldsymbol{d}_2 \end{bmatrix} = \left[\begin{array}{ccc:cccc:c} 1 & & O & c_{1\,r+1} & c_{1\,r+2} & \cdots & c_{1n} & d_1 \\ & \ddots & & \vdots & & & \vdots & \vdots \\ O & & 1 & c_{r\,r+1} & c_{r\,r+2} & \cdots & c_{rn} & d_r \\ \hdashline & & & & & & & d_{r+1} \\ & O & & & O & & & \vdots \\ & & & & & & & d_m \end{array}\right]$$

このとき，次の定理が成り立つ．

(1)　$\mathrm{rank}[A \quad \boldsymbol{b}] \neq \mathrm{rank}A \Longrightarrow$ 解 $\boldsymbol{x}$ は存在しない（不能）．

(2)　$\mathrm{rank}[A \quad \boldsymbol{b}] = \mathrm{rank}A \Longrightarrow$ 解 $\boldsymbol{x}$ は存在する．

（i）　$\mathrm{rank}A=r=n \Longrightarrow$ 解 $\boldsymbol{x}$ は一意で

$$\boldsymbol{x}=\begin{bmatrix} d_1 \\ \vdots \\ d_n \end{bmatrix}$$

（ii）　$\mathrm{rank}A=r<n \Longrightarrow$ 解 $\boldsymbol{x}$ は無数にあり（不定）．

$$\boldsymbol{x}=\begin{bmatrix} x_1 \\ \vdots \\ x_r \\ x_{r+1} \\ x_{r+2} \\ \vdots \\ x_n \end{bmatrix}=\begin{bmatrix} d_1 \\ \vdots \\ d_r \\ 0 \\ 0 \\ \vdots \\ 0 \end{bmatrix}+t_1\begin{bmatrix} -c_{1\,r+1} \\ \vdots \\ -c_{r\,r+1} \\ 1 \\ 0 \\ \vdots \\ 0 \end{bmatrix}+\cdots+t_{n-r}\begin{bmatrix} -c_{1n} \\ \vdots \\ -c_{rn} \\ 0 \\ 0 \\ \vdots \\ 1 \end{bmatrix}$$

となる．（ただし，$t_1, \cdots, t_{n-r}$ は任意の数）

(2) における $n-r=n-\mathrm{rank}A$ を $A\boldsymbol{x}=\boldsymbol{b}$ の解の**自由度**という．（i）のとき自由度は 0 であり，（ii）のとき自由度は自然数となる．（ii）のとき，自由度は任意にとれる媒介変数 t_i の個数 $n-r$ に一致する．

解答

$$[A \quad \boldsymbol{b}] = \begin{bmatrix} 1 & a & 1 & 2a+1 \\ a & 1 & 1 & 3a \\ 1 & 1 & a & a+2 \end{bmatrix}$$ ㋐

$$\xrightarrow[\text{③}-\text{①}]{\text{②}-\text{①}\times a} \begin{bmatrix} 1 & a & 1 & 2a+1 \\ 0 & 1-a^2 & 1-a & 2a(1-a) \\ 0 & 1-a & a-1 & 1-a \end{bmatrix} \cdots\cdots(1)$$ A

したがって

(i)　$a=1$ のとき ㋑

$$[A \quad \boldsymbol{b}] \longrightarrow \begin{bmatrix} 1 & 1 & 1 & 3 \\ 0 & 0 & 0 & 0 \\ 0 & 0 & 0 & 0 \end{bmatrix}$$

$\therefore \quad x=3-s-t, \ y=s, \ z=t$ B　……(答)

(ii)　$a \neq 1$ のとき，(1) より

$$[A \quad \boldsymbol{b}] \longrightarrow \begin{bmatrix} 1 & a & 1 & 2a+1 \\ 0 & 1+a & 1 & 2a \\ 0 & 1 & -1 & 1 \end{bmatrix}$$ ㋒

$$\longrightarrow \begin{bmatrix} 1 & 0 & 1+a & 1+a \\ 0 & 1 & -1 & 1 \\ 0 & 0 & 2+a & a-1 \end{bmatrix} \cdots\cdots(2)$$ C

(イ)　$a=-2$ のとき

$$[A \quad \boldsymbol{b}] \longrightarrow \begin{bmatrix} 1 & 0 & -1 & -1 \\ 0 & 1 & -1 & 1 \\ 0 & 0 & 0 & -3 \end{bmatrix}$$ ㋓ より解なし。D

……(答)

(ロ)　$a \neq 1$ かつ $a \neq -2$ のとき，(2) より

$$[A \quad \boldsymbol{b}] \longrightarrow \begin{bmatrix} 1 & 0 & 0 & \dfrac{3(a+1)}{a+2} \\ 0 & 1 & 0 & \dfrac{2a+1}{a+2} \\ 0 & 0 & 1 & \dfrac{a-1}{a+2} \end{bmatrix}$$ ㋔

$$\therefore \quad x=\frac{3(a+1)}{a+2}, \ y=\frac{2a+1}{a+2}, \ z=\frac{a-1}{a+2}$$ E

……(答)

㋐　与えられた方程式の 1 番目と 2 番目をあらかじめ入れ換えた.

㋑　(1) の 2 行，3 行の成分から $a=1$ と $a \neq 1$ に分けると気づく．$a=1$ のとき，
$\operatorname{rank}[A \quad \boldsymbol{b}] = \operatorname{rank} A = 1$
より自由度は
$3-\operatorname{rank}A=3-1=2$

㋒　$a \neq 1$ のとき，(1) の 2 行，3 行をまず $1-a$ で割る．さらに，行基本変形を行う．

㋓　$\operatorname{rank}[A \quad \boldsymbol{b}]=3$
$\operatorname{rank}A=2$
より，解は存在しない．

㋔　$a+2 \neq 0$ より，(2) の 3 行を $0 \quad 0 \quad 1 \quad \dfrac{a-1}{a+2}$ として，さらに行基本変形を行う．

POINT　$a=1$ のときは，3 つの式はすべて $x+y+z=3$ となり，これは平面の方程式．これを 2 変数のパラメータで表したのが (i) での(答).

問題 23　連立1次同次方程式

次の連立1次同次方程式の基本解を求めよ．

(1) $\begin{cases} x_1+2x_2-4x_3+3x_4=0 \\ x_1-3x_2+x_3+8x_4=0 \\ 3x_1+11x_2-17x_3+4x_4=0 \end{cases}$　　(2) $\begin{cases} 2x_1+x_2-4x_3=0 \\ -3x_1+x_2+x_3=0 \\ -2x_1-x_2+4x_3=0 \end{cases}$

解説　連立1次方程式 $A\boldsymbol{x}=\boldsymbol{0}$，すなわち

$$\begin{cases} a_{11}x_1+a_{12}x_2+\cdots+a_{1n}x_n=0 \\ a_{21}x_1+a_{22}x_2+\cdots+a_{2n}x_n=0 \\ \quad\cdots\qquad\cdots \\ a_{n1}x_1+a_{n2}x_2+\cdots+a_{nn}x_n=0 \end{cases}$$

を**連立1次同次方程式**というが，この方程式は零ベクトル $\boldsymbol{0}$ をつねに解にもつ．このとき，解 $\boldsymbol{0}$ を $A\boldsymbol{x}=\boldsymbol{0}$ の自明な解という．問題21で学んだことと同様に，同次方程式について次の定理が成り立つ．

$x_1, x_2, \cdots, x_n$ を未知数とする連立1次同次方程式 $A\boldsymbol{x}=\boldsymbol{0}$ において，A に行基本変形を行って次の行列が得られたものとする．

$$A \longrightarrow \left[\begin{array}{ccc|cccc} 1 & & O & c_{1\,r+1} & c_{1\,r+2} & \cdots & c_{1n} \\ & \ddots & & \vdots & & & \vdots \\ O & & 1 & c_{r\,r+1} & c_{r\,r+2} & \cdots & c_{rn} \\ \hline & O & & & O & & \end{array}\right] \qquad (r=\mathrm{rank}A)$$

このとき，次が成り立つ．

(1)　$\mathrm{rank}A=r=n \;\Rightarrow\;$ 解 $\boldsymbol{x}$ は自明な解 $\boldsymbol{x}=\boldsymbol{0}$ のみ

(2)　$\mathrm{rank}A=r<n \;\Rightarrow\;$ 解 $\boldsymbol{x}$ は不定となり，

$$\boldsymbol{x}=\begin{bmatrix} x_1 \\ \vdots \\ x_r \\ x_{r+1} \\ x_{r+2} \\ \vdots \\ x_n \end{bmatrix}=t_1\begin{bmatrix} -c_{1\,r+1} \\ \vdots \\ -c_{r\,r+1} \\ 1 \\ 0 \\ \vdots \\ 0 \end{bmatrix}+t_2\begin{bmatrix} -c_{1\,r+2} \\ \vdots \\ -c_{r\,r+2} \\ 0 \\ 1 \\ \vdots \\ 0 \end{bmatrix}+\cdots+t_{n-r}\begin{bmatrix} -c_{1n} \\ \vdots \\ -c_{rn} \\ 0 \\ 0 \\ \vdots \\ 1 \end{bmatrix}$$

$$=t_1\boldsymbol{x}_1+t_2\boldsymbol{x}_2+\cdots+t_{n-r}\boldsymbol{x}_{n-r}$$

(2) のとき，同次方程式 $A\boldsymbol{x}=\boldsymbol{0}$ は自明でない解をもつというが，この解の組 $\langle \boldsymbol{x}_1, \boldsymbol{x}_2, \cdots, \boldsymbol{x}_{n-r} \rangle$ を $A\boldsymbol{x}=\boldsymbol{0}$ の**基本解**という．このとき，基本解を作るベクトルの個数は $A\boldsymbol{x}=\boldsymbol{0}$ の自由度 $n-\mathrm{rank}A$ に等しいことに注意しよう．

解 答

(1) $A=\begin{bmatrix}1 & 2 & -4 & 3\\ 1 & -3 & 1 & 8\\ 3 & 11 & -17 & 4\end{bmatrix}\xrightarrow[③-①\times3]{②-①}\begin{bmatrix}1 & 2 & -4 & 3\\ 0 & -5 & 5 & 5\\ 0 & 5 & -5 & -5\end{bmatrix}$

$\xrightarrow[②\div(-5)]{③+②}\begin{bmatrix}1 & 2 & -4 & 3\\ 0 & 1 & -1 & -1\\ 0 & 0 & 0 & 0\end{bmatrix}\xrightarrow[①-②\times2]{}\begin{bmatrix}1 & 0 & -2 & 5\\ 0 & 1 & -1 & -1\\ 0 & 0 & 0 & 0\end{bmatrix}$ A

したがって，連立方程式の㋐一般解は

$$\boldsymbol{x}=\begin{bmatrix}x_1\\ x_2\\ x_3\\ x_4\end{bmatrix}=t_1\begin{bmatrix}2\\ 1\\ 1\\ 0\end{bmatrix}+t_2\begin{bmatrix}-5\\ 1\\ 0\\ 1\end{bmatrix}$$

（t_1，t_2 は任意の数）

よって，㋑基本解は $\left\langle\begin{bmatrix}2\\ 1\\ 1\\ 0\end{bmatrix},\ \begin{bmatrix}-5\\ 1\\ 0\\ 1\end{bmatrix}\right\rangle$ ……(答) B

(2) $A=\begin{bmatrix}2 & 1 & -4\\ -3 & 1 & 1\\ -2 & -1 & 4\end{bmatrix}\xrightarrow[③+①]{②+①}\begin{bmatrix}2 & 1 & -4\\ -1 & 2 & -3\\ 0 & 0 & 0\end{bmatrix}$

$\xrightarrow[①+②]{}\begin{bmatrix}1 & 3 & -7\\ -1 & 2 & -3\\ 0 & 0 & 0\end{bmatrix}\xrightarrow[②+①]{}\begin{bmatrix}1 & 3 & -7\\ 0 & 5 & -10\\ 0 & 0 & 0\end{bmatrix}$ A

$\xrightarrow[②\div5]{}\begin{bmatrix}1 & 3 & -7\\ 0 & 1 & -2\\ 0 & 0 & 0\end{bmatrix}\xrightarrow[①-②\times3]{}\begin{bmatrix}1 & 0 & -1\\ 0 & 1 & -2\\ 0 & 0 & 0\end{bmatrix}$ B

したがって，連立方程式の㋒一般解は

$$\boldsymbol{x}=\begin{bmatrix}x_1\\ x_2\\ x_3\end{bmatrix}=t\begin{bmatrix}1\\ 2\\ 1\end{bmatrix}\qquad (t\text{ は任意の数})$$

よって，㋓基本解は $\left\langle\begin{bmatrix}1\\ 2\\ 1\end{bmatrix}\right\rangle$ ……(答) C

㋐ $\begin{cases}x_1-2x_3+5x_4=0\\ x_2-\ x_3-\ x_4=0\end{cases}$
より，$x_3=t_1$，$x_4=t_2$ とおくと
$\begin{cases}x_1=2t_1-5t_2\\ x_2=\ t_1+\ t_2\end{cases}$

㋑ $n-\text{rank}\,A=4-2=2$ より，基本解はベクトル 2 個からなる.

㋒ $\begin{cases}x_1-\ x_3=0\\ x_2-2x_3=0\end{cases}$
より，$x_3=t$ とおくと
$x_1=t$，　$x_2=2t$

㋓ $n-\text{rank}\,A=3-2=1$ より，基本解はベクトル 1 個からなる.

POINT (2)は図形的に考えれば，原点を通る 3 平面の交わり（共通）部分を考えていて，$\text{rank}\,A=2<3$ なので，直線になったということだ.

問題 24　逆行列の基本

(1)　$\begin{bmatrix} 3 & 4 \\ 5 & 7 \end{bmatrix} X = \begin{bmatrix} 1 & 3 \\ 2 & 4 \end{bmatrix}$ を満たす正方行列 X を求めよ．

(2)　$A = \begin{bmatrix} 3 & -5 & 6 \\ 0 & 1 & 3 \\ 0 & 0 & -4 \end{bmatrix}$ のとき，A^{-1} を求めよ．

解 説　n 次の正方行列 A，n 次の単位行列 E に対して

$$AX = XA = E$$

を満たす n 次の行列 X が存在するとき，A は**正則である**という．このような X はただ1つ存在するが，X を A の**逆行列**といい A^{-1} で表す．
すなわち，　$AA^{-1} = A^{-1}A = E$

まず，2次の正方行列 $A = \begin{bmatrix} a & b \\ c & d \end{bmatrix}$ に対して A^{-1} を求めてみよう．

$AX = E = \begin{bmatrix} 1 & 0 \\ 0 & 1 \end{bmatrix}$ となる X を，$X = \begin{bmatrix} x & u \\ y & v \end{bmatrix}$ とおくと

$\begin{bmatrix} a & b \\ c & d \end{bmatrix}\begin{bmatrix} x & u \\ y & v \end{bmatrix} = \begin{bmatrix} 1 & 0 \\ 0 & 1 \end{bmatrix}$ から

$$\begin{cases} ax + by = 1 \cdots\cdots ① & au + bv = 0 \cdots\cdots ② \\ cx + dy = 0 \cdots\cdots ③ & cu + dv = 1 \cdots\cdots ④ \end{cases}$$

①，③から $(ad-bc)x = d$，$(ad-bc)y = -c$

②，④から $(ad-bc)u = -b$，$(ad-bc)v = a$

したがって，$|A| = ad - bc \neq 0$ のとき，x，y，u，v が求められて

$$X = A^{-1} = \frac{1}{|A|}\begin{bmatrix} d & -b \\ -c & a \end{bmatrix} = \frac{1}{ad-bc}\begin{bmatrix} d & -b \\ -c & a \end{bmatrix}$$

$|A| = 0$ とすると，$a = b = c = d = 0$ となり，①，④に矛盾する．よって，①〜④を満たす x，y，u，v はないので，A の逆行列は存在しない．

(例)　$A = \begin{bmatrix} 3-x & 3 \\ 4 & 2-x \end{bmatrix}$ が逆行列をもたないような x の値は

$|A| = (3-x)(2-x) - 3\cdot 4 = x^2 - 5x - 6 = 0$ から，$x = 6$，-1 となる．

また，A^{-1}，B^{-1} が存在するとき，次が成り立つ．

(1)　$(A^{-1})^{-1} = A$，$(AB)^{-1} = B^{-1}A^{-1}$

(2)　$AX = B \Rightarrow X = A^{-1}B$，$XA = B \Rightarrow X = BA^{-1}$

解答

(1) $\begin{vmatrix} 3 & 4 \\ 5 & 7 \end{vmatrix} = 3\cdot 7 - 4\cdot 5 = 1 \neq 0$ だから，

$\begin{bmatrix} 3 & 4 \\ 5 & 7 \end{bmatrix}^{-1}$ は存在して，A $\begin{bmatrix} 3 & 4 \\ 5 & 7 \end{bmatrix}^{-1} = \begin{bmatrix} 7 & -4 \\ -5 & 3 \end{bmatrix}$ B
㋐

よって，$\begin{bmatrix} 3 & 4 \\ 5 & 7 \end{bmatrix} X = \begin{bmatrix} 1 & 3 \\ 2 & 4 \end{bmatrix}$ の左から $\begin{bmatrix} 3 & 4 \\ 5 & 7 \end{bmatrix}^{-1}$ を掛けて

$$X = \begin{bmatrix} 3 & 4 \\ 5 & 7 \end{bmatrix}^{-1} \begin{bmatrix} 1 & 3 \\ 2 & 4 \end{bmatrix}$$

$$= \begin{bmatrix} 7 & -4 \\ -5 & 3 \end{bmatrix} \begin{bmatrix} 1 & 3 \\ 2 & 4 \end{bmatrix} = \begin{bmatrix} -1 & 5 \\ 1 & -3 \end{bmatrix}$$ C ……(答)

(2) $X = \begin{bmatrix} x_{11} & x_{12} & x_{13} \\ x_{21} & x_{22} & x_{23} \\ x_{31} & x_{32} & x_{33} \end{bmatrix}$ が $XA = E$ を満たすとして

$$\begin{bmatrix} x_{11} & x_{12} & x_{13} \\ x_{21} & x_{22} & x_{23} \\ x_{31} & x_{32} & x_{33} \end{bmatrix} \begin{bmatrix} 3 & -5 & 6 \\ 0 & 1 & 3 \\ 0 & 0 & -4 \end{bmatrix} = \begin{bmatrix} 1 & 0 & 0 \\ 0 & 1 & 0 \\ 0 & 0 & 1 \end{bmatrix}$$ A

これより，次の連立 1 次方程式を得る．

$$\begin{cases} 3x_{11} = 1 \\ 3x_{21} = 0 \\ 3x_{31} = 0 \end{cases} \quad \begin{cases} -5x_{11} + x_{12} = 0 \\ -5x_{21} + x_{22} = 1 \\ -5x_{31} + x_{32} = 0 \end{cases}$$

$$\begin{cases} 6x_{11} + 3x_{12} - 4x_{13} = 0 \\ 6x_{21} + 3x_{22} - 4x_{23} = 0 \\ 6x_{31} + 3x_{32} - 4x_{33} = 1 \end{cases}$$ B

よって $X = \begin{bmatrix} \frac{1}{3} & \frac{5}{3} & \frac{7}{4} \\ 0 & 1 & \frac{3}{4} \\ 0 & 0 & -\frac{1}{4} \end{bmatrix}$ となり，これは，
㋑

$AX = E$ も満たすので，求める A^{-1} である． C
㋒

……(答)

㋐ $ad - bc \neq 0$ のとき

$$\begin{bmatrix} a & b \\ c & d \end{bmatrix}^{-1} = \frac{1}{ad - bc} \begin{bmatrix} d & -b \\ -c & a \end{bmatrix}$$

(2) A が正則 ⇔ 行列式 $|A| \neq 0$ で（問題 34），3 角行列式

$$\begin{vmatrix} a_{11} & a_{12} & \cdots & a_{1n} \\ & a_{22} & \cdots & a_{2n} \\ & & \ddots & \\ O & & & a_{nn} \end{vmatrix} = a_{11}a_{22}\cdots a_{nn}$$ から

$$|A| = \begin{vmatrix} 3 & -5 & 6 \\ 0 & 1 & 3 \\ 0 & 0 & -4 \end{vmatrix} = 3\cdot 1\cdot(-4) \neq 0$$ より，

A は正則で A^{-1} は存在する．

㋑ $3x_{11} = 1$ から，$x_{11} = \frac{1}{3}$

$-5\cdot\frac{1}{3} + x_{12} = 0$ から

$x_{12} = \frac{5}{3}$

$6\cdot\frac{1}{3} + 3\cdot\frac{5}{3} - 4x_{13} = 0$ から

$x_{13} = \frac{7}{4}$

他の成分も同様．

㋒ $XA = E \Rightarrow AX = E$ はじつは一般に成り立つ．

POINT 逆行列を求める方法には次の掃き出し法（問題 25）や余因子行列によるもの（問題 34）がある．

問題 25　掃き出し法による逆行列

行列の基本変形により，次の行列 A，B の逆行列を求めよ．

(1)　$A=\begin{bmatrix}1&1&1\\2&3&5\\3&5&12\end{bmatrix}$　　(2)　$B=\begin{bmatrix}0&0&2&1\\0&3&1&0\\4&1&0&0\\1&0&0&0\end{bmatrix}$

解説　正方行列 A の逆行列 A^{-1} については，問題 34 でも学ぶが，ここでは，連立 1 次方程式を掃き出し法で解く方法と同じ要領で逆行列を求めてみよう．

たとえば，$A=\begin{bmatrix}a_{11}&a_{12}&a_{13}\\a_{21}&a_{22}&a_{23}\\a_{31}&a_{32}&a_{33}\end{bmatrix}$ が正則であるとき，$A^{-1}=\begin{bmatrix}x_1&y_1&z_1\\x_2&y_2&z_2\\x_3&y_3&z_3\end{bmatrix}$ は

$AA^{-1}=E$，すなわち $\begin{bmatrix}a_{11}&a_{12}&a_{13}\\a_{21}&a_{22}&a_{23}\\a_{31}&a_{32}&a_{33}\end{bmatrix}\begin{bmatrix}x_1&y_1&z_1\\x_2&y_2&z_2\\x_3&y_3&z_3\end{bmatrix}=\begin{bmatrix}1&0&0\\0&1&0\\0&0&1\end{bmatrix}$ を満たすので，

3 つの連立 1 次方程式 $A\begin{bmatrix}x_1\\x_2\\x_3\end{bmatrix}=\begin{bmatrix}1\\0\\0\end{bmatrix}$，$A\begin{bmatrix}y_1\\y_2\\y_3\end{bmatrix}=\begin{bmatrix}0\\1\\0\end{bmatrix}$，$A\begin{bmatrix}z_1\\z_2\\z_3\end{bmatrix}=\begin{bmatrix}0\\0\\1\end{bmatrix}$ を解くことと同値である．したがって，拡大係数行列を用いて行基本変形を行う**掃き出し法**が適用できる．

> n 次行列 A においては，A が正則のとき $n\times 2n$ 行列 $[A\quad E]$ に行基本変形を用いて，$[E\quad B]$ の形に直すことができるが，このとき $B=A^{-1}$ となる．

たとえば，$A=\begin{bmatrix}3&2&0\\-7&-6&1\\9&7&-1\end{bmatrix}$ の逆行列 A^{-1} を求めてみよう．

$$[A\quad E]=\left[\begin{array}{ccc:ccc}3&2&0&1&0&0\\-7&-6&1&0&1&0\\9&7&-1&0&0&1\end{array}\right]\xrightarrow[\text{①}-(\text{②}+\text{③})]{}\left[\begin{array}{ccc:ccc}1&1&0&1&-1&-1\\-7&-6&1&0&1&0\\9&7&-1&0&0&1\end{array}\right]$$

$$\xrightarrow[\substack{\text{②}+\text{①}\times 7\\ \text{③}+\text{①}\times(-9)}]{}\left[\begin{array}{ccc:ccc}1&1&0&1&-1&-1\\0&1&1&7&-6&-7\\0&-2&-1&-9&9&10\end{array}\right]\xrightarrow[\text{③}+\text{②}\times 2]{}\left[\begin{array}{ccc:ccc}1&1&0&1&-1&-1\\0&1&1&7&-6&-7\\0&0&1&5&-3&-4\end{array}\right]$$

$$\xrightarrow[\substack{\text{②}+\text{③}\times(-1)=\text{②}'\\ \text{①}+\text{②}'\times(-1)}]{}\left[\begin{array}{ccc:ccc}1&0&0&-1&2&2\\0&1&0&2&-3&-3\\0&0&1&5&-3&-4\end{array}\right]\qquad\therefore\quad A^{-1}=\begin{bmatrix}-1&2&2\\2&-3&-3\\5&-3&-4\end{bmatrix}$$

解 答

(1)　$[A\quad E]=\left[\begin{array}{ccc:ccc}1&1&1&1&0&0\\2&3&5&0&1&0\\3&5&12&0&0&1\end{array}\right]$

$\xrightarrow[\substack{②-①\times2\\③-①\times3}]{}\left[\begin{array}{ccc:ccc}1&1&1&1&0&0\\0&1&3&-2&1&0\\0&2&9&-3&0&1\end{array}\right]$ A

$\xrightarrow[\substack{①-②\\(③-②\times2)\times\frac{1}{3}}]{}\left[\begin{array}{ccc:ccc}1&0&-2&3&-1&0\\0&1&3&-2&1&0\\0&0&1&\frac{1}{3}&-\frac{2}{3}&\frac{1}{3}\end{array}\right]$

$\xrightarrow[\substack{①+③\times2\\②-③\times3}]{}\left[\begin{array}{ccc:ccc}1&0&0&\frac{11}{3}&-\frac{7}{3}&\frac{2}{3}\\0&1&0&-3&3&-1\\0&0&1&\frac{1}{3}&-\frac{2}{3}&\frac{1}{3}\end{array}\right]\underset{㋐}{=}[E\quad A^{-1}]$

よって $A^{-1}=\dfrac{1}{3}\begin{bmatrix}11&-7&2\\-9&9&-3\\1&-2&1\end{bmatrix}$ ……(答) B

(2)　$[B\quad E]\xrightarrow[\substack{①\leftrightarrow④\\②\leftrightarrow③\\㋑}]{}\left[\begin{array}{cccc:cccc}1&0&0&0&0&0&0&1\\4&1&0&0&0&0&1&0\\0&3&1&0&0&1&0&0\\0&0&2&1&1&0&0&0\end{array}\right]$

$\xrightarrow[②-①\times4]{}\left[\begin{array}{cccc:cccc}1&0&0&0&0&0&0&1\\0&1&0&0&0&0&1&-4\\0&3&1&0&0&1&0&0\\0&0&2&1&1&0&0&0\end{array}\right]$ A

$\xrightarrow[㋒]{}\left[\begin{array}{cccc:cccc}1&0&0&0&0&0&0&1\\0&1&0&0&0&0&1&-4\\0&0&1&0&0&1&-3&12\\0&0&0&1&1&-2&6&-24\end{array}\right]$

$=[E\quad B^{-1}]$

よって $B^{-1}=\begin{bmatrix}0&0&0&1\\0&0&1&-4\\0&1&-3&12\\1&-2&6&-24\end{bmatrix}$ ……(答) B

㋐　左半分を単位行列 E にした．

㋑　下3角の成分が0になるようにするために，交換した．

㋒　③−②×3，さらに④−③×2

POINT　以上で，掃き出し法計算のさまざまな利用法を見てきたが，行列式計算においても，これに似た計算をすることがある．単純で確実な方法なので習熟しておこう．

Chapter 4

行列式とその計算

問題 26 置換

次の置換 P を互換の積として表し，偶置換か奇置換かを述べよ．

(1) $\begin{pmatrix} 1 & 2 & 3 & 4 & 5 & 6 \\ 3 & 6 & 2 & 5 & 4 & 1 \end{pmatrix}$ (2) $\begin{pmatrix} 1 & 2 & 3 & \cdots & n-1 & n \\ n & n-1 & n-2 & \cdots & 2 & 1 \end{pmatrix}$

解説 ここでは，行列式を学ぶための準備として，**置換**と呼ばれる写像について学ぶ．2つの集合 X，Y があり，X のどの要素 x にも Y の要素 y が1つ対応しているとき，この対応 f を X から Y への**写像**といい，$f：X \to Y$ で表す．x が y に対応しているとき，y を x の**像**といい，$f(x)$ で表す．また，x を y の**原像**という．

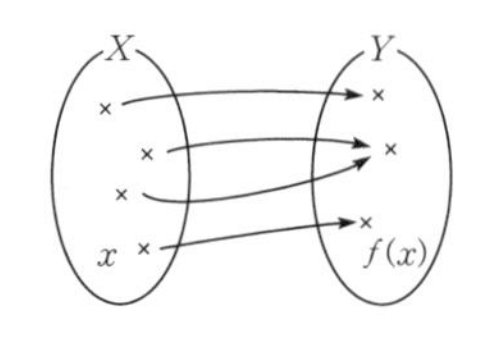

[1] **置 換**

集合 $\{1, 2, \cdots, n\}$ をそれ自身にうつす1対1の写像

$$1 \to \sigma(1),\ 2 \to \sigma(2),\ 3 \to \sigma(3),\ \cdots,\ n \to \sigma(n) \qquad \cdots\cdots①$$

すなわち，$\sigma(1), \sigma(2), \sigma(3), \cdots, \sigma(n)$ が $1, 2, 3, \cdots, n$ の順列であるとき，①を**置換**といい，次のように表す．

$$\begin{pmatrix} 1 & 2 & 3 & \cdots & n \\ \sigma(1) & \sigma(2) & \sigma(3) & \cdots & \sigma(n) \end{pmatrix}$$

$p \neq q$ のとき，置換 $p \to q$，$q \to p$（p，q 以外の文字は動かさない）を**互換**と呼び，(p, q) で表す．また，置換 $P：p \to q$，$Q：q \to r$ に対し，置換 $p \to r$ を P と Q の積といい，QP と表す（順番に注意！）．一般に，$PQ \neq QP$ である．

置換 $I = \begin{pmatrix} 1 & 2 & \cdots & n \\ 1 & 2 & \cdots & n \end{pmatrix}$ を**恒等置換**という．置換 P に対して $PQ = QP = I$ となる Q を P の**逆置換**といい，$Q = P^{-1}$ と表す．

（例） $P = \begin{pmatrix} 1 & 2 & 3 \\ 3 & 1 & 2 \end{pmatrix}$，　$Q = \begin{pmatrix} 1 & 2 & 3 \\ 1 & 3 & 2 \end{pmatrix}$ のときは

$$PQ = \begin{pmatrix} 1 & 2 & 3 \\ 3 & 2 & 1 \end{pmatrix},\quad QP = \begin{pmatrix} 1 & 2 & 3 \\ 2 & 1 & 3 \end{pmatrix},\quad P^{-1} = \begin{pmatrix} 1 & 2 & 3 \\ 2 & 3 & 1 \end{pmatrix}$$

[2] **偶置換・奇置換**

任意の置換 P は互換の積として表される．その表し方は1通りではないが，積で表した互換の個数が偶数であるか奇数であるかは P に対して決まる．偶数のとき P を**偶置換**，奇数のとき**奇置換**という．n 個の文字の置換は $n!$ 個あるが，$n \geqq 2$ のとき，偶置換・奇置換はともに $\dfrac{n!}{2}$ 個ある．

解答

(1) 下段の順列3 6 2 5 4 1の左端から互換を順次行なって上段の順列に帰着させる．

$$\begin{array}{cccccccc} & 3 & 6 & 2 & 5 & 4 & 1 \\ (1,3) & \downarrow & \downarrow & \downarrow & \downarrow & \downarrow & \downarrow \\ & 1 & 6 & 2 & 5 & 4 & 3 \\ (2,6) & \downarrow & \downarrow & \downarrow & \downarrow & \downarrow & \downarrow \\ & 1 & 2 & 6 & 5 & 4 & 3 \\ (3,6) & \downarrow & \downarrow & \downarrow & \downarrow & \downarrow & \downarrow \\ & 1 & 2 & 3 & 5 & 4 & 6 \\ (4,5) & \downarrow & \downarrow & \downarrow & \downarrow & \downarrow & \downarrow \\ & 1 & 2 & 3 & 4 & 5 & 6 \end{array}$$ A

この操作を逆に行ったものが P であるから

$$P=(1,3)(2,6)(3,6)(4,5)$$ B

よって，P は偶置換である． C ……(答)

(2) n の偶奇で場合を分ける． A

(i) $n=2k$（偶数）のとき

$$P=\begin{pmatrix}1 & n & 2 & n-1 & \cdots & k & k+1 \\ n & 1 & n-1 & 2 & \cdots & k+1 & k\end{pmatrix}$$

$$=(1,n)(2,n-1)(3,n-2)\cdots(k,k+1)$$ B

したがって，P は k 個の互換の積だから

$k=2m \Longleftrightarrow n=4m$ のとき，偶置換

$k=2m+1 \Longleftrightarrow n=4m+2$ のとき，奇置換 C

(ii) $n=2k+1$（奇数）のとき

$$P=\begin{pmatrix}1 & n & 2 & n-1 & \cdots & k & k+2 & k+1 \\ n & 1 & n-1 & 2 & \cdots & k+2 & k & k+1\end{pmatrix}$$

$$=(1,n)(2,n-1)(3,n-2)\cdots(k,k+2)$$ D

したがって，P は k 個の互換の積だから

$k=2m \Longleftrightarrow n=4m+1$ のとき，偶置換

$k=2m+1 \Longleftrightarrow n=4m+3$ のとき，奇置換

以上から，$n=4m$，$4m+1$ のとき，偶置換

$n=4m+2$，$4m+3$ のとき，奇置換 E

……(答)

㋐ 互換 $(1,3)$
1と3のみを入れ換えて，これ以外はそのまま．

㋑ P は4個の互換の積だから偶置換．表し方は1通りではない．たとえば
$P=(4,5)(3,6)(2,3)(1,6)$
でもよい．

㋒ n は偶数だから，

$1 \quad 2 \quad \cdots \quad k \quad k+1 \quad n-1 \quad n$

のように2個ずつに分割できる．

㋓ n は奇数だから，㋒のように2個ずつに分割すると中央の $k+1$ だけが残る．

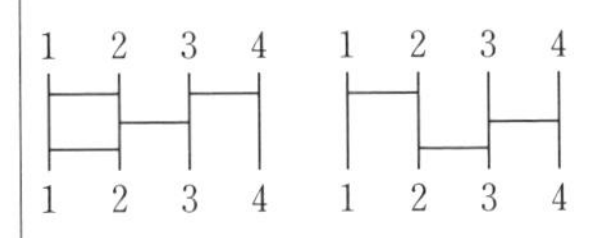

POINT この置換は，次の行列式の定義のための準備だが上のアミダくじも置換を表し，横線の数の偶奇が偶置換か奇置換かに対応している．

問題 27　行列式とサラスの方法

(1)　次の行列式の値を求めよ（サラスの方法を用いよ）．

① $\begin{vmatrix} 1 & 1 & 1 \\ 2 & -1 & 1 \\ 1 & 2 & -1 \end{vmatrix}$　　② $\begin{vmatrix} 8 & 1 & 6 \\ 3 & 5 & 7 \\ 4 & 9 & 2 \end{vmatrix}$

(2)　$\begin{vmatrix} 1 & 4 & 7 \\ 2 & 5 & 8 \\ x & 6 & x^2 \end{vmatrix}=0$, $\begin{vmatrix} x-1 & -8 \\ 10 & x^2 \end{vmatrix}=0$ を同時に満たす x の値を求めよ．

解説　置換 σ の符号 $\mathrm{sgn}(\sigma)$ を次のように定義する（sgn は sign の略）．

$$\mathrm{sgn}(\sigma)=\begin{cases} 1 & (\sigma \text{ が偶置換}) \\ -1 & (\sigma \text{ が奇置換}) \end{cases}$$

さて，n 次の正方行列 $A=[a_{ij}]$ に対して，各列から 1 つずつ，同じ行から重複なく計 n 個の成分をとってできる積 $a_{\sigma(1)1}a_{\sigma(2)2}\cdots a_{\sigma(n)n}$ に置換の符号 $\mathrm{sgn}(\sigma)$ を掛けて作った総和

$$\sum \mathrm{sgn}(\sigma)\, a_{\sigma(1)1}\, a_{\sigma(2)2}\cdots a_{\sigma(n)n} \quad (a_{\sigma(k)k} \text{ は } (\sigma(k), k) \text{成分})$$

を行列 $A=[a_{ij}]$ の**行列式**という．$\det A$，$|A|$，$D(A)$ などと表す．
det，D は determinant の略である．2 次，3 次の場合は

$$\begin{vmatrix} a_{11} & a_{12} \\ a_{21} & a_{22} \end{vmatrix}=\mathrm{sgn}\begin{pmatrix} 1 & 2 \\ 1 & 2 \end{pmatrix}a_{11}a_{22}+\mathrm{sgn}\begin{pmatrix} 1 & 2 \\ 2 & 1 \end{pmatrix}a_{21}a_{12}=a_{11}a_{22}-a_{21}a_{12}$$

$$\begin{aligned}\begin{vmatrix} a_{11} & a_{12} & a_{13} \\ a_{21} & a_{22} & a_{23} \\ a_{31} & a_{32} & a_{33} \end{vmatrix}&=\mathrm{sgn}\begin{pmatrix} 1 & 2 & 3 \\ 1 & 2 & 3 \end{pmatrix}a_{11}a_{22}a_{33}+\mathrm{sgn}\begin{pmatrix} 1 & 2 & 3 \\ 2 & 3 & 1 \end{pmatrix}a_{21}a_{32}a_{13} \\ &+\mathrm{sgn}\begin{pmatrix} 1 & 2 & 3 \\ 3 & 1 & 2 \end{pmatrix}a_{31}a_{12}a_{23}+\mathrm{sgn}\begin{pmatrix} 1 & 2 & 3 \\ 1 & 3 & 2 \end{pmatrix}a_{11}a_{32}a_{23} \\ &+\mathrm{sgn}\begin{pmatrix} 1 & 2 & 3 \\ 3 & 2 & 1 \end{pmatrix}a_{31}a_{22}a_{13}+\mathrm{sgn}\begin{pmatrix} 1 & 2 & 3 \\ 2 & 1 & 3 \end{pmatrix}a_{21}a_{12}a_{33}\end{aligned}$$

$$=a_{11}a_{22}a_{33}+a_{21}a_{32}a_{13}+a_{31}a_{12}a_{23}-a_{11}a_{32}a_{23}-a_{31}a_{22}a_{13}-a_{21}a_{12}a_{33}$$

となる．これは，次のように覚えると便利である．**サラスの方法**という．

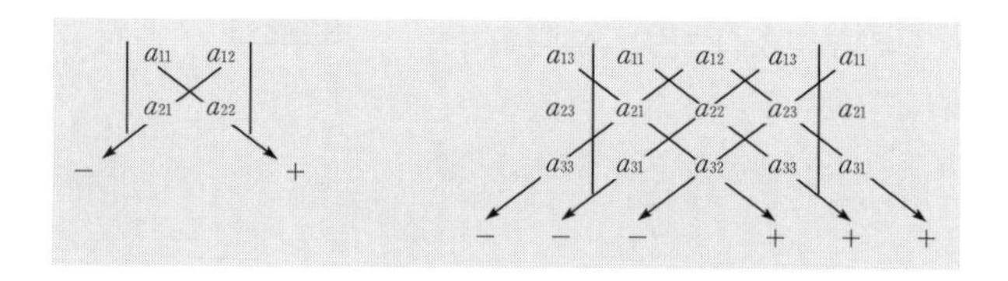

解答

(1)　①

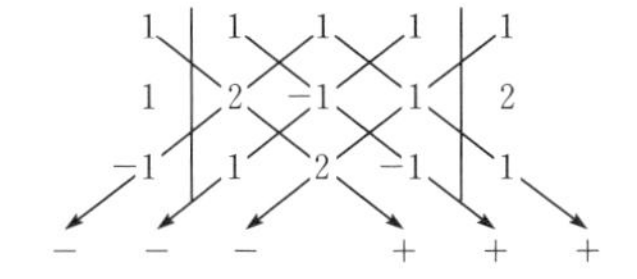

$$与式=1\cdot2\cdot2+1\cdot(-1)\cdot(-1)+1\cdot1\cdot1$$
$$-1\cdot2\cdot(-1)-1\cdot(-1)\cdot1-1\cdot1\cdot2 \quad \text{A}$$
$$=4+1+1+2+1-2=7 \quad \text{B}$$
……(答)

（ア）

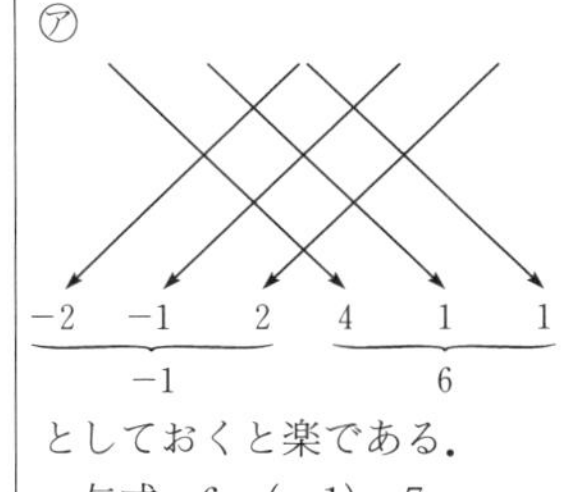

としておくと楽である．

$与式=6-(-1)=7$

なお，サラスの方法は，4 次以上の行列式には適用できない．

②

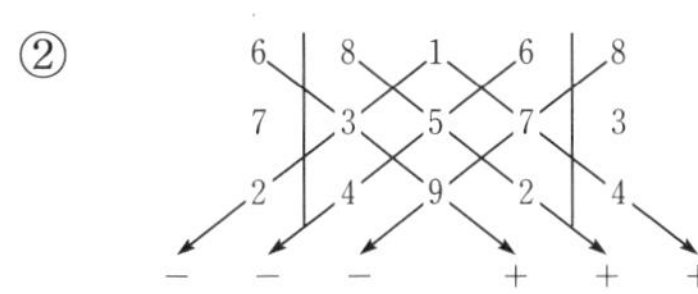

$$与式=6\cdot3\cdot9+8\cdot5\cdot2+1\cdot7\cdot4$$
$$-1\cdot3\cdot2-6\cdot5\cdot4-8\cdot7\cdot9 \quad \text{C}$$
$$=162+80+28-6-120-504$$
$$=-360 \quad \text{D}$$
……(答)

(2)

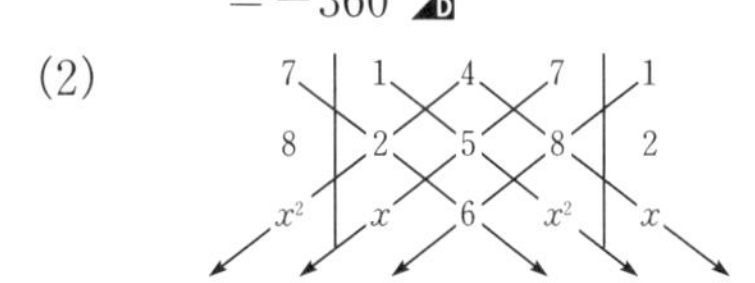

第 1 の方程式は

$$7\cdot2\cdot6+1\cdot5\cdot x^2+4\cdot8\cdot x$$
$$-4\cdot2\cdot x^2-7\cdot5\cdot x-1\cdot8\cdot6=0 \quad \text{A}$$

整理して　$-3x^2-3x+36=0$

$x^2+x-12=0$　　$(x+4)(x-3)=0$

$\therefore$　$x=-4, 3$ （イ） B　……①

また，第 2 の方程式は　$(x-1)x^2-(-8)\cdot10=0$ C

$x^3-x^2+80=0$ （ウ）

$(x+4)(x^2-5x+20)=0$

$\therefore$　$x=-4,\ \dfrac{5\pm\sqrt{55}i}{2}$ D　……②

よって，①かつ②から　$x=-4$ E　……(答)

（イ）　$x=-4$，3 を第 2 の方程式に代入して解になるかどうかを確かめてもよい．

$x=-4$ のとき，

$$\begin{vmatrix} -5 & -8 \\ 10 & 16 \end{vmatrix}=-80+80=0$$

$x=3$ のとき

$$\begin{vmatrix} 2 & -8 \\ 10 & 9 \end{vmatrix}=18+80=98\neq0$$

（ウ）　$(-4)^3-(-4)^2+80=0$ より，$x=-4$ は解の 1 つ．

POINT　今回の定義どおりに行列式を計算するのは一般にはとても大変なので，後に見るいろいろな方法がある．

問題 28　行列式の性質

次の行列式の値を求めよ．(3) は，a，b，c は 0 でないとする．

(1) $\begin{vmatrix} 1 & a & b+c \\ 1 & b & c+a \\ 1 & c & a+b \end{vmatrix}$　(2) $\begin{vmatrix} 100 & 101 & 102 \\ 101 & 103 & 105 \\ 502 & 509 & 516 \end{vmatrix}$　(3) $\begin{vmatrix} b^2c^2 & bc & b+c \\ c^2a^2 & ca & c+a \\ a^2b^2 & ab & a+b \end{vmatrix}$

解説　一般に，行列式には次のような性質がある．

(1)　行と列を交換しても，すなわち行列を転置しても行列式の値は変わらない．

(2)　2 つの行（または列）を交換すると，値は符号だけが変わる（**交代性**）．

(3)　ある行（または列）の共通因数は行列式の外にくくり出してよい．

(4)　2 つの行（または列）の対応する成分がそれぞれ等しい．または比例するとき，行列式の値は 0 である．

(5)　ある行（または列）のすべての成分が 0 のとき，行列式は 0 である．

(6)　ある行（または列）の k 倍を他の行（または列）に加えても，行列式の値は変わらない．

(7)　ある行（または列）が 2 つのベクトルの和になっている行列式は，それぞれのベクトルを行（または列）とする 2 つの行列式の和になる．

(例) $\begin{vmatrix} 1 & 3 & 5 \\ 5 & 15 & 25 \\ 8 & 9 & 10 \end{vmatrix} = 5\begin{vmatrix} 1 & 3 & 5 \\ 1 & 3 & 5 \\ 8 & 9 & 10 \end{vmatrix} = 0$　（2 行目を 5 でくくった）

$\begin{vmatrix} 5 & 9 & 7 & 10 \\ 6 & 7 & 4 & 6 \\ 3 & 10 & 1 & 9 \\ 2 & 7 & 4 & 8 \end{vmatrix} = \begin{vmatrix} 5 & 9 & 2 & 1 \\ 6 & 7 & -2 & -1 \\ 3 & 10 & -2 & -1 \\ 2 & 7 & 2 & 1 \end{vmatrix} = 0$　（3 列−1 列，4 列−2 列）

また，(7) は 3 次の場合は $\begin{vmatrix} a_1 & b_1+d_1 & c_1 \\ a_2 & b_2+d_2 & c_2 \\ a_3 & b_3+d_3 & c_3 \end{vmatrix} = \begin{vmatrix} a_1 & b_1 & c_1 \\ a_2 & b_2 & c_2 \\ a_3 & b_3 & c_3 \end{vmatrix} + \begin{vmatrix} a_1 & d_1 & c_1 \\ a_2 & d_2 & c_2 \\ a_3 & d_3 & c_3 \end{vmatrix}$

となるが，この性質は**行列式の多重線形性**の 1 つであり，これからたとえば

$$\begin{vmatrix} a & b+c & c+a \\ b & c+a & a+b \\ c & a+b & b+c \end{vmatrix} = \begin{vmatrix} a & b & c \\ b & c & a \\ c & a & b \end{vmatrix} + \begin{vmatrix} a & b & a \\ b & c & b \\ c & a & c \end{vmatrix} + \begin{vmatrix} a & c & c \\ b & a & a \\ c & b & b \end{vmatrix} + \begin{vmatrix} a & c & a \\ b & a & b \\ c & b & c \end{vmatrix}$$

$$= \begin{vmatrix} a & b & c \\ b & c & a \\ c & a & b \end{vmatrix}$$ が導ける．

解答

(1) $\begin{vmatrix} 1 & a & b+c \\ 1 & b & c+a \\ 1 & c & a+b \end{vmatrix} \underset{㋐}{=} \begin{vmatrix} 1 & a & a+b+c \\ 1 & b & a+b+c \\ 1 & c & a+b+c \end{vmatrix} \underset{㋑}{=} 0$ ……(答)

㋐ 3列＋2列
㋑ 1列と3列が比例する.

(2) $\begin{vmatrix} 100 & 101 & 102 \\ 101 & 103 & 105 \\ 502 & 509 & 516 \end{vmatrix} \underset{㋒}{=} \begin{vmatrix} 100 & 101 & 102 \\ 1 & 2 & 3 \\ 2 & 4 & 6 \end{vmatrix} = 0$ ……(答)

㋒ 2行−1行,
3行−1行×5

(3) $\begin{vmatrix} b^2c^2 & bc & b+c \\ c^2a^2 & ca & c+a \\ a^2b^2 & ab & a+b \end{vmatrix}$

$\underset{㋓}{=} \dfrac{1}{abc} \begin{vmatrix} ab^2c^2 & abc & ab+ca \\ bc^2a^2 & abc & bc+ab \\ ca^2b^2 & abc & ca+bc \end{vmatrix}$

$\underset{㋔}{=} abc \begin{vmatrix} bc & 1 & ab+ca \\ ca & 1 & bc+ab \\ ab & 1 & ca+bc \end{vmatrix}$

$\underset{㋕}{=} abc \begin{vmatrix} bc & 1 & ab+bc+ca \\ ca & 1 & ab+bc+ca \\ ab & 1 & ab+bc+ca \end{vmatrix} = 0$ ……(答)

㋓ 1行, 2行, 3行にそれぞれ a, b, c をかけて, $|A|$ を abc で割る.

㋔ 1列, 2列から abc をくくり出す.

㋕ 3列＋1列

(別解)

与式 $\underset{㋖}{=} \begin{vmatrix} b^2c^2 & bc & b \\ c^2a^2 & ca & c \\ a^2b^2 & ab & a \end{vmatrix} + \begin{vmatrix} b^2c^2 & bc & c \\ c^2a^2 & ca & a \\ a^2b^2 & ab & b \end{vmatrix}$

$= abc \begin{vmatrix} bc^2 & c & 1 \\ ca^2 & a & 1 \\ ab^2 & b & 1 \end{vmatrix} + abc \begin{vmatrix} b^2c & b & 1 \\ c^2a & c & 1 \\ a^2b & a & 1 \end{vmatrix}$

$= abc \begin{vmatrix} bc^2 & c & 1 \\ ca^2-bc^2 & a-c & 0 \\ ab^2-bc^2 & b-c & 0 \end{vmatrix} + abc \begin{vmatrix} b^2c & b & 1 \\ c^2a-b^2c & c-b & 0 \\ a^2b-b^2c & a-b & 0 \end{vmatrix}$

$=0$　(サラスの方法)

㋖ 多重線形性.

POINT 計算してみると結局, 本問の答はどれも0になる. これが, 計算まえに, どうも0らしいゾとアタリをつけられる眼が養えれば, 合格だ.

問題 29　行列式の因数分解

行列式 $|A|=\begin{vmatrix} 1 & a & a^3 \\ 1 & b & b^3 \\ 1 & c & c^3 \end{vmatrix}$ を因数分解せよ．

解説　本問は3次の行列式であるから，サラスの方法で求めると，

$$|A|=a^3c+bc^3+ab^3-ac^3-a^3b-b^3c$$

a，b，c についてそれぞれ3次式だから，a についてまとめると

$$\begin{aligned}|A|&=(c-b)a^3+(b^3-c^3)a+bc^3-b^3c\\&=-(b-c)a^3+(b-c)(b^2+bc+c^2)a-bc(b+c)(b-c)\\&=-(b-c)\{a^3-(b^2+bc+c^2)a+bc(b+c)\}\end{aligned}$$

さらに，{　} 内は a の3次式，b，c についてそれぞれ2次式だから，最低次の b についてまとめて……と，因数分解を進めることができるが，「因数定理と交代式」の性質を利用すると，手際のよい計算ができる．

本問で，$|A|=f(a,b,c)$ とおいたとき，$f(b,a,c)$ は第1行と第2行を入れかえた行列式だから，$f(b,a,c)=-f(a,b,c)$……①　である．①のように2つの文字を交換すると，その符号だけが変わる整式は，**2つの文字についての交代式**であるといい，これが式の中のどの文字についても交代式であるとき，単に**交代式**という．本問の $|A|$ は，その意味で，交代式である．

さて，①で $a=b$ とおくと，$f(b,b,c)=-f(b,b,c)$ から $f(b,b,c)=0$ となる．これは因数定理から $f(a,b,c)$ を a についての整式と見たときに，$f(a,b,c)$ が $(a-b)$ を因数にもつことを意味する．さらに $f(a,b,c)$ は（他の文字についても同様に）交代式であるので，結局 $(a-b)(b-c)(c-a)$ を因数にもつ．この $a-b$ を**2変数の最簡交代式**，$(a-b)(b-c)(c-a)$ を**3変数の最簡交代式**（差積ともいう）という．任意の交代式は，最簡交代式を必ず因数にもつが，さらにその残りの因数は，どのような文字の交換においても不変な式（対称式という）でなくてはならない．つまり，

交代式＝最簡交代式×対称式

の形になる．a，b，c の1次対称式は和の形の $a+b+c$ のみなので，

a，b，c の整式 $f(a,b,c)$ が4次の交代式ならば

$$f(a,b,c)=k\underbrace{(a-b)(b-c)(c-a)}_{3\text{次交代式}}\ \underbrace{(a+b+c)}_{1\text{次対称式}}$$

となり，これが本問に適用できる．

解答

$|A|$ で a と b を交換すると

$$\begin{vmatrix} 1 & b & b^3 \\ 1 & a & a^3 \\ 1 & c & c^3 \end{vmatrix} = -\begin{vmatrix} 1 & a & a^3 \\ 1 & b & b^3 \\ 1 & c & c^3 \end{vmatrix} = -|A|$$

となり，$|A|$ は a と b について交代式である．A
同様に b と c，c と a についても交代式であるから，$|A|$ は 4 次の交代式となる．B
したがって，$|A|$ は 3 次の最簡交代式と 1 次対称式の積となり，

$$|A| = k(a-b)(b-c)(c-a)(a+b+c) \quad \cdots\cdots(*)$$ C

とおける．ここで $a=2$，$b=1$，$c=0$ とおくと

$$\begin{vmatrix} 1 & 2 & 8 \\ 1 & 1 & 1 \\ 1 & 0 & 0 \end{vmatrix} = k\cdot1\cdot1\cdot(-2)\cdot3 \text{ から}$$

$$-6 = -6k \qquad \therefore \quad k=1$$

よって　$|A| = (a-b)(b-c)(c-a)(a+b+c)$ D
……(答)

㋐　整式において，2 文字を交換すると，-1 倍になる式．

㋑　$|A|$ は a，b，c について交代式だから，最簡交代式 $(a-b)(b-c)(c-a)$ を因数にもつが，このことだけなら，$|A|$ で $a=b$ とおくと，1 行と 2 行が一致し $|A|=0$ となるので因数定理から $|A|$ が $a-b$ を因数にもち，同様に，$b-c$，$c-a$ も…としてよい．

㋒　(＊) は a，b，c についての恒等式．

（別解）

$$|A| = \begin{vmatrix} 0 & a-b & a^3-b^3 \\ 1 & b & b^3 \\ 0 & c-b & c^3-b^3 \end{vmatrix}$$

$$= -\begin{vmatrix} a-b & a^3-b^3 \\ c-b & c^3-b^3 \end{vmatrix}$$

$$= -(a-b)(c-b)\begin{vmatrix} 1 & a^2+ab+b^2 \\ 1 & c^2+bc+b^2 \end{vmatrix}$$

$$= (a-b)(b-c)\{c^2+bc+b^2-(a^2+ab+b^2)\}$$

$$= (a-b)(b-c)\{(c+a)(c-a)+b(c-a)\}$$

$$= (a-b)(b-c)(c-a)(a+b+c)$$

POINT　本問で 3 列目が 2 次の a^2，b^2，c^2 なら，最簡交代式（差積）そのものである．これは，バンデルモンドの行列式とよばれる．

問題 30　行列式の余因子展開

(1) は行列式の値を求め，(2) は z に関する方程式を解け．

(1) $\begin{vmatrix} 3 & 2 & -1 & -2 \\ 1 & 1 & 7 & -1 \\ 2 & 4 & -3 & -1 \\ -5 & 3 & 5 & 3 \end{vmatrix}$　　(2) $\begin{vmatrix} 1 & 1 & 2 & 0 \\ -z & 2 & -2z-1 & 3 \\ 2 & 6 & z+3 & 1 \\ 3 & 0 & 7 & z-4 \end{vmatrix}=0$

解 説　n 次の行列式 $|A|$ から，i 行と j 列を取り除いて得られる $n-1$ 次行列式 D_{ij} を，行列式 $|A|$ の (i,j) 成分の**小行列式**という．また，

$$A_{ij}=(-1)^{i+j}D_{ij}$$

を $|A|$ の (i,j) 成分の**余因子**という．

3 次の行列式 $|A|=|a_{ij}|$ を余因子を用いて求める方法を示そう．

まず，1 列に**多重線形性**（問題 28 の性質 (3) (7)）を用いて

$$|A|=\begin{vmatrix} a_{11} & a_{12} & a_{13} \\ a_{21} & a_{22} & a_{23} \\ a_{31} & a_{32} & a_{33} \end{vmatrix}=a_{11}\begin{vmatrix} 1 & a_{12} & a_{13} \\ 0 & a_{22} & a_{23} \\ 0 & a_{32} & a_{33} \end{vmatrix}+a_{21}\begin{vmatrix} 0 & a_{12} & a_{13} \\ 1 & a_{22} & a_{23} \\ 0 & a_{32} & a_{33} \end{vmatrix}+a_{31}\begin{vmatrix} 0 & a_{12} & a_{13} \\ 0 & a_{22} & a_{23} \\ 1 & a_{32} & a_{33} \end{vmatrix}$$

ここで $\begin{vmatrix} 1 & a_{12} & a_{13} \\ 0 & a_{22} & a_{23} \\ 0 & a_{32} & a_{33} \end{vmatrix}=\begin{vmatrix} a_{22} & a_{23} \\ a_{32} & a_{33} \end{vmatrix}=D_{11}=(-1)^{1+1}D_{11}=A_{11}$

また，**交代性**（性質 (2)）を用いて

$$\begin{vmatrix} 0 & a_{12} & a_{13} \\ 1 & a_{22} & a_{23} \\ 0 & a_{32} & a_{33} \end{vmatrix}=-\begin{vmatrix} 1 & a_{22} & a_{23} \\ 0 & a_{12} & a_{13} \\ 0 & a_{32} & a_{33} \end{vmatrix}=-\begin{vmatrix} a_{12} & a_{13} \\ a_{32} & a_{33} \end{vmatrix}=-D_{21}=(-1)^{2+1}D_{21}=A_{21}$$

$$\begin{vmatrix} 0 & a_{12} & a_{13} \\ 0 & a_{22} & a_{23} \\ 1 & a_{32} & a_{33} \end{vmatrix}=(-1)^2\begin{vmatrix} 1 & a_{32} & a_{33} \\ 0 & a_{12} & a_{13} \\ 0 & a_{22} & a_{23} \end{vmatrix}=\begin{vmatrix} a_{12} & a_{13} \\ a_{22} & a_{23} \end{vmatrix}=D_{31}=(-1)^{3+1}D_{31}=A_{31}$$

となるので，3 次行列式 $|A|$ は，$|A|=a_{11}A_{11}+a_{21}A_{21}+a_{31}A_{31}$ と表せる．この等式を 3 次の行列式 $|A|$ の 1 列に関する**展開式**という．

これらのことは他の列についても，また対称性によって行についても成り立つ．

さらに，一般の n 次の行列式についても成り立つ．

n 次の行列式 $|A|=|a_{ij}|$ においては，次の計算公式が成り立つ．

$$\begin{cases} |A|=a_{i1}A_{i1}+a_{i2}A_{i2}+\cdots+a_{in}A_{in} & (i\text{ 行による展開}) \\ |A|=a_{1j}A_{1j}+a_{2j}A_{2j}+\cdots+a_{nj}A_{nj} & (j\text{ 列による展開}) \end{cases}$$

解答　与えられた行列式を $|A|$ とおく．

(1) $$|A| \underset{㋐}{=} \begin{vmatrix} 1 & 0 & -1 & -2 \\ 0 & 0 & 7 & -1 \\ 1 & 3 & -3 & -1 \\ -2 & 6 & 5 & 3 \end{vmatrix} \underset{㋑}{=} \begin{vmatrix} 1 & 0 & -1 & -2 \\ 0 & 0 & 7 & -1 \\ 1 & 3 & -3 & -1 \\ -4 & 0 & 11 & 5 \end{vmatrix}$$ A

$$\underset{㋒}{=} 3\cdot(-1)^{3+2} \begin{vmatrix} 1 & -1 & -2 \\ 0 & 7 & -1 \\ -4 & 11 & 5 \end{vmatrix}$$ B

$$\underset{㋓}{=} -3 \begin{vmatrix} 1 & -1 & -2 \\ 0 & 7 & -1 \\ 0 & 7 & -3 \end{vmatrix} \underset{㋔}{=} -3 \begin{vmatrix} 7 & -1 \\ 7 & -3 \end{vmatrix}$$

$$= -3(-21+7) = 42$$ C　……(答)

(2) $$|A| \underset{㋕}{=} \begin{vmatrix} 1 & 0 & 0 & 0 \\ -z & z+2 & -1 & 3 \\ 2 & 4 & z-1 & 1 \\ 3 & -3 & 1 & z-4 \end{vmatrix}$$

$$\underset{㋖}{=} \begin{vmatrix} z+2 & -1 & 3 \\ 4 & z-1 & 1 \\ -3 & 1 & z-4 \end{vmatrix}$$ A

$$= \begin{vmatrix} z-1 & 0 & z-1 \\ 4 & z-1 & 1 \\ -3 & 1 & z-4 \end{vmatrix}$$

$$\underset{㋗}{=} (z-1) \begin{vmatrix} 1 & 0 & 1 \\ 4 & z-1 & 1 \\ -3 & 1 & z-4 \end{vmatrix}$$ B

$$= (z-1) \begin{vmatrix} 1 & 0 & 0 \\ 4 & z-1 & -3 \\ -3 & 1 & z-1 \end{vmatrix}$$

$$= (z-1) \begin{vmatrix} z-1 & -3 \\ 1 & z-1 \end{vmatrix}$$

$$= (z-1)\{(z-1)^2+3\}$$ C

したがって，$|A|=0$ のとき

$z-1=0$　または　$(z-1)^2+3=0$

よって　$z=1,\ 1\pm\sqrt{3}\,i$ D　……(答)

㋐ 1列＋4列，2列＋4列

㋑ 4行－3行×2

㋒ 2列で展開する．

㋓ 3行＋1行×4

㋔ 1列で展開する．

㋕ 2列－1列　3列－1列×2

㋖ 1行で展開する．

㋗ $z-1$ でくくる．

POINT　結局，行列式では，ある行（列）に他の行（列）の1次結合をたしても，値が変わらないことから，掃き出し法での計算と似た形で変形し，展開計算が可能である．

問題 31　準 3 角行列式

A を n 次行列，B を m 次行列，C を $n\times m$ 行列，零行列 O を $m\times n$ 行列とする．このとき

$$\begin{vmatrix} A & C \\ O & B \end{vmatrix}=|A||B|$$ が成り立つことを証明せよ．

解説　本問は，$n=m=2$ のときは次のような等式である．

$$\begin{vmatrix} a_{11} & a_{12} & c_{11} & c_{12} \\ a_{21} & a_{22} & c_{21} & c_{22} \\ 0 & 0 & b_{11} & b_{12} \\ 0 & 0 & b_{21} & b_{22} \end{vmatrix}=\begin{vmatrix} a_{11} & a_{12} \\ a_{21} & a_{22} \end{vmatrix}\begin{vmatrix} b_{11} & b_{12} \\ b_{21} & b_{22} \end{vmatrix}$$

これは，左辺 $=a_{11}\begin{vmatrix} a_{22} & c_{21} & c_{22} \\ 0 & b_{11} & b_{12} \\ 0 & b_{21} & b_{22} \end{vmatrix}-a_{21}\begin{vmatrix} a_{12} & c_{11} & c_{12} \\ 0 & b_{11} & b_{12} \\ 0 & b_{21} & b_{22} \end{vmatrix}$

$$=a_{11}a_{22}\begin{vmatrix} b_{11} & b_{12} \\ b_{21} & b_{22} \end{vmatrix}-a_{21}a_{12}\begin{vmatrix} b_{11} & b_{12} \\ b_{21} & b_{22} \end{vmatrix}=\begin{vmatrix} a_{11} & a_{12} \\ a_{21} & a_{22} \end{vmatrix}\begin{vmatrix} b_{11} & b_{12} \\ b_{21} & b_{22} \end{vmatrix}=\text{右辺}$$

により容易に示される．さらに，$n=3$，$m=2$ のときは

$$\begin{vmatrix} a_{11} & a_{12} & a_{13} & c_{11} & c_{12} \\ a_{21} & a_{22} & a_{23} & c_{21} & c_{22} \\ a_{31} & a_{32} & a_{33} & c_{31} & c_{32} \\ 0 & 0 & 0 & b_{11} & b_{12} \\ 0 & 0 & 0 & b_{21} & b_{22} \end{vmatrix}=\begin{vmatrix} a_{11} & a_{12} & a_{13} \\ a_{21} & a_{22} & a_{23} \\ a_{31} & a_{32} & a_{33} \end{vmatrix}\begin{vmatrix} b_{11} & b_{12} \\ b_{21} & b_{22} \end{vmatrix}$$

となるが，左辺の行列式を 1 列について展開すると

$$\text{左辺}=a_{11}\begin{vmatrix} a_{22} & a_{23} & c_{21} & c_{22} \\ a_{32} & a_{33} & c_{31} & c_{32} \\ 0 & 0 & b_{11} & b_{12} \\ 0 & 0 & b_{21} & b_{22} \end{vmatrix}-a_{21}\begin{vmatrix} a_{12} & a_{13} & c_{11} & c_{12} \\ a_{32} & a_{33} & c_{31} & c_{32} \\ 0 & 0 & b_{11} & b_{12} \\ 0 & 0 & b_{21} & b_{22} \end{vmatrix}+a_{31}\begin{vmatrix} a_{12} & a_{13} & c_{11} & c_{12} \\ a_{22} & a_{23} & c_{21} & c_{22} \\ 0 & 0 & b_{11} & b_{12} \\ 0 & 0 & b_{21} & b_{22} \end{vmatrix}$$

$$=a_{11}\begin{vmatrix} a_{22} & a_{23} \\ a_{32} & a_{33} \end{vmatrix}\begin{vmatrix} b_{11} & b_{12} \\ b_{21} & b_{22} \end{vmatrix}-a_{21}\begin{vmatrix} a_{12} & a_{13} \\ a_{32} & a_{33} \end{vmatrix}\begin{vmatrix} b_{11} & b_{12} \\ b_{21} & b_{22} \end{vmatrix}+a_{31}\begin{vmatrix} a_{12} & a_{13} \\ a_{22} & a_{23} \end{vmatrix}\begin{vmatrix} b_{11} & b_{12} \\ b_{21} & b_{22} \end{vmatrix}$$

$$=\left(a_{11}\begin{vmatrix} a_{22} & a_{23} \\ a_{32} & a_{33} \end{vmatrix}-a_{21}\begin{vmatrix} a_{12} & a_{13} \\ a_{32} & a_{33} \end{vmatrix}+a_{31}\begin{vmatrix} a_{12} & a_{13} \\ a_{22} & a_{23} \end{vmatrix}\right)\begin{vmatrix} b_{11} & b_{12} \\ b_{21} & b_{22} \end{vmatrix}=\text{右辺}$$

となる．(　) 内は 3 次行列式 $|a_{ij}|$ の 1 列についての展開．

本問は上を参考にして，n に関する数学的帰納法で示せばよい．

解答

n に関する数学的帰納法で示す．

（i）　$n=1$ のとき，$A=[a_{11}]$ とおくと

$$\begin{vmatrix} A & C \\ O & B \end{vmatrix} = \begin{vmatrix} a_{11} & C \\ O & B \end{vmatrix} \underset{㋐}{=} a_{11} \cdot (-1)^{1+1} |B|$$

$$= a_{11}|B| = |A||B|$$

となり，成り立つ．A

（ii）　n のとき成り立つと仮定する．$n+1$ のとき，1 列で展開すると

$$\underset{㋑}{\begin{vmatrix} A & C \\ O & B \end{vmatrix}} = \begin{vmatrix} a_{11} & \cdots & a_{1\,n+1} & \\ \vdots & \ddots & \vdots & C \\ a_{n+1\,1} & \cdots & a_{n+1\,n+1} & \\ & O & & B \end{vmatrix}$$

$$= a_{11}(-1)^{1+1} \begin{vmatrix} a_{22} & \cdots & a_{2\,n+1} & \\ \vdots & \ddots & \vdots & \underset{㋒}{C_1} \\ a_{n+1\,2} & \cdots & a_{n+1\,n+1} & \\ & O & & B \end{vmatrix}$$

$$+ \cdots + a_{n+1\,1}(-1)^{(n+1)+1} \begin{vmatrix} a_{12} & \cdots & a_{1\,n+1} & \\ \vdots & \ddots & \vdots & C_{n+1} \\ a_{n2} & \cdots & a_{n\,n+1} & \\ & O & & B \end{vmatrix}$$

ただし，C_i は C から i 行を除いた $n \times m$ 行列である．B したがって，n のときの仮定を用いて

$$\begin{vmatrix} A & C \\ O & B \end{vmatrix} = \underset{㋓}{a_{11}(-1)^{1+1} \begin{vmatrix} a_{22} & \cdots & a_{2\,n+1} \\ \vdots & \ddots & \vdots \\ a_{n+1\,2} & \cdots & a_{n+1\,n+1} \end{vmatrix}} |B|$$

$$+ a_{n+1\,1}(-1)^{(n+1)+1} \begin{vmatrix} a_{12} & \cdots & a_{1\,n+1} \\ \vdots & \ddots & \vdots \\ a_{n2} & \cdots & a_{n\,n+1} \end{vmatrix} |B|$$

$$\underset{㋔}{=(a_{11}A_{11} + \cdots + a_{n+1\,1}A_{n+1\,1})}|B|$$

$$= |A||B|$$

よって，題意は示された．C

㋐　1 列で展開した．

㋑　A は $n+1$ 次行列，B は m 次行列，C は $(n+1)\times m$ 行列，O は $m\times(n+1)$ 行列．

㋒　C からいちばん上の 1 行を除いた $n\times m$ 行列．

㋓　$|A|$ の $(1,1)$ 成分の余因子 A_{11}．

㋔　$|A|$ の 1 列による展開．

POINT　本問の結果から，次ページで $|AB|=|A||B|$ を導くが，実際の行列式計算で掃き出し法的に計算する際にも利用できるだろう．

問題 32 行列の積の行列式

(1) 等式 $\begin{vmatrix} 4x_2+x_3 & 3x_3+x_1 & 2x_1+x_2 \\ 4y_2+y_3 & 3y_3+y_1 & 2y_1+y_2 \\ 4z_2+z_3 & 3z_3+z_1 & 2z_1+z_2 \end{vmatrix} = 25 \begin{vmatrix} x_1 & x_2 & x_3 \\ y_1 & y_2 & y_3 \\ z_1 & z_2 & z_3 \end{vmatrix}$ を証明せよ．

(2) $A=\begin{bmatrix} b^2+c^2 & ab & ca \\ ab & c^2+a^2 & bc \\ ca & bc & a^2+b^2 \end{bmatrix}$, $B=\begin{bmatrix} -a^2 & ab & ca \\ ab & -b^2 & bc \\ ca & bc & -c^2 \end{bmatrix}$ とおくとき，

$|AB|$ を計算することにより，行列式 $|A|$ の値を求めよ．$abc \neq 0$ とする．

解 説 A, B が n 次正方行列であるとき，次式が成り立つ．

$$|AB|=|A||B|$$

証明は，問題 31 の準 3 角行列式の公式を用いてできる．

$|A||B|=\begin{vmatrix} B & -E \\ O & A \end{vmatrix}$ であるから，$A=[a_{ij}]$, $B=[b_{ij}]$ とおくと

$$|A||B|=\begin{vmatrix} b_{11} & b_{12} & \cdots & b_{1n} & -1 & 0 & \cdots & 0 \\ b_{21} & b_{22} & \cdots & b_{2n} & 0 & -1 & \cdots & 0 \\ \vdots & \vdots & \ddots & \vdots & \vdots & \vdots & \ddots & \vdots \\ b_{n1} & b_{n2} & \cdots & b_{nn} & 0 & 0 & \cdots & -1 \\ 0 & 0 & \cdots & 0 & a_{11} & a_{12} & \cdots & a_{1n} \\ \vdots & \vdots & \ddots & \vdots & \vdots & \vdots & \ddots & \vdots \\ 0 & 0 & \cdots & 0 & a_{n1} & a_{n2} & \cdots & a_{nn} \end{vmatrix}$$

右辺の行列式で，1 列＋($n+1$ 列×b_{11}＋$n+2$ 列×b_{21}＋…＋$2n$ 列×b_{n1})，
2 列＋($n+1$ 列×b_{12}＋$n+2$ 列×b_{22}＋…＋$2n$ 列×b_{n2})，
… …
n 列＋($n+1$ 列×b_{1n}＋$n+2$ 列×b_{2n}＋…＋$2n$ 列×b_{nn})

と順に変形すると $|A||B|=\begin{vmatrix} O & -E \\ AB & A \end{vmatrix}$

さらに，右辺で k 行と $n+k$ 行 ($k=1, 2, \cdots, n$) を交換すると，全部で n 回交換することになるので

$$|A||B|=(-1)^n\begin{vmatrix} AB & A \\ O & -E \end{vmatrix}=(-1)^n|AB||-E|=(-1)^n|AB|(-1)^n$$

よって，$|A||B|=|AB|$，すなわち $|AB|=|A||B|$ は成り立つ．

解答

(1)
$$\begin{vmatrix} 4x_2+x_3 & 3x_3+x_1 & 2x_1+x_2 \\ 4y_2+y_3 & 3y_3+y_1 & 2y_1+y_2 \\ 4z_2+z_3 & 3z_3+z_1 & 2z_1+z_2 \end{vmatrix} \text{ ㋐}$$
$$= \left| \begin{bmatrix} x_1 & x_2 & x_3 \\ y_1 & y_2 & y_3 \\ z_1 & z_2 & z_3 \end{bmatrix} \begin{bmatrix} 0 & 1 & 2 \\ 4 & 0 & 1 \\ 1 & 3 & 0 \end{bmatrix} \right| \quad \text{A}$$
$$= \begin{vmatrix} x_1 & x_2 & x_3 \\ y_1 & y_2 & y_3 \\ z_1 & z_2 & z_3 \end{vmatrix} \begin{vmatrix} 0 & 1 & 2 \\ 4 & 0 & 1 \\ 1 & 3 & 0 \end{vmatrix} \text{ ㋑}$$
$$= 25 \begin{vmatrix} x_1 & x_2 & x_3 \\ y_1 & y_2 & y_3 \\ z_1 & z_2 & z_3 \end{vmatrix} \quad \text{B}$$

(2)　$|AB|$ を計算すると
$$|AB| = \left| \begin{bmatrix} b^2+c^2 & ab & ca \\ ab & c^2+a^2 & bc \\ ca & bc & a^2+b^2 \end{bmatrix} \begin{bmatrix} -a^2 & ab & ca \\ ab & -b^2 & bc \\ ca & bc & -c^2 \end{bmatrix} \right|$$
$$= \begin{vmatrix} 0 & 2abc^2 & 2ab^2c \\ 2abc^2 & 0 & 2a^2bc \\ 2ab^2c & 2a^2bc & 0 \end{vmatrix} \quad \text{A}$$
$$= (2abc)^3 \begin{vmatrix} 0 & c & b \\ c & 0 & a \\ b & a & 0 \end{vmatrix} = (2abc)^4 \quad \text{B}$$

一方　$$|B| = \begin{vmatrix} -a^2 & ab & ca \\ ab & -b^2 & bc \\ ca & bc & -c^2 \end{vmatrix}$$
$$= abc \begin{vmatrix} -a & a & a \\ b & -b & b \\ c & c & -c \end{vmatrix} = 4(abc)^2 \quad \text{C}$$

$|AB|=|A||B|$ が成り立つので
$$(2abc)^4 = |A| \cdot 4(abc)^2$$
$abc \neq 0$ だから　$|A| = 4a^2b^2c^2$　D　……(答)

㋐　各成分の x_i，y_i，z_i の係数として着目する．
たとえば
$$\begin{bmatrix} 4x_2+x_3 \\ 4y_2+y_3 \\ 4z_2+z_3 \end{bmatrix} = \begin{bmatrix} x_1 & x_2 & x_3 \\ y_1 & y_2 & y_3 \\ z_1 & z_2 & z_3 \end{bmatrix} \begin{bmatrix} 0 \\ 4 \\ 1 \end{bmatrix}$$
となる．なお，解答の変形に気づかないときは，基本性質を用いて，左辺を 8 個の行列式の和に直して右辺を導くことになる．

㋑　サラスの方法で．

POINT　$|AB|=|A||B|$ の左ページの証明はかなり難しいが，行列が線形写像を表すことでいうなら，行列式は 2 次元なら，基本ベクトル $\boldsymbol{e}_1$，$\boldsymbol{e}_2$ で張られる正方形の面積の（符号付）拡大率を表すので，合成変換で拡大率が積の形になる，と理解できる．

問題 33 行列の階数（rank）(2)

定数 a, b, c に対して，行列 A を

$$A=\begin{bmatrix} 2 & -1 & b \\ a & 2 & -2 \\ 4 & -2 & c \end{bmatrix}$$

と定める．A の階数を求めよ．

解説 問題 19 で行列 A の階数は基本変形して求めることを学んだ．本問のように成分に文字を含む場合も同じように基本変形を実行すればよい．

ここでは，階数のもう 1 つの求め方を考えよう．多重線形性などを利用しての行列式の求め方と基本変形は酷似していると前述したが，行列 A の階数が r であるとき，基本変形により

$$A \longrightarrow \begin{bmatrix} E_r & X \\ O & O \end{bmatrix} \text{のとき，} |E_r|=1\neq 0$$

$$A \longrightarrow \begin{bmatrix} a_1 \cdots & & & \\ & a_2 \cdots & & \\ & & \ddots & \\ O & & & a_r \cdots \end{bmatrix} \text{のとき} \begin{vmatrix} a_1 & & & \\ & a_2 & & \\ & & \ddots & \\ O & & & a_r \end{vmatrix} = a_1a_2\cdots a_r\neq 0$$

となるので，行列 A のある r 次の小行列式は 0 でない．一般には，

$$\left\{\begin{array}{l} \text{行列 } A \text{ のある } r \text{ 次の小行列式 } D_r\neq 0 \\ \text{かつ　} D_r \text{ を含むあらゆる } r+1 \text{ 次の小行列式が } 0 \end{array}\right. \Longrightarrow \operatorname{rank} A=r$$

が成り立つ．本問のように，文字成分を含む正方行列 A の階数を求めるときは有効な方法である．たとえば，$A=\begin{bmatrix} 1 & 1 & x+1 \\ 1 & x+1 & 1 \\ x+1 & 1 & 1 \end{bmatrix}$ は，③+①+②で

$$|A|=(x+3)\begin{vmatrix} 1 & 1 & x+1 \\ 1 & x+1 & 1 \\ 1 & 1 & 1 \end{vmatrix}=(x+3)\begin{vmatrix} 1 & 1 & x+1 \\ 0 & x & -x \\ 0 & 0 & -x \end{vmatrix}=-x^2(x+3)$$

となるので，$x\neq 0$ かつ $x\neq -3$ のとき，$|A|\neq 0$ より　$\operatorname{rank} A=3$

$x=0$ のとき　$A=\begin{bmatrix} 1 & 1 & 1 \\ 1 & 1 & 1 \\ 1 & 1 & 1 \end{bmatrix} \longrightarrow \begin{bmatrix} 1 & 1 & 1 \\ 0 & 0 & 0 \\ 0 & 0 & 0 \end{bmatrix}$ より　$\operatorname{rank} A=1$

同様にして，$x=-3$ のとき　$\operatorname{rank} A=2$　となる．

解答

$$A \xrightarrow[\boxed{1}\leftrightarrow\boxed{2}]{} \begin{bmatrix} -1 & 2 & b \\ 2 & a & -2 \\ -2 & 4 & c \end{bmatrix} \xrightarrow[①\times(-1)]{} \begin{bmatrix} 1 & -2 & -b \\ 2 & a & -2 \\ -2 & 4 & c \end{bmatrix}$$

$$\xrightarrow[\substack{②-①\times 2 \\ ③+①\times 2}]{} \begin{bmatrix} 1 & -2 & -b \\ 0 & a+4 & 2b-2 \\ 0 & 0 & c-2b \end{bmatrix}$$ A

したがって

(i)　$a \neq -4$ かつ $c \neq 2b$ のとき ㋐

　rank $A=3$ ……(答)

(ii)　$a \neq -4$ かつ $c=2b$ のとき ㋑

　rank $A=2$ ……(答) B

(iii)　$a=-4$ かつ $c \neq 2b$ のとき ㋒

　rank $A=2$ ……(答)

(iv)　$a=-4$ かつ $c=2b$ のとき

$$A \longrightarrow \begin{bmatrix} 1 & -2 & -b \\ 0 & 0 & 2b-2 \\ 0 & 0 & 0 \end{bmatrix} \text{より}$$

$a=-4$ かつ $c=2b$（$b \neq 1$）のとき

　rank $A=2$ ……(答)

$a=-4$ かつ $b=1$ かつ $c=2$ のとき

　rank $A=1$ ……(答) C

（別解）

$$|A| = \begin{vmatrix} 2 & -1 & b \\ a & 2 & -2 \\ 4 & -2 & c \end{vmatrix} = (a+4)(c-2b) \text{ より}$$ ㋓

$a \neq -4$ かつ $c \neq 2b$ のときは，$|A| \neq 0$ から

　rank $A=3$

$a=-4$ かつ $c \neq 2b$ のときは

$$A = \begin{bmatrix} 2 & -1 & b \\ -4 & 2 & -2 \\ 4 & -2 & c \end{bmatrix} \longrightarrow \begin{bmatrix} 2 & -1 & b \\ 0 & 0 & c-2b \\ 0 & 0 & 0 \end{bmatrix}$$

　∴　rank $A=2$

以下同様に調べていけばよい．

㋐　$a+4 \neq 0$ かつ $c-2b \neq 0$ のとき．

㋑　$A \longrightarrow$
$$\begin{bmatrix} 1 & -2 & -b \\ 0 & a+4 & 2b-2 \\ 0 & 0 & 0 \end{bmatrix}$$

㋒　$A \longrightarrow$
$$\begin{bmatrix} 1 & -2 & -b \\ 0 & 0 & 2b-2 \\ 0 & 0 & c-2b \end{bmatrix} \longrightarrow \begin{bmatrix} 1 & -2 & -b \\ 0 & 0 & c-2b \\ 0 & 0 & 0 \end{bmatrix}$$

㋓　サラスの方法で
$|A| = -2ab+4c+8$
$\quad -(-ac+8b+8)$
より．

POINT　A が n 次正方行列ならば，$|A| \neq 0 \Leftrightarrow \text{rank}\,A=n$ となって，これは rank $A<n$ なら，A の逆行列が存在しないこととも関係する．

問題 34　余因子行列による逆行列

次の行列 A の余因子行列 $\tilde{A}$ を求めよ．また，A が正則であれば，その逆行列 A^{-1} を求めよ．

$$A=\begin{bmatrix} 2 & 0 & -1 & 0 \\ 0 & 3 & 0 & 2 \\ 0 & 0 & 2 & 0 \\ 0 & 0 & 0 & 1 \end{bmatrix}$$

解説　n 次の正方行列 A に対して，(i, j) 成分の余因子を A_{ij} とおくとき，

$$\tilde{A}=\begin{bmatrix} A_{11} & A_{21} & \cdots & A_{n1} \\ A_{12} & A_{22} & \cdots & A_{n2} \\ \vdots & \vdots & \ddots & \vdots \\ A_{1n} & A_{2n} & \cdots & A_{nn} \end{bmatrix}$$ を行列 A の**余因子行列**（または**随伴行列**）という．

$\tilde{A}$ は $\mathrm{adj}\, A$（adjoint matrix の略）とも表す．

ここで，余因子行列 $\tilde{A}$ の (i, j) 成分は，行列 A の (j, i) 成分の余因子 A_{ji} であることに注意しよう．

さて，$$A\tilde{A}=\begin{bmatrix} a_{11} & a_{12} & \cdots & a_{1n} \\ a_{21} & a_{22} & \cdots & a_{2n} \\ \vdots & \vdots & \ddots & \vdots \\ a_{n1} & a_{n2} & \cdots & a_{nn} \end{bmatrix}\begin{bmatrix} A_{11} & A_{21} & \cdots & A_{n1} \\ A_{12} & A_{22} & \cdots & A_{n2} \\ \vdots & \vdots & \ddots & \vdots \\ A_{1n} & A_{2n} & \cdots & A_{nn} \end{bmatrix}$$ を計算すると，

問題 30 で学んだ「行列式 $|A|$ の余因子展開」の計算公式により

$$\begin{cases} (i, j)\ 成分 = a_{i1}A_{i1}+a_{i2}A_{i2}+\cdots+a_{in}A_{in}=|A| \\ i \neq j\ のときの\ (i, j)\ 成分 = a_{i1}A_{j1}+a_{i2}A_{j2}+\cdots+a_{in}A_{jn}=0 \end{cases}$$

となり，$$A\tilde{A}=\begin{bmatrix} |A| & & 0 \\ & \ddots & \\ 0 & & |A| \end{bmatrix}=|A|\begin{bmatrix} 1 & & 0 \\ & \ddots & \\ 0 & & 1 \end{bmatrix}=|A|E$$ が導ける．

同様に，$\tilde{A}A=|A|E$ も導ける．

よって，$|A| \neq 0$ のときは $A\left(\dfrac{1}{|A|}\tilde{A}\right)=\left(\dfrac{1}{|A|}\tilde{A}\right)A=E$ となり，A は逆行列をもつことがわかる．

$$\begin{cases} |A| \neq 0\ のとき，A\ は正則で逆行列\ A^{-1}\ をもち，A^{-1}=\dfrac{1}{|A|}\tilde{A} \\ |A|=0\ のとき，A^{-1}\ は存在しない． \end{cases}$$

解答

行列 A の (i,j) 成分の余因子を A_{ij} ㋐ とおくと

$$A_{11}=\begin{vmatrix}3&0&2\\0&2&0\\0&0&1\end{vmatrix}=6,\quad A_{21}=-\begin{vmatrix}0&-1&0\\0&2&0\\0&0&1\end{vmatrix}=0$$ A

$$A_{31}=\begin{vmatrix}0&-1&0\\3&0&2\\0&0&1\end{vmatrix}=3,\quad A_{41}=-\begin{vmatrix}0&-1&0\\3&0&2\\0&2&0\end{vmatrix}=0$$

同様にして ㋑

$A_{12}=0,\ A_{22}=4,\ A_{32}=0,\ A_{42}=-8$

$A_{13}=0,\ A_{23}=0,\ A_{33}=6,\ A_{43}=0$

$A_{14}=0,\ A_{24}=0,\ A_{34}=0,\ A_{44}=12$

したがって，A の余因子行列 $\tilde{A}$ は

$$\tilde{A}=\begin{bmatrix}6&0&3&0\\0&4&0&-8\\0&0&6&0\\0&0&0&12\end{bmatrix}$$ ㋒ ……(答) B

また $|A|$ ㋓ $=\begin{vmatrix}2&0&-1&0\\0&3&0&2\\0&2&2&0\\0&0&0&1\end{vmatrix}=12\neq0$

よって，A は正則であり，逆行列は存在する． C

$$A^{-1}=\frac{1}{|A|}\tilde{A}$$ ㋔

$$=\frac{1}{12}\begin{bmatrix}6&0&3&0\\0&4&0&-8\\0&0&6&0\\0&0&0&12\end{bmatrix}$$ ……(答) D

㋐ $A_{ij}=(-1)^{i+j}D_{ij}$

㋑ 各自，計算してみよ．

㋒ $\tilde{A}=(A_{ji})={}^t(A_{ij})$
$$=\begin{bmatrix}A_{11}&A_{21}&A_{31}&A_{41}\\&\cdots&\cdots&\\&\cdots&\cdots&\\A_{14}&A_{24}&A_{34}&A_{44}\end{bmatrix}$$

㋓ 3 角行列式．

㋔ $|A|\neq0$ のとき，
$$A^{-1}=\frac{1}{|A|}\tilde{A}$$

POINT 次のクラメールの公式もそうだが，実際に逆行列を計算するなら，掃き出し法のほうがラクだろう．それよりも，このように表現できるという事実が重要．

問題 35 クラメールの公式

次の連立1次方程式をクラメールの公式を用いて解け.

(1) $\begin{cases} x_1+2x_2-2x_3=0 \\ 2x_1-x_2+3x_3=2 \\ 3x_1+2x_3=-1 \end{cases}$ (2) $\begin{cases} x+2y+z-u=4 \\ 2x-y-z+3u=1 \\ x+3y+2z+u=7 \\ 3x+y-2z+2u=-3 \end{cases}$

解説 未知数と方程式の個数が等しい連立1次方程式

$$① \begin{cases} a_{11}x_1+a_{12}x_2+\cdots+a_{1n}x_n=b_1 \\ a_{21}x_1+a_{22}x_2+\cdots+a_{2n}x_n=b_2 \\ \cdots \quad \cdots \\ a_{n1}x_1+a_{n2}x_2+\cdots+a_{nn}x_n=b_n \end{cases}$$

について考えてみよう. 行列 $A=[a_{ij}]$, $\boldsymbol{x}={}^t[x_j]$, $\boldsymbol{b}={}^t[b_j]$ とおくと, ①は $A\boldsymbol{x}=\boldsymbol{b}$ と表せる. ここに, A は n 次の正方行列である.

いま, $|A|\neq0$ すなわち A は正則であるとすると, $A\boldsymbol{x}=\boldsymbol{b}$ の両辺に左から A の逆行列 A^{-1} を掛けて $\boldsymbol{x}=A^{-1}\boldsymbol{b}$ となる. ここで, $A^{-1}=\frac{1}{|A|}\tilde{A}$ だから $\boldsymbol{x}$ は,

$$\boldsymbol{x}=\begin{bmatrix} x_1 \\ \vdots \\ x_j \\ \vdots \\ x_n \end{bmatrix}=\frac{1}{|A|}\begin{bmatrix} A_{11} & A_{21} & \cdots & A_{n1} \\ \vdots & \vdots & & \vdots \\ A_{1j} & A_{2j} & \cdots & A_{nj} \\ \vdots & \vdots & & \vdots \\ A_{1n} & A_{2n} & \cdots & A_{nn} \end{bmatrix}\begin{bmatrix} b_1 \\ \vdots \\ b_j \\ \vdots \\ b_n \end{bmatrix}=\frac{1}{|A|}\begin{bmatrix} b_1A_{11}+b_2A_{21}+\cdots+b_nA_{n1} \\ \vdots \\ b_1A_{1j}+b_2A_{2j}+\cdots+b_nA_{nj} \\ \vdots \\ b_1A_{1n}+b_2A_{2n}+\cdots+b_nA_{nn} \end{bmatrix}$$

となる. ところで, $1\leqq j\leqq n$ に対して

$$b_1A_{1j}+b_2A_{2j}+\cdots+b_nA_{nj}=\begin{vmatrix} a_{11} & \cdots & \overset{j}{b_1} & \cdots & a_{1n} \\ a_{21} & \cdots & b_2 & \cdots & a_{2n} \\ \vdots & & \vdots & & \vdots \\ a_{n1} & \cdots & b_n & \cdots & a_{nn} \end{vmatrix} \quad (j\text{ 列で展開})$$

となるので, 連立1次方程式 $A\boldsymbol{x}=\boldsymbol{b}$ の解は次のようになる.

> $|A|\neq0$ ならば, 解 $\boldsymbol{x}={}^t[x_j]$ はただ1組存在し
>
> $$x_j=\frac{1}{|A|}\begin{vmatrix} a_{11} & \cdots & \overset{j}{b_1} & \cdots & a_{1n} \\ \vdots & & \vdots & & \vdots \\ a_{n1} & \cdots & b_n & \cdots & a_{nn} \end{vmatrix} \quad (1\leqq j\leqq n)$$

この解法を**クラメールの公式**という.

解答 未知数の係数の作る行列を A とおく.

(1) $|A|=\begin{vmatrix}1&2&-2\\2&-1&3\\3&0&2\end{vmatrix}=2\neq0$ だから，解は一意. A

$D_1=\begin{vmatrix}0&2&-2\\2&-1&3\\-1&0&2\end{vmatrix}=-12$ より，$x_1=\dfrac{D_1}{|A|}=-6$ B

㋐ $|A|$ の1列を定数項のベクトルで置き換える.

$D_2=\begin{vmatrix}1&0&-2\\2&2&3\\3&-1&2\end{vmatrix}=23$ より，$x_2=\dfrac{D_2}{|A|}=\dfrac{23}{2}$

㋑ $|A|$ の2列を定数項のベクトルで置き換える.

$D_3=\begin{vmatrix}1&2&0\\2&-1&2\\3&0&-1\end{vmatrix}=17$ より，$x_3=\dfrac{D_3}{|A|}=\dfrac{17}{2}$

㋒ $|A|$ の3列を定数項のベクトルで置き換える.

よって，$(x_1, x_2, x_3)=\left(-6, \dfrac{23}{2}, \dfrac{17}{2}\right)$ C ……(答)

(2) $|A|=\begin{vmatrix}1&2&1&-1\\2&-1&-1&3\\1&3&2&1\\3&1&-2&2\end{vmatrix}=-30\neq0$ A

㋓ $|A|$

$=\begin{vmatrix}1&2&1&-1\\0&-5&-3&5\\0&1&1&2\\0&-5&-5&5\end{vmatrix}$

$=5\begin{vmatrix}-5&-3&5\\1&1&2\\-1&-1&1\end{vmatrix}$

$=5\begin{vmatrix}-5&-3&5\\1&1&2\\0&0&3\end{vmatrix}$

$=15\begin{vmatrix}-5&-3\\1&1\end{vmatrix}=-30$

D_i についても計算してみよ.

$D_1=\begin{vmatrix}4&2&1&-1\\1&-1&-1&3\\7&3&2&1\\-3&1&-2&2\end{vmatrix}=-60$ より，$x=\dfrac{D_1}{|A|}=2$ B

$D_2=\begin{vmatrix}1&4&1&-1\\2&1&-1&3\\1&7&2&1\\3&-3&-2&2\end{vmatrix}=30$ より，$y=\dfrac{D_2}{|A|}=-1$

$D_3=\begin{vmatrix}1&2&4&-1\\2&-1&1&3\\1&3&7&1\\3&1&-3&2\end{vmatrix}=-120$ より，$z=\dfrac{D_3}{|A|}=4$

x, y, z の値を第1式に代入して，$u=0$

よって，$(x, y, z, u)=(2, -1, 4, 0)$ C ……(答)

POINT 答の計算は大変だが行列式を使うと連立方程式の解がこのように表現され，解をもつ条件も示される.

問題 36 ベクトルの外積

(1) 3次元ユークリッド空間 $\boldsymbol{R}^3$ の任意のベクトル $\boldsymbol{a}$ と $\boldsymbol{b}$ を2辺とする平行四辺形の面積を S とするとき，S^2 は次に定義する2次の正方行列 A の行列式 $|A|$ を用いて，$S^2=|A|$ で与えられることを示せ．

$$A=\begin{bmatrix} \boldsymbol{a}\cdot\boldsymbol{a} & \boldsymbol{a}\cdot\boldsymbol{b} \\ \boldsymbol{b}\cdot\boldsymbol{a} & \boldsymbol{b}\cdot\boldsymbol{b} \end{bmatrix}$$

(2) $\boldsymbol{R}^3$ 内の3個のベクトル $\boldsymbol{x}={}^t[x_1\ \ x_2\ \ 0]$，$\boldsymbol{y}={}^t[y_1\ \ y_2\ \ 0]$ および $\boldsymbol{z}={}^t[z_1\ \ z_2\ \ z_3]$ を3辺とする平行6面体の体積 V は次に定義する行列 B の行列式の絶対値 $\mathrm{abs}|B|$ を用いて，$V=\mathrm{abs}|B|$ で与えられることを示せ．

$$B=\begin{bmatrix} x_1 & y_1 & z_1 \\ x_2 & y_2 & z_2 \\ 0 & 0 & z_3 \end{bmatrix}$$

解 説 3次の行列式の幾何学的意味について学ぼう．3次元ベクトル $\boldsymbol{a}, \boldsymbol{b}$ に対し，次のような3次元ベクトル $\boldsymbol{a}\times\boldsymbol{b}$ を $\boldsymbol{a}, \boldsymbol{b}$ の**外積**または**ベクトル積**という．

(1) **$\boldsymbol{a}$，$\boldsymbol{b}$ が1次独立のとき；**

大きさ $|\boldsymbol{a}\times\boldsymbol{b}|=|\boldsymbol{a}||\boldsymbol{b}|\sin\theta$ (θ は $\boldsymbol{a}$，$\boldsymbol{b}$ の交角)

方向 $(\boldsymbol{a}\times\boldsymbol{b})\perp\boldsymbol{a}$，$(\boldsymbol{a}\times\boldsymbol{b})\perp\boldsymbol{b}$ すなわち

$(\boldsymbol{a}\times\boldsymbol{b})\cdot\boldsymbol{a}=(\boldsymbol{a}\times\boldsymbol{b})\cdot\boldsymbol{b}=0$

かつ $\langle\boldsymbol{a}, \boldsymbol{b}, \boldsymbol{a}\times\boldsymbol{b}\rangle$ は右ねじの向き

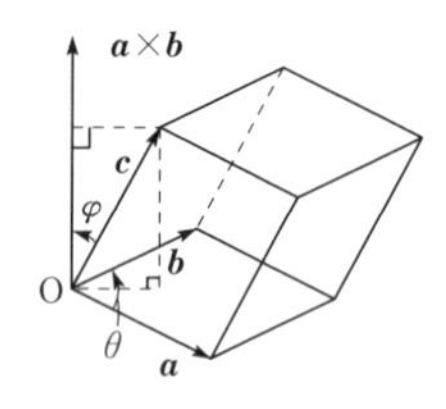

(2) **$\boldsymbol{a}$，$\boldsymbol{b}$ が1次従属のとき；$\boldsymbol{a}\times\boldsymbol{b}=\boldsymbol{0}$**

さて，$\boldsymbol{a}={}^t[a_1\ \ a_2\ \ a_3]$，$\boldsymbol{b}={}^t[b_1\ \ b_2\ \ b_3]$ のとき

$$\boldsymbol{a}\times\boldsymbol{b}={}^t\left[\begin{vmatrix} a_2 & a_3 \\ b_2 & b_3 \end{vmatrix}\ \begin{vmatrix} a_3 & a_1 \\ b_3 & b_1 \end{vmatrix}\ \begin{vmatrix} a_1 & a_2 \\ b_1 & b_2 \end{vmatrix}\right]={}^t[a_2b_3-a_3b_2\quad a_3b_1-a_1b_3\quad a_1b_2-a_2b_1]$$

となる．さらに図のように $\boldsymbol{c}={}^t[c_1\ \ c_2\ \ c_3]$ を定めると，次が成り立つ．

$(\boldsymbol{a}\times\boldsymbol{b})\cdot\boldsymbol{c}=\det(\boldsymbol{a}, \boldsymbol{b}, \boldsymbol{c})$，$(\boldsymbol{a}\times\boldsymbol{b})\cdot\boldsymbol{c}=|\boldsymbol{a}\times\boldsymbol{b}||\boldsymbol{c}|\cos\varphi$

以上から，外積 $\boldsymbol{a}\times\boldsymbol{b}$ は $\boldsymbol{a}$ と $\boldsymbol{b}$ の両方に垂直である．

外積の大きさ $|\boldsymbol{a}\times\boldsymbol{b}|$ は $\boldsymbol{a}$ と $\boldsymbol{b}$ の張る平行四辺形の面積に等しい．

$|\det(\boldsymbol{a}, \boldsymbol{b}, \boldsymbol{c})|$ は $\boldsymbol{a}$，$\boldsymbol{b}$，$\boldsymbol{c}$ の張る平行6面体の体積に等しい．

また，外積には　$\boldsymbol{b}\times\boldsymbol{a}=-\boldsymbol{a}\times\boldsymbol{b}$，$(k\boldsymbol{a})\times\boldsymbol{b}=\boldsymbol{a}\times(k\boldsymbol{b})=k(\boldsymbol{a}\times\boldsymbol{b})$

$(\boldsymbol{a}+\boldsymbol{b})\times\boldsymbol{c}=\boldsymbol{a}\times\boldsymbol{c}+\boldsymbol{b}\times\boldsymbol{c}$，$\boldsymbol{c}\times(\boldsymbol{a}+\boldsymbol{b})=\boldsymbol{c}\times\boldsymbol{a}+\boldsymbol{c}\times\boldsymbol{b}$

などの性質がある．

解答

(1)　$\boldsymbol{a}$ と $\boldsymbol{b}$ のなす角を θ とおくと

$$S=|\boldsymbol{a}||\boldsymbol{b}|\sin\theta$$ A

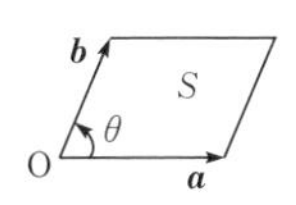

$$\therefore\quad S^2=|\boldsymbol{a}|^2|\boldsymbol{b}|^2\sin^2\theta$$
$$=|\boldsymbol{a}|^2|\boldsymbol{b}|^2(1-\cos^2\theta)$$
$$=|\boldsymbol{a}|^2|\boldsymbol{b}|^2-|\boldsymbol{a}|^2|\boldsymbol{b}|^2\cos^2\theta$$ ㋐
$$=|\boldsymbol{a}|^2|\boldsymbol{b}|^2-(\boldsymbol{a}\cdot\boldsymbol{b})^2 \qquad \cdots\cdots①$$ B

ところで，$A=\begin{bmatrix}\boldsymbol{a}\cdot\boldsymbol{a} & \boldsymbol{a}\cdot\boldsymbol{b}\\ \boldsymbol{b}\cdot\boldsymbol{a} & \boldsymbol{b}\cdot\boldsymbol{b}\end{bmatrix}$ のとき

$$|A|=(\boldsymbol{a}\cdot\boldsymbol{a})(\boldsymbol{b}\cdot\boldsymbol{b})-(\boldsymbol{a}\cdot\boldsymbol{b})(\boldsymbol{b}\cdot\boldsymbol{a})$$ ㋑
$$=|\boldsymbol{a}|^2|\boldsymbol{b}|^2-(\boldsymbol{a}\cdot\boldsymbol{b})^2 \qquad \cdots\cdots②$$

よって，①，②から，$S^2=|A|$ C

(2)　$\boldsymbol{x}\times\boldsymbol{y}$ と $\boldsymbol{z}$ のなす角を α とおくと，平行六面体の底面積 S，高さ h は

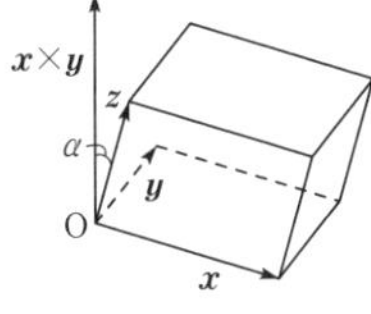

$$S=|\boldsymbol{x}\times\boldsymbol{y}|$$ ㋒
$$h=||\boldsymbol{z}|\cos\alpha|$$

であるから

$$V=Sh=|\boldsymbol{x}\times\boldsymbol{y}|\,||\boldsymbol{z}|\cos\alpha|$$
$$=|(\boldsymbol{x}\times\boldsymbol{y})\cdot\boldsymbol{z}|$$ A

ここで

$$\boldsymbol{x}\times\boldsymbol{y}={}^t\left[\begin{vmatrix}x_2 & 0\\ y_2 & 0\end{vmatrix}\ \begin{vmatrix}0 & x_1\\ 0 & y_1\end{vmatrix}\ \begin{vmatrix}x_1 & x_2\\ y_1 & y_2\end{vmatrix}\right]$$
$$={}^t\left[0\quad 0\quad \begin{vmatrix}x_1 & x_2\\ y_1 & y_2\end{vmatrix}\right]$$ だから B

$$V=\left|z_1\cdot 0+z_2\cdot 0+z_3\begin{vmatrix}x_1 & x_2\\ y_1 & y_2\end{vmatrix}\right|=\left|z_3\begin{vmatrix}x_1 & x_2\\ y_1 & y_2\end{vmatrix}\right|$$

ところで，$|B|$ を 3 行で展開すると

$$|B|=z_3\begin{vmatrix}x_1 & y_1\\ x_2 & y_2\end{vmatrix}=z_3\begin{vmatrix}x_1 & x_2\\ y_1 & y_2\end{vmatrix}$$

よって　　$V=\mathrm{abs}|B|$ C

㋐　$|\boldsymbol{a}||\boldsymbol{b}|\cos\theta=\boldsymbol{a}\cdot\boldsymbol{b}$

㋑　$\boldsymbol{b}\cdot\boldsymbol{a}=\boldsymbol{a}\cdot\boldsymbol{b}$

㋒　(1) の結果から，
$\boldsymbol{a}={}^t[x_1\ \ x_2]$，$\boldsymbol{b}={}^t[y_1\ \ y_2]$
とおくと

$$S^2=|A|$$
$$=|\boldsymbol{a}|^2|\boldsymbol{b}|^2-(\boldsymbol{a}\cdot\boldsymbol{b})^2$$
$$=(x_1^2+x_2^2)(y_1^2+y_2^2)-(x_1y_1+x_2y_2)^2$$
$$=(x_1y_2-x_2y_1)^2$$

より

$$S=|x_1y_2-x_2y_1|$$
$$=\left\|\begin{matrix}x_1 & x_2\\ y_1 & y_2\end{matrix}\right\|$$
$$=|\boldsymbol{x}\times\boldsymbol{y}|$$

POINT　このことから，たとえば，$\boldsymbol{a}$，$\boldsymbol{b}$，$\boldsymbol{c}$ が 1 次従属だと，$\det(\boldsymbol{a},\boldsymbol{b},\boldsymbol{c})=0$ は（体積が 0 なので）すぐにわかる．

練習問題　解答は 198 ページから　第 3, 4 章

解答は 198 ページから

1 次の正方行列 A, B, C の階数を求めよ.

$$A=\begin{bmatrix} 1 & 3 \\ 2 & 5 \end{bmatrix},\quad B=\begin{bmatrix} 1 & 2 & 3 \\ 1 & 4 & 7 \\ 2 & 5 & 8 \end{bmatrix},\quad C=\begin{bmatrix} 4 & 1 & 3 & 3 \\ -1 & 1 & 0 & 2 \\ 3 & 2 & 1 & 1 \\ 1 & -1 & 1 & 0 \end{bmatrix}$$

2 次の連立 1 次方程式を解け.

(1) $\begin{cases} x+y+4z=-1 \\ y+z=2 \\ -x+2y+5z=4 \end{cases}$　(2) $\begin{cases} x+2y+z=5 \\ 4x+7y+4z=18 \\ 2x+3y+2z=8 \end{cases}$

(3) $\begin{cases} x+y+3z+2u-v=1 \\ 3x+2y+4z+u-2v=0 \end{cases}$

3 次の連立 1 次方程式が解をもつように a の値を定め, その解を求めよ.

$$\begin{cases} x+y+(a+1)z=2 \\ x+az=3 \\ x+2y+(a+2)z=a \end{cases}$$

4 n 次正方行列 A について, 次の問いに答えよ.

(1) $A^k=E$ となる自然数 k があれば, A は正則であることを示せ.

(2) $A^2=A-E$ を満たすならば, A は正則であることを示し, A の逆行列を A と E で表せ.

(3) ある自然数 m に対して $A^m=O$ となるとき, $E-A$ は正則であることを示せ.

5 行列 $A=\begin{bmatrix} 0 & 3 & -4 & -1 \\ -3 & 0 & -4 & 3 \\ 3 & 0 & 3 & -4 \\ -1 & 1 & -3 & 1 \end{bmatrix}$ の逆行列を求めよ.

6　次の行列式の値を求めよ．

(1) $\begin{vmatrix} 4 & -3 \\ 8 & 7 \end{vmatrix}$　(2) $\begin{vmatrix} 1 & 3 & 2 \\ -3 & 1 & 2 \\ 1 & 4 & 1 \end{vmatrix}$　(3) $\begin{vmatrix} 1 & 1 & 1 & 1 \\ 1 & 2 & 2 & 2 \\ 1 & 2 & 3 & 3 \\ 1 & 2 & 3 & 4 \end{vmatrix}$

7　次の行列式の値を求めよ．

(1) $\begin{vmatrix} 5 & -4 & 1 & 3 \\ 1 & 5 & 0 & 1 \\ 3 & -6 & 1 & -1 \\ 9 & 3 & -1 & -1 \end{vmatrix}$　(2) $\begin{vmatrix} 1 & 2 & 3 & 4 \\ 1^2 & 2^2 & 3^2 & 4^2 \\ 1^3 & 2^3 & 3^3 & 4^3 \\ 1^4 & 2^4 & 3^4 & 4^4 \end{vmatrix}$

8　次の行列式 D を因数分解せよ．

(1) $D=\begin{vmatrix} a & a^2 & bc \\ b & b^2 & ca \\ c & c^2 & ab \end{vmatrix}$　(2) $D=\begin{vmatrix} 1 & a^2 & (b+c)^2 \\ 1 & b^2 & (c+a)^2 \\ 1 & c^2 & (a+b)^2 \end{vmatrix}$

9　次の x の方程式を解け．ただし，a，b，c は定数である．

$$\begin{vmatrix} x & a & b & c \\ a & x & b & c \\ a & b & x & c \\ a & b & c & x \end{vmatrix}=0$$

10　次の等式を証明せよ．

$$\begin{vmatrix} ax_2+px_3 & bx_3+qx_1 & cx_1+rx_2 \\ ay_2+py_3 & by_3+qy_1 & cy_1+ry_2 \\ az_2+pz_3 & bz_3+qz_1 & cz_1+rz_2 \end{vmatrix}=(abc+pqr)\begin{vmatrix} x_1 & x_2 & x_3 \\ y_1 & y_2 & y_3 \\ z_1 & z_2 & z_3 \end{vmatrix}$$

11 次で定義される n 次正方行列 A_n の行列式を D_n とおく．

$$A_n=\begin{bmatrix} 1+x^2 & x & & & & O \\ x & 1+x^2 & x & & & \\ & x & 1+x^2 & x & & \\ & & \ddots & \ddots & \ddots & \\ & & & x & 1+x^2 & x \\ O & & & & x & 1+x^2 \end{bmatrix}$$

(1)　$n \geqq 3$ のとき，D_n を D_{n-1} と D_{n-2} で表せ．

(2)　D_n を求めよ．

12 次の行列 A の余因子行列 $\tilde{A}$ を求めよ．また，A が正則であれば，その逆行列 A^{-1} を求めよ．

(1)　$A=\begin{bmatrix} 2 & 1 & 2 \\ 3 & 0 & 1 \\ 2 & 1 & 3 \end{bmatrix}$　　(2)　$A=\begin{bmatrix} 1 & -3 & 2 & 1 \\ 2 & -5 & 3 & 2 \\ -1 & 2 & 0 & -3 \\ 0 & 1 & -2 & 4 \end{bmatrix}$

13 次の連立1次方程式をクラメールの公式を用いて解け．

(1)　$\begin{cases} 3x+2y+2z=1 \\ 5x-4y+3z=8 \\ -2x+6y+z=-1 \end{cases}$　　(2)　$\begin{cases} x+y+z=1 \\ ax+by+cz=k \\ a^2x+b^2y+c^2z=k^2 \end{cases}$

(a, b, c は互いに異なる)

14 次の2つの方程式が共通解をもつように定数 m の値を定めよ．

$$\begin{cases} x^3+mx+2=0 \\ x^2+2x+m=0 \end{cases}$$

Chapter 5

一般の n 次元ベクトル空間

問題 37　ベクトル空間の例

$\boldsymbol{R}^n$ を実 n 次元数ベクトルの集合，すなわち

$$\boldsymbol{R}^n=\{{}^t[a_1\ a_2\ a_3\ \cdots\ a_n]\,|\,a_i\in\boldsymbol{R}\}$$

とする．いま，$\boldsymbol{R}^n$ 上において，和とスカラー倍を次のように定義すれば，$\boldsymbol{R}^n$ は実ベクトル空間であることを示せ．

$$\begin{cases} {}^t[a_1\ a_2\ \cdots\ a_n]+{}^t[b_1\ b_2\ \cdots\ b_n]={}^t[a_1+b_1\ \ a_2+b_2\ \cdots\ a_n+b_n] \\ k\,{}^t[a_1\ a_2\ \cdots\ a_n]={}^t[ka_1\ ka_2\ \cdots\ ka_n] \end{cases}$$

解説　実数全体の集合を $\boldsymbol{R}$ とする．空でない集合 $\boldsymbol{V}$ の任意の元 $\boldsymbol{a}$，$\boldsymbol{b}$ および $\boldsymbol{R}$ の任意の元 k に対して，和 $\boldsymbol{a}+\boldsymbol{b}$ と k 倍 $k\boldsymbol{a}$ について

$$\boldsymbol{a},\boldsymbol{b}\in\boldsymbol{V},\ k\in\boldsymbol{R}\ \Longrightarrow\ \boldsymbol{a}+\boldsymbol{b}\in\boldsymbol{V},\ k\boldsymbol{a}\in\boldsymbol{V}$$

を満たしていて，これらが次の 8 個の条件を満たすとき，$\boldsymbol{V}$ を $\boldsymbol{R}$ **上のベクトル空間（線形空間）**という．8 個の条件を**ベクトル空間の公理**という．

1°　$\boldsymbol{a}+\boldsymbol{b}=\boldsymbol{b}+\boldsymbol{a}$　（交換法則）

2°　$(\boldsymbol{a}+\boldsymbol{b})+\boldsymbol{c}=\boldsymbol{a}+(\boldsymbol{b}+\boldsymbol{c})$　（結合法則）

3°　任意の $\boldsymbol{a}\in\boldsymbol{V}$ に対し，$\boldsymbol{0}+\boldsymbol{a}=\boldsymbol{a}$ を満たす $\boldsymbol{0}\in\boldsymbol{V}$（零ベクトル）がある．

4°　$\boldsymbol{a}+(-1)\boldsymbol{a}=\boldsymbol{0}$

5°　$k(\boldsymbol{a}+\boldsymbol{b})=k\boldsymbol{a}+k\boldsymbol{b}$

6°　$(h+k)\boldsymbol{a}=h\boldsymbol{a}+k\boldsymbol{a}$

7°　$(kl)\boldsymbol{a}=k(l\boldsymbol{a})$

8°　$1\,\boldsymbol{a}=\boldsymbol{a}$

$\boldsymbol{V}$ の元を**ベクトル**，$\boldsymbol{R}$ の元を**スカラー**と呼ぶ．

また，$\boldsymbol{C}$ を複素数の全体とするとき，$\boldsymbol{C}$ 上のベクトル空間も同様に定義される．$\boldsymbol{R}$ および $\boldsymbol{C}$ 上のベクトル空間を，それぞれ**実ベクトル空間**，**複素ベクトル空間**という．ベクトル空間は，矢線ベクトルや数ベクトルのみの概念かというとそうではなく，ベクトル空間の具体的な例はいろいろある．

(1)　$\boldsymbol{R}^n$……実 n 次元数ベクトルの全体 $\Longrightarrow$ 実 n 次元ベクトル空間

　　$\boldsymbol{C}^n$……複素 n 次元数ベクトルの全体 $\Longrightarrow$ 複素 n 次元ベクトル空間

(2)　$M(m,n\,;\boldsymbol{R})$……実（m,n）行列全体 $\Longrightarrow$ 実行列空間

　　$M(m,n\,;\boldsymbol{C})$……複素（m,n）行列全体 $\Longrightarrow$ 複素行列空間

　（行列の和とスカラー倍について，それぞれベクトル空間）

(3)　1 変数の実係数の多項式の全体 $P(\boldsymbol{R})$

　（多項式の和とスカラー倍について，実ベクトル空間）

解答

$\boldsymbol{a}, \boldsymbol{b} \in \boldsymbol{R}^n$，$k \in \boldsymbol{R}$ のとき，問題の定義から

　　㋐ $\boldsymbol{a}+\boldsymbol{b} \in \boldsymbol{R}^n$，$k\boldsymbol{a} \in \boldsymbol{R}^n$ は成り立つ．A

$\boldsymbol{a}={}^t[a_1 \cdots a_n]$，$\boldsymbol{b}={}^t[b_1 \cdots b_n]$，$\boldsymbol{c}={}^t[c_1 \cdots c_n]$

とおく．

1°　$\boldsymbol{a}+\boldsymbol{b} \overset{㋑}{=} {}^t[a_1+b_1 \cdots a_n+b_n]$

$={}^t[b_1+a_1 \cdots b_n+a_n]=\boldsymbol{b}+\boldsymbol{a}$

2°　$(\boldsymbol{a}+\boldsymbol{b})+\boldsymbol{c}=\{{}^t[a_1+b_1 \cdots a_n+b_n]\}+{}^t[c_1 \cdots c_n]$

$={}^t[(a_1+b_1)+c_1 \cdots (a_n+b_n)+c_n]$

$={}^t[a_1+(b_1+c_1) \cdots a_n+(b_n+c_n)]$

$={}^t[a_1 \cdots a_n]+{}^t[b_1+c_1 \cdots b_n+c_n]$

$=\boldsymbol{a}+(\boldsymbol{b}+\boldsymbol{c})$ B

3°　$\boldsymbol{0}={}^t[0 \cdots 0]$ とおくと

$\boldsymbol{0}+\boldsymbol{a}={}^t[0 \cdots 0]+{}^t[a_1 \cdots a_n]$

$={}^t[a_1 \cdots a_n]=\boldsymbol{a}$

4°　$\boldsymbol{a}+(-1)\boldsymbol{a}={}^t[a_1 \cdots a_n] \overset{㋒}{+} (-1)\,{}^t[a_1 \cdots a_n]$

$={}^t[a_1 \cdots a_n]+{}^t[-a_1 \cdots -a_n]={}^t[0 \cdots 0]=\boldsymbol{0}$ C

5°　$k(\boldsymbol{a}+\boldsymbol{b})=k\,{}^t[a_1+b_1 \cdots a_n+b_n]$

$={}^t[ka_1+kb_1 \cdots ka_n+kb_n]$

$={}^t[ka_1 \cdots ka_n]+{}^t[kb_1 \cdots kb_n]$

$=k\boldsymbol{a}+k\boldsymbol{b}$

6°　$(k+l)\boldsymbol{a}=(k+l)\,{}^t[a_1 \cdots a_n]$

$={}^t[(k+l)\,a_1 \cdots (k+l)\,a_n]$

$={}^t[ka_1+la_1 \cdots ka_n+la_n]$

$={}^t[ka_1 \cdots ka_n]+{}^t[la_1 \cdots la_n]=k\boldsymbol{a}+l\boldsymbol{a}$ D

7°　$(kl)\boldsymbol{a}=(kl)\,{}^t[a_1 \cdots a_n]={}^t[kla_1 \cdots kla_n]$

$=k\,{}^t[la_1 \cdots la_n]=k(l\,{}^t[a_1 \cdots a_n])$

$=k(l\boldsymbol{a})$

8°　$1\,\boldsymbol{a}=1\,{}^t[a_1 \cdots a_n]={}^t[a_1 \cdots a_n]=\boldsymbol{a}$

㋓以上から，$\boldsymbol{R}^n$ は実ベクトル空間である．E

㋐　それぞれ，$\boldsymbol{R}^n$ は加法について閉じている，スカラー倍について閉じている，という．

㋑　$\boldsymbol{a}+\boldsymbol{b}$
$={}^t[a_1 \cdots a_n]+{}^t[b_1 \cdots b_n]$
$={}^t[a_1+b_1 \cdots a_n+b_n]$

㋒　問題の定義から
${}^t[-a_1 \cdots -a_n]$となる．

㋓　$\boldsymbol{R}^n$ は和およびスカラー倍について閉じて，さらに8個のベクトル空間の公理を満たした．

POINT　こういうのは，何を示せばよいのか？　と迷うかもしれないが，要するに成分ごとに計算が可能なコトを表現するだけ．

問題 38 部分空間 (1)

3 次元実ベクトル空間 $\boldsymbol{R}^3$ の次の部分集合 W は $\boldsymbol{R}^3$ の部分空間であるか.

(1) $W=\{{}^t[x\ \ y\ \ z]\,|\,x+2y=3z\}$　(2) $W=\{{}^t[x\ \ y\ \ z]\,|\,yz=0\}$

(3) $W=\{{}^t[x\ \ y\ \ z]\,|\,x=3y=5z\}$　(4) $W=\{{}^t[x\ \ y\ \ z]\,|\,x+2y-z=3\}$

解 説 $\boldsymbol{R}$ 上のベクトル空間 $\boldsymbol{V}$ の部分集合 $\boldsymbol{W}$（ただし, $\boldsymbol{W}\neq\varnothing$）が, 加法とスカラー倍について閉じているとき, すなわち

(1) $\boldsymbol{a}\in\boldsymbol{W},\ \boldsymbol{b}\in\boldsymbol{W} \Longrightarrow \boldsymbol{a}+\boldsymbol{b}\in\boldsymbol{W}$

(2) $\boldsymbol{a}\in\boldsymbol{W},\ k\in\boldsymbol{R} \Longrightarrow k\boldsymbol{a}\in\boldsymbol{W}$

を同時に満たすとき, $\boldsymbol{W}$ を $\boldsymbol{V}$ の**部分空間**という. (1), (2) はまとめて

(3) $\boldsymbol{a},\boldsymbol{b}\in\boldsymbol{W},\ k,l\in\boldsymbol{R} \Longrightarrow k\boldsymbol{a}+l\boldsymbol{b}\in\boldsymbol{W}$

と表すことができる.

ベクトル空間 $\boldsymbol{V}$ の部分集合 $\boldsymbol{W}$ が部分空間であることを示すには, (1) かつ (2), または (3) を示し, 部分空間でないときは, それを示す具体例（反例）をあげることになる. なお, 部分空間 $\boldsymbol{W}$ は必ず零ベクトル $\boldsymbol{0}$ を含む. それは

$\boldsymbol{a}\in\boldsymbol{W}$ とすると, $\boldsymbol{R}$ の元 0 とから $0\,\boldsymbol{a}\in\boldsymbol{W}$　すなわち　$\boldsymbol{0}\in\boldsymbol{W}$

となるからである.

(例) ① $\boldsymbol{R}^2$ の部分集合 $W=\{{}^t[x\ \ y]\,|\,x=y\}$ は $\boldsymbol{R}^2$ の部分空間か.

② $\boldsymbol{R}^2$ の部分集合 $W=\{{}^t[x\ \ y]\,|\,x-y+1=0\}$ は $\boldsymbol{R}^2$ の部分空間か.

③ $\boldsymbol{R}^3$ の部分集合 $W=\{{}^t[x\ \ y\ \ z]\,|\,x=0\}$ は $\boldsymbol{R}^3$ の部分空間か.

(解答) ① $\boldsymbol{a}={}^t[x_1\ \ y_1]\in W$, $\boldsymbol{b}={}^t[x_2\ \ y_2]\in W$, $k\in\boldsymbol{R}$ とおくと

$x_1=y_1$ かつ $x_2=y_2$ から, $x_1+x_2=y_1+y_2$, $kx_1=ky_1$

$\boldsymbol{a}+\boldsymbol{b}={}^t[x_1\ \ y_1]+{}^t[x_2\ \ y_2]={}^t[x_1+x_2\ \ y_1+y_2]\in W$

$k\boldsymbol{a}=k\,{}^t[x_1\ \ y_1]={}^t[kx_1\ \ ky_1]\in W$

よって, W は $\boldsymbol{R}^2$ の部分空間である.

② $x-y+1=0$ は xy 平面で直線 $y=x+1$ だから, 原点を通らない.

よって, $\boldsymbol{0}={}^t[0\ \ 0]\notin W$ だから, W は $\boldsymbol{R}^2$ の部分空間ではない.

③ $\boldsymbol{a}={}^t[0\ \ y_1\ \ z_1]\in W$, $\boldsymbol{b}={}^t[0\ \ y_2\ \ z_2]\in W$, $k\in\boldsymbol{R}$ とおくと

$\boldsymbol{a}+\boldsymbol{b}={}^t[0\ \ y_1\ \ z_1]+{}^t[0\ \ y_2\ \ z_2]={}^t[0\ \ y_1+y_2\ \ z_1+z_2]\in W$

$k\boldsymbol{a}=k\,{}^t[0\ \ y_1\ \ z_1]={}^t[0\ \ ky_1\ \ kz_1]\in W$

よって, W は $\boldsymbol{R}^3$ の部分空間である.

解答

(1)　$\boldsymbol{a}={}^t[x_1\ \ y_1\ \ z_1]\in W$，$\boldsymbol{b}={}^t[x_2\ \ y_2\ \ z_2]\in W$，
$k\in \boldsymbol{R}$ とおくと，$x_1+2y_1=3z_1$，$x_2+2y_2=3z_2$

$$\boldsymbol{a}+\boldsymbol{b}={}^t[x_1+x_2\ \ y_1+y_2\ \ z_1+z_2]$$
$$k\boldsymbol{a}={}^t[kx_1\ \ ky_1\ \ kz_1]$$

したがって

$$\underbrace{(x_1+x_2)+2(y_1+y_2)}_{㋐}=(x_1+2y_1)+(x_2+2y_2)$$
$$=3z_1+3z_2$$
$$=3(z_1+z_2)$$ A

かつ $\underbrace{kx_1+2(ky_1)}_{㋑}=k(x_1+2y_1)$
$$=k(3z_1)=3(kz_1)$$ B

$\therefore\ \ \boldsymbol{a}+\boldsymbol{b}\in W$　かつ　$k\boldsymbol{a}\in W$

よって，W は $\boldsymbol{R}^3$ の部分空間である．C ……(答)

(2)　$\boldsymbol{a}={}^t[1\ \ 0\ \ 1]$，$\boldsymbol{b}={}^t[1\ \ 1\ \ 0]$ とすると
$\underbrace{\boldsymbol{a}\in W,\ \boldsymbol{b}\in W}_{㋒}$ であるが，

$$\boldsymbol{a}+\boldsymbol{b}={}^t[1\ \ 0\ \ 1]+{}^t[1\ \ 1\ \ 0]={}^t[2\ \ 1\ \ 1]\notin W$$ A

よって，W は $\boldsymbol{R}^3$ の部分空間ではない．B……(答)

(3)　$\boldsymbol{a}={}^t[x_1\ \ y_1\ \ z_1]\in W$，$\boldsymbol{b}={}^t[x_2\ \ y_2\ \ z_2]\in W$，
$k\in \boldsymbol{R}$ とおくと

$$x_1=3y_1=5z_1,\ \ x_2=3y_2=5z_2\cdots\cdots①$$
$$\boldsymbol{a}+\boldsymbol{b}={}^t[x_1+x_2\ \ y_1+y_2\ \ z_1+z_2]$$
$$k\boldsymbol{a}={}^t[kx_1\ \ ky_1\ \ kz_1]$$

①から　$x_1+x_2=3y_1+3y_2=5z_1+5z_2$

$\therefore\ \ x_1+x_2=3(y_1+y_2)=5(z_1+z_2)$ A

かつ　$kx_1=k\cdot 3y_1=k\cdot 5z_1$

$\therefore\ \ kx_1=3(ky_1)=5(kz_1)$ B

したがって，$\boldsymbol{a}+\boldsymbol{b}\in W$　かつ　$k\boldsymbol{a}\in W$

よって，W は $\boldsymbol{R}^3$ の部分空間である．C ……(答)

(4)　${}^t[x\ \ y\ \ z]={}^t[0\ \ 0\ \ 0]$ は $x+2y-z=3$ を満たさないので，$\underbrace{\boldsymbol{0}={}^t[0\ \ 0\ \ 0]\notin W}_{㋓}$ A

よって，W は $\boldsymbol{R}^3$ の部分空間ではない．B……(答)

㋐　加法について閉じていることを示すには
$\boldsymbol{a}+\boldsymbol{b}={}^t[x_3\ \ y_3\ \ z_3]$ のとき
$x_3+2y_3=3z_3$ を導く．

㋑　スカラー倍について閉じていることを示すには
$k\boldsymbol{a}={}^t[x_4\ \ y_4\ \ z_4]$ のとき
$x_4+2y_4=3z_4$ を導く．

㋒　$yz=0$ を満たす元 $\boldsymbol{a}$，$\boldsymbol{b}$．

㋓　つねに $\boldsymbol{0}\in W$ であるが，
$0+0-0=0\neq 3$ より
$\boldsymbol{0}\notin W$ である．

POINT　和とスカラー倍について閉じているかを確認．

問題 39　部分空間 (2)

(1)　次の集合 W は，$\boldsymbol{R}$ 上の実数値関数全体の作るベクトル空間 $\mathcal{F}$ の部分空間であるか.

①　$W=\{f \mid f(0)=f(1)\}$　　②　$W=\{f \mid f(1)=f(0)+3\}$

③　$W=\{f \mid f(-x)=f(x)\}$

(2)　次の集合 W は，要素が実数である n 次実正方行列全体の作るベクトル空間の部分空間か.

①　W：正則行列全体

②　W：n 次の正方行列 A，B に対し，$XA=BX$ とする X の全体

解説　ここでは，いろいろなベクトル空間の部分空間について学ぶ.

1°　**関数空間の部分空間**

(例)　次の集合 W は，$\boldsymbol{R}$ 上の実数値関数全体の作るベクトル空間 $\mathcal{F}$ の部分空間であるか. ただし，$(f+g)(x)=f(x)+g(x)$，$(kf)(x)=kf(x)$ とする.

① $W=\{f \mid f$ は単調増加関数$\}$　② $W=\{f \mid f$ は微分可能で，$f'(0)=f'(1)\}$

(解)　①　$f(x)$ が単調増加であるとき，$x_1<x_2 \Rightarrow f(x_1)<f(x_2)$ となるが，この両辺を -2 倍すると $-2f(x_1)>-2f(x_2)$ となり，$-2f(x)$ は単調減少となる. よって，W は部分空間ではない.

②　$f \in W$，$g \in W$，$k \in \boldsymbol{R}$ とおくと，$f+g$，kf はいずれも微分可能で，

さらに　　$f'(0)=f'(1)$，$g'(0)=g'(1)$

このとき　　$(f+g)'(0)=f'(0)+g'(0)=f'(1)+g'(1)=(f+g)'(1)$

$$(kf)'(0)=k \cdot f'(0)=k \cdot f'(1)=(kf)'(1)$$

よって，$f+g \in W$ かつ $kf \in W$ となり，W は部分空間である.

2°　**行列空間の部分空間**

(例)　次の集合 W は，n 次実正方行列全体の作るベクトル空間の部分空間か.

①　対称行列全体の集合　　②　べき零行列全体の集合

(解)　①　$A \in W$，$B \in W$，$k \in \boldsymbol{R}$ とおくと，${}^tA=A$，${}^tB=B$

${}^t(A+B)={}^tA+{}^tB=A+B$ から，$A+B$ は対称行列.

${}^t(kA)=k\,{}^tA=kA$ から，kA は対称行列.

よって，$A+B \in W$ かつ $kA \in W$ となり，W は部分空間である.

②　$A=\begin{bmatrix} 0 & 1 \\ 0 & 0 \end{bmatrix}$，$B=\begin{bmatrix} 0 & 0 \\ 1 & 0 \end{bmatrix}$ は $A^2=B^2=O$ だが，$A+B=\begin{bmatrix} 0 & 1 \\ 1 & 0 \end{bmatrix}$ は

$(A+B)^2=E$ となり，べき零ではない. よって，W は部分空間ではない.

解答

(1)　①　$f \in W$, $g \in W$, $k \in \boldsymbol{R}$ とおくと

$$f(0)=f(1),\ g(0)=g(1)$$

したがって

$$\underset{㋐}{(f+g)(0)=f(0)+g(0)}=f(1)+g(1)=(f+g)(1)$$ A

かつ　$\underset{㋑}{(kf)(0)=k\cdot f(0)}=k\cdot f(1)=(kf)(1)$ B

$\therefore$　$f+g \in W$ かつ $kf \in W$

よって，W は $\mathcal{F}$ の部分空間である．C　……(答)

②　零ベクトル $\boldsymbol{0}$ すなわち恒等的に 0 である関数 $f(x)=0$ を含まないので，(㋒) A　W は部分空間ではない．B　……(答)

③　$f \in W$, $g \in W$, $k \in \boldsymbol{R}$ とおくと

$$\underset{㋓}{f(-x)=f(x),\ g(-x)=g(x)}$$

したがって

$$(f+g)(-x)=f(-x)+g(-x)=f(x)+g(x)=(f+g)(x)$$ A

かつ　$(kf)(-x)=k\cdot f(-x)=kf(x)=(kf)(x)$ B

$\therefore$　$f+g \in W$ かつ $kf \in W$

よって，W は $\mathcal{F}$ の部分空間である．C　……(答)

(2)　①　零行列 $O \notin W$ だから，(㋔) A　W は部分空間ではない．B　……(答)

②　$X \in W$, $Y \in W$, $k \in \boldsymbol{R}$ とおくと

$$XA=BX,\ YA=BY$$

したがって

$$(X+Y)A=XA+YA=BX+BY=B(X+Y)$$ A

かつ　$(kX)A=k(XA)=k(BX)=B(kX)$ B

$\therefore$　$X+Y \in W$ かつ $kX \in W$

よって，W は部分空間である．C　……(答)

㋐　$(f+g)(x)=f(x)+g(x)$

㋑　$(kf)(x)=k\,f(x)$

㋒　$\boldsymbol{0}(x)=0$ とすると
$\boldsymbol{0}(1)=0$, $\boldsymbol{0}(0)+3=3$
より　$\boldsymbol{0}(1) \neq \boldsymbol{0}(0)+3$
$\therefore$　$\boldsymbol{0} \notin W$

㋓　f, g は偶関数である．

㋔　行列空間の場合も，零ベクトル $\boldsymbol{0}$ すなわち零行列 O は $O \in W$ である．
なお，$E \in W$, $-E \in W$ であるが，
$E+(-E)=O \notin W$,
$0E=O \notin W$ より，
加法，スカラー倍に関しても閉じていない．

POINT　数空間でなくとも，前問と同様に，和とスカラー倍について閉じているかどうかを見れば，OK！

問題 40　実ベクトル空間の1次独立 (1)

$\boldsymbol{R}^3$ のベクトル $\boldsymbol{a}, \boldsymbol{b}, \boldsymbol{c}, \boldsymbol{d}, \boldsymbol{e}$ を次のように定める.

$$\boldsymbol{a}=\begin{bmatrix}0\\1\\0\end{bmatrix},\quad \boldsymbol{b}=\begin{bmatrix}0\\1\\1\end{bmatrix},\quad \boldsymbol{c}=\begin{bmatrix}1\\1\\0\end{bmatrix},\quad \boldsymbol{d}=\begin{bmatrix}0\\0\\1\end{bmatrix},\quad \boldsymbol{e}=\begin{bmatrix}x\\x\\y\end{bmatrix}$$

(1) $\{\boldsymbol{a}, \boldsymbol{b}, \boldsymbol{c}\}$ は1次独立であることを示せ. また, $\{\boldsymbol{a}, \boldsymbol{b}, \boldsymbol{d}\}$ は1次従属であることを示せ.

(2) $\{\boldsymbol{a}, \boldsymbol{b}, \boldsymbol{e}\}$ が1次独立になるための x, y についての条件を求めよ.

解説　2次元（平面), 3次元（空間）におけるベクトルの1次独立・1次従属についてはすでに学んだが, ここでは, 実ベクトル空間の1次独立・1次従属について学ぶ. 行列の rank と1次独立・1次従属についてもまとめよう.

実ベクトル空間 $\boldsymbol{V}$ の元 $\boldsymbol{a}_1, \cdots, \boldsymbol{a}_p$ に対して,

$k_1\boldsymbol{a}_1+\cdots+k_p\boldsymbol{a}_p=\boldsymbol{0}$ が $k_1=\cdots=k_p=0$ のときに限って成り立つとき,
$\boldsymbol{a}_1, \cdots, \boldsymbol{a}_p$ は**1次独立（線形独立）**であるという. そうでないとき, つまり
$k_1\boldsymbol{a}_1+\cdots+k_p\boldsymbol{a}_p=\boldsymbol{0}$ を満たす少なくとも1つは0でない $k_1, \cdots, k_p\in\boldsymbol{R}$ が存在するとき, $\boldsymbol{a}_1, \cdots, \boldsymbol{a}_p$ は**1次従属（線形従属）**であるという.

$\boldsymbol{a}$ が1次独立な $\boldsymbol{a}_1, \cdots, \boldsymbol{a}_p$ の1次結合, すなわち $\boldsymbol{a}=k_1\boldsymbol{a}_1+\cdots+k_p\boldsymbol{a}_p$ として表されるとき, p 個の係数 $k_1, \cdots, k_p$ はただ1通りに定まる.

さて, $\boldsymbol{e}_1, \cdots, \boldsymbol{e}_n$ が1次独立であるとき

$$\left\{\begin{array}{l}\boldsymbol{a}_1=a_{11}\boldsymbol{e}_1+a_{12}\boldsymbol{e}_2+\cdots+a_{1n}\boldsymbol{e}_n\\ \boldsymbol{a}_2=a_{21}\boldsymbol{e}_1+a_{22}\boldsymbol{e}_2+\cdots+a_{2n}\boldsymbol{e}_n\\ \qquad\cdots\qquad\cdots\\ \boldsymbol{a}_p=a_{p1}\boldsymbol{e}_1+a_{p2}\boldsymbol{e}_2+\cdots+a_{pn}\boldsymbol{e}_n\end{array}\right. \text{が1次独立}\atop\text{(1次従属)} \iff \operatorname{rank}\underbrace{\begin{bmatrix}a_{11}&\cdots&a_{1n}\\a_{21}&\cdots&a_{2n}\\\vdots&\ddots&\vdots\\a_{p1}&\cdots&a_{pn}\end{bmatrix}}_{=A}=p\ (<p)$$

とくに, $p=n$ のときは, 次のように行列式を用いてもよい.

$$\begin{bmatrix}a_{11}\\a_{21}\\\vdots\\a_{n1}\end{bmatrix}, \begin{bmatrix}a_{12}\\a_{22}\\\vdots\\a_{n2}\end{bmatrix}, \cdots, \begin{bmatrix}a_{1n}\\a_{2n}\\\vdots\\a_{nn}\end{bmatrix} \text{が1次独立}\atop\text{(1次従属)} \iff \begin{vmatrix}a_{11}&a_{12}&\cdots&a_{1n}\\a_{21}&a_{22}&\cdots&a_{2n}\\\vdots&\vdots&\ddots&\vdots\\a_{n1}&a_{n2}&\cdots&a_{nn}\end{vmatrix}\neq0\ (=0)$$

たとえば, $\begin{vmatrix}1&-2&1\\2&1&3\\1&1&5\end{vmatrix}=17\neq0$ より, $\begin{bmatrix}1\\2\\1\end{bmatrix}, \begin{bmatrix}-2\\1\\1\end{bmatrix}, \begin{bmatrix}1\\3\\5\end{bmatrix}$ は1次独立である.

解答

(1) $A=\begin{bmatrix}0&0&1\\1&1&1\\0&1&0\end{bmatrix}$ ㋐ $\xrightarrow[①\leftrightarrow②]{}\begin{bmatrix}1&1&1\\0&0&1\\0&1&0\end{bmatrix}$

$\xrightarrow[②\leftrightarrow③]{}\begin{bmatrix}1&1&1\\0&1&0\\0&0&1\end{bmatrix}\xrightarrow[①-②-③]{}\begin{bmatrix}1&0&0\\0&1&0\\0&0&1\end{bmatrix}$ A

$\therefore$ rank $A=3=$ベクトルの個数 B

よって，$\{\boldsymbol{a}, \boldsymbol{b}, \boldsymbol{c}\}$ は1次独立である． C

また，$B=\begin{bmatrix}0&0&0\\1&1&0\\0&1&1\end{bmatrix}$ ㋑ $\xrightarrow[①\leftrightarrow②]{}\begin{bmatrix}1&1&0\\0&0&0\\0&1&1\end{bmatrix}$

$\xrightarrow[②\leftrightarrow③]{}\begin{bmatrix}1&1&0\\0&1&1\\0&0&0\end{bmatrix}\xrightarrow[①-②]{}\begin{bmatrix}1&0&-1\\0&1&1\\0&0&0\end{bmatrix}$ A

$\therefore$ rank $B=2<$ベクトルの個数 B

よって，$\{\boldsymbol{a}, \boldsymbol{b}, \boldsymbol{d}\}$ は1次従属である．

(2) $C=\begin{bmatrix}0&0&x\\1&1&x\\0&1&y\end{bmatrix}\xrightarrow[①\leftrightarrow②]{}\begin{bmatrix}1&1&x\\0&0&x\\0&1&y\end{bmatrix}$

$\xrightarrow[②\leftrightarrow③]{}\begin{bmatrix}1&1&x\\0&1&y\\0&0&x\end{bmatrix}\xrightarrow[①-②]{}\begin{bmatrix}1&0&x-y\\0&1&y\\0&0&x\end{bmatrix}$ A

ここで，$\{\boldsymbol{a}, \boldsymbol{b}, \boldsymbol{e}\}$ が1次独立であるためには，

rank $C=$ベクトルの個数 3 ㋒ B

が成り立つことが必要十分条件であるから，求める条件は，$x\neq0$，y は任意 ㋓ C ……(答)

(別解)

(1) $|A|=1\neq0$，$|B|=0$ より

$\{\boldsymbol{a}, \boldsymbol{b}, \boldsymbol{c}\}$ は1次独立，$\{\boldsymbol{a}, \boldsymbol{b}, \boldsymbol{d}\}$ は1次従属．

(2) $|C|=x$ より，

$\{\boldsymbol{a}, \boldsymbol{b}, \boldsymbol{e}\}$ が1次独立 $\Longleftrightarrow$ $|C|\neq0$ から

求める条件は，$x\neq0$，y は任意．

㋐ $A=[\boldsymbol{a}\ \boldsymbol{b}\ \boldsymbol{c}]$

㋑ この段階で rank $B\leqq2<$ベクトルの個数 3 がわかるので，1次従属としてもよい．

㋒ rank C は
$\begin{cases}x=0\text{ のとき，}2\\x\neq0\text{ のとき，}3\end{cases}$

㋓ $\boldsymbol{e}=\begin{bmatrix}x\\x\\y\end{bmatrix}=x\boldsymbol{c}+y\boldsymbol{d}$

より，$|\boldsymbol{a}\ \boldsymbol{b}\ \boldsymbol{e}|$ は

$|\boldsymbol{a}\ \boldsymbol{b}\ x\boldsymbol{c}+y\boldsymbol{d}|$
$=|\boldsymbol{a}\ \boldsymbol{b}\ x\boldsymbol{c}|+|\boldsymbol{a}\ \boldsymbol{b}\ y\boldsymbol{d}|$
$=x|\boldsymbol{a}\ \boldsymbol{b}\ \boldsymbol{c}|+y|\boldsymbol{a}\ \boldsymbol{b}\ \boldsymbol{d}|$
$=x|A|+y|B|=x\neq0$

としてもよい．

POINT 1次独立と，(ベクトルを組にしてできる) 行列の rank や行列式との関係を，おさえておくこと．

問題 41　実ベクトル空間の１次独立（2）

（1）　$\boldsymbol{c}=\begin{bmatrix} a \\ b \\ c \end{bmatrix}$ が $\boldsymbol{a}=\begin{bmatrix} 1 \\ 3 \\ 0 \end{bmatrix}$ と $\boldsymbol{b}=\begin{bmatrix} 3 \\ 2 \\ 5 \end{bmatrix}$ の張る空間 $\boldsymbol{U}$ に属するための必要十分条件を求めよ.

（2）　$\boldsymbol{c}=\begin{bmatrix} a \\ b \\ c \\ d \end{bmatrix}$ が $\boldsymbol{a}=\begin{bmatrix} 1 \\ 1 \\ 0 \\ 1 \end{bmatrix}$ と $\boldsymbol{b}=\begin{bmatrix} 4 \\ 2 \\ 1 \\ -3 \end{bmatrix}$ の張る空間 $\boldsymbol{U}$ に属するための必要十分条件を求めよ.

解説　もう一度確認をしておこう. p 個のベクトル $\boldsymbol{a}_1, \boldsymbol{a}_2, \cdots, \boldsymbol{a}_p$ が１次独立であることを示すには, $k_1\boldsymbol{a}_1+k_2\boldsymbol{a}_2+\cdots+k_p\boldsymbol{a}_p=\boldsymbol{0}$ とおいて, $k_1=k_2=\cdots=k_p=0$ を導けばよいが, これは連立１次同次方程式

$[\boldsymbol{a}_1\ \ \boldsymbol{a}_2\ \cdots\ \boldsymbol{a}_p]\ {}^t[k_1\ \ k_2\ \cdots\ k_p]=\boldsymbol{0}$ が自明な解 $\boldsymbol{0}$ のみを解にもつことと同値である. したがって, $\operatorname{rank}(\boldsymbol{a}_1\ \ \boldsymbol{a}_2\ \cdots\ \boldsymbol{a}_p)=p$ を示すことになる.

さて, $\boldsymbol{a}=\begin{bmatrix} 1 \\ 3 \\ -2 \end{bmatrix}$, $\boldsymbol{b}=\begin{bmatrix} -2 \\ -1 \\ 1 \end{bmatrix}$ で作られる（張られる）空間 $\boldsymbol{U}$ にベクトル $\boldsymbol{c}=\begin{bmatrix} 11 \\ 18 \\ -13 \end{bmatrix}$ が属するかどうかを調べてみよう. これは図形的には, 3 次元空間内の 3 点 O(0, 0, 0), P(1, 3, −2), Q(−2, −1, 1) で定まる平面OPQ上に点T (11, 18, −13) があるかどうかを調べることと同値である.

$x\boldsymbol{a}+y\boldsymbol{b}=\boldsymbol{c}$ より $x\begin{bmatrix} 1 \\ 3 \\ -2 \end{bmatrix}+y\begin{bmatrix} -2 \\ -1 \\ 1 \end{bmatrix}=\begin{bmatrix} 11 \\ 18 \\ -13 \end{bmatrix}$ だから $\begin{cases} x-2y=11 \\ 3x-y=18 \\ -2x+y=-13 \end{cases}$

したがって, 拡大係数行列を考えて

$[A\ \ \boldsymbol{c}]=\begin{bmatrix} 1 & -2 & 11 \\ 3 & -1 & 18 \\ -2 & 1 & -13 \end{bmatrix} \to \begin{bmatrix} 1 & 0 & 5 \\ 0 & 1 & -3 \\ 0 & 0 & 0 \end{bmatrix}$ より, $\operatorname{rank}(A\ \ \boldsymbol{c})=\operatorname{rank} A=2$

よって, $\boldsymbol{c}$ は空間 $\boldsymbol{U}$ に属し, $\boldsymbol{c}=5\boldsymbol{a}-3\boldsymbol{b}$ と表される.

解答

(1) $\begin{bmatrix} a \\ b \\ c \end{bmatrix} = x\begin{bmatrix} 1 \\ 3 \\ 0 \end{bmatrix} + y\begin{bmatrix} 3 \\ 2 \\ 5 \end{bmatrix}$ より，$\begin{cases} x+3y=a \\ 3x+2y=b \\ 5y=c \end{cases}$

$[A\ \boldsymbol{c}] = \begin{bmatrix} 1 & 3 & a \\ 3 & 2 & b \\ 0 & 5 & c \end{bmatrix}$ に，行基本変形をして

$$[A\ \boldsymbol{c}] \xrightarrow[㋐]{} \begin{bmatrix} 1 & 3 & a \\ 0 & 1 & \dfrac{3a-b}{7} \\ 0 & 1 & \dfrac{c}{5} \end{bmatrix} \text{ A}$$

$$\xrightarrow[㋑]{} \begin{bmatrix} 1 & 0 & \dfrac{-2a+3b}{7} \\ 0 & 1 & \dfrac{3a-b}{7} \\ 0 & 0 & -15a+5b+7c \end{bmatrix} \text{ B}$$

よって，求める条件は㋒，$15a-5b-7c=0$ C ……（答）

(2)　(1) と同様にして

$$[A\ \boldsymbol{c}] = \begin{bmatrix} 1 & 4 & a \\ 1 & 2 & b \\ 0 & 1 & c \\ 1 & -3 & d \end{bmatrix} \xrightarrow[\substack{②-① \\ ④-①}]{} \begin{bmatrix} 1 & 4 & a \\ 0 & -2 & b-a \\ 0 & 1 & c \\ 0 & -7 & d-a \end{bmatrix} \text{ A}$$

$$\xrightarrow[\substack{①-③\times4 \\ ②+③\times2 \\ ④+③\times7}]{} \begin{bmatrix} 1 & 0 & a-4c \\ 0 & 0 & -a+b+2c \\ 0 & 1 & c \\ 0 & 0 & -a+7c+d \end{bmatrix}$$

$$\xrightarrow[②\leftrightarrow③]{} \begin{bmatrix} 1 & 0 & a-4c \\ 0 & 1 & c \\ 0 & 0 & -a+b+2c \\ 0 & 0 & -a+7c+d \end{bmatrix} \text{ B}$$

よって，求める条件は㋓

$-a+b+2c=0$ かつ $-a+7c+d=0$

$\therefore\quad b=a-2c$ かつ $d=a-7c$ C ……（答）

㋐　(②−①×3)÷(−7)
④÷5

㋑　①−②×3
(③−②)×35

㋒　$\mathrm{rank}(A\ \boldsymbol{c}) = \mathrm{rank}\,A = 2$　から.

㋓　$\mathrm{rank}(A\ \boldsymbol{c}) = \mathrm{rank}\,A = 2$　から.

POINT　(1) は
$\det(A\ \boldsymbol{c})=0$
と考えてもよい.

問題 42 部分空間の生成系

$$\boldsymbol{a}_1=\begin{bmatrix}1\\2\\1\end{bmatrix},\ \boldsymbol{a}_2=\begin{bmatrix}2\\1\\-3\end{bmatrix},\ \boldsymbol{a}_3=\begin{bmatrix}-1\\4\\9\end{bmatrix},\ \boldsymbol{a}_4=\begin{bmatrix}2\\7\\7\end{bmatrix}\ \text{および}$$

$$\boldsymbol{b}_1=\begin{bmatrix}4\\5\\-1\end{bmatrix},\ \boldsymbol{b}_2=\begin{bmatrix}5\\7\\0\end{bmatrix},\ \boldsymbol{b}_3=\begin{bmatrix}-3\\0\\7\end{bmatrix},\ \boldsymbol{c}_1=\begin{bmatrix}1\\8\\11\end{bmatrix},\ \boldsymbol{c}_2=\begin{bmatrix}-2\\5\\8\end{bmatrix}\ \text{において}$$

$\boldsymbol{a}_1, \boldsymbol{a}_2, \boldsymbol{a}_3, \boldsymbol{a}_4$ の生成する部分空間を $\boldsymbol{W_a}$ とし，$\boldsymbol{b}_1, \boldsymbol{b}_2, \boldsymbol{b}_3$ の生成する部分空間を $\boldsymbol{W_b}$，さらに，$\boldsymbol{c}_1$，$\boldsymbol{c}_2$ の生成する部分空間を $\boldsymbol{W_c}$ とする．

(1)　$\boldsymbol{W_a}=\boldsymbol{W_b}$ を示せ．　　(2)　$\boldsymbol{W_a}\neq\boldsymbol{W_c}$ を示せ．

解説　S をベクトル空間 $\boldsymbol{V}$ の部分集合とする．すなわち，$S\subseteqq\boldsymbol{V}$ とする．このとき，S を含むすべての部分空間の共通部分を $\boldsymbol{W}$ とおくと

$$\boldsymbol{W}=\cap\{\boldsymbol{T}\,|\,S\subseteqq\boldsymbol{T}\ \text{でかつ}\ \boldsymbol{T}\ \text{は}\ \boldsymbol{V}\ \text{の部分空間}\}$$

と表されるが，このとき，$\boldsymbol{W}$ は $\boldsymbol{V}$ の部分空間である．

これは，次のようにして示される．

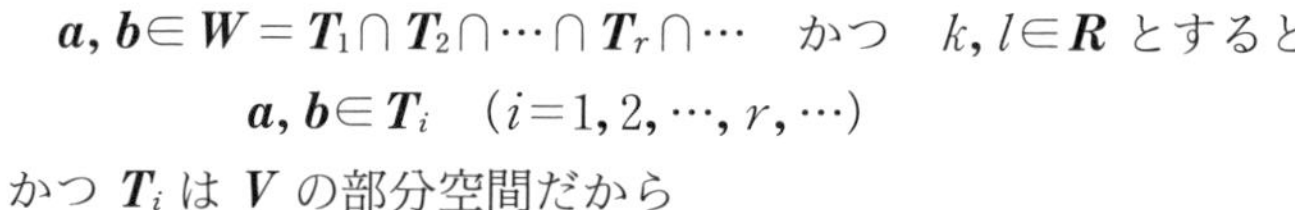

$\boldsymbol{a}, \boldsymbol{b}\in\boldsymbol{W}=\boldsymbol{T}_1\cap\boldsymbol{T}_2\cap\cdots\cap\boldsymbol{T}_r\cap\cdots$　かつ　$k, l\in\boldsymbol{R}$ とすると

$$\boldsymbol{a}, \boldsymbol{b}\in\boldsymbol{T}_i\quad(i=1, 2, \cdots, r, \cdots)$$

かつ $\boldsymbol{T}_i$ は $\boldsymbol{V}$ の部分空間だから

$$k\boldsymbol{a}+l\boldsymbol{b}\in\boldsymbol{T}_i\qquad\therefore\quad k\boldsymbol{a}+l\boldsymbol{b}\in\boldsymbol{T}_1\cap\boldsymbol{T}_2\cap\cdots\cap\boldsymbol{T}_r\cap\cdots$$

よって，$k\boldsymbol{a}+l\boldsymbol{b}\in\boldsymbol{W}$ となり，$\boldsymbol{W}$ は $\boldsymbol{V}$ の部分空間であることがわかる．

ここで，S の有限個のベクトルの1次結合の全体

$$\boldsymbol{W}=\{k_1\boldsymbol{a}_1+k_2\boldsymbol{a}_2+\cdots+k_m\boldsymbol{a}_m\,|\,k_i\in\boldsymbol{R},\ \boldsymbol{a}_i\in S\}$$

を，S によって生成される（張られる）**部分空間**と呼び，$\boldsymbol{L}(S)$ と表す．また，$\boldsymbol{a}_i\in S$ の組を $\boldsymbol{W}=\boldsymbol{L}(S)$ の**生成系**という．

本問は，$\boldsymbol{R}^3$ の部分空間 $\boldsymbol{W_a}$ が4個のベクトル $\boldsymbol{a}_1, \boldsymbol{a}_2, \boldsymbol{a}_3, \boldsymbol{a}_4$ から生成されるので，$\boldsymbol{a}_1, \boldsymbol{a}_2, \boldsymbol{a}_3, \boldsymbol{a}_4$ は1次従属であるから，$\boldsymbol{a}_1, \boldsymbol{a}_2, \boldsymbol{a}_3, \boldsymbol{a}_4$ の中にムダなベクトルがあることになる．さらに，部分空間 $\boldsymbol{W_a}$ と $\boldsymbol{W_b}$ が等しいことを示すには，$\boldsymbol{W_a}\subseteqq\boldsymbol{W_b}$ かつ $\boldsymbol{W_b}\subseteqq\boldsymbol{W_a}$ を示すことになる．本問の (1) では，

$$\boldsymbol{b}_1, \boldsymbol{b}_2, \boldsymbol{b}_3\in\boldsymbol{W_a}\Longrightarrow\boldsymbol{W_b}\subseteqq\boldsymbol{W_a},\qquad\boldsymbol{a}_1, \boldsymbol{a}_2, \boldsymbol{a}_3, \boldsymbol{a}_4\in\boldsymbol{W_b}\Longrightarrow\boldsymbol{W_a}\subseteqq\boldsymbol{W_b}$$

を導くことになるので，$\boldsymbol{a}_1, \boldsymbol{a}_2, \boldsymbol{a}_3, \boldsymbol{a}_4, \boldsymbol{b}_1, \boldsymbol{b}_2, \boldsymbol{b}_3$ を $\boldsymbol{a}_1, \boldsymbol{a}_2, \boldsymbol{a}_3, \boldsymbol{a}_4$ の1次独立なベクトルの1次結合で表わすことを考える．

解答

$\boldsymbol{a}_i\ (1 \leqq i \leqq 4)$, $\boldsymbol{b}_j\ (1 \leqq j \leqq 3)$, $\boldsymbol{c}_k\ (1 \leqq k \leqq 2)$ に基本変形を行う.

$\boldsymbol{a}_1$	$\boldsymbol{a}_2$	$\boldsymbol{a}_3$	$\boldsymbol{a}_4$	$\boldsymbol{b}_1$	$\boldsymbol{b}_2$	$\boldsymbol{b}_3$	$\boldsymbol{c}_1$	$\boldsymbol{c}_2$	
1	2	−1	2	4	5	−3	1	−2	①
2	1	4	7	5	7	0	8	5	②
1	−3	9	7	−1	0	7	11	8	③
1	2	−1	2	4	5	−3	1	−2	
0	−3	6	3	−3	−3	6	6	9	㋑
0	−5	10	5	−5	−5	10	10	10	
1	2	−1	2	4	5	−3	1	−2	①
0	1	−2	−1	1	1	−2	−2	−3	②′
0	1	−2	−1	1	1	−2	−2	−2	③′
1	0	3	4	2	3	1	5	4	
0	1	−2	−1	1	1	−2	−2	−3	㋒
0	0	0	0	0	0	0	0	1	

(1)　上の表から

$$\boldsymbol{a}_3 = 3\boldsymbol{a}_1 - 2\boldsymbol{a}_2,\quad \boldsymbol{a}_4 = 4\boldsymbol{a}_1 - \boldsymbol{a}_2$$

$$\boldsymbol{b}_1 = 2\boldsymbol{a}_1 + \boldsymbol{a}_2,\quad \boldsymbol{b}_2 = 3\boldsymbol{a}_1 + \boldsymbol{a}_2,\quad \boldsymbol{b}_3 = \boldsymbol{a}_1 - 2\boldsymbol{a}_2$$

これより, $\boldsymbol{b}_1, \boldsymbol{b}_2, \boldsymbol{b}_3 \in \boldsymbol{W}_a$ だから

$$\boldsymbol{W}_b \subseteqq \boldsymbol{W}_a$$ A

また, $\boldsymbol{a}_1, \boldsymbol{a}_2, \boldsymbol{a}_3, \boldsymbol{a}_4$ を $\boldsymbol{b}_1, \boldsymbol{b}_2, \boldsymbol{b}_3$ で表すと

$$\boldsymbol{a}_1 = -\boldsymbol{b}_1 + \boldsymbol{b}_2,\quad \boldsymbol{a}_2 = 3\boldsymbol{b}_1 - 2\boldsymbol{b}_2$$

$$\boldsymbol{a}_3 = 3(-\boldsymbol{b}_1 + \boldsymbol{b}_2) - 2(3\boldsymbol{b}_1 - 2\boldsymbol{b}_2) = -9\boldsymbol{b}_1 + 7\boldsymbol{b}_2$$

$$\boldsymbol{a}_4 = 4(-\boldsymbol{b}_1 + \boldsymbol{b}_2) - (3\boldsymbol{b}_1 - 2\boldsymbol{b}_2) = -7\boldsymbol{b}_1 + 6\boldsymbol{b}_2$$

これより, $\boldsymbol{a}_1, \boldsymbol{a}_2, \boldsymbol{a}_3, \boldsymbol{a}_4 \in \boldsymbol{W}_b$ だから

$$\boldsymbol{W}_a \subseteqq \boldsymbol{W}_b$$ B

よって, 以上から　$\boldsymbol{W}_a = \boldsymbol{W}_b$ C

(2)　$\boldsymbol{c}_2$ は $\boldsymbol{a}_1, \boldsymbol{a}_2, \boldsymbol{a}_3, \boldsymbol{a}_4$ の 1 次結合では表せないので

$\boldsymbol{c}_2 \notin \boldsymbol{W}_a$ A

よって,　$\boldsymbol{W}_a \neq \boldsymbol{W}_c$ B

㋐　$\boldsymbol{a}_i, \boldsymbol{b}_j, \boldsymbol{c}_k$ を $\boldsymbol{a}_i$ の 1 次独立なベクトルの 1 次結合で表す.

㋑　②−①×2, ③−①

㋒　①−②′×2, ③′−②′

㋓　$k_1\boldsymbol{a}_1 + k_2\boldsymbol{a}_2 = \boldsymbol{a}_3$ とおくとき

$$\begin{bmatrix} 1 & 2 \\ 2 & 1 \\ 1 & -3 \end{bmatrix}\begin{bmatrix} k_1 \\ k_2 \end{bmatrix} = \begin{bmatrix} -1 \\ 4 \\ 9 \end{bmatrix}$$

となり, 拡大係数行列に行基本変形して

$$\begin{bmatrix} k_1 \\ k_2 \end{bmatrix} = \begin{bmatrix} 3 \\ -2 \end{bmatrix}$$

㋔　$\boldsymbol{W}_b \subseteqq \boldsymbol{W}_a$ かつ $\boldsymbol{W}_a \subseteqq \boldsymbol{W}_b$ より, $\boldsymbol{W}_a$ と $\boldsymbol{W}_b$ は等しい.

POINT　集合で $A = B$ をいうのに, $A \subseteqq B$, $B \subseteqq A$ の両方を示すパターンは, よくある.

問題 43　交空間・和空間

$\boldsymbol{R}^3$ において，次のベクトルを考える．

$$\boldsymbol{a}_1=\begin{bmatrix}1\\1\\-1\end{bmatrix},\ \boldsymbol{a}_2=\begin{bmatrix}2\\-1\\-5\end{bmatrix},\ \boldsymbol{a}_3=\begin{bmatrix}1\\0\\-2\end{bmatrix},\ \boldsymbol{b}_1=\begin{bmatrix}1\\0\\3\end{bmatrix},\ \boldsymbol{b}_2=\begin{bmatrix}5\\1\\6\end{bmatrix},\ \boldsymbol{b}_3=\begin{bmatrix}4\\1\\3\end{bmatrix}$$

$\boldsymbol{a}_1, \boldsymbol{a}_2, \boldsymbol{a}_3$ および $\boldsymbol{b}_1, \boldsymbol{b}_2, \boldsymbol{b}_3$ の生成する $\boldsymbol{R}^3$ の部分空間をそれぞれ $\boldsymbol{W}_a$，$\boldsymbol{W}_b$ とおく．このとき

(1)　$\boldsymbol{W}_a \cap \boldsymbol{W}_b$ を生成するベクトルを求めよ．

(2)　$\boldsymbol{W}_a + \boldsymbol{W}_b$ は，どのような部分空間であるか．

解説

ここでは，ベクトル空間における交空間，和空間について学ぶ．

(1)　**交空間**　　$\boldsymbol{W}_1, \boldsymbol{W}_2, \cdots, \boldsymbol{W}_p, \cdots$ がベクトル空間 $\boldsymbol{V}$ の部分空間であるとき，これらの共通部分 $\bigcap_{i\in I} \boldsymbol{W}_i = \boldsymbol{W}_1 \cap \boldsymbol{W}_2 \cap \cdots \cap \boldsymbol{W}_p \cap \cdots$ は，$\boldsymbol{V}$ の部分空間になる．証明は，

$$\boldsymbol{a}, \boldsymbol{b} \in \boldsymbol{W}_1 \cap \boldsymbol{W}_2 \cap \cdots \cap \boldsymbol{W}_p \cap \cdots,\ k, l \in \boldsymbol{R} \text{ のとき}$$

$$\boldsymbol{a}, \boldsymbol{b} \in \boldsymbol{W}_i \quad (i=1, 2, \cdots, p, \cdots)$$

かつ $\boldsymbol{W}_i$ は部分空間だから，$k\boldsymbol{a}+l\boldsymbol{b} \in \boldsymbol{W}_i$

$$\therefore\quad k\boldsymbol{a}+l\boldsymbol{b} \in \boldsymbol{W}_1 \cap \boldsymbol{W}_2 \cap \cdots \cap \boldsymbol{W}_p \cap \cdots$$

から示される．このとき，$\bigcap_{i\in I} \boldsymbol{W}_i$ を $\{\boldsymbol{W}_i \mid i\in I\}$ の**交空間**（交わり）と呼ぶ．

本問では，$\boldsymbol{x}={}^t[x_1\ x_2\ x_3] \in \boldsymbol{W}_a$，$\boldsymbol{y}={}^t[y_1\ y_2\ y_3] \in \boldsymbol{W}_b$ とおくと，$\boldsymbol{x}$，$\boldsymbol{y}$ は $\boldsymbol{x}=p\boldsymbol{a}_1+q\boldsymbol{a}_2+r\boldsymbol{a}_3$，$\boldsymbol{y}=s\boldsymbol{b}_1+t\boldsymbol{b}_2+u\boldsymbol{b}_3$ と表せるので，これより，p，q，r および s，t，u を消去して，x_i および $y_i(1\leqq i\leqq 3)$ の満たすべき関係式を求め，交空間 $\boldsymbol{W}_a \cap \boldsymbol{W}_b$ の条件 $\boldsymbol{x}=\boldsymbol{y}$ を満たすベクトルを考えればよい．

(2)　**和空間**　　$\boldsymbol{W}_1, \boldsymbol{W}_2, \cdots, \boldsymbol{W}_p, \cdots$ がベクトル空間 $\boldsymbol{V}$ の部分空間であるとき，これらの和集合 $\bigcup_{i\in I} \boldsymbol{W}_i$ の生成する部分空間 $\boldsymbol{L}(\bigcup_{i\in I} \boldsymbol{W}_i)$ を $\{\boldsymbol{W}_i \mid i\in I\}$ の**和空間**と呼び，$\sum_{i\in I} \boldsymbol{W}_i$ と表す．とくに，I が有限集合 $I=\{1, 2, \cdots, p\}$ のとき，和空間を $\boldsymbol{W}_1+\boldsymbol{W}_2+\cdots+\boldsymbol{W}_p$ と表す．このとき，

$$\boldsymbol{W}_1+\boldsymbol{W}_2+\cdots+\boldsymbol{W}_p=\{x_1+x_2+\cdots+x_p \mid x_1\in \boldsymbol{W}_1, x_2\in \boldsymbol{W}_2, \cdots, x_p\in \boldsymbol{W}_p\}$$

となる．たとえば，$\boldsymbol{V}=\boldsymbol{R}^2$ のとき

$$\boldsymbol{W}_1=\{{}^t[x\ \ 0] \mid x\in \boldsymbol{R}\},\quad \boldsymbol{W}_2=\{{}^t[0\ \ y] \mid y\in \boldsymbol{R}\} \text{ ならば}$$

$$\boldsymbol{W}_1+\boldsymbol{W}_2=\{{}^t[x\ \ y] \mid x\in \boldsymbol{R},\ y\in \boldsymbol{R}\}$$

であり，$\boldsymbol{W}_1$ は xy 平面上の直線 $y=0$（x 軸），$\boldsymbol{W}_2$ は直線 $x=0$（y 軸）を表し，$\boldsymbol{W}_1+\boldsymbol{W}_2$ は xy 平面全体を表す．一方，$\boldsymbol{W}_1 \cup \boldsymbol{W}_2$ は 2 直線 $y=0$ と $x=0$ を表すので，$\boldsymbol{W}_1 \cup \boldsymbol{W}_2 \subset \boldsymbol{W}_1+\boldsymbol{W}_2$ であるが，$\boldsymbol{W}_1 \cup \boldsymbol{W}_2 \neq \boldsymbol{W}_1+\boldsymbol{W}_2$ であることに注意しよう．

解答

$\boldsymbol{x}=\begin{bmatrix} x_1 \\ x_2 \\ x_3 \end{bmatrix}\in \boldsymbol{W_a}$, $\boldsymbol{y}=\begin{bmatrix} y_1 \\ y_2 \\ y_3 \end{bmatrix}\in \boldsymbol{W_b}$ とおくと ㋐

$$\begin{cases} x_1= p+2q+r \\ x_2= p-q \\ x_3=-p-5q-2r \end{cases} \quad \begin{cases} y_1= s+5t+4u \\ y_2= t+u \\ y_3=3s+6t+3u \end{cases}$$ A

これらより p, q, r および s, t, u を消去する．

$2x_1+x_3=p-q=x_2$ より

$\therefore\ 2x_1-x_2+x_3=0$ ㋑ ……①

$3y_1-y_3=9t+9u=9(t+u)=9y_2$ より

$3y_1-9y_2-y_3=0$ ㋒ ……② B

(1)　$\boldsymbol{x}\in \boldsymbol{W_a}\cap \boldsymbol{W_b}$ ㋓ のとき，$\boldsymbol{x}=\boldsymbol{y}$ だから①，②から

$$\begin{cases} 2x_1-x_2+x_3=0 & \cdots\cdots③ \\ 3x_1-9x_2-x_3=0 & \cdots\cdots④ \end{cases}$$

③＋④から　$5x_1-10x_2=0$　$\therefore$　$x_1=2x_2$

したがって　$\begin{cases} x_1= 2k \\ x_2= k \\ x_3=-3k \end{cases}$　$\therefore$　$x=k\begin{bmatrix} 2 \\ 1 \\ -3 \end{bmatrix}$ ㋔

よって，$\boldsymbol{W_a}\cap \boldsymbol{W_b}$ を生成するベクトルは $\begin{bmatrix} 2 \\ 1 \\ -3 \end{bmatrix}$ C

……(答)

(2)　$\boldsymbol{z}=\boldsymbol{x}+\boldsymbol{y}\in \boldsymbol{W_a}+\boldsymbol{W_b}$ $(\boldsymbol{x}\in \boldsymbol{W_a}, \boldsymbol{y}\in \boldsymbol{W_b})$ とおくと

$$\begin{cases} z_1=x_1+y_1= x_1 + y_1 \\ z_2=x_2+y_2= x_2 + y_2 \\ z_3=x_3+y_3=-2x_1+x_2+3y_1-9y_2 \end{cases}$$ A

これを x_1, x_2, y_1, y_2 の連立方程式とみなすと，

任意の z_1, z_2, z_3 に対して必ず解をもつので ㋕ B

$\boldsymbol{z}$ は $\boldsymbol{R}^3$ のすべてのベクトルを表す．

よって　$\boldsymbol{W_a}+\boldsymbol{W_b}=\boldsymbol{R}^3$ C　……(答)

㋐　$\boldsymbol{x}=p\boldsymbol{a}_1+q\boldsymbol{a}_2+r\boldsymbol{a}_3\in \boldsymbol{W_a}$
$\boldsymbol{y}=s\boldsymbol{b}_1+t\boldsymbol{b}_2+u\boldsymbol{b}_3\in \boldsymbol{W_b}$

㋑　3つのベクトル $\boldsymbol{a}_1, \boldsymbol{a}_2, \boldsymbol{a}_3$ はすべて3次元空間の平面 $2x-y+z=0$ 上にある．

㋒　3つのベクトル $\boldsymbol{b}_1, \boldsymbol{b}_2, \boldsymbol{b}_3$ はすべて3次元空間の平面 $3x-9y-z=0$ 上にある．

㋓　$\boldsymbol{W_a}\cap \boldsymbol{W_b}$ を生成するベクトルは2平面
$$\begin{cases} 2x-y+z=0 \\ 3x-9y-z=0 \end{cases}$$
の交線を表すベクトル．

㋔　$k\neq 0$

㋕　拡大係数行列を考える．
$[A\ \ \boldsymbol{z}]$
$$=\begin{bmatrix} 1 & 0 & 1 & 0 & z_1 \\ 0 & 1 & 0 & 1 & z_2 \\ -2 & 1 & 3 & -9 & z_3 \end{bmatrix}$$
として
$\mathrm{rank}(A\ \ \boldsymbol{z})=\mathrm{rank}\,A$
を示す．

POINT　図形的には，$\boldsymbol{W_a}$，$\boldsymbol{W_b}$ は，原点を通る直線で交わる2つの平面を表す．

問題 44　部分空間の基底・次元

(1)　$\boldsymbol{a}_1=\begin{bmatrix}1\\2\\1\\-1\end{bmatrix}$, $\boldsymbol{a}_2=\begin{bmatrix}1\\4\\4\\-3\end{bmatrix}$, $\boldsymbol{a}_3=\begin{bmatrix}2\\6\\4\\-1\end{bmatrix}$, $\boldsymbol{a}_4=\begin{bmatrix}2\\4\\2\\-1\end{bmatrix}$ は $\boldsymbol{R}^4$ の基底であることを示せ．

(2)　$\boldsymbol{a}_1=\begin{bmatrix}1\\0\\1\\1\end{bmatrix}$, $\boldsymbol{a}_2=\begin{bmatrix}2\\1\\3\\1\end{bmatrix}$, $\boldsymbol{a}_3=\begin{bmatrix}1\\2\\3\\-1\end{bmatrix}$, $\boldsymbol{a}_4=\begin{bmatrix}2\\-1\\1\\3\end{bmatrix}$ によって生成される部分空間を $\boldsymbol{W}$ とする．このとき，$\boldsymbol{W}$ の次元とその1組の基底を求めよ．

解説　ベクトル空間 $\boldsymbol{V}$ の部分空間 $\boldsymbol{W}\,(\neq\{\boldsymbol{0}\})$ に対して，$\boldsymbol{a}_1, \boldsymbol{a}_2, \cdots, \boldsymbol{a}_r \in \boldsymbol{W}$ が次の性質をもつとき，ベクトルの組 $\langle \boldsymbol{a}_1, \boldsymbol{a}_2, \cdots, \boldsymbol{a}_r \rangle$ を $\boldsymbol{W}$ の**基底**（**基**）という．

(1)　$\boldsymbol{a}_1, \boldsymbol{a}_2, \cdots, \boldsymbol{a}_r$ は $\boldsymbol{W}$ の生成系である．
(2)　$\boldsymbol{a}_1, \boldsymbol{a}_2, \cdots, \boldsymbol{a}_r$ は1次独立である．

このとき，r すなわち，基底を形成するベクトルの個数を $\boldsymbol{W}$ の**次元**といい，$\dim \boldsymbol{W}=r$ と表す．一般には，$\boldsymbol{W}=\boldsymbol{L}(\boldsymbol{a}_1, \boldsymbol{a}_2, \cdots, \boldsymbol{a}_r, \cdots, \boldsymbol{a}_t)$ のとき
$\dim \boldsymbol{W}=\mathrm{rank}(\boldsymbol{a}_1\ \boldsymbol{a}_2\ \cdots\ \boldsymbol{a}_r\ \cdots\ \boldsymbol{a}_t)$ が成り立つ．

たとえば，

$$\boldsymbol{a}_1=\begin{bmatrix}1\\2\\3\end{bmatrix},\ \boldsymbol{a}_2=\begin{bmatrix}2\\5\\8\end{bmatrix},\ \boldsymbol{a}_3=\begin{bmatrix}1\\3\\6\end{bmatrix} \text{ は } \begin{bmatrix}1&2&1\\2&5&3\\3&8&6\end{bmatrix}\to\begin{bmatrix}1&2&1\\0&1&1\\0&2&3\end{bmatrix}\to\begin{bmatrix}1&0&-1\\0&1&1\\0&0&1\end{bmatrix}$$

より，$\mathrm{rank}(\boldsymbol{a}_1\ \boldsymbol{a}_2\ \boldsymbol{a}_3)=3$ となるので，$\boldsymbol{a}_1, \boldsymbol{a}_2, \boldsymbol{a}_3$ は1次独立すなわち，$\boldsymbol{R}^3$ の基底である．よって，$\boldsymbol{a}_1, \boldsymbol{a}_2, \boldsymbol{a}_3$ の1次結合で $\boldsymbol{R}^3$ のすべてが表せる．

また，$\boldsymbol{a}_1=\begin{bmatrix}1\\2\\3\end{bmatrix}$, $\boldsymbol{a}_2=\begin{bmatrix}2\\3\\4\end{bmatrix}$, $\boldsymbol{a}_3=\begin{bmatrix}2\\1\\0\end{bmatrix}$ の生成する $\boldsymbol{R}^3$ の部分空間 $\boldsymbol{W}$ の次元と基底は

$$A=[\boldsymbol{a}_1\ \boldsymbol{a}_2\ \boldsymbol{a}_3]=\begin{bmatrix}1&2&2\\2&3&1\\3&4&0\end{bmatrix}\to\begin{bmatrix}1&2&2\\0&-1&-3\\0&-2&-6\end{bmatrix}\to\begin{bmatrix}1&0&-4\\0&1&3\\0&0&0\end{bmatrix} \text{より}$$

$\dim \boldsymbol{W}=\mathrm{rank}\,A=2$，基底は $\boldsymbol{a}_3=-4\,\boldsymbol{a}_1+3\,\boldsymbol{a}_2$ から　$\langle \boldsymbol{a}_1, \boldsymbol{a}_2 \rangle$
なお，基底は $\boldsymbol{a}_1, \boldsymbol{a}_2, \boldsymbol{a}_3$ のうちのどの2つをとってもよい．

解答

(1)　$A=[\boldsymbol{a}_1\ \boldsymbol{a}_2\ \boldsymbol{a}_3\ \boldsymbol{a}_4]$ は

$$A=\begin{bmatrix}1&1&2&2\\2&4&6&4\\1&4&4&2\\-1&-3&-1&-1\end{bmatrix}\underset{㋐}{\to}\begin{bmatrix}1&1&2&2\\0&1&1&0\\0&3&2&0\\0&-2&1&1\end{bmatrix}$$ **A**

$$\underset{㋑}{\to}\begin{bmatrix}1&0&1&2\\0&1&1&0\\0&0&1&0\\0&0&3&1\end{bmatrix}\to\begin{bmatrix}1&0&0&2\\0&1&0&0\\0&0&1&0\\0&0&0&1\end{bmatrix}$$ **B**

よって，㋒ $\operatorname{rank} A=4$ となるので，$\boldsymbol{a}_1, \boldsymbol{a}_2, \boldsymbol{a}_3, \boldsymbol{a}_4$ は1次独立すなわち，$\boldsymbol{R}^4$ の基底である．**C**

(2)　$\boldsymbol{W}=\langle\boldsymbol{a}_1, \boldsymbol{a}_2, \boldsymbol{a}_3, \boldsymbol{a}_4\rangle$

$A=[\boldsymbol{a}_1\ \boldsymbol{a}_2\ \boldsymbol{a}_3\ \boldsymbol{a}_4]$ は

$$A=\begin{bmatrix}1&2&1&2\\0&1&2&-1\\1&3&3&1\\1&1&-1&3\end{bmatrix}\to\begin{bmatrix}1&2&1&2\\0&1&2&-1\\0&1&2&-1\\0&-1&-2&1\end{bmatrix}$$

$$\to\begin{bmatrix}1&0&-3&4\\0&1&2&-1\\0&0&0&0\\0&0&0&0\end{bmatrix}$$ **A**

したがって，$\operatorname{rank} A=2$ **B**

よって　㋓ $\dim \boldsymbol{W}=2$ **C**　……(答)

この基本変形から，

$$\boldsymbol{a}_3=-3\,\boldsymbol{a}_1+2\,\boldsymbol{a}_2,\quad \boldsymbol{a}_4=4\,\boldsymbol{a}_1-\boldsymbol{a}_2$$

となるので，㋔ 1組の基底は　$\langle\boldsymbol{a}_1, \boldsymbol{a}_2\rangle$ **D**　……(答)

［注］　n 次元ベクトル空間 $\boldsymbol{R}^n$ での n 個の基本ベクトルの組，$\boldsymbol{e}_1={}^t[1\ 0\ 0\ \cdots\ 0]$，$\boldsymbol{e}_2={}^t[0\ 1\ 0\ \cdots\ 0]$，…，$\boldsymbol{e}_n={}^t[0\ 0\ 0\ \cdots\ 1]$ での $\langle\boldsymbol{e}_1, \boldsymbol{e}_2, \cdots \boldsymbol{e}_n\rangle$ は $\boldsymbol{R}^n$ の基底となり，これを**標準基底**という．

㋐　(②−①×2)÷2
　③−①，④+①

㋑　①−②，
　(③−②×3)×(−1)
　④+②×2

㋒　$|A|\neq 0$ を示してもよい．

㋓ $\dim \boldsymbol{W}=\operatorname{rank} A$

㋔　$\boldsymbol{a}_1, \boldsymbol{a}_2, \boldsymbol{a}_3, \boldsymbol{a}_4$ のどの2つのベクトルも1次独立だから，基底は $\langle\boldsymbol{a}_1, \boldsymbol{a}_2\rangle$ の他に，$\langle\boldsymbol{a}_1, \boldsymbol{a}_3\rangle, \cdots, \langle\boldsymbol{a}_3, \boldsymbol{a}_4\rangle$ すなわち $\langle\boldsymbol{a}_1, \boldsymbol{a}_2\rangle$ も含めて全部で ${}_4C_2=6$ 個ある．

POINT　基底のとり方はいくらでもあるが，次元は一定であるということは，証明はけっこう難しいが重要な事実である．

問題 45　和空間・交空間の基底・次元

$\boldsymbol{R}^4$ の部分空間 $\boldsymbol{W_a}$ は $\boldsymbol{a}_1=\begin{bmatrix}0\\1\\1\\1\end{bmatrix}$, $\boldsymbol{a}_2=\begin{bmatrix}2\\1\\0\\1\end{bmatrix}$, $\boldsymbol{a}_3=\begin{bmatrix}1\\3\\0\\4\end{bmatrix}$ の張る空間,

$\boldsymbol{W_b}$ は $\boldsymbol{b}_1=\begin{bmatrix}1\\2\\-1\\1\end{bmatrix}$, $\boldsymbol{b}_2=\begin{bmatrix}0\\3\\-2\\3\end{bmatrix}$, $\boldsymbol{b}_3=\begin{bmatrix}-3\\0\\-1\\3\end{bmatrix}$ の張る空間とする.

このとき，次を求めよ.

(1)　$\boldsymbol{W_a}+\boldsymbol{W_b}$ の基底と次元　　　(2)　$\boldsymbol{W_a}\cap\boldsymbol{W_b}$ の基底と次元

解 説　ベクトル空間 $\boldsymbol{V}$ の部分空間 $\boldsymbol{W_a}$ と $\boldsymbol{W_b}$ の和空間 $\boldsymbol{W_a}+\boldsymbol{W_b}$, 交空間 $\boldsymbol{W_a}\cap\boldsymbol{W_b}$ については問題 43 で学んだが，ここでは，その基底と次元を求める.

$\boldsymbol{W_a}+\boldsymbol{W_b}$ については，その生成元は

$$\boldsymbol{W_a}=\boldsymbol{L}(\boldsymbol{a}_1,\cdots,\boldsymbol{a}_r),\quad \boldsymbol{W_b}=\boldsymbol{L}(\boldsymbol{b}_1,\cdots,\boldsymbol{b}_s)$$

$$\Longrightarrow\quad \boldsymbol{W_a}+\boldsymbol{W_b}=\boldsymbol{L}(\boldsymbol{a}_1,\cdots,\boldsymbol{a}_r,\ \boldsymbol{b}_1,\cdots,\boldsymbol{b}_s)$$

となるので，$\dim(\boldsymbol{W_a}+\boldsymbol{W_b})$ は

$$c_1\boldsymbol{a}_1+\cdots+c_r\boldsymbol{a}_r+c_{r+1}\boldsymbol{b}_1+\cdots+c_{r+s}\boldsymbol{b}_s=\boldsymbol{0}$$

とおいて，$\boldsymbol{a}_1,\cdots,\boldsymbol{a}_r$, $\boldsymbol{b}_1,\cdots,\boldsymbol{b}_s$ の中の 1 次独立なベクトルの個数を求めればよいことがわかる. したがって

$$[\boldsymbol{a}_1\cdots\boldsymbol{a}_r\ \ \boldsymbol{b}_1\cdots\boldsymbol{b}_s]\begin{bmatrix}c_1\\\vdots\\c_r\\c_{r+1}\\\vdots\\c_{r+s}\end{bmatrix}=[A \,\vdots\, B]\begin{bmatrix}c_1\\\vdots\\c_r\\c_{r+1}\\\vdots\\c_{r+s}\end{bmatrix}=\boldsymbol{0}$$

として，$[A \,\vdots\, B]$ に行基本変形を施せばよい.

一般に　$\dim(\boldsymbol{W_a}+\boldsymbol{W_b})=\mathrm{rank}(A \,\vdots\, B)$

であり，$\boldsymbol{W_a}+\boldsymbol{W_b}$ の基底は基本変形から容易にわかる.

また，$\boldsymbol{W_a}\cap\boldsymbol{W_b}$ の次元については，公式

$$\dim(\boldsymbol{W_a}\cap\boldsymbol{W_b})=\dim\boldsymbol{W_a}+\dim\boldsymbol{W_b}-\dim(\boldsymbol{W_a}+\boldsymbol{W_b})$$

を利用すると楽である.

解答

(1)　$[A \,\vdots\, B]=[\boldsymbol{a}_1\ \boldsymbol{a}_2\ \boldsymbol{a}_3 \,\vdots\, \boldsymbol{b}_1\ \boldsymbol{b}_2\ \boldsymbol{b}_3]$ を基本変形して

$$\begin{bmatrix} 0 & 2 & 1 & 1 & 0 & -3 \\ 1 & 1 & 3 & 2 & 3 & 0 \\ 1 & 0 & 0 & -1 & -2 & -1 \\ 1 & 1 & 4 & 1 & 3 & 3 \end{bmatrix}$$

$$\xrightarrow[㋐]{} \begin{bmatrix} 1 & 0 & 0 & -1 & -2 & -1 \\ 1 & 1 & 3 & 2 & 3 & 0 \\ 0 & 2 & 1 & 1 & 0 & -3 \\ 0 & 0 & 1 & -1 & 0 & 3 \end{bmatrix}$$ A

㋐　①↔③，④−②

$$\xrightarrow[㋑]{} \begin{bmatrix} 1 & 0 & 0 & -1 & -2 & -1 \\ 0 & 1 & 3 & 3 & 5 & 1 \\ 0 & 0 & 1 & 1 & 2 & 1 \\ 0 & 0 & 1 & -1 & 0 & 3 \end{bmatrix}$$

㋑　②−①=②′
(③−②′×2)÷(−5)

$$\xrightarrow[㋒]{} \begin{bmatrix} 1 & 0 & 0 & 0 & -1 & -2 \\ 0 & 1 & 0 & 0 & -1 & -2 \\ 0 & 0 & 1 & 0 & 1 & 2 \\ 0 & 0 & 0 & 1 & 1 & -1 \end{bmatrix}$$ B

㋒　②−③×3
((④−③)÷(−2)=④′
③−④′，①+④′

$\therefore\ \dim(\boldsymbol{W_a}+\boldsymbol{W_b})=\mathrm{rank}(A \,\vdots\, B)=4$ C

……(答)

㋓基底の１組は　$\langle \boldsymbol{a}_1, \boldsymbol{a}_2, \boldsymbol{a}_3, \boldsymbol{b}_1 \rangle$ D　……(答)

㋓　単位行列をつくるベクトルを選んだ．
$\langle \boldsymbol{a}_1, \boldsymbol{a}_2, \boldsymbol{a}_3, \boldsymbol{b}_2 \rangle$，
$\langle \boldsymbol{a}_1, \boldsymbol{a}_2, \boldsymbol{a}_3, \boldsymbol{b}_3 \rangle$，
なども可．

(2)　$A \to \begin{bmatrix} 1 & 0 & 0 \\ 0 & 1 & 0 \\ 0 & 0 & 1 \\ 0 & 0 & 0 \end{bmatrix}$，$B \to \begin{bmatrix} 1 & 0 & -3 \\ 0 & 1 & 2 \\ 0 & 0 & 0 \\ 0 & 0 & 0 \end{bmatrix}$ より

$\dim \boldsymbol{W_a}=3$，$\dim \boldsymbol{W_b}=2$ A

$\therefore$ ㋔$\dim(\boldsymbol{W_a} \cap \boldsymbol{W_b})$

$=\dim \boldsymbol{W_a}+\dim \boldsymbol{W_b}-\dim(\boldsymbol{W_a}+\boldsymbol{W_b})$ B

$=3+2-4=1$　……(答)

㋔　公式による．

基本変形から，$\boldsymbol{b}_2=-\boldsymbol{a}_1-\boldsymbol{a}_2+\boldsymbol{a}_3+\boldsymbol{b}_1$ だから

$\boldsymbol{b}_1-\boldsymbol{b}_2=\boldsymbol{a}_1+\boldsymbol{a}_2-\boldsymbol{a}_3 \in \boldsymbol{W_a}$ かつ $\boldsymbol{b}_1-\boldsymbol{b}_2 \in \boldsymbol{W_b}$ C

よって，$\boldsymbol{b}_1-\boldsymbol{b}_2 \in \boldsymbol{W_a} \cap \boldsymbol{W_b}$ であるから，$\boldsymbol{W_a} \cap \boldsymbol{W_b}$ の基底は ㋕$\langle \boldsymbol{b}_1-\boldsymbol{b}_2 \rangle$ D　……(答)

㋕　具体的には，

$\left\langle \begin{bmatrix} 1 \\ -1 \\ 1 \\ -2 \end{bmatrix} \right\rangle$ である．

POINT　このあたりは，前章にやっていた掃き出し法（基本変形）の利用の広さを感じられるだろう．

問題 46　直　和

W_1, W_2 をベクトル空間 V の部分空間とし，$V = W_1 \oplus W_2$ とする．このとき，次のことが成り立つことを示せ．

(1)　V の任意の元 a は，W_1 の元 b_1 と W_2 の元 b_2 の和の形に一意に表せる．

(2)　B_1, B_2 を各々 W_1, W_2 の基底とすれば，$B_1 \cup B_2$ は V の基底である．

解説　ベクトル空間 V の部分空間 W_1, W_2 が

$$W_1 \cap W_2 = \{0\},\quad W_1 + W_2 = W$$

を満たすとき，W は W_1 と W_2 の**直和**であるといい，$W = W_1 \oplus W_2$ と表す．

一般に，ベクトル空間 V の部分空間 $W_i (i=1, 2, \cdots, p)$ が

$$W = W_1 + W_2 + \cdots + W_p$$
$$W_1 \cap (W_2 + W_3 + \cdots + W_p) = \{0\}$$
$$W_i \cap (W_1 + \cdots + W_{i-1} + W_{i+1} + \cdots + W_p) = \{0\} \quad (i=2, 3, \cdots, p-1)$$
$$W_p \cap (W_1 + W_2 + \cdots + W_{p-1}) = \{0\}$$

を満たすとき，W を $W_1, W_2, \cdots, W_p$ の**直和**であるといい，

$$W = W_1 \oplus W_2 \oplus \cdots \oplus W_p$$

と表す．これを W の**直和分解**ともいい，各 W_i を**直和因子**という．

W が $W_1, W_2, \cdots, W_p$ の直和であるとき，W の任意の元 a は，

$$a = a_1 + a_2 + \cdots + a_p \quad (a_i \in W_i)$$

とただ1通りに表される（これは逆も成り立つ）．

ここで，$W_1 + W_2$ が直和になるとは限らないことを具体例で示そう．

いま，R^3 の部分空間として W_1 を xy 平面，W_2 を yz 平面とすると，任意の $a \in R^3$ は，$a = \begin{bmatrix} x \\ y \\ z \end{bmatrix} = \begin{bmatrix} x \\ y \\ 0 \end{bmatrix} + \begin{bmatrix} 0 \\ 0 \\ z \end{bmatrix}$ と表せて，$\begin{bmatrix} x \\ y \\ 0 \end{bmatrix} = b \in W_1$，$\begin{bmatrix} 0 \\ 0 \\ z \end{bmatrix} = c \in W_2$ だから

$$a \in W_1 + W_2 \qquad \therefore \quad R^3 \subset W_1 + W_2$$

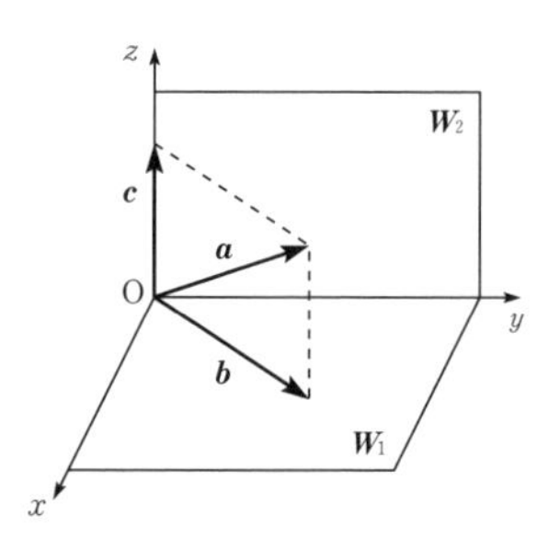

また，明らかに，$W_1 + W_2 \subset R^3$

したがって，$R^3 = W_1 + W_2$

ところが，$W_1 \cap W_2$ は y 軸であり，$W_1 \cap W_2 \neq \{0\}$

したがって，$W_1 + W_2$ は直和にはならない．

同様に，R^3 のベクトル空間 W_1, W_2, W_3 で $W_1 \cap W_2 = W_2 \cap W_3 = W_3 \cap W_1 = \{0\}$ だが，$W_1 + W_2 + W_3$ が直和にならないような例を考えてみよ．

解答

(1)　$\boldsymbol{a}=\boldsymbol{b}_1+\boldsymbol{b}_2$ かつ $\boldsymbol{a}=\boldsymbol{b}_1'+\boldsymbol{b}_2'$ と表せるとする．A
ここに，$\boldsymbol{b}_1$ と $\boldsymbol{b}_1'$ は $\boldsymbol{W}_1$ の元，$\boldsymbol{b}_2$ と $\boldsymbol{b}_2'$ は $\boldsymbol{W}_2$ の元とする．

$\boldsymbol{b}_1+\boldsymbol{b}_2=\boldsymbol{b}_1'+\boldsymbol{b}_2'$ から $\boldsymbol{b}_1-\boldsymbol{b}_1'=\boldsymbol{b}_2'-\boldsymbol{b}_2$

左辺は $\boldsymbol{W}_1$ の元，右辺は $\boldsymbol{W}_2$ の元となるが，$\boldsymbol{W}_1\cap\boldsymbol{W}_2=\{\boldsymbol{0}\}$ だから　$\boldsymbol{b}_1-\boldsymbol{b}_1'=\boldsymbol{0}$ かつ $\boldsymbol{b}_2'-\boldsymbol{b}_2=\boldsymbol{0}$ B
すなわち　$\boldsymbol{b}_1=\boldsymbol{b}_1'$ かつ $\boldsymbol{b}_2=\boldsymbol{b}_2'$
よって，$\boldsymbol{a}\in\boldsymbol{V}$ は $\boldsymbol{a}=\boldsymbol{b}_1+\boldsymbol{b}_2$ の形に一意に表せる．C

(2)　㋐$\boldsymbol{V}=\boldsymbol{W}_1\oplus\boldsymbol{W}_2$ のとき，(1)から任意の $\boldsymbol{a}\in\boldsymbol{V}$ は，$\boldsymbol{a}=\boldsymbol{b}_1+\boldsymbol{b}_2$（$\boldsymbol{b}_i\in\boldsymbol{W}_i$）と表される．A
ここに，$B_1=\langle\boldsymbol{c}_1,\boldsymbol{c}_2,\cdots,\boldsymbol{c}_p\rangle$，$B_2=\langle\boldsymbol{d}_1,\boldsymbol{d}_2,\cdots,\boldsymbol{d}_q\rangle$ とする．
㋑B_1 は $\boldsymbol{W}_1$ の基底で $\boldsymbol{b}_1\in\boldsymbol{W}_1$ だから

$$\boldsymbol{b}_1=k_1\boldsymbol{c}_1+k_2\boldsymbol{c}_2+\cdots+k_p\boldsymbol{c}_p$$

同様に，$\boldsymbol{b}_2=l_1\boldsymbol{d}_1+l_2\boldsymbol{d}_2+\cdots+l_q\boldsymbol{d}_q$ と表せる．

$$\therefore\quad \boldsymbol{a}=k_1\boldsymbol{c}_1+\cdots+k_p\boldsymbol{c}_p+l_1\boldsymbol{d}_1+\cdots+l_q\boldsymbol{d}_q$$

したがって，$\boldsymbol{a}$ は $B_1\cup B_2$ の元の1次結合として表される．B　……①
次に，$B_1\cup B_2$ の任意の元を㋒$\boldsymbol{e}_1,\cdots,\boldsymbol{e}_s$，$\boldsymbol{f}_1,\cdots,\boldsymbol{f}_t$（$\boldsymbol{e}_i\in B_1$，$\boldsymbol{f}_i\in B_2$）とし，

$a_1\boldsymbol{e}_1+\cdots+a_s\boldsymbol{e}_s+b_1\boldsymbol{f}_1+\cdots+b_t\boldsymbol{f}_t=\boldsymbol{0}$ とおくと
$a_1\boldsymbol{e}_1+\cdots+a_s\boldsymbol{e}_s\in\boldsymbol{W}_1$，$b_1\boldsymbol{f}_1+\cdots+b_t\boldsymbol{f}_t\in\boldsymbol{W}_2$

$\boldsymbol{V}=\boldsymbol{W}_1\oplus\boldsymbol{W}_2$ だから，$\boldsymbol{0}$ を $\boldsymbol{W}_1$ の元と $\boldsymbol{W}_2$ の元の和として表すとき，㋓その表し方は $\boldsymbol{0}+\boldsymbol{0}=\boldsymbol{0}$ に限る．すなわち

$a_1\boldsymbol{e}_1+\cdots+a_s\boldsymbol{e}_s=\boldsymbol{0}$，$b_1\boldsymbol{f}_1+\cdots+b_t\boldsymbol{f}_t=\boldsymbol{0}$ C

$\{\boldsymbol{e}_1,\cdots,\boldsymbol{e}_s\}$ は基底 B_1 の部分集合だから1次独立であり，　$a_1=\cdots=a_s=0$
同様に，$b_1=\cdots=b_t=0$
したがって，$B_1\cup B_2$ の任意の元の組は1次独立である．　……②
よって，㋔①，②から $B_1\cup B_2$ は $\boldsymbol{V}$ の基底である．D

㋐　$\boldsymbol{W}_1\cap\boldsymbol{W}_2=\{\boldsymbol{0}\}$ かつ $\boldsymbol{W}_1+\boldsymbol{W}_2=\boldsymbol{V}$

㋑　$\boldsymbol{b}$ は $\boldsymbol{W}_1$ の基底 $\boldsymbol{c}_1,\cdots,\boldsymbol{c}_p$ の1次結合で表される．

㋒　ここを $\boldsymbol{c}_1,\cdots,\boldsymbol{c}_p,\boldsymbol{d}_1,\cdots,\boldsymbol{d}_q$ のままでやっても，まったくかまわない．

㋓　①でない $\boldsymbol{b}_1\in\boldsymbol{W}_1$，$\boldsymbol{b}_2\in\boldsymbol{W}_2$ で $\boldsymbol{b}_1+\boldsymbol{b}_2=\boldsymbol{0}$ とすると，$\boldsymbol{0}\in\boldsymbol{W}_1$ から，$-\boldsymbol{b}_1\in\boldsymbol{W}_1$
一方，$\boldsymbol{0}\in\boldsymbol{W}_1+\boldsymbol{W}_2$ から
$\boldsymbol{b}_2=-\boldsymbol{b}_1\in\boldsymbol{W}_2$
これより，$-\boldsymbol{b}_1\in\boldsymbol{W}_1\cap\boldsymbol{W}_2$ となり，$\boldsymbol{W}_1\cap\boldsymbol{W}_2=\{\boldsymbol{0}\}$ に反する．

㋔　基底の定義．

POINT　直和の場合は，
$\dim(\boldsymbol{W}_a\cap\boldsymbol{W}_b)$
$=\dim(\{\boldsymbol{0}\})=0$
だから
$\dim(\boldsymbol{W}_a\oplus\boldsymbol{W}_b)$
$=\dim\boldsymbol{W}_a+\dim\boldsymbol{W}_b$
と，次元は和になる．

◆◇◆　コーシー・シュワルツの不等式　◇◆◇　コラム

$\boldsymbol{V}$ が実計量ベクトル空間であるとき，次の 2 つの不等式が成り立つ．

(1)　$|\boldsymbol{x}+\boldsymbol{y}| \leq |\boldsymbol{x}|+|\boldsymbol{y}|$　(三角不等式)

(2)　$(\boldsymbol{x}\cdot\boldsymbol{y})^2 \leq |\boldsymbol{x}|^2|\boldsymbol{y}|^2$　(コーシー・シュワルツの不等式)

証明は次のようになされる．$\boldsymbol{x}$ と $\boldsymbol{y}$ のなす角を θ $(0 \leq \theta \leq \pi)$ とする．

(1)　$|\boldsymbol{x}| \geq 0$，$|\boldsymbol{y}| \geq 0$，$|\boldsymbol{x}+\boldsymbol{y}| \geq 0$ であるから，

$$(|\boldsymbol{x}|+|\boldsymbol{y}|)^2-(|\boldsymbol{x}+\boldsymbol{y}|)^2 = |\boldsymbol{x}|^2+2|\boldsymbol{x}||\boldsymbol{y}|+|\boldsymbol{y}|^2-(|\boldsymbol{x}|^2+2\boldsymbol{x}\cdot\boldsymbol{y}+|\boldsymbol{y}|^2)$$
$$= 2(|\boldsymbol{x}||\boldsymbol{y}|-\boldsymbol{x}\cdot\boldsymbol{y})$$
$$= 2|\boldsymbol{x}||\boldsymbol{y}|(1-\cos\theta) \geq 0$$
$$\therefore \quad (|\boldsymbol{x}+\boldsymbol{y}|)^2 \leq (|\boldsymbol{x}|+|\boldsymbol{y}|)^2$$

よって　$|\boldsymbol{x}+\boldsymbol{y}| \leq |\boldsymbol{x}|+|\boldsymbol{y}|$　(等号成立は $\boldsymbol{x}$ と $\boldsymbol{y}$ が同じ向きに平行のとき)

(2)　$\boldsymbol{x}\cdot\boldsymbol{y} = |\boldsymbol{x}||\boldsymbol{y}|\cos\theta$ であるから

$$(\boldsymbol{x}\cdot\boldsymbol{y})^2 = (|\boldsymbol{x}||\boldsymbol{y}|\cos\theta)^2 = |\boldsymbol{x}|^2|\boldsymbol{y}|^2\cos^2\theta$$

$\cos^2\theta \leq 1$ であるから　$(\boldsymbol{x}\cdot\boldsymbol{y})^2 \leq |\boldsymbol{x}|^2|\boldsymbol{y}|^2$　(等号成立は $\boldsymbol{x} /\!/ \boldsymbol{y}$ のとき)

■

(2)は，次のように示すこともできる．

$\boldsymbol{x}=\boldsymbol{0}$ のときは，両辺とも 0 であるから成立は自明である．

$\boldsymbol{x} \neq \boldsymbol{0}$ のとき，t の 2 次関数 $f(t)=|t\boldsymbol{x}+\boldsymbol{y}|^2$ を考える．

任意の実数 t に対して，$f(t) \geq 0$ であるから

$$f(t) = |\boldsymbol{x}|^2 t^2 + 2(\boldsymbol{x}\cdot\boldsymbol{y})t + |\boldsymbol{y}|^2 \geq 0$$

したがって，$f(t)=0$ の判別式を D とすると

$$\frac{D}{4} = (\boldsymbol{x}\cdot\boldsymbol{y})^2 - |\boldsymbol{x}|^2|\boldsymbol{y}|^2 \leq 0 \qquad \text{よって}\quad (\boldsymbol{x}\cdot\boldsymbol{y})^2 \leq |\boldsymbol{x}|^2|\boldsymbol{y}|^2$$
■

上の(2)の不等式を，「Cauchy-Schwarz の不等式」という．

これより，a，b，c および p，q，r が実数のとき，$\boldsymbol{x}=(a, b, c)$，$\boldsymbol{y}=(p, q, r)$ とすると

$$(a^2+b^2+c^2)(p^2+q^2+r^2) \geq (ap+bq+cr)^2$$

(等号成立は，$a : p = b : q = c : r$ のとき)

が成り立つ．

Chapter 6

線形写像と表現行列

問題 47　線形写像

次の写像 f は線形写像であるか.

(1)　$f: \boldsymbol{R}^2 \longrightarrow \boldsymbol{R}^2,\ \begin{bmatrix} x_1 \\ x_2 \end{bmatrix} \longmapsto \begin{bmatrix} x_1+3 \\ x_2 \end{bmatrix}$

(2)　$f: \boldsymbol{R}^3 \longrightarrow \boldsymbol{R}^2,\ \begin{bmatrix} x_1 \\ x_2 \\ x_3 \end{bmatrix} \longmapsto \begin{bmatrix} x_1-x_2+2x_3 \\ x_1+x_2 \end{bmatrix}$

(3)　$f: \boldsymbol{R}^3 \longrightarrow P_2(\boldsymbol{R}),\ \begin{bmatrix} x_1 \\ x_2 \\ x_3 \end{bmatrix} \longmapsto x_1t^2+2x_2t+x_3$

（ただし，$P_2(\boldsymbol{R})$ は 2 次以下の実係数多項式全体からなる線形空間）

解説　$\boldsymbol{V}$，$\boldsymbol{W}$ を $\boldsymbol{R}$ 上のベクトル空間とし，写像 $f: \boldsymbol{V} \to \boldsymbol{W}$ が

（I）　$f(\boldsymbol{a}+\boldsymbol{b})=f(\boldsymbol{a})+f(\boldsymbol{b})$　　$(\boldsymbol{a},\ \boldsymbol{b}\in \boldsymbol{V})$
（II）　$f(k\boldsymbol{a})=k\,f(\boldsymbol{a})$　　$(\boldsymbol{a}\in \boldsymbol{V},\ k\in \boldsymbol{R})$

を満たすとき，f を $\boldsymbol{V}$ から $\boldsymbol{W}$ への**線形写像**または**1 次写像**という．f を $\boldsymbol{V}$ の各要素を $\boldsymbol{W}$ の各要素にうつす線形写像ともいう．

条件（I）は，ベクトル $\boldsymbol{a}$，$\boldsymbol{b}\in \boldsymbol{V}$ があるとき

和　$\boldsymbol{a}+\boldsymbol{b}$ を作ってから，写像 f でうつしたときの像 $f(\boldsymbol{a}+\boldsymbol{b})$

写像 f によるそれぞれの像 $f(\boldsymbol{a})$，$f(\boldsymbol{b})$ の和 $f(\boldsymbol{a})+f(\boldsymbol{b})$

の 2 つがつねに等しいことを示している．「**和の像は像の和**」と覚えておくとよい．同様に，条件(II)は「**スカラー倍の像は像のスカラー倍**」と覚えよう．

条件（I），（II）をまとめると　$f(k_1\boldsymbol{a}+k_2\boldsymbol{b})=k_1f(\boldsymbol{a})+k_2f(\boldsymbol{b})$　となる．

たとえば，平面上の点を平面上の点にうつす写像 $f: \boldsymbol{R}^2 \to \boldsymbol{R}^2$ が

$\begin{bmatrix} x_1 \\ x_2 \end{bmatrix} \longmapsto \begin{bmatrix} 2x_1+3x_2 \\ x_1-x_2 \end{bmatrix}$ のとき，f が線形写像であるかどうかを調べてみよう．

$\boldsymbol{x}=\begin{bmatrix} x_1 \\ x_2 \end{bmatrix}$，$\boldsymbol{y}=\begin{bmatrix} y_1 \\ y_2 \end{bmatrix}$ とおくと，$\boldsymbol{x}+\boldsymbol{y}=\begin{bmatrix} x_1+y_1 \\ x_2+y_2 \end{bmatrix}$，$k\boldsymbol{x}=\begin{bmatrix} kx_1 \\ kx_2 \end{bmatrix}$ より

$$f(\boldsymbol{x}+\boldsymbol{y})=\begin{bmatrix} 2(x_1+y_1)+3(x_2+y_2) \\ (x_1+y_1)-(x_2+y_2) \end{bmatrix}=\begin{bmatrix} 2x_1+3x_2 \\ x_1-x_2 \end{bmatrix}+\begin{bmatrix} 2y_1+3y_2 \\ y_1-y_2 \end{bmatrix}=f(\boldsymbol{x})+f(\boldsymbol{y})$$

$$f(k\boldsymbol{x})=\begin{bmatrix} 2(kx_1)+3(kx_2) \\ (kx_1)-(kx_2) \end{bmatrix}=k\begin{bmatrix} 2x_1+3x_2 \\ x_1-x_2 \end{bmatrix}=k\,f(\boldsymbol{x})$$

よって，f は線形写像．

解答

(1)　$\boldsymbol{x}=\begin{bmatrix}1\\0\end{bmatrix}$ のとき，$2\boldsymbol{x}=\begin{bmatrix}2\\0\end{bmatrix}$ だから

$$f(2\boldsymbol{x})=\begin{bmatrix}2+3\\0\end{bmatrix}=\begin{bmatrix}5\\0\end{bmatrix}$$ A

一方，$2f(\boldsymbol{x})=2\begin{bmatrix}1+3\\0\end{bmatrix}=\begin{bmatrix}8\\0\end{bmatrix}$ B

$$\therefore\quad f(2\boldsymbol{x})\neq 2f(\boldsymbol{x})$$

よって，f は線形写像ではない． C　……(答)

(2)　$\boldsymbol{x}=\begin{bmatrix}x_1\\x_2\\x_3\end{bmatrix}$，$\boldsymbol{y}=\begin{bmatrix}y_1\\y_2\\y_3\end{bmatrix}$ とおくと

$$\begin{aligned}f(\boldsymbol{x}+\boldsymbol{y})&=\begin{bmatrix}(x_1+y_1)-(x_2+y_2)+2(x_3+y_3)\\(x_1+y_1)+(x_2+y_2)\end{bmatrix}\\&=\begin{bmatrix}x_1-x_2+2x_3\\x_1+x_2\end{bmatrix}+\begin{bmatrix}y_1-y_2+2y_3\\y_1+y_2\end{bmatrix}\\&=f(\boldsymbol{x})+f(\boldsymbol{y})\end{aligned}$$ A

$$\begin{aligned}f(k\boldsymbol{x})&=\begin{bmatrix}(kx_1)-(kx_2)+2(kx_3)\\(kx_1)+(kx_2)\end{bmatrix}\\&=k\begin{bmatrix}x_1-x_2+2x_3\\x_1+x_2\end{bmatrix}=kf(\boldsymbol{x})\end{aligned}$$ B

よって，f は線形写像である． C　……(答)

(3)　$\boldsymbol{x}=\begin{bmatrix}x_1\\x_2\\x_3\end{bmatrix}$，$\boldsymbol{y}=\begin{bmatrix}y_1\\y_2\\y_3\end{bmatrix}$ とおくと

$$\begin{aligned}f(\boldsymbol{x}+\boldsymbol{y})&=(x_1+y_1)t^2+2(x_2+y_2)t+(x_3+y_3)\\&=(x_1t^2+2x_2t+x_3)\\&\qquad+(y_1t^2+2y_2t+y_3)\\&=f(\boldsymbol{x})+f(\boldsymbol{y})\end{aligned}$$ A

$$\begin{aligned}f(k\boldsymbol{x})&=(kx_1)t^2+2(kx_2)t+(kx_3)\\&=k(x_1t^2+2x_2t+x_3)=kf(\boldsymbol{x})\end{aligned}$$ B

よって，f は線形写像である． C　……(答)

㋐　$\boldsymbol{x}=\begin{bmatrix}x_1\\x_2\end{bmatrix}$，$\boldsymbol{y}=\begin{bmatrix}y_1\\y_2\end{bmatrix}$ とおくと

$$\begin{aligned}&f(\boldsymbol{x}+\boldsymbol{y})\\&=\begin{bmatrix}(x_1+y_1)+3\\x_2+y_2\end{bmatrix}\\&=\begin{bmatrix}x_1+y_1+3\\x_2+y_2\end{bmatrix}\\&f(\boldsymbol{x})+f(\boldsymbol{y})\\&=\begin{bmatrix}x_1+y_1+6\\x_2+y_2\end{bmatrix}\end{aligned}$$

から　$f(\boldsymbol{x}+\boldsymbol{y})\neq f(\boldsymbol{x})+f(\boldsymbol{y})$

となり，線形写像でないことがわかる．よって，1つの反例を挙げればよいが，解答ではスカラー倍の例を挙げた．

㋑　$\boldsymbol{x}+\boldsymbol{y}=\begin{bmatrix}x_1+y_1\\x_2+y_2\\x_3+y_3\end{bmatrix}$

$$k\boldsymbol{x}=\begin{bmatrix}kx_1\\kx_2\\kx_3\end{bmatrix}$$

POINT　f が線形ならば，$f(\mathbf{0})=\mathbf{0}$ は2つの条件のどちらからでも得られるので，(1) はそのことを反例ともできる．もちろん，$f(\mathbf{0})=\mathbf{0}$ だからといって線形とは限らない．

問題 48　線形写像の決定

(1)　線形変換 $f: \boldsymbol{R}^2 \to \boldsymbol{R}^2$, $\boldsymbol{x} \longmapsto A\boldsymbol{x}$ により

$$\begin{bmatrix} 1 \\ 2 \end{bmatrix} \longmapsto \begin{bmatrix} 1 \\ 8 \end{bmatrix}, \quad \begin{bmatrix} 3 \\ 1 \end{bmatrix} \longmapsto \begin{bmatrix} 8 \\ 14 \end{bmatrix}$$

であるとき，行列 A を求めよ．

(2)　線形写像 $f: \boldsymbol{R}^3 \to \boldsymbol{R}^2$, $\boldsymbol{x} \longmapsto A\boldsymbol{x}$ により

$$\begin{bmatrix} 1 \\ 2 \\ 2 \end{bmatrix} \longmapsto \begin{bmatrix} 9 \\ 3 \end{bmatrix}, \quad \begin{bmatrix} 2 \\ 1 \\ -1 \end{bmatrix} \longmapsto \begin{bmatrix} -1 \\ 9 \end{bmatrix}, \quad \begin{bmatrix} 3 \\ 1 \\ 2 \end{bmatrix} \longmapsto \begin{bmatrix} 17 \\ 1 \end{bmatrix}$$

であるとき，行列 A を求めよ．

解説　線形写像 $f: \boldsymbol{V} \to \boldsymbol{W}$ については次が成り立つ．

(1)　$\boldsymbol{V}$ の部分空間 $\boldsymbol{V}_0$ の像 $f(\boldsymbol{V}_0)=\{f(\boldsymbol{x}) \mid \boldsymbol{x} \in \boldsymbol{V}_0\}$ は $\boldsymbol{W}$ の部分空間である．
$\boldsymbol{a}_1, \cdots, \boldsymbol{a}_r$ が $\boldsymbol{V}_0$ の生成系ならば，$f(\boldsymbol{a}_1), \cdots, f(\boldsymbol{a}_r)$ は $f(\boldsymbol{V}_0)$ の生成系である．

(2)　$\boldsymbol{V}$ が n 次元ベクトル空間であるとき，$\langle \boldsymbol{a}_1, \cdots, \boldsymbol{a}_n \rangle$ が $\boldsymbol{V}$ の基底で，$\boldsymbol{b}_1, \cdots, \boldsymbol{b}_n$ が $\boldsymbol{W}$ の任意のベクトルであるならば

$$f(\boldsymbol{a}_1)=\boldsymbol{b}_1,\ f(\boldsymbol{a}_2)=\boldsymbol{b}_2, \cdots, f(\boldsymbol{a}_n)=\boldsymbol{b}_n$$

を満たす線形写像 $f: \boldsymbol{V} \to \boldsymbol{W}$ はただ1つだけ存在する．

(2)の証明は次のようになされる．

$\langle \boldsymbol{a}_1, \cdots, \boldsymbol{a}_n \rangle$ が $\boldsymbol{V}$ の基底であるとき，$\boldsymbol{V}$ の任意の元は

$$\boldsymbol{x}=c_1\boldsymbol{a}_1+c_2\boldsymbol{a}_2+\cdots+c_n\boldsymbol{a}_n \qquad (c_i \in \boldsymbol{R})$$

と表される．この c_i $(1 \leqq i \leqq n)$ を用いて，$f: \boldsymbol{V} \to \boldsymbol{W}$ を

$$f(\boldsymbol{x})=c_1\boldsymbol{b}_1+c_2\boldsymbol{b}_2+\cdots+c_n\boldsymbol{b}_n$$

と定義すると，f は線形写像であり，$f(\boldsymbol{a}_i)=\boldsymbol{b}_i$ $(1 \leqq i \leqq n)$ が成り立つ．

次に，このような f はただ1つしか存在しないこと（一意性）を示そう．
もしも，線形写像 $g: \boldsymbol{V} \to \boldsymbol{W}$ が $g(\boldsymbol{a}_i)=\boldsymbol{b}_i$ $(1 \leqq i \leqq n)$ を満たすとすると

$$g(\boldsymbol{x})=g(c_1\boldsymbol{a}_1+\cdots+c_n\boldsymbol{a}_n)=c_1g(\boldsymbol{a}_1)+\cdots+c_ng(\boldsymbol{a}_n)=c_1\boldsymbol{b}_1+\cdots+c_n\boldsymbol{b}_n=f(\boldsymbol{x})$$

となり，任意の $\boldsymbol{x} \in \boldsymbol{V}$ に対して $g(\boldsymbol{x})=f(\boldsymbol{x})$ が成り立つので，$g=f$ となる．

本問の (1) は，$\begin{bmatrix} 1 \\ 2 \end{bmatrix}$ と $\begin{bmatrix} 3 \\ 1 \end{bmatrix}$ は1次独立だから，$\left\langle \begin{bmatrix} 1 \\ 2 \end{bmatrix}, \begin{bmatrix} 3 \\ 1 \end{bmatrix} \right\rangle$ は $\boldsymbol{R}^2$ の基底となり得る．よって，行列 A は一意に定まる．(2) も同様に考えることができる．

なお，線形写像 f で $\boldsymbol{W}=\boldsymbol{V}$ $(f: \boldsymbol{V} \to \boldsymbol{V})$ のとき，f を**線形変換**という．

解答

(1) $f(\boldsymbol{x})=A\boldsymbol{x}$ で，条件から ㋐

$$A\begin{bmatrix}1\\2\end{bmatrix}=\begin{bmatrix}1\\8\end{bmatrix} \text{かつ} A\begin{bmatrix}3\\1\end{bmatrix}=\begin{bmatrix}8\\14\end{bmatrix}$$

$$\therefore\quad A\begin{bmatrix}1&3\\2&1\end{bmatrix}=\begin{bmatrix}1&8\\8&14\end{bmatrix}$$ ㋑ A

$\begin{vmatrix}1&3\\2&1\end{vmatrix}=-5\neq0$ より $\begin{bmatrix}1&3\\2&1\end{bmatrix}^{-1}$ は存在し B

$$A=\begin{bmatrix}1&8\\8&14\end{bmatrix}\begin{bmatrix}1&3\\2&1\end{bmatrix}^{-1}=\begin{bmatrix}1&8\\8&14\end{bmatrix}\frac{1}{-5}\begin{bmatrix}1&-3\\-2&1\end{bmatrix}$$

$$=\begin{bmatrix}3&-1\\4&2\end{bmatrix}$$ C ……(答)

(2) $f(\boldsymbol{x})=A\boldsymbol{x}$ で，条件から

$$A\begin{bmatrix}1\\2\\2\end{bmatrix}=\begin{bmatrix}9\\3\end{bmatrix},\ A\begin{bmatrix}2\\1\\-1\end{bmatrix}=\begin{bmatrix}-1\\9\end{bmatrix},\ A\begin{bmatrix}3\\1\\2\end{bmatrix}=\begin{bmatrix}17\\1\end{bmatrix}$$

$$\therefore\quad A\begin{bmatrix}1&2&3\\2&1&1\\2&-1&2\end{bmatrix}=\begin{bmatrix}9&-1&17\\3&9&1\end{bmatrix}$$ A

$\begin{vmatrix}1&2&3\\2&1&1\\2&-1&2\end{vmatrix}=-13\neq0$ より，$\begin{bmatrix}1&2&3\\2&1&1\\2&-1&2\end{bmatrix}^{-1}$ は

存在し，B

$$A=\begin{bmatrix}9&-1&17\\3&9&1\end{bmatrix}\begin{bmatrix}1&2&3\\2&1&1\\2&-1&2\end{bmatrix}^{-1}$$ ㋒

$$=\begin{bmatrix}9&-1&17\\3&9&1\end{bmatrix}\frac{1}{-13}\begin{bmatrix}3&-7&-1\\-2&-4&5\\-4&5&-3\end{bmatrix}$$

$$=\begin{bmatrix}3&-2&5\\1&4&-3\end{bmatrix}$$ C ……(答)

㋐ f は $\boldsymbol{R}^2$ を $\boldsymbol{R}^2$ 自身にうつす線形写像なので，線形変換（1 次変換）である．

㋑ 1 つにまとめる．
$f(\boldsymbol{a}_1)=\boldsymbol{b}_1$，$f(\boldsymbol{a}_2)=\boldsymbol{b}_2$
のとき

$$\begin{aligned}&A[\boldsymbol{a}_1\quad \boldsymbol{a}_2]\\&=[A\boldsymbol{a}_1\quad A\boldsymbol{a}_2]\\&=[f(\boldsymbol{a}_1)\quad f(\boldsymbol{a}_2)]\\&=[\boldsymbol{b}_1\quad \boldsymbol{b}_2]\end{aligned}$$

㋒ 余因子行列で求める．

POINT 左ページ解説の (2) にあるように，$\boldsymbol{a}_i$ が基底をなすことが重要な条件になるので，そのことを解答では逆行列 $[\boldsymbol{a}_1\ \boldsymbol{a}_2\ \cdots\ \boldsymbol{a}_n]^{-1}$ の存在を確認することで示している．

問題 49 線形変換

行列 $A=\begin{bmatrix} a & 1 \\ 1 & a \end{bmatrix}$ で表される1次変換 f により，直線 l：$y=bx+2$ がそれ自身に移されるとき，次の問に答えよ．ただし，$b>0$ とする．

(1) a と b の値を求めよ．

(2) 直線 l 上にあって，f で不変な点を求めよ．

解説 ここでは，線形写像の特別な場合である線形変換について触れる．

線形変換（1次変換）とは，線形写像 f：$\boldsymbol{V} \to \boldsymbol{W}$ で $\boldsymbol{W}=\boldsymbol{V}$ のときであるが，とくに，2次元，すなわち f：$\boldsymbol{R}^2 \to \boldsymbol{R}^2$，$\boldsymbol{x} \mapsto A\boldsymbol{x}$ のときは

$$f：\begin{cases} x'=ax+by \\ y'=cx+dy \end{cases} \iff \begin{bmatrix} x' \\ y' \end{bmatrix}=\begin{bmatrix} a & b \\ c & d \end{bmatrix}\begin{bmatrix} x \\ y \end{bmatrix}$$

と表せる．行列 $A=\begin{bmatrix} a & b \\ c & d \end{bmatrix}$ を**1次変換 f の行列**という．また，$\boldsymbol{x}'=f(\boldsymbol{x})=A\boldsymbol{x}$ を1次変換 f によるベクトル $\boldsymbol{x}$ の**像**，$\boldsymbol{x}$ を $\boldsymbol{x}'$ の**原像**という．

単位行列 E の表す1次変換はすべてのベクトルを変えない変換，したがって，すべての点を動かさない変換であり，**恒等変換**という．

なお，1次変換 f による基本ベクトル $\boldsymbol{e}_1=\begin{bmatrix} 1 \\ 0 \end{bmatrix}$，$\boldsymbol{e}_2=\begin{bmatrix} 0 \\ 1 \end{bmatrix}$ の像が $\boldsymbol{e}_1{}'=\begin{bmatrix} a \\ c \end{bmatrix}$，$\boldsymbol{e}_2{}'=\begin{bmatrix} b \\ d \end{bmatrix}$ であるとき，f を表す行列は $A=\begin{bmatrix} a & b \\ c & d \end{bmatrix}$ である．

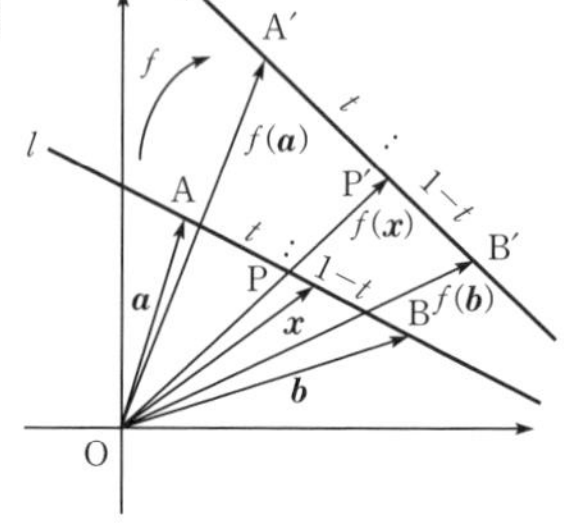

一般に，平面上の異なる2点 $\mathrm{A}(\boldsymbol{a})$，$\mathrm{B}(\boldsymbol{b})$ の1次変換 f による像を $\mathrm{A}'(\boldsymbol{a}')$，$\mathrm{B}'(\boldsymbol{b}')$ とすると，直線 AB のベクトル方程式は $\boldsymbol{x}=(1-t)\,\boldsymbol{a}+t\boldsymbol{b}$ と表されるから，f：$\boldsymbol{x}'=A\boldsymbol{x}$ による直線の像は

$$\begin{aligned} \boldsymbol{x}'&=f(\boldsymbol{x})=f((1-t)\,\boldsymbol{a}+t\boldsymbol{b}) \\ &=(1-t)\,f(\boldsymbol{a})+t\,f(\boldsymbol{b})=(1-t)\,\boldsymbol{a}'+t\boldsymbol{b}' \end{aligned}$$

したがって　$\mathrm{A}' \neq \mathrm{B}'$（$\boldsymbol{a}' \neq \boldsymbol{b}'$）ならば，直線 AB の f による像は直線 A′B′ で，$\mathrm{A}'=\mathrm{B}'$（$\boldsymbol{a}'=\boldsymbol{b}'$）ならば，$\boldsymbol{x}'=\boldsymbol{a}'$ より直線 AB 上のすべての点は点 A′ に移される．

本問の(1)は，不動直線（直線 l 上の点がすべて l 上の点に1対1の対応をなして移される），(2) は不動点 $\begin{bmatrix} x' \\ y' \end{bmatrix}=\begin{bmatrix} x \\ y \end{bmatrix}$ を満たす点 $\begin{bmatrix} x \\ y \end{bmatrix}$ を求めるものである．

解答

(1)　$f：\begin{bmatrix} x' \\ y' \end{bmatrix} = A\begin{bmatrix} x \\ y \end{bmatrix} = \begin{bmatrix} a & 1 \\ 1 & a \end{bmatrix}\begin{bmatrix} x \\ y \end{bmatrix}$ とおく．

直線l上の点は，$\begin{bmatrix} x \\ y \end{bmatrix} = \begin{bmatrix} 0 \\ 2 \end{bmatrix} + t\begin{bmatrix} 1 \\ b \end{bmatrix}$ とおけるので ㋐ A

f による像は

$$\begin{bmatrix} x' \\ y' \end{bmatrix} = A\begin{bmatrix} x \\ y \end{bmatrix} = A\begin{bmatrix} 0 \\ 2 \end{bmatrix} + tA\begin{bmatrix} 1 \\ b \end{bmatrix} \quad ㋑$$

$$= \begin{bmatrix} 2 \\ 2a \end{bmatrix} + t\begin{bmatrix} a+b \\ 1+ab \end{bmatrix}$$

したがって，l が自分自身にうつるとき

$$\begin{bmatrix} a+b \\ 1+ab \end{bmatrix} /\!/ \begin{bmatrix} 1 \\ b \end{bmatrix} \quad ㋒ \quad \cdots\cdots①$$

かつ　$\begin{bmatrix} 2 \\ 2a \end{bmatrix} = \begin{bmatrix} 0 \\ 2 \end{bmatrix} + t\begin{bmatrix} 1 \\ b \end{bmatrix}$ ㋓ B　……②

①から　$(a+b)\cdot b - 1\cdot(1+ab) = 0$

　$b^2 - 1 = 0$　　$b > 0$ から　　$b = 1$

②に代入して　$\begin{cases} 2 = t \\ 2a = 2 + t \end{cases}$　　$\therefore\ a = 2$

よって　　$a = 2$，　$b = 1$ C　　……(答)

(2)　(1) から　$f：\begin{bmatrix} x' \\ y' \end{bmatrix} = \begin{bmatrix} 2 & 1 \\ 1 & 2 \end{bmatrix}\begin{bmatrix} x \\ y \end{bmatrix}$

$l：y = x + 2$

l 上にあって f で不動な点を $\begin{bmatrix} t \\ t+2 \end{bmatrix}$ とおくと

$\begin{bmatrix} 2 & 1 \\ 1 & 2 \end{bmatrix}\begin{bmatrix} t \\ t+2 \end{bmatrix} = \begin{bmatrix} t \\ t+2 \end{bmatrix}$ から ㋔ A

$\begin{bmatrix} 3t+2 \\ 3t+4 \end{bmatrix} = \begin{bmatrix} t \\ t+2 \end{bmatrix}$　　$\therefore\ t = -1$ B

よって，求める不動点は　　$(-1, 1)$ C　……(答)

㋐　直線 l は点 $(0, 2)$ を通り，傾きが b だから，

$\begin{bmatrix} x \\ y \end{bmatrix} = \begin{bmatrix} 0 \\ 2 \end{bmatrix} + t\begin{bmatrix} 1 \\ b \end{bmatrix}$

1点　方向ベクトル

㋑　f の線形性．

㋐を $\boldsymbol{x} = \boldsymbol{a} + t\boldsymbol{v}$ とすると

$\boldsymbol{x}' = f(\boldsymbol{x}) = f(\boldsymbol{a} + t\boldsymbol{v})$
$= f(\boldsymbol{a}) + t f(\boldsymbol{v})$

㋒，㋓　不動直線 l だから，方向ベクトルは不変で，かつ1点 $\begin{bmatrix} 0 \\ 2 \end{bmatrix}$ は再び l 上に移る．

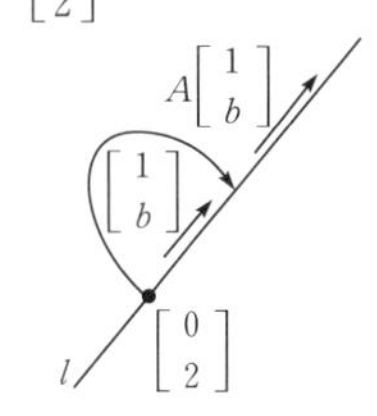

㋔　不動点 $\begin{bmatrix} x \\ y \end{bmatrix}$ は，

$A\begin{bmatrix} x \\ y \end{bmatrix} = \begin{bmatrix} x \\ y \end{bmatrix}$

を満たす．

POINT　本問の変換 f では，$(u, -u)$ が不動点になることがわかり，この点を通り，直線 l と同じ方向ベクトルの直線はすべて不動直線となる．

問題 50 図形に対する線形変換

線形変換 f：$\begin{bmatrix} x' \\ y' \end{bmatrix}=\begin{bmatrix} 2 & 1 \\ -6 & a \end{bmatrix}\begin{bmatrix} x \\ y \end{bmatrix}$により，次の図形はどのような図形に移されるか．ただし，aは定数とする．

(1) 直線 $2x+y+3=0$

(2) 円 $x^2+y^2=1$

解説 線形変換 f：$\begin{bmatrix} x' \\ y' \end{bmatrix}=A\begin{bmatrix} x \\ y \end{bmatrix}=\begin{bmatrix} a & b \\ c & d \end{bmatrix}\begin{bmatrix} x \\ y \end{bmatrix}$ ……①

による図形の変換についてまとめておこう．fによる図形Fの像をGとする．

(1) 原像を求める問題

像Gの満たす方程式が与えられて原像Fを求めるときは，$x'=ax+by$ および $y'=cx+dy$ を像の満たす方程式に代入すればよい．

(例) $\begin{bmatrix} x' \\ y' \end{bmatrix}=\begin{bmatrix} 4 & -3 \\ 1 & 2 \end{bmatrix}\begin{bmatrix} x \\ y \end{bmatrix}$により，直線 $x-2y+1=0$ に移される図形は，$x'=4x-3y$，$y'=x+2y$ を像の方程式 $x'-2y'+1=0$ に代入して $(4x-3y)-2(x+2y)+1=0$ となる．よって原像は，直線 $2x-7y+1=0$ である．

(2) 像を求める問題

(ア) 逆変換の利用（A^{-1}が存在）

A^{-1}が存在するとき，①は$\begin{bmatrix} x \\ y \end{bmatrix}=A^{-1}\begin{bmatrix} x' \\ y' \end{bmatrix}$となるが，$A^{-1}$で表される変換を逆変換といい，$f^{-1}$：$\begin{bmatrix} x \\ y \end{bmatrix}=A^{-1}\begin{bmatrix} x' \\ y' \end{bmatrix}$と表す．

fによるFの像Gを求めるときは，x，yをx'，y'で表して原像の満たす方程式に代入すればよい．

(イ) 媒介変数の利用

直線の媒介変数表示は前問題で触れたが，円の媒介変数表示は

円 $(x-\alpha)^2+(y-\beta)^2=r^2 \Longrightarrow \begin{bmatrix} x \\ y \end{bmatrix}=\begin{bmatrix} \alpha \\ \beta \end{bmatrix}+\begin{bmatrix} r\cos\theta \\ r\sin\theta \end{bmatrix}$，$0\leqq\theta<2\pi$ となる．

(例) $\begin{bmatrix} x' \\ y' \end{bmatrix}=\begin{bmatrix} 2 & 1 \\ 4 & 2 \end{bmatrix}\begin{bmatrix} x \\ y \end{bmatrix}$により，放物線 $y=x^2$ は$\begin{bmatrix} x \\ y \end{bmatrix}=\begin{bmatrix} t \\ t^2 \end{bmatrix}$，$t$は全実数 から$\begin{bmatrix} x' \\ y' \end{bmatrix}=\begin{bmatrix} 2 & 1 \\ 4 & 2 \end{bmatrix}\begin{bmatrix} t \\ t^2 \end{bmatrix}=(t^2+2t)\begin{bmatrix} 1 \\ 2 \end{bmatrix}$ $\therefore$ $y'=2x'$

ただし $x'=t^2+2t=(t+1)^2-1\geqq-1$

よって，放物線 $y=x^2$ は半直線 $y=2x\,(x\geqq-1)$ に移される．

解答

(1)　直線 $2x+y+3=0$ 上の点は

$\begin{bmatrix} x \\ y \end{bmatrix}=\begin{bmatrix} 0 \\ -3 \end{bmatrix}+t\begin{bmatrix} 1 \\ -2 \end{bmatrix}$ （t は全実数）と表せる．A ㋐

$\begin{bmatrix} x' \\ y' \end{bmatrix}=A\begin{bmatrix} x \\ y \end{bmatrix}=A\begin{bmatrix} 0 \\ -3 \end{bmatrix}+tA\begin{bmatrix} 1 \\ -2 \end{bmatrix}$ ㋑

$=\begin{bmatrix} -3 \\ -3a \end{bmatrix}+t\begin{bmatrix} 0 \\ -6-2a \end{bmatrix}$ A

$a=-3$ のとき $\begin{bmatrix} x' \\ y' \end{bmatrix}=\begin{bmatrix} -3 \\ 9 \end{bmatrix}+t\begin{bmatrix} 0 \\ 0 \end{bmatrix}=\begin{bmatrix} -3 \\ 9 \end{bmatrix}$

$a\neq-3$ のとき $\begin{bmatrix} 0 \\ -6-2a \end{bmatrix}/\!/\begin{bmatrix} 0 \\ 1 \end{bmatrix}$ だから

$x'=-3$，y' は全実数 ㋒

よって，$a=-3$ のとき 1 点 $(-3,\ 9)$
　　　$a\neq-3$ のとき直線 $x=-3$　B ……(答)

(2)　(ア)　$a\neq-3$ のとき，A^{-1} は存在し

$\begin{bmatrix} x \\ y \end{bmatrix}=A^{-1}\begin{bmatrix} x' \\ y' \end{bmatrix}=\dfrac{1}{2a+6}\begin{bmatrix} a & -1 \\ 6 & 2 \end{bmatrix}\begin{bmatrix} x' \\ y' \end{bmatrix}$ A

$x=\dfrac{ax'-y'}{2a+6}$，$y=\dfrac{6x'+2y'}{2a+6}$ を原像 $x^2+y^2=1$ に代入して

$$(ax'-y')^2+(6x'+2y')^2=(2a+6)^2$$

よって，像は

$(a^2+36)x^2-2(a-12)xy+5y^2=(2a+6)^2$ ㋓ B ……(答)

(イ)　$a=-3$ のとき，A^{-1} は存在しない．

円上の点は $(x,\ y)=(\cos\theta,\ \sin\theta)\ (0\leqq\theta<2\pi)$ より

$\begin{bmatrix} x' \\ y' \end{bmatrix}=\begin{bmatrix} 2 & 1 \\ -6 & -3 \end{bmatrix}\begin{bmatrix} \cos\theta \\ \sin\theta \end{bmatrix}=(\sin\theta+2\cos\theta)\begin{bmatrix} 1 \\ -3 \end{bmatrix}$

$\therefore\ \ y'=-3x'$

$x'=\sin\theta+2\cos\theta=\sqrt{5}\sin(\theta+\alpha)$ ㋔ から

$|x'|\leqq\sqrt{5}$

よって，像は線分 $y=-3x$ （$|x|\leqq\sqrt{5}$） C ……(答)

㋐　直線の方程式は
$y=-2x-3$
1 点 $(0,\ -3)$ を通り，方向ベクトル $\begin{bmatrix} 1 \\ -2 \end{bmatrix}$ の直線である．

㋑　$A=\begin{bmatrix} 2 & 1 \\ -6 & a \end{bmatrix}$

㋒　1 点 $(-3,\ -3a)$ を通り，方向ベクトル $\begin{bmatrix} 0 \\ 1 \end{bmatrix}$ の直線であるから，y 軸に平行な直線 $x'=-3$ となる．

㋓　楕円の方程式である．

㋔　三角関数の合成公式を用いた．角 α は，
$\cos\alpha=\dfrac{1}{\sqrt{5}}$，$\sin\alpha=\dfrac{2}{\sqrt{5}}$ を満たす鋭角．

POINT　線形変換において，逆変換が存在しないときは，像はすべて原点を通る直線の部分集合となる．直線全体，半直線，線分，1 点などとなる．

問題 51　表現行列

$f:\begin{bmatrix} x_1 \\ x_2 \end{bmatrix} \longmapsto \begin{bmatrix} x_1+2x_2 \\ x_1+\ x_2 \\ 4x_1-3x_2 \end{bmatrix}$ で与えられる線形写像 $f: \boldsymbol{R}^2 \to \boldsymbol{R}^3$ の次のそれぞれの基底に関する表現行列 P を求めよ．

(1)　$\left\langle \begin{bmatrix} 1 \\ 0 \end{bmatrix}, \begin{bmatrix} 0 \\ 1 \end{bmatrix} \right\rangle, \left\langle \begin{bmatrix} 1 \\ 0 \\ 0 \end{bmatrix}, \begin{bmatrix} 0 \\ 1 \\ 0 \end{bmatrix}, \begin{bmatrix} 0 \\ 0 \\ 1 \end{bmatrix} \right\rangle$　(2)　$\left\langle \begin{bmatrix} 1 \\ 2 \end{bmatrix}, \begin{bmatrix} 3 \\ 1 \end{bmatrix} \right\rangle, \left\langle \begin{bmatrix} 1 \\ 0 \\ 1 \end{bmatrix}, \begin{bmatrix} 3 \\ 2 \\ 0 \end{bmatrix}, \begin{bmatrix} 2 \\ 1 \\ 1 \end{bmatrix} \right\rangle$

解 説　$\boldsymbol{V}$，$\boldsymbol{W}$ がそれぞれ $\boldsymbol{R}$ 上の n 次元，m 次元ベクトル空間とし，それぞれの基底を $E_V=\langle \boldsymbol{a}_1, \boldsymbol{a}_2, \cdots, \boldsymbol{a}_n \rangle$，$E_W=\langle \boldsymbol{b}_1, \boldsymbol{b}_2, \cdots, \boldsymbol{b}_m \rangle$ とする．

線形写像 $f: \boldsymbol{V} \to \boldsymbol{W}$ が $\begin{cases} f(\boldsymbol{a}_1)=p_{11}\boldsymbol{b}_1+p_{21}\boldsymbol{b}_2+\cdots+p_{m1}\boldsymbol{b}_m \\ f(\boldsymbol{a}_2)=p_{12}\boldsymbol{b}_1+p_{22}\boldsymbol{b}_2+\cdots+p_{m2}\boldsymbol{b}_m \\ \qquad \cdots \qquad \cdots \\ f(\boldsymbol{a}_n)=p_{1n}\boldsymbol{b}_1+p_{2n}\boldsymbol{b}_2+\cdots+p_{mn}\boldsymbol{b}_m \end{cases}$　すなわち，

$$[f(\boldsymbol{a}_1)\quad f(\boldsymbol{a}_2)\quad \cdots \quad f(\boldsymbol{a}_n)]=[\boldsymbol{b}_1\quad \boldsymbol{b}_2\quad \cdots \quad \boldsymbol{b}_m]\begin{bmatrix} p_{11} & p_{12} & \cdots & p_{1n} \\ p_{21} & p_{22} & \cdots & p_{2n} \\ \vdots & \vdots & \ddots & \vdots \\ p_{m1} & p_{m2} & \cdots & p_{mn} \end{bmatrix} \quad \cdots\cdots ①$$

を満たすならば，(m, n) 行列 $P=[p_{ij}]$ を基底 E_V，E_W に関する**線形写像 f の表現行列**という．f の行列を A とおくと，①は

$$A[\boldsymbol{a}_1\quad \boldsymbol{a}_2\quad \cdots \quad \boldsymbol{a}_n]=[\boldsymbol{b}_1\quad \boldsymbol{b}_2\quad \cdots \quad \boldsymbol{b}_m]P$$

となるので　$P=[\boldsymbol{b}_1\quad \boldsymbol{b}_2\quad \cdots \quad \boldsymbol{b}_m]^{-1}A[\boldsymbol{a}_1\quad \boldsymbol{a}_2\quad \cdots \quad \boldsymbol{a}_n]$　となる．

とくに，標準基底に関する線形写像の表現行列 P は

$$P=[\boldsymbol{e}_1'\quad \boldsymbol{e}_2'\quad \cdots \quad \boldsymbol{e}_m']^{-1}A[\boldsymbol{e}_1\quad \boldsymbol{e}_2\quad \cdots \quad \boldsymbol{e}_n]=A$$

となり，線形写像 f の行列 A がそのまま f の表現行列となる．

これは，$\boldsymbol{e}_1=\begin{bmatrix} 1 \\ 0 \\ \vdots \\ 0 \end{bmatrix}$，$\boldsymbol{e}_2=\begin{bmatrix} 0 \\ 1 \\ \vdots \\ 0 \end{bmatrix}$，$\cdots$，$\boldsymbol{e}_n=\begin{bmatrix} 0 \\ \vdots \\ 0 \\ 1 \end{bmatrix}$ より，$[\boldsymbol{e}_1\quad \boldsymbol{e}_2\quad \cdots \quad \boldsymbol{e}_n]$ および $[\boldsymbol{e}_1'\quad \boldsymbol{e}_2'\quad \cdots \quad \boldsymbol{e}_m']$ が単位行列になるからである．

解答

㋐f の行列 A は

$$A\begin{bmatrix} x_1 \\ x_2 \end{bmatrix}=\begin{bmatrix} x_1+2x_2 \\ x_1+\ x_2 \\ 4x_1-3x_2 \end{bmatrix}=\begin{bmatrix} 1 & 2 \\ 1 & 1 \\ 4 & -3 \end{bmatrix}\begin{bmatrix} x_1 \\ x_2 \end{bmatrix}$$ より

$$A=\begin{bmatrix} 1 & 2 \\ 1 & 1 \\ 4 & -3 \end{bmatrix}$$ ㋑ A

(1)　与えられた基底は標準基底 $\langle \boldsymbol{e}_1, \boldsymbol{e}_2 \rangle$ および $\langle \boldsymbol{e}_1', \boldsymbol{e}_2', \boldsymbol{e}_3' \rangle$ であるから

㋒ $A[\boldsymbol{e}_1\ \ \boldsymbol{e}_2]=[\boldsymbol{e}_1'\ \ \boldsymbol{e}_2'\ \ \boldsymbol{e}_3']P$ B

よって　$P=A=\begin{bmatrix} 1 & 2 \\ 1 & 1 \\ 4 & -3 \end{bmatrix}$ C　……(答)

(2)　基底を順に $\langle \boldsymbol{a}_1, \boldsymbol{a}_2 \rangle$, $\langle \boldsymbol{b}_1, \boldsymbol{b}_2, \boldsymbol{b}_3 \rangle$ とおくと

$A[\boldsymbol{a}_1\ \ \boldsymbol{a}_2]=[\boldsymbol{b}_1\ \ \boldsymbol{b}_2\ \ \boldsymbol{b}_3]P$ A

よって

$P=[\boldsymbol{b}_1\ \ \boldsymbol{b}_2\ \ \boldsymbol{b}_3]^{-1}A[\boldsymbol{a}_1\ \ \boldsymbol{a}_2]$ ㋓ B

$$=\begin{bmatrix} 1 & 3 & 2 \\ 0 & 2 & 1 \\ 1 & 0 & 1 \end{bmatrix}^{-1}\begin{bmatrix} 1 & 2 \\ 1 & 1 \\ 4 & -3 \end{bmatrix}\begin{bmatrix} 1 & 3 \\ 2 & 1 \end{bmatrix}$$ ㋔

$$=\begin{bmatrix} 2 & -3 & -1 \\ 1 & -1 & -1 \\ -2 & 3 & 2 \end{bmatrix}\begin{bmatrix} 1 & 2 \\ 1 & 1 \\ 4 & -3 \end{bmatrix}\begin{bmatrix} 1 & 3 \\ 2 & 1 \end{bmatrix}$$

$$=\begin{bmatrix} -5 & 4 \\ -4 & 4 \\ 9 & -7 \end{bmatrix}\begin{bmatrix} 1 & 3 \\ 2 & 1 \end{bmatrix}=\begin{bmatrix} 3 & -11 \\ 4 & -8 \\ -5 & 20 \end{bmatrix}$$ C

……(答)

㋐　行列 A を標準基底に関する f の行列という.

㋑　線形写像 f の像の係数を書き並べればよい.

㋒　定義より.

㋓　$\langle \boldsymbol{b}_1, \boldsymbol{b}_2, \boldsymbol{b}_3 \rangle$ は基底だから, $[\boldsymbol{b}_1\ \ \boldsymbol{b}_2\ \ \boldsymbol{b}_3]$ は正則行列.

㋔　$\begin{vmatrix} 1 & 3 & 2 \\ 0 & 2 & 1 \\ 1 & 0 & 1 \end{vmatrix}=1$

余因子行列から求めるとよい.

POINT　(2) の表現行列 P は

$\boldsymbol{x}=x_1\boldsymbol{a}_1+x_2\boldsymbol{a}_2$,

$\boldsymbol{y}=y_1\boldsymbol{b}_1+y_2\boldsymbol{b}_2+y_3\boldsymbol{b}_3$　で

$\boldsymbol{y}=A\boldsymbol{x}$　としたとき,

$\begin{bmatrix} y_1 \\ y_2 \\ y_3 \end{bmatrix}=P\begin{bmatrix} x_1 \\ x_2 \end{bmatrix}$ となる行列のことだととらえよう.

問題 52 基底の変換

線形変換 $f: \boldsymbol{R}^3 \to \boldsymbol{R}^3$ において

$$\boldsymbol{a}_1=\begin{bmatrix}1\\1\\-2\end{bmatrix},\ \boldsymbol{a}_2=\begin{bmatrix}3\\1\\-3\end{bmatrix},\ \boldsymbol{a}_3=\begin{bmatrix}-2\\-1\\2\end{bmatrix},\ \boldsymbol{b}_1=\begin{bmatrix}1\\2\\-3\end{bmatrix},\ \boldsymbol{b}_2=\begin{bmatrix}1\\0\\2\end{bmatrix},\ \boldsymbol{b}_3=\begin{bmatrix}-5\\2\\-1\end{bmatrix}$$

とするとき，基底変換 $\langle \boldsymbol{a}_1, \boldsymbol{a}_2, \boldsymbol{a}_3\rangle \to \langle \boldsymbol{b}_1, \boldsymbol{b}_2, \boldsymbol{b}_3\rangle$ の行列 Q と成分の変換式を求めよ．

解説 n 次元ベクトル空間 $\boldsymbol{V}$ において，2 つの基底 $E=\langle \boldsymbol{a}_1, \boldsymbol{a}_2, \cdots, \boldsymbol{a}_n\rangle$ および $E'=\langle \boldsymbol{b}_1, \boldsymbol{b}_2, \cdots, \boldsymbol{b}_n\rangle$ を考える．これらの基底の間に

$$\boldsymbol{b}_j=q_{1j}\boldsymbol{a}_1+q_{2j}\boldsymbol{a}_2+\cdots+q_{nj}\boldsymbol{a}_n \quad (j=1, 2, \cdots, n)$$

すなわち，$$[\boldsymbol{b}_1 \ \ \boldsymbol{b}_2 \ \ \cdots \ \ \boldsymbol{b}_n]=[\boldsymbol{a}_1 \ \ \boldsymbol{a}_2 \ \ \cdots \ \ \boldsymbol{a}_n]\begin{bmatrix}q_{11} & q_{12} & \cdots & q_{1n}\\ q_{21} & q_{22} & \cdots & q_{2n}\\ \vdots & \vdots & \ddots & \vdots\\ q_{n1} & q_{n2} & \cdots & q_{nn}\end{bmatrix} \quad \cdots\cdots①$$

なる関係があるとき，n 次正方行列 $Q=[q_{ij}]$ を**基底変換 $E \to E'$ の行列**と呼ぶ．
$\langle \boldsymbol{a}_1, \boldsymbol{a}_2, \cdots, \boldsymbol{a}_n\rangle$ は基底だから $[\boldsymbol{a}_1 \ \ \boldsymbol{a}_2 \ \ \cdots \ \ \boldsymbol{a}_n]$ は正則であり，Q は

$$Q=[\boldsymbol{a}_1 \ \ \boldsymbol{a}_2 \ \ \cdots \ \ \boldsymbol{a}_n]^{-1}[\boldsymbol{b}_1 \ \ \boldsymbol{b}_2 \ \ \cdots \ \ \boldsymbol{b}_n] \quad となる．$$

このとき，E および E' に関する $\boldsymbol{x}\in\boldsymbol{V}$ の成分 $[x_i]$ および $[x_i']$ の間には

$$x_1\boldsymbol{a}_1+x_2\boldsymbol{a}_2+\cdots+x_n\boldsymbol{a}_n=x_1'\boldsymbol{b}_1+x_2'\boldsymbol{b}_2+\cdots+x_n'\boldsymbol{b}_n$$

が成り立つので，①を用いて

$$[\boldsymbol{a}_1 \ \ \boldsymbol{a}_2 \ \ \cdots \ \ \boldsymbol{a}_n]\begin{bmatrix}x_1\\x_2\\\vdots\\x_n\end{bmatrix}=[\boldsymbol{b}_1 \ \ \boldsymbol{b}_2 \ \ \cdots \ \ \boldsymbol{b}_n]\begin{bmatrix}x_1'\\x_2'\\\vdots\\x_n'\end{bmatrix}=[\boldsymbol{a}_1 \ \ \boldsymbol{a}_2 \ \ \cdots \ \ \boldsymbol{a}_n]Q\begin{bmatrix}x_1'\\x_2'\\\vdots\\x_n'\end{bmatrix}$$

となる．これより

$$\begin{bmatrix}x_1\\x_2\\\vdots\\x_n\end{bmatrix}=Q\begin{bmatrix}x_1'\\x_2'\\\vdots\\x_n'\end{bmatrix} \iff \begin{bmatrix}\text{旧}\\\text{成}\\\text{分}\end{bmatrix}=Q\begin{bmatrix}\text{新}\\\text{成}\\\text{分}\end{bmatrix} \quad \cdots\cdots②$$

の関係が成り立つ．②式を基底変換 $E \to E'$ による**成分の変換式**という．
(新基底)＝(旧基底)Q が②のようになることに注意しよう．

なお，基底変換 $E' \to E$ の行列は Q^{-1} である．

解答

$$\begin{cases} \boldsymbol{b}_1 = q_{11}\boldsymbol{a}_1 + q_{21}\boldsymbol{a}_2 + q_{31}\boldsymbol{a}_3 \\ \boldsymbol{b}_2 = q_{12}\boldsymbol{a}_1 + q_{22}\boldsymbol{a}_2 + q_{32}\boldsymbol{a}_3 \\ \boldsymbol{b}_3 = q_{13}\boldsymbol{a}_1 + q_{23}\boldsymbol{a}_2 + q_{33}\boldsymbol{a}_3 \end{cases}$$

となる係数 q_{ij} を求める.（ア）

1つにまとめると

$$[\boldsymbol{b}_1 \quad \boldsymbol{b}_2 \quad \boldsymbol{b}_3] = [\boldsymbol{a}_1 \quad \boldsymbol{a}_2 \quad \boldsymbol{a}_3]\begin{bmatrix} q_{11} & q_{12} & q_{13} \\ q_{21} & q_{22} & q_{23} \\ q_{31} & q_{32} & q_{33} \end{bmatrix} \quad \text{A}$$

よって，求める基底変換の行列 $Q=[q_{ij}]$ は

$$Q = [\boldsymbol{a}_1 \quad \boldsymbol{a}_2 \quad \boldsymbol{a}_3]^{-1}[\boldsymbol{b}_1 \quad \boldsymbol{b}_2 \quad \boldsymbol{b}_3] \quad \text{B} \quad \cdots\cdots①$$（イ）

$$= \begin{bmatrix} 1 & 3 & -2 \\ 1 & 1 & -1 \\ -2 & -3 & 2 \end{bmatrix}^{-1}\begin{bmatrix} 1 & 1 & -5 \\ 2 & 0 & 2 \\ -3 & 2 & -1 \end{bmatrix}$$

$$= \begin{bmatrix} -1 & 0 & -1 \\ 0 & -2 & -1 \\ -1 & -3 & -2 \end{bmatrix}\begin{bmatrix} 1 & 1 & -5 \\ 2 & 0 & 2 \\ -3 & 2 & -1 \end{bmatrix}$$

$$= \begin{bmatrix} 2 & -3 & 6 \\ -1 & -2 & -3 \\ -1 & -5 & 1 \end{bmatrix} \quad \text{C} \quad \cdots\cdots(\text{答})$$

また，基底 $\langle \boldsymbol{a}_1, \boldsymbol{a}_2, \boldsymbol{a}_3 \rangle$ および $\langle \boldsymbol{b}_1, \boldsymbol{b}_2, \boldsymbol{b}_3 \rangle$ に関する $\boldsymbol{x} \in \boldsymbol{R}^3$ の成分をそれぞれ $\begin{bmatrix} x_1 \\ x_2 \\ x_3 \end{bmatrix}, \begin{bmatrix} x_1' \\ x_2' \\ x_3' \end{bmatrix}$ とすると（ウ）

$$x_1\boldsymbol{a}_1 + x_2\boldsymbol{a}_2 + x_3\boldsymbol{a}_3 = x_1'\boldsymbol{b}_1 + x_2'\boldsymbol{b}_2 + x_3'\boldsymbol{b}_3 \quad \text{D}$$

$$\therefore \quad [\boldsymbol{a}_1 \quad \boldsymbol{a}_2 \quad \boldsymbol{a}_3]\begin{bmatrix} x_1 \\ x_2 \\ x_3 \end{bmatrix} = [\boldsymbol{b}_1 \quad \boldsymbol{b}_2 \quad \boldsymbol{b}_3]\begin{bmatrix} x_1' \\ x_2' \\ x_3' \end{bmatrix}$$

よって，成分の変換式は

$$\begin{bmatrix} x_1 \\ x_2 \\ x_3 \end{bmatrix} = Q\begin{bmatrix} x_1' \\ x_2' \\ x_3' \end{bmatrix} = \begin{bmatrix} 2 & -3 & 6 \\ -1 & -2 & -3 \\ -1 & -5 & 1 \end{bmatrix}\begin{bmatrix} x_1' \\ x_2' \\ x_3' \end{bmatrix} \quad \text{E}$$

$\cdots\cdots$(答)

㋐　基底変換の公式を知っていれば，いきなり①を用いてもよいが，ここでは，公式を忘れても原理がわかっていれば公式に到達できる，という方針で解答した.

㋑　$\langle \boldsymbol{a}_1, \boldsymbol{a}_2, \boldsymbol{a}_3 \rangle$ は基底だから，$[\boldsymbol{a}_1 \quad \boldsymbol{a}_2 \quad \boldsymbol{a}_3]$ は正則.

㋒　$\begin{bmatrix} \text{旧} \\ \text{成} \\ \text{分} \end{bmatrix} = Q\begin{bmatrix} \text{新} \\ \text{成} \\ \text{分} \end{bmatrix}$，すなわち $\begin{bmatrix} x_1 \\ x_2 \\ x_3 \end{bmatrix} = Q\begin{bmatrix} x_1' \\ x_2' \\ x_3' \end{bmatrix}$ は公式であるが，ここでも㋐と同様に考えて解答した.

POINT　物理をやっている人だと観測者の位置の違いなどで「座標系の変換」を学んだかもしれないが，このあたりの関係はややこしくて間違えやすいので，原理から式を作れるようにしておこう.

問題 53　基底変換と表現行列

基底 $\langle \boldsymbol{a}_1, \boldsymbol{a}_2, \boldsymbol{a}_3 \rangle$ に関する線形変換 $f: \boldsymbol{R}^3 \to \boldsymbol{R}^3$ の表現行列を P とする．
基底変換　$\langle \boldsymbol{b}_1, \boldsymbol{b}_2, \boldsymbol{b}_3 \rangle = \langle \boldsymbol{a}_1 + \boldsymbol{a}_3,\ 2\boldsymbol{a}_1 - 2\boldsymbol{a}_2 + \boldsymbol{a}_3, \boldsymbol{a}_1 + 3\boldsymbol{a}_2 + 2\boldsymbol{a}_3 \rangle$
に関する表現行列 P' を求めよ．

ただし，　$P = \begin{bmatrix} 2 & 3 & -2 \\ 1 & 1 & 3 \\ -1 & 1 & 1 \end{bmatrix}$

解説　A, A' をベクトル空間 $\boldsymbol{V}$ の2組の基底とし，B, B' をベクトル空間 $\boldsymbol{W}$ の2組の基底とする．線形写像 $f: \boldsymbol{V} \to \boldsymbol{W}$ の基底 A, B に関する表現行列を P，基底 A', B' に関する表現行列を P' とする．さらに，$\boldsymbol{V}$ の基底変換 $A \to A'$ の行列を Q，$\boldsymbol{W}$ の基底変換 $B \to B'$ の行列を R とする．このとき

$$P' = R^{-1}PQ$$

が成り立つ．これは次のようにして示される．

$\dim \boldsymbol{V} = n$, $\dim \boldsymbol{W} = m$ とし，$A = \langle \boldsymbol{a}_1, \boldsymbol{a}_2, \cdots, \boldsymbol{a}_n \rangle$, $A' = \langle \boldsymbol{a}_1', \boldsymbol{a}_2', \cdots, \boldsymbol{a}_n' \rangle$,
$B = \langle \boldsymbol{b}_1, \boldsymbol{b}_2, \cdots, \boldsymbol{b}_m \rangle$, $B' = \langle \boldsymbol{b}_1', \boldsymbol{b}_2', \cdots, \boldsymbol{b}_m' \rangle$ とすると，
基底変換の行列の定義から

$[\boldsymbol{a}_1' \ \ \boldsymbol{a}_2' \ \ \cdots \ \ \boldsymbol{a}_n'] = [\boldsymbol{a}_1 \ \ \boldsymbol{a}_2 \ \ \cdots \ \ \boldsymbol{a}_n]Q$, $[\boldsymbol{b}_1' \ \ \boldsymbol{b}_2' \ \ \cdots \ \ \boldsymbol{b}_m'] = [\boldsymbol{b}_1 \ \ \boldsymbol{b}_2 \ \ \cdots \ \ \boldsymbol{b}_m]R$

ここで，$\boldsymbol{a}_j' = q_{1j}\boldsymbol{a}_1 + q_{2j}\boldsymbol{a}_2 + \cdots + q_{nj}\boldsymbol{a}_n$ だから，f の線形性から

$$f(\boldsymbol{a}_j') = q_{1j}f(\boldsymbol{a}_1) + q_{2j}f(\boldsymbol{a}_2) + \cdots + q_{nj}f(\boldsymbol{a}_n) \qquad (j = 1, 2, \cdots, n)$$

したがって $[f(\boldsymbol{a}_1') \ \ f(\boldsymbol{a}_2') \ \ \cdots \ \ f(\boldsymbol{a}_n')] = [f(\boldsymbol{a}_1) \ \ f(\boldsymbol{a}_2) \ \ \cdots \ \ f(\boldsymbol{a}_n)]Q$　……①

また，表現行列の定義から

$$\begin{cases} [f(\boldsymbol{a}_1) \ \ f(\boldsymbol{a}_2) \ \ \cdots \ \ f(\boldsymbol{a}_n)] = [\boldsymbol{b}_1 \ \ \boldsymbol{b}_2 \ \ \cdots \ \ \boldsymbol{b}_m]P \\ [f(\boldsymbol{a}_1') \ \ f(\boldsymbol{a}_2') \ \ \cdots \ \ f(\boldsymbol{a}_n')] = [\boldsymbol{b}_1' \ \ \boldsymbol{b}_2' \ \ \cdots \ \ \boldsymbol{b}_m]P' \end{cases}$$

$$\begin{aligned} \therefore \ \ [\boldsymbol{b}_1 \ \ \boldsymbol{b}_2 \ \ \cdots \ \ \boldsymbol{b}_m]PQ &= [f(\boldsymbol{a}_1) \ \ f(\boldsymbol{a}_2) \ \ \cdots \ \ f(\boldsymbol{a}_n)]Q \\ &= [f(\boldsymbol{a}_1') \ \ f(\boldsymbol{a}_2') \ \ \cdots \ \ f(\boldsymbol{a}_n')] \qquad (\because \ \text{①より}) \\ &= [\boldsymbol{b}_1' \ \ \boldsymbol{b}_2' \ \ \cdots \ \ \boldsymbol{b}_m']P' = [\boldsymbol{b}_1 \ \ \boldsymbol{b}_2 \ \ \cdots \ \ \boldsymbol{b}_m]RP' \end{aligned}$$

$[\boldsymbol{b}_1 \ \ \boldsymbol{b}_2 \ \ \cdots \ \ \boldsymbol{b}_m]$ は正則だから　　$PQ = RP'$

よって，　　$P' = R^{-1}PQ$　　(証明終)

なお，線形変換 $f: \boldsymbol{V} \to \boldsymbol{V}$ のときは，$\boldsymbol{V}$ の2組の基底 A および A' に関する表現行列を P および P' とし，基底変換 $A \to A'$ の行列を Q とすると

$P' = Q^{-1}PQ$　　が成り立つ．

解 答

標準基底に関する f の行列を A とおくと

$$A[\boldsymbol{a}_1\ \ \boldsymbol{a}_2\ \ \boldsymbol{a}_3]=[\boldsymbol{a}_1\ \ \boldsymbol{a}_2\ \ \boldsymbol{a}_3]P \quad \cdots\cdots①$$ ㋐

$$A[\boldsymbol{b}_1\ \ \boldsymbol{b}_2\ \ \boldsymbol{b}_3]=[\boldsymbol{b}_1\ \ \boldsymbol{b}_2\ \ \boldsymbol{b}_3]P'$$ A

$[\boldsymbol{b}_1\ \ \boldsymbol{b}_2\ \ \boldsymbol{b}_3]$ は正則だから

$$P'=[\boldsymbol{b}_1\ \ \boldsymbol{b}_2\ \ \boldsymbol{b}_3]^{-1}A[\boldsymbol{b}_1\ \ \boldsymbol{b}_2\ \ \boldsymbol{b}_3] \quad \cdots\cdots②$$

一方，基底変換から

$$[\boldsymbol{b}_1\ \ \boldsymbol{b}_2\ \ \boldsymbol{b}_3]=[\boldsymbol{a}_1\ \ \boldsymbol{a}_2\ \ \boldsymbol{a}_3]\begin{bmatrix}1 & 2 & 1\\ 0 & -2 & 3\\ 1 & 1 & 2\end{bmatrix}$$

$$=[\boldsymbol{a}_1\ \ \boldsymbol{a}_2\ \ \boldsymbol{a}_3]Q$$ ㋑ B

Q^{-1} を両辺の右から掛けて

$$[\boldsymbol{a}_1\ \ \boldsymbol{a}_2\ \ \boldsymbol{a}_3]=[\boldsymbol{b}_1\ \ \boldsymbol{b}_2\ \ \boldsymbol{b}_3]Q^{-1}$$

これを①の両辺に代入して

$$A[\boldsymbol{b}_1\ \ \boldsymbol{b}_2\ \ \boldsymbol{b}_3]Q^{-1}=[\boldsymbol{b}_1\ \ \boldsymbol{b}_2\ \ \boldsymbol{b}_3]Q^{-1}P$$

$[\boldsymbol{b}_1\ \ \boldsymbol{b}_2\ \ \boldsymbol{b}_3]^{-1}$ を左から，Q を右から掛けて

$$[\boldsymbol{b}_1\ \ \boldsymbol{b}_2\ \ \boldsymbol{b}_3]^{-1}A[\boldsymbol{b}_1\ \ \boldsymbol{b}_2\ \ \boldsymbol{b}_3]=Q^{-1}PQ \quad \cdots\cdots③$$ C

よって，②，③から

$$P'=Q^{-1}PQ$$ ㋒

$$=\begin{bmatrix}1 & 2 & 1\\ 0 & -2 & 3\\ 1 & 1 & 2\end{bmatrix}^{-1}\begin{bmatrix}2 & 3 & -2\\ 1 & 1 & 3\\ -1 & 1 & 1\end{bmatrix}\begin{bmatrix}1 & 2 & 1\\ 0 & -2 & 3\\ 1 & 1 & 2\end{bmatrix}$$

$$=\begin{bmatrix}-7 & -3 & 8\\ 3 & 1 & -3\\ 2 & 1 & -2\end{bmatrix}\begin{bmatrix}0 & -4 & 7\\ 4 & 3 & 10\\ 0 & -3 & 4\end{bmatrix}$$

$$=\begin{bmatrix}-12 & -5 & -47\\ 4 & 0 & 19\\ 4 & 1 & 16\end{bmatrix} \quad \cdots\cdots(答)$$ D

㋐ 表現行列の定義により.

㋑ $\begin{bmatrix}1 & 2 & 1\\ 0 & -2 & 3\\ 1 & 1 & 2\end{bmatrix}=Q$ とおいた.

㋒ 公式として覚えていればいきなり用いてもよい.

POINT 前問と同じく，本問も公式の丸暗記でしのごうとすると試験でアセって混乱してしまうので，原理から導けるようにしておこう.

問題 54　像と核

行列 $\begin{bmatrix} 1 & 3 & -2 \\ 2 & 4 & -3 \\ 3 & 13 & -8 \end{bmatrix}$ で与えられる $\boldsymbol{R}^3 \to \boldsymbol{R}^3$ の線形写像を f とする．

f の像 $\mathrm{Im}\, f$ と核 $\mathrm{Ker}\, f$ の次元および基底を求めよ．

解説　$\boldsymbol{V}$，$\boldsymbol{W}$ をベクトル空間とし，$f: \boldsymbol{V} \to \boldsymbol{W}$ を線形写像とする．このとき，$\boldsymbol{V}$ の元の像全体の集合 $\{f(\boldsymbol{x}) \mid \boldsymbol{x} \in \boldsymbol{V}\}$ を $\boldsymbol{V}$ の f による**像**(Image) といい，$\mathrm{Im}\, f$ と表す．また，$f^{-1}(\boldsymbol{0})$，すなわち $\boldsymbol{W}$ の零ベクトル $\boldsymbol{0}$ にうつる $\boldsymbol{V}$ のベクトル全体の集合を f の**核**(Kernel) といい，$\mathrm{Ker}\, f$ と表す．

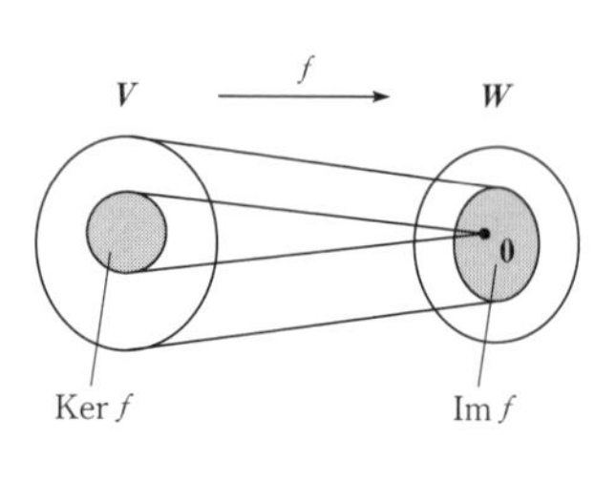

標準基底に関する線形写像 $f: \boldsymbol{R}^n \to \boldsymbol{R}^m$ の表現行列を A とおくと

$$\mathrm{Im}\, f = f(\boldsymbol{V}) = \{f(\boldsymbol{x}) \mid \boldsymbol{x} \in \boldsymbol{V}\} = \{A \text{ の列ベクトルで生成する空間}\}$$

$$\mathrm{Ker}\, f = f^{-1}(\boldsymbol{0}) = \{\boldsymbol{x} \mid f(\boldsymbol{x}) = \boldsymbol{0}\} = \{A\boldsymbol{x} = \boldsymbol{0} \text{ の解空間}\}$$

であり，$\mathrm{Im}\, f$，$\mathrm{Ker}\, f$ はそれぞれ $\boldsymbol{W}$，$\boldsymbol{V}$ の部分空間となる．

線形写像 $f: \boldsymbol{V} \to \boldsymbol{W}$ の次元について，次式（**次元定理**）は重要である．

$$\dim(\mathrm{Im}\, f) = \mathrm{rank}\, A, \quad \dim V = \dim(\mathrm{Im}\, f) + \dim(\mathrm{Ker}\, f)$$

たとえば，線形写像 $f = \boldsymbol{R}^3 \to \boldsymbol{R}^2$ の行列が $A = \begin{bmatrix} 1 & 0 & 1 \\ 2 & -1 & 0 \end{bmatrix}$ のときは

$$A \to \begin{bmatrix} 1 & 0 & 1 \\ 0 & -1 & -2 \end{bmatrix} \to \begin{bmatrix} 1 & 0 & 1 \\ 0 & 1 & 2 \end{bmatrix} \text{ より，} \mathrm{rank}\, A = 2$$

となるので，$\dim(\mathrm{Im}\, f) = 2$

$\begin{bmatrix} 1 \\ 2 \end{bmatrix}$ と $\begin{bmatrix} 0 \\ -1 \end{bmatrix}$ は 1 次独立だから，$\mathrm{Im}\, f$ の基底の 1 つは $\left\langle \begin{bmatrix} 1 \\ 2 \end{bmatrix}, \begin{bmatrix} 0 \\ -1 \end{bmatrix} \right\rangle$ となる．

よって，f の像は $\begin{bmatrix} 1 \\ 2 \end{bmatrix}$ と $\begin{bmatrix} 0 \\ -1 \end{bmatrix}$ で定まる平面全体（xy 平面）である．

また，$\dim(\mathrm{Ker}\, f) = 3 - \dim(\mathrm{Im}\, f) = 3 - 2 = 1$

$\mathrm{Ker}\, f$ の基底は $A\boldsymbol{x} = \boldsymbol{0}$，すなわち $\begin{cases} x_1 + x_3 = 0 \\ x_2 + 2x_3 = 0 \end{cases}$ を解いて，$\left\langle \begin{bmatrix} 1 \\ 2 \\ -1 \end{bmatrix} \right\rangle$ となる．

解答

$A=\begin{bmatrix}1&3&-2\\2&4&-3\\3&13&-8\end{bmatrix}$ とおくと

$$A\xrightarrow[㋐]{}\begin{bmatrix}1&3&-2\\0&-2&1\\0&4&-2\end{bmatrix}\xrightarrow[㋑]{}\begin{bmatrix}1&3&-2\\0&1&-\frac{1}{2}\\0&0&0\end{bmatrix}$$ A

$$\xrightarrow[㋒]{}\begin{bmatrix}1&0&-\frac{1}{2}\\0&1&-\frac{1}{2}\\0&0&0\end{bmatrix}$$

したがって，rank $A=2$

$\therefore\quad \dim(\mathrm{Im}\,f)=\mathrm{rank}\,A=2$ B　……(答)

$\mathrm{Im}\,f$ の基底㋓は $\left\langle\begin{bmatrix}1\\2\\3\end{bmatrix},\begin{bmatrix}3\\4\\13\end{bmatrix}\right\rangle$ C　……(答)

また，$\dim(\mathrm{Ker}\,f)=3-\dim(\mathrm{Im}\,f)$

$=3-2=1$ D　……(答)

$A\boldsymbol{x}=\boldsymbol{0}$ を解いて，$\boldsymbol{x}=\begin{bmatrix}x_1\\x_2\\x_3\end{bmatrix}$ は $\begin{cases}x_1-\frac{1}{2}x_3=0\\x_2-\frac{1}{2}x_3=0\end{cases}$

$\therefore\quad \boldsymbol{x}=t\begin{bmatrix}1\\1\\2\end{bmatrix}\quad (t\in\boldsymbol{R})$

よって，$\mathrm{Ker}\,f$ の基底は $\left\langle\begin{bmatrix}1\\1\\2\end{bmatrix}\right\rangle$ E　……(答)

〈注意〉 $\mathrm{Im}\,f$ は2つのベクトル $\begin{bmatrix}1\\2\\3\end{bmatrix},\begin{bmatrix}3\\4\\13\end{bmatrix}$ で定まる原点を通る平面㋔である．

㋐ ②−①×2，③−①×3

㋑ ③+②×2

②×$\left(-\frac{1}{2}\right)$

㋒ ①−②×3

㋓ $\begin{bmatrix}1\\0\\0\end{bmatrix},\begin{bmatrix}0\\1\\0\end{bmatrix}$ は1次独立だから $\begin{bmatrix}1\\2\\3\end{bmatrix},\begin{bmatrix}3\\4\\13\end{bmatrix}$ も1次独立．基底としては $\left\langle\begin{bmatrix}1\\2\\3\end{bmatrix},\begin{bmatrix}-2\\-3\\-8\end{bmatrix}\right\rangle$ でも，$\left\langle\begin{bmatrix}3\\4\\13\end{bmatrix},\begin{bmatrix}-2\\-3\\-8\end{bmatrix}\right\rangle$ でもよい．

㋔ 法線ベクトルは，2つのベクトルの外積を考えて $\begin{bmatrix}7\\-2\\-1\end{bmatrix}$ だから，$\mathrm{Im}\,f$ の満たす平面の方程式は $7x-2y-z=0$ である．

POINT　解説で述べた，線形写像の次元定理は，次ページにて証明するが，非常に重要なものである．

問題 55　次元定理

線形写像 f：$\boldsymbol{R}^3 \to \boldsymbol{R}^2$ が，$\begin{bmatrix} x \\ y \\ z \end{bmatrix} \mapsto \begin{bmatrix} 2x-y+3z \\ 4x-3y+z \end{bmatrix}$ で与えられるとき，

(1)　$\dim(\mathrm{Im}\, f)=2$，$\dim(\mathrm{Ker}\, f)=1$ を示せ．

(2)　$\boldsymbol{R}^3$ の基底 $\langle \boldsymbol{a}_1,\ \boldsymbol{a}_2,\ \boldsymbol{a}_3\rangle$ の中で，$\langle f(\boldsymbol{a}_1),\ f(\boldsymbol{a}_2)\rangle$ が $\mathrm{Im}\, f$ の基底，$\langle \boldsymbol{a}_3\rangle$ が $\mathrm{Ker}\, f$ の基底となるものを求めよ．

解説　前問で用いた，**次元定理**

線形写像 f：$\boldsymbol{V}^n \to \boldsymbol{W}^m$ に対して　$\dim \boldsymbol{V}=\dim(\mathrm{Im}\, f)+\dim(\mathrm{Ker}\, f)$

を証明してみよう．

$\dim(\mathrm{Ker}\, f)=k$ とし，$\langle \boldsymbol{a}_1, \boldsymbol{a}_2, \cdots, \boldsymbol{a}_k\rangle$ を $\mathrm{Ker}\, f$ の基底とする．これに $\boldsymbol{a}_{k+1}$, $\boldsymbol{a}_{k+2}, \cdots, \boldsymbol{a}_n$ を加えて，$\langle \boldsymbol{a}_1, \cdots, \boldsymbol{a}_k, \boldsymbol{a}_{k+1}, \cdots, \boldsymbol{a}_n\rangle$ を $\boldsymbol{V}$ の基底とすることができる．$\boldsymbol{x}\in \mathrm{Im}\, f$ とすると，$f(\boldsymbol{y})=\boldsymbol{x}$ となる $\boldsymbol{y}\in \boldsymbol{V}$ があり

$$\boldsymbol{y}=c_1\boldsymbol{a}_1+\cdots+c_k\boldsymbol{a}_k+c_{k+1}\boldsymbol{a}_{k+1}+\cdots+c_n\boldsymbol{a}_n$$

と表せるから，線形性を用いて

$$\boldsymbol{x}=f(\boldsymbol{y})=c_1f(\boldsymbol{a}_1)+\cdots+c_kf(\boldsymbol{a}_k)+c_{k+1}f(\boldsymbol{a}_{k+1})+\cdots+c_nf(\boldsymbol{a}_n)$$

ここで，$\boldsymbol{a}_i\in \mathrm{Ker}\, f$（$1\leqq i\leqq k$）だから，$f(\boldsymbol{a}_i)=\boldsymbol{0}$

$$\therefore\quad \boldsymbol{x}=c_{k+1}f(\boldsymbol{a}_{k+1})+\cdots+c_nf(\boldsymbol{a}_n)$$

よって，$\mathrm{Im}\, f$ は $f(\boldsymbol{a}_{k+1}), \cdots, f(\boldsymbol{a}_n)$ によって生成される．

ここで，$f(\boldsymbol{a}_{k+1}), \cdots, f(\boldsymbol{a}_n)$ が1次独立であることを示す．

$d_{k+1}f(\boldsymbol{a}_{k+1})+\cdots+d_nf(\boldsymbol{a}_n)=\boldsymbol{0}$ とおくと

$f(d_{k+1}\boldsymbol{a}_{k+1}+\cdots+d_n\boldsymbol{a}_n)=\boldsymbol{0}$ から，$d_{k+1}\boldsymbol{a}_{k+1}+\cdots+d_n\boldsymbol{a}_n\in \mathrm{Ker}\, f$

$\langle \boldsymbol{a}_1, \cdots, \boldsymbol{a}_k\rangle$ は $\mathrm{Ker}\, f$ の基底だから

$$d_{k+1}\boldsymbol{a}_{k+1}+\cdots+d_n\boldsymbol{a}_n=\alpha_1\boldsymbol{a}_1+\cdots+\alpha_k\boldsymbol{a}_k$$

すなわち　$\alpha_1\boldsymbol{a}_1+\cdots+\alpha_k\boldsymbol{a}_k-d_{k+1}\boldsymbol{a}_{k+1}-\cdots-d_n\boldsymbol{a}_n=\boldsymbol{0}$

と表せる．ここに，$\boldsymbol{a}_1, \cdots, \boldsymbol{a}_k, \boldsymbol{a}_{k+1}, \cdots, \boldsymbol{a}_n$ は $\boldsymbol{V}^n$ の基底で1次独立である．

$$\therefore\quad \alpha_1=\cdots=\alpha_k=d_{k+1}=\cdots=d_n=0$$

したがって，$\langle f(\boldsymbol{a}_{k+1}),\ \cdots,\ f(\boldsymbol{a}_n)\rangle$ は $\mathrm{Im}\, f$ の基底となり，

$$\dim(\mathrm{Im}\, f)=n-k$$

以上から，$\dim(\mathrm{Im}\, f)+\dim(\mathrm{Ker}\, f)=(n-k)+k=n=\dim \boldsymbol{V}$ が成り立つ．

解答

(1)　線形写像 f の標準基底に関する表現行列を A とおくと

$$A=\begin{bmatrix}2 & -1 & 3\\ 4 & -3 & 1\end{bmatrix}\underset{㋐}{\longrightarrow}\begin{bmatrix}2 & -1 & 3\\ 0 & -1 & -5\end{bmatrix}$$ A

$$\underset{㋑}{\longrightarrow}\begin{bmatrix}1 & 0 & 4\\ 0 & 1 & 5\end{bmatrix}$$

したがって　$\mathrm{rank}\,A=2$

$\therefore$　$\dim(\mathrm{Im}\,f)=\mathrm{rank}\,A=2$ B　……(答)

また，次元定理から㋒

$$\dim(\mathrm{Ker}\,f)=3-\dim(\mathrm{Im}\,f)$$
$$=3-2=1$$ C　……(答)

(2)　(1) の結果から，$\mathrm{Ker}\,f$ については

$$\begin{cases}x\quad+4z=0\\ \quad y+5z=0\end{cases}\qquad\therefore\quad x=-4z,\ y=-5z$$

したがって，$\mathrm{Ker}\,f=\left\{c\begin{bmatrix}-4\\-5\\1\end{bmatrix}\middle|\,c\in\boldsymbol{R}\right\}$ A　となり

$\boldsymbol{a}_3=\begin{bmatrix}-4\\-5\\1\end{bmatrix}$ とおけばよい．

また $f(\boldsymbol{a}_1)=\begin{bmatrix}2\\4\end{bmatrix}$，$f(\boldsymbol{a}_2)=\begin{bmatrix}-1\\-3\end{bmatrix}$ を満たす $\boldsymbol{a}_1$，$\boldsymbol{a}_2$ を求める．㋓

$f\left(\begin{bmatrix}1\\0\\0\end{bmatrix}\right)=\begin{bmatrix}2\\4\end{bmatrix}$，$f\left(\begin{bmatrix}0\\1\\0\end{bmatrix}\right)=\begin{bmatrix}-1\\-3\end{bmatrix}$ となるが，3つ B

のベクトル $\begin{bmatrix}1\\0\\0\end{bmatrix}$，$\begin{bmatrix}0\\1\\0\end{bmatrix}$，$\begin{bmatrix}-4\\-5\\1\end{bmatrix}$ は1次独立． C

よって　$\langle\boldsymbol{a}_1,\boldsymbol{a}_2,\boldsymbol{a}_3\rangle=\left\langle\begin{bmatrix}1\\0\\0\end{bmatrix},\begin{bmatrix}0\\1\\0\end{bmatrix},\begin{bmatrix}-4\\-5\\1\end{bmatrix}\right\rangle$ D

……(答)

㋐　②−①×2

㋑　(①−②)÷2，②×(−1)

㋒　$\dim(\mathrm{Im}\,f)+\dim(\mathrm{Ker}\,f)$
$=\dim(\boldsymbol{R}^3)$
$=3$

㋓　$\begin{bmatrix}1\\0\end{bmatrix}$，$\begin{bmatrix}0\\1\end{bmatrix}$ は1次独立だから $\begin{bmatrix}2\\4\end{bmatrix}$，$\begin{bmatrix}-1\\-3\end{bmatrix}$ も1次独立．$\mathrm{Im}\,f$ の基底としては $\left\langle\begin{bmatrix}1\\2\end{bmatrix},\begin{bmatrix}1\\3\end{bmatrix}\right\rangle$ のようにきれいな形にしてもよいが，あえて $\left\langle\begin{bmatrix}2\\4\end{bmatrix},\begin{bmatrix}-1\\-3\end{bmatrix}\right\rangle$ とした．

POINT　ここにきて，(表現) 行列の階数が線形写像の「像の次元」として，ある種の表現力の指標となっていることがわかる．

問題 56　単射・全射・全単射

(1)　表現行列が次の行列 A であるような線形写像 f は，単射・全射・全単射のいずれであるか．

(i) $\begin{bmatrix} 1 & -3 \\ -2 & 5 \\ 1 & -4 \end{bmatrix}$　(ii) $\begin{bmatrix} 1 & 2 & -2 & -1 \\ 2 & 1 & -1 & 4 \\ -3 & 0 & 3 & -3 \end{bmatrix}$　(iii) $\begin{bmatrix} 1 & 2 & 0 \\ 0 & 1 & -2 \\ 3 & 4 & 1 \end{bmatrix}$

(2)　次の線形写像 f は同形写像であることを証明せよ．

$$f : P_3(\boldsymbol{R}) \to \boldsymbol{R}^4,\quad f(ax^3+bx^2+cx+d) = {}^t[a\ b\ c\ d]$$

解説　$\boldsymbol{V}$，$\boldsymbol{W}$ をベクトル空間，$f : \boldsymbol{V} \to \boldsymbol{W}$ を線形写像とする．

$\boldsymbol{V}$ の異なったベクトルが f によって異なったベクトルにうつるとき，すなわち

$$\boldsymbol{x}_1,\ \boldsymbol{x}_2 \in \boldsymbol{V},\ \boldsymbol{x}_1 \neq \boldsymbol{x}_2 \Rightarrow f(\boldsymbol{x}_1) \neq f(\boldsymbol{x}_2)$$

のとき，f を1対1写像または**単射**という．

また，$f(\boldsymbol{V}) = \boldsymbol{W}$ であるとき，f を上への写像または**全射**という．f が単射かつ全射であるとき，f を**同形写像**または**全単射**（または**双射**）という．

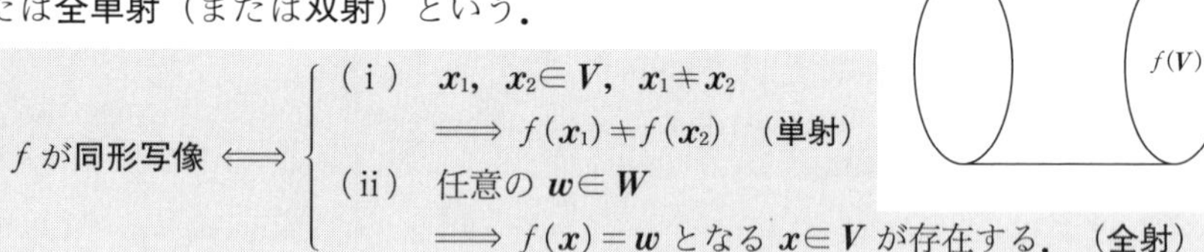

f が同形写像 $\Longleftrightarrow$ (i) $\boldsymbol{x}_1,\ \boldsymbol{x}_2 \in \boldsymbol{V},\ \boldsymbol{x}_1 \neq \boldsymbol{x}_2 \Longrightarrow f(\boldsymbol{x}_1) \neq f(\boldsymbol{x}_2)$　（単射）

(ii) 任意の $\boldsymbol{w} \in \boldsymbol{W} \Longrightarrow f(\boldsymbol{x}) = \boldsymbol{w}$ となる $\boldsymbol{x} \in \boldsymbol{V}$ が存在する．（全射）

ベクトル空間 $\boldsymbol{V}$ を $\boldsymbol{W}$ にうつす同形写像が存在するとき，$\boldsymbol{V}$ と $\boldsymbol{W}$ は**同形**であるという．このとき，$\boldsymbol{V}$ と $\boldsymbol{W}$ はベクトル空間として同じものである．

さて，$\langle \boldsymbol{a}_1, \boldsymbol{a}_2, \cdots, \boldsymbol{a}_n \rangle$ が $\boldsymbol{V}$ の基底であるとき

$\mathrm{Ker}\, f = \{\boldsymbol{0}\}$ $\Longleftrightarrow$ f は単射 $\Longleftrightarrow$ $f(\boldsymbol{a}_1), f(\boldsymbol{a}_2), \cdots, f(\boldsymbol{a}_n)$ は1次独立

f は全射 $\Longleftrightarrow$ $f(\boldsymbol{a}_1), f(\boldsymbol{a}_2), \cdots, f(\boldsymbol{a}_n)$ は $\boldsymbol{W}$ の生成系

f が同形写像 $\Longleftrightarrow$ f は全単射 $\Longleftrightarrow$ $f(\boldsymbol{a}_1), f(\boldsymbol{a}_2), \cdots, f(\boldsymbol{a}_n)$ は $\boldsymbol{W}$ の基底

が成り立ち，$\dim \boldsymbol{V} = n$，$\dim \boldsymbol{W} = m$（$\boldsymbol{V}$，$\boldsymbol{W}$ が有限次元）のときは

$m < n \Longrightarrow f$ は単射でない　　$m > n \Longrightarrow f$ は全射でない

$\boldsymbol{V}$ と $\boldsymbol{W}$ が同形 $\Longrightarrow m = n$

となる．本問の (1) では

f が単射 $\Longleftrightarrow \mathrm{rank}\, f = \dim \boldsymbol{V}$　　f が全射 $\Longleftrightarrow \mathrm{rank}\, f = \dim \boldsymbol{W}$

ただし，$\mathrm{rank}\, f = \mathrm{rank}\, A$（と線形写像 f の階数を定義する）を用いる．

解答

(1)　基本変形によって，rank A を求める．

(i)　$A=\begin{bmatrix} 1 & -3 \\ -2 & 5 \\ 1 & -4 \end{bmatrix} \longrightarrow \begin{bmatrix} 1 & -3 \\ 0 & -1 \\ 0 & -1 \end{bmatrix} \longrightarrow \begin{bmatrix} 1 & 0 \\ 0 & 1 \\ 0 & 0 \end{bmatrix}$

$\therefore$　rank $A=2$ A

$f:\boldsymbol{V}\to\boldsymbol{W}$ とすると dim $\boldsymbol{V}=2$，dim $\boldsymbol{W}=3$ B ㋐

よって，rank $A=$dim $\boldsymbol{V}$，rank $A\neq$dim $\boldsymbol{W}$

であるから，f は単射である．㋑ C　……(答)

(ii)　$A=\begin{bmatrix} 1 & 2 & -2 & -1 \\ 2 & 1 & -1 & 4 \\ -3 & 0 & 3 & -3 \end{bmatrix} \xrightarrow{㋒} \begin{bmatrix} 1 & 0 & 0 & 3 \\ 0 & 1 & 0 & 0 \\ 0 & 0 & 1 & 2 \end{bmatrix}$

$\therefore$　rank $A=3$ A

一方，dim $\boldsymbol{V}=4$，dim $\boldsymbol{W}=3$ B

よって，rank $A\neq$dim $\boldsymbol{V}$，rank $A=$dim $\boldsymbol{W}$

であるから，f は全射である．㋑ C　……(答)

(iii)　$A=\begin{bmatrix} 1 & 2 & 0 \\ 0 & 1 & -2 \\ 3 & 4 & 1 \end{bmatrix} \longrightarrow \begin{bmatrix} 1 & 0 & 0 \\ 0 & 1 & 0 \\ 0 & 0 & 1 \end{bmatrix}$

$\therefore$　rank $A=3$ A

一方，dim $\boldsymbol{V}=$dim $\boldsymbol{W}=3$ B

よって，f は全単射である．C　……(答)

(2)　$\boldsymbol{0}={}^t[0\ \ 0\ \ 0\ \ 0]\in\boldsymbol{R}^4$ に移る $P_3(\boldsymbol{R})$ の元は ㋓

$0x^3+0x^2+0x+0=0$

よって　Ker $f=\{\boldsymbol{0}\}$ A

$\therefore$　f は単射である．B

また，明らかに Im $f=\boldsymbol{R}^4$ であるから f は全射でもある．C

よって，f は全単射すなわち同形写像である．D

……(答)

㋐　$A\begin{bmatrix} x_1 \\ x_2 \end{bmatrix}=\begin{bmatrix} y_1 \\ y_2 \\ y_3 \end{bmatrix}$

⇧ $\boldsymbol{V}$ は 2 次元　⇧ $\boldsymbol{W}$ は 3 次元

㋑　rank $A=$dim $\boldsymbol{V}$ $\Longleftrightarrow$ f は単射

rank $A=$dim $\boldsymbol{W}$ $\Longleftrightarrow$ f は全射

㋒　$A\to\begin{bmatrix} 1 & 2 & -2 & -1 \\ 0 & -3 & 3 & 6 \\ 0 & 6 & -3 & -6 \end{bmatrix}$

$\to\begin{bmatrix} 1 & 2 & -2 & -1 \\ 0 & 1 & -1 & -2 \\ 0 & 2 & -1 & -2 \end{bmatrix}$

$\to\begin{bmatrix} 1 & 0 & 0 & 3 \\ 0 & 1 & 0 & 0 \\ 0 & 0 & 1 & 2 \end{bmatrix}$

㋓　$f(ax^3+bx^2+cx+d)$
$={}^t[a\ \ b\ \ c\ \ d]=\boldsymbol{0}$
となる 3 次以下の多項式
ax^3+bx^2+cx+d

POINT　逆写像 f^{-1} が存在することと，f が全単射であることとは，一般的な写像において同値である．つまり，線形写像 f が同形なら，それを表す行列 A の行列式 $|A|\neq 0$．

練習問題　解答は 205 ページから　第 5，6 章

1　実ベクトル空間 $\boldsymbol{V}$ において，ベクトル $\boldsymbol{x}_1, \boldsymbol{x}_2, \cdots, \boldsymbol{x}_n$ が 1 次独立ならば

$$\boldsymbol{y}_k = \boldsymbol{x}_1 + \boldsymbol{x}_2 + \cdots + \boldsymbol{x}_k \quad (1 \leqq k \leqq n)$$

で定義される n 個のベクトルも 1 次独立であることを示せ．

2　連立 1 次方程式 $\begin{cases} x_1 + 2x_2 + 3x_3 + 4x_4 = 0 \\ 4x_1 + 3x_2 + 2x_3 + x_4 = 0 \end{cases}$

の解 ${}^t[x_1 \ x_2 \ x_3 \ x_4] \in \boldsymbol{R}^4$ の全体を $\boldsymbol{V}$ とする．

(1)　$\boldsymbol{V}$ は $\boldsymbol{R}^4$ の部分空間をなすことを示せ．

(2)　$\boldsymbol{V}$ の基底を 1 組求めよ．

(3)　(2) で求めた基底を含む $\boldsymbol{R}^4$ の基底を 1 組与えよ．

3　自然数 $n \geqq 2$ に対して，n 次元数ベクトル空間 $\boldsymbol{R}^n$ の部分集合 $\boldsymbol{W}_1$，$\boldsymbol{W}_2$ を次のように定める．

$$\boldsymbol{W}_1 = \{{}^t[x_1 \ x_2 \ \cdots \ x_n] \in \boldsymbol{R}^n \mid x_1 + x_2 + \cdots + x_n = 0\}$$
$$\boldsymbol{W}_2 = \{{}^t[x_1 \ x_2 \ \cdots \ x_n] \in \boldsymbol{R}^n \mid x_i + x_{n+1-i} = 0, 1 \leqq i \leqq n\}$$

このとき，$\boldsymbol{W}_1, \boldsymbol{W}_2$ は部分ベクトル空間となることを示し，それぞれの次元を求め，基底を 1 組与えよ．

4　実 3 次元数ベクトル空間 $\boldsymbol{R}^3$ のベクトル

$$\boldsymbol{x} = \begin{bmatrix} 1 \\ 2 \\ 8 \end{bmatrix}, \quad \boldsymbol{y} = \begin{bmatrix} -2 \\ -4 \\ -6 \end{bmatrix}, \quad \boldsymbol{z} = \begin{bmatrix} 3 \\ 7 \\ 11 \end{bmatrix}, \quad \boldsymbol{u} = \begin{bmatrix} -4 \\ -4 \\ -4 \end{bmatrix}, \quad \boldsymbol{v} = \begin{bmatrix} -1 \\ 0 \\ 1 \end{bmatrix}$$

に対して，$\boldsymbol{x}, \boldsymbol{y}, \boldsymbol{z}$ で生成される $\boldsymbol{R}^3$ の部分空間を $\boldsymbol{V}$ とし，また $\boldsymbol{u}, \boldsymbol{v}$ で生成される $\boldsymbol{R}^3$ の部分空間を $\boldsymbol{W}$ とする．

(1)　$\dim \boldsymbol{V}$，$\dim \boldsymbol{W}$ を求めよ．

(2)　$\boldsymbol{V} + \boldsymbol{W}$ の基底と次元および $\boldsymbol{V} \cap \boldsymbol{W}$ の基底と次元をそれぞれ求めよ．

5　$\boldsymbol{R}^2$ から $\boldsymbol{R}^2$ への写像 f が $f(\boldsymbol{x})=f\left(\begin{bmatrix} x \\ y \end{bmatrix}\right)=\begin{bmatrix} x-y \\ -3x+2y \end{bmatrix}$ で定まるとき，次の問いに答えよ．

(1)　f は線形写像であることを示せ．

(2)　f の表現行列 A を求めよ．

6　線形写像 $f:\boldsymbol{R}^3 \to \boldsymbol{R}$ が

$$f\left(\begin{bmatrix} 1 \\ 1 \\ 0 \end{bmatrix}\right)=3,\quad f\left(\begin{bmatrix} 1 \\ 0 \\ 1 \end{bmatrix}\right)=4,\quad f\left(\begin{bmatrix} 0 \\ 1 \\ 1 \end{bmatrix}\right)=5$$

を満たすとき，$f\left(\begin{bmatrix} x \\ y \\ z \end{bmatrix}\right)$ を求めよ．

7　$\boldsymbol{R}^3$ のベクトル $\boldsymbol{a}$，$\boldsymbol{b}$，$\boldsymbol{c}$ を次のように定める．

$$\boldsymbol{a}=\begin{bmatrix} 1 \\ 0 \\ 1 \end{bmatrix},\quad \boldsymbol{b}=\begin{bmatrix} 0 \\ 1 \\ 0 \end{bmatrix},\quad \boldsymbol{c}=\begin{bmatrix} 1 \\ 1 \\ 1 \end{bmatrix}$$

(1)　$\boldsymbol{a}$，$\boldsymbol{b}$ は1次独立であることを示せ．

(2)　$\boldsymbol{a}$，$\boldsymbol{b}$，$\boldsymbol{c}$ は1次従属であることを示せ．

(3)　$\boldsymbol{R}^3$ から $\boldsymbol{R}^2$ への線形写像 f で

$$f(\boldsymbol{a})=\begin{bmatrix} 1 \\ 0 \end{bmatrix},\quad f(\boldsymbol{b})=\begin{bmatrix} 0 \\ 1 \end{bmatrix},\quad f(\boldsymbol{c})=\begin{bmatrix} 1 \\ 3 \end{bmatrix}$$

を満たすものが存在しないことを示せ．

8　$\boldsymbol{R} \to \boldsymbol{R}$ への関数 f が，$f(x+y)=f(x)+f(y)$ を満たすとする．

(1)　n が自然数のとき，$f(nx)=n\,f(x)$ が成り立つことを示せ．

(2)　u が整数のとき，$f(ux)=u\,f(x)$ が成り立つことを示せ．

(3)　q が有理数のとき，$f(qx)=q\,f(x)$ が成り立つことを示せ．

9 $\boldsymbol{R}^3$ において，単位ベクトル $\boldsymbol{a}=\begin{bmatrix} a \\ b \\ c \end{bmatrix}$ に直交し，原点 O を通る平面を π とする．

このとき，次の問いに答えよ．

(1) $\boldsymbol{x}=\begin{bmatrix} x \\ y \\ z \end{bmatrix}$ の，π に関して対称な点 $\boldsymbol{x}'=\begin{bmatrix} x' \\ y' \\ z' \end{bmatrix}$ を求めよ．

(2) (1) により定まる $\boldsymbol{R}^3$ の線形変換を s とするとき，s による $\boldsymbol{e}_1=\begin{bmatrix} 1 \\ 0 \\ 0 \end{bmatrix}$ の像を求めよ．

(3) s を行列で表せ．

10 $l(\boldsymbol{x})=\boldsymbol{x}-c(\boldsymbol{a}\cdot\boldsymbol{x})\boldsymbol{a}$ は $\boldsymbol{R}^n$ から $\boldsymbol{R}^n$ への写像である．ここで，定数 c は実数，$\boldsymbol{a}\cdot\boldsymbol{x}$ は $\boldsymbol{a}, \boldsymbol{x}(\in\boldsymbol{R}^n)$ の $\boldsymbol{R}^n$ における内積である．

(1) l は $\boldsymbol{R}^n$ から $\boldsymbol{R}^n$ への線形変換であることを示せ．

(2) $A=[a_{ij}]$ $(i, j=1, 2, \cdots, n)$ を l の表現行列，すなわち

$$l(\boldsymbol{x})=A\boldsymbol{x} \quad (\boldsymbol{x}\in\boldsymbol{R}^n)$$

とする．a_{ij} $(i, j=1, 2, \cdots, n)$ を求めよ．

ただし，$\boldsymbol{a}={}^t[a_1\ a_2\ \cdots\ a_n]$，$\boldsymbol{x}={}^t[x_1\ x_2\ \cdots\ x_n]$ とする．

11 行列 $A=\begin{bmatrix} 1 & 1 & -1 & 1 \\ 1 & 3 & -1 & 6 \\ 2 & 0 & -2 & -3 \end{bmatrix}$ に対して，線形写像 $u：\boldsymbol{R}^4\to\boldsymbol{R}^3$ を次で定義する．

$$u(\boldsymbol{x})=A\boldsymbol{x}，\text{ただし，}\boldsymbol{x}=\begin{bmatrix} x_1 \\ x_2 \\ x_3 \\ x_4 \end{bmatrix}\in\boldsymbol{R}^4$$

このとき，u の像 Im u と核 Ker u の次元および基底を求めよ．

Chapter 7

計量線形空間（内積空間）と複素化

問題 57　C^3 の内積

次のベクトルについて，内積 $\boldsymbol{a}\cdot\boldsymbol{b}$ およびノルム(長さ) $|\boldsymbol{a}|$, $|\boldsymbol{b}|$ を求めよ．

(1)　$\boldsymbol{a}=\begin{bmatrix}2\\3\\-1\end{bmatrix}$, $\boldsymbol{b}=\begin{bmatrix}4\\-2\\3\end{bmatrix}$　　(2)　$\boldsymbol{a}=\begin{bmatrix}2-i\\i\\1\end{bmatrix}$, $\boldsymbol{b}=\begin{bmatrix}2i\\1+i\\2+i\end{bmatrix}$

解説　今までは，ベクトル・行列・ベクトル空間などにおいてすべて成分は実数の場合を扱ってきたが，問題 37「ベクトル空間の例」でも触れたように，成分が複素数の場合も考えることができる．

p, q を実数，i を虚数単位 ($i^2=-1$) とおくとき，$a=p+qi$ を**複素数**という．2 つの複素数 $a=p+qi$, $b=r+si$ に対して，次の四則計算が定義できる．

加法　$a+b=(p+r)+(q+s)i$　　**減法**　$a-b=(p-r)+(q-s)i$

乗法　$ab=(pr-qs)+(ps+qr)i$　**除法**　$\dfrac{b}{a}=\dfrac{pr+qs}{p^2+q^2}+\dfrac{ps-qr}{p^2+q^2}i$

複素数 $a=p+qi$ に対して，$p-qi$ を**共役複素数**といい，$\overline{a}$ で表す．

① $\overline{(\overline{a})}=a$　　② $\overline{a\pm b}=\overline{a}\pm\overline{b}$　(複号同順)

③ $\overline{ab}=\overline{a}\,\overline{b}$, $\overline{\left(\dfrac{b}{a}\right)}=\dfrac{\overline{b}}{\overline{a}}$　($a\neq 0$)　④ a が実数 $\Longleftrightarrow$ $\overline{a}=a$

などが成り立つ．

さて，複素数 $\boldsymbol{C}$ 上のベクトル空間 $\boldsymbol{V}$ の 2 つの元 $\boldsymbol{a}$, $\boldsymbol{b}$ に対して，次の条件を満たす $\boldsymbol{C}$ の元 $\boldsymbol{a}\cdot\boldsymbol{b}$ を，$\boldsymbol{a}$, $\boldsymbol{b}$ の**内積**という．

〈内積の公理〉

(1)　$(\boldsymbol{a}_1+\boldsymbol{a}_2)\cdot\boldsymbol{b}=\boldsymbol{a}_1\cdot\boldsymbol{b}+\boldsymbol{a}_2\cdot\boldsymbol{b}$, $\boldsymbol{a}\cdot(\boldsymbol{b}_1+\boldsymbol{b}_2)=\boldsymbol{a}\cdot\boldsymbol{b}_1+\boldsymbol{a}\cdot\boldsymbol{b}_2$

(2)　$(k\boldsymbol{a})\cdot\boldsymbol{b}=k(\boldsymbol{a}\cdot\boldsymbol{b})$, $\boldsymbol{a}\cdot(k\boldsymbol{b})=\overline{k}(\boldsymbol{a}\cdot\boldsymbol{b})$

(3)　$\boldsymbol{b}\cdot\boldsymbol{a}=\overline{\boldsymbol{a}\cdot\boldsymbol{b}}$

(4)　$\boldsymbol{a}\cdot\boldsymbol{a}\geqq 0$ かつ $\boldsymbol{a}\cdot\boldsymbol{a}=0$ $\Longleftrightarrow$ $\boldsymbol{a}=\boldsymbol{0}$

上の公理で，共役の $\overline{}$ をとると実ベクトル空間の内積が定義できる．

また，$\sqrt{\boldsymbol{a}\cdot\boldsymbol{a}}$ を $\boldsymbol{a}$ の**長さ**または**ノルム**といい，$|\boldsymbol{a}|$ あるいは $\|\boldsymbol{a}\|$ と表す．

とくに，n 次実数ベクトル空間 $\boldsymbol{R}^n$：$\boldsymbol{a}=[a_i]$, $\boldsymbol{b}=[b_i]$ に対して

$$\boldsymbol{a}\cdot\boldsymbol{b}=a_1b_1+a_2b_2+\cdots+a_nb_n$$

n 次複素数ベクトル空間 $\boldsymbol{C}^n$：$\boldsymbol{a}=[a_i]$, $\boldsymbol{b}=[b_i]$ に対して

$$\boldsymbol{a}\cdot\boldsymbol{b}=a_1\overline{b_1}+a_2\overline{b_2}+\cdots+a_n\overline{b_n}$$

を $\boldsymbol{a}$, $\boldsymbol{b}$ の**自然内積**という．

解答

(1)　$\boldsymbol{a}=\begin{bmatrix}2\\3\\-1\end{bmatrix}$，$\boldsymbol{b}=\begin{bmatrix}4\\-2\\3\end{bmatrix}$ のとき ㋐

$\boldsymbol{a}\cdot\boldsymbol{b}=2\cdot4+3\cdot(-2)+(-1)\cdot3=-1$ A ……(答)

また　$|\boldsymbol{a}|=\sqrt{2^2+3^2+(-1)^2}=\sqrt{14}$ B ……(答)

$|\boldsymbol{b}|=\sqrt{4^2+(-2)^2+3^2}=\sqrt{29}$ C ……(答)

(2)　$\boldsymbol{a}=\begin{bmatrix}2-i\\i\\1\end{bmatrix}$，$\boldsymbol{b}=\begin{bmatrix}2i\\1+i\\2+i\end{bmatrix}$ のとき ㋑

$\boldsymbol{a}\cdot\boldsymbol{b}=(2-i)\cdot\overline{2i}+i\cdot\overline{(1+i)}+1\cdot\overline{(2+i)}$ A

$=(2-i)(-2i)+i(1-i)+1(2-i)$

$=-4i+2i^2+i-i^2+2-i$

$=1-4i$ B ……(答)

また，$|\boldsymbol{a}|^2=\boldsymbol{a}\cdot\boldsymbol{a}$

$=(2-i)\cdot\overline{(2-i)}+i\cdot\overline{i}+1\cdot\overline{1}$ ㋒

$=(2-i)(2+i)+i(-i)+1$

$=5+1+1=7$

$\therefore\quad|\boldsymbol{a}|=\sqrt{7}$ C ……(答)

$|\boldsymbol{b}|^2=\boldsymbol{b}\cdot\boldsymbol{b}$

$=2i\cdot\overline{2i}+(1+i)\cdot\overline{(1+i)}+(2+i)\overline{(2+i)}$

$=2i(-2i)+(1+i)(1-i)+(2+i)(2-i)$

$=4+2+5=11$

$\therefore\quad|\boldsymbol{b}|=\sqrt{11}$ D ……(答)

〈注意〉　複素ベクトル空間 $\boldsymbol{C}^2$ のベクトル

$\boldsymbol{a}=\begin{bmatrix}a_1\\a_2\end{bmatrix}$，$\boldsymbol{b}=\begin{bmatrix}b_1\\b_2\end{bmatrix}$ に対して

$$\boldsymbol{a}\cdot\boldsymbol{b}=a_1\overline{b_1}+ia_1\overline{b_2}-ia_2\overline{b_1}+2a_2\overline{b_2}$$

と定めても，$\boldsymbol{a}\cdot\boldsymbol{b}$ は内積の公理を満たす．すなわち，「$\boldsymbol{a}\cdot\boldsymbol{b}$ は内積である」と言える．このような内積もあることを理解しておいてほしい．

㋐　実ベクトル空間 $\boldsymbol{R}^3$ だから，高校数学で学んだ演算公式である．

㋑　複素数 $\boldsymbol{C}$ 上のベクトル空間だから，$\boldsymbol{C}^3$：$\boldsymbol{a}=[a_i]$，$\boldsymbol{b}=[b_i]$ に対して

$\boldsymbol{a}\cdot\boldsymbol{b}=a_1\overline{b_1}+a_2\overline{b_2}+a_3\overline{b_3}$

$|\boldsymbol{a}|^2=\boldsymbol{a}\cdot\boldsymbol{a}$

$=a_1\overline{a_1}+a_2\overline{a_2}+a_3\overline{a_3}$

となる．

㋒　$p, q\in\boldsymbol{R}$ のとき

$(p+qi)\overline{(p+qi)}$

$=(p+qi)(p-qi)$

$=p^2+q^2$

$=|p+qi|^2$

一般に，複素数 $\alpha=p+qi$ のとき

α の絶対値 $|\alpha|=\sqrt{p^2+q^2}$

$\alpha\overline{\alpha}=|\alpha|^2$

POINT　内積で定義されるノルムは，内積の公理 (4) や $|\boldsymbol{a}+\boldsymbol{b}|\leqq|\boldsymbol{a}|+|\boldsymbol{b}|$（三角不等式）を満たす必要があり，大小関係の定義できる実数値をとる必要があるため，共役をとっての積を考えることになる．

問題58 計量線形空間の例

区間 $[a, b]$ で連続な実数値関数全体の作る実ベクトル空間を $C([a, b] ; \boldsymbol{R})$ とする．f，$g \in C([a, b] ; \boldsymbol{R})$ に対して

$$f \cdot g = \int_a^b f(x) g(x) \, dx$$

と定める．

(1) $f \cdot g$ は内積であることを示せ．

(2) $f(x) = x + 1$，$g(x) = x^2 - x + 2$ で $[a, b] = [-1, 1]$ のとき，f，g のノルムおよび内積を求めよ．

解説 内積の定義された $\boldsymbol{C}$ 上のベクトル空間を**複素計量ベクトル空間**，あるいは**ユニタリー空間**といい，内積の定義された $\boldsymbol{R}$ 上のベクトル空間を**実計量ベクトル空間**という．これらをまとめて**計量線形空間**，あるいは**内積空間**という．

前問は3次複素計量ベクトル空間の自然内積と呼ばれるものであるが，一般に1つのベクトル空間 $\boldsymbol{V}$ に定義される内積は，自然内積だけとは限らない．

ここで，n 次実数ベクトル空間 $\boldsymbol{R}^n$，n 次複素数ベクトル空間 $\boldsymbol{C}^n$ 以外の自然内積の例を挙げると

① 行列空間 $M(m, n ; \boldsymbol{C})$：$A = [a_{ij}]$，$B = [b_{ij}]$ に対して

$$A \cdot B = \mathrm{tr}({}^t A \overline{B}) = \mathrm{tr}\left(\begin{bmatrix} a_{11} & a_{21} & \cdots & a_{m1} \\ a_{12} & a_{22} & \cdots & a_{m2} \\ \vdots & \vdots & \ddots & \vdots \\ a_{1n} & a_{2n} & \cdots & a_{mn} \end{bmatrix} \begin{bmatrix} \overline{b_{11}} & \overline{b_{12}} & \cdots & \overline{b_{1n}} \\ \overline{b_{21}} & \overline{b_{22}} & \cdots & \overline{b_{2n}} \\ \vdots & \vdots & \ddots & \vdots \\ \overline{b_{m1}} & \overline{b_{m2}} & \cdots & \overline{b_{mn}} \end{bmatrix} \right)$$

$$= \mathrm{tr} \begin{bmatrix} \sum_{i=1}^m a_{i1} \overline{b_{i1}} & & & \\ & \sum_{i=1}^m a_{i2} \overline{b_{i2}} & & \\ & & \ddots & \\ & & & \sum_{i=1}^m a_{in} \overline{b_{in}} \end{bmatrix} = \sum_{i=1}^m \left(\sum_{j=1}^n a_{ij} \overline{b_{ij}} \right)$$

② 数列空間 l^2：数列 $\{a_n\}$，$\{b_n\}$ に対して

$$\{a_n\} \cdot \{b_n\} = a_1 \overline{b_1} + a_2 \overline{b_2} + \cdots + a_n \overline{b_n} + \cdots\cdots$$

（ただし，l^2 は $\sum_{i=1}^{\infty} |a_i|^2$ が収束するような複素数列 $\{a_n\}$ の全体である）

③ 閉区間 $[a, b]$ 上の連続な複素数値関数全体 $C^0([a, b] ; \boldsymbol{C})$：

f，g に対して，$f \cdot g = \int_a^b f(x) \overline{g(x)} \, dx$

本問の (1) は，$f \cdot g$ が内積の公理を満たすことを示せばよい．

解答

(1)　$f\cdot g$ が内積の公理を満たすことを示す．

①　$(f_1+f_2)\cdot g=\int_a^b (f_1+f_2)(x)g(x)\,dx$ ㋐

$=\int_a^b f_1(x)g(x)\,dx+\int_a^b f_2(x)g(x)\,dx$

$=f_1\cdot g+f_2\cdot g$

同様に $f\cdot(g_1+g_2)=f\cdot g_1+f\cdot g_2$ A

②　$(kf)\cdot g=\int_a^b (kf)(x)g(x)\,dx$ ㋑

$=k\int_a^b f(x)g(x)\,dx=k(f\cdot g)$

同様に，$f\cdot(kg)=k(f\cdot g)$ B

③　$g\cdot f=\int_a^b g(x)f(x)\,dx=\int_a^b f(x)g(x)\,dx$

$=f\cdot g$ C

④　$f\cdot f=\int_a^b \{f(x)\}^2dx\geqq 0$

また，$f\neq 0$ ㋒ とすると，$f(x)\neq 0$ を満たす x の近傍では $\{f(x)\}^2>0$ となるので

$f\cdot f=\int_a^b \{f(x)\}^2dx>0$

したがって，$f\cdot f=0 \iff f(x)=0 \iff f=0$

以上から，$f\cdot g$ は内積である． D

(2)　$|f|^2=f\cdot f=\int_{-1}^1 \{f(x)\}^2dx$

$=\int_{-1}^1 (x+1)^2dx$ ㋓ $=2\int_0^1 (x^2+1)\,dx=\frac{8}{3}$ A

同様に，$|g|^2=\int_{-1}^1 \{g(x)\}^2dx=\int_{-1}^1 (x^2-x+2)^2dx$

$=2\int_0^1 (x^4+5x^2+4)\,dx=\frac{176}{15}$ B

$\therefore\quad |f|=2\sqrt{\frac{2}{3}}$，$|g|=4\sqrt{\frac{11}{15}}$ C　……(答)

$f\cdot g=\int_{-1}^1 f(x)g(x)\,dx=\int_{-1}^1 (x^3+x+2)\,dx$

$=2\int_0^1 2dx=4$ D　……(答)

㋐　$(f_1+f_2)(x)$
$=f_1(x)+f_2(x)$

㋑　$(kf)(x)=kf(x)$

㋒　「つねに $f(x)=0$」でないこと，
すなわち，定数関数 0 ではないこと．

㋓　$\int_{-1}^1 (x+1)^2dx$
$=\int_{-1}^1 (x^2+2x+1)\,dx$
ここに，x^2，1 は偶関数，$2x$ は奇関数．よって
$\int_{-1}^1 (x^2+1)\,dx$
$=2\int_0^1 (x^2+1)\,dx$
$\int_{-1}^1 2xdx=0$

POINT　このようにして，関数空間の中に内積が定義されると，f，g で〈直交〉や〈長さ〉を考えることができる．

問題 59 正規直交基底

$[-\pi, \pi]$ における関数 $f(x)=\dfrac{a_0}{2}+\sum_{k=1}^{n}(a_k\cos kx+b_k\sin kx)$ の実ベクトル空間において，内積を次のように定める．

$$f\cdot g=\int_{-\pi}^{\pi}f(x)g(x)\,dx$$

このとき，$\dfrac{1}{\sqrt{2\pi}}, \dfrac{1}{\sqrt{\pi}}\cos x, \dfrac{1}{\sqrt{\pi}}\sin x, \cdots, \dfrac{1}{\sqrt{\pi}}\cos nx, \dfrac{1}{\sqrt{\pi}}\sin nx$ は正規直交基底をなすことを示せ．

解説 計量ベクトル空間 $\boldsymbol{V}$ のベクトル $\{\boldsymbol{a}_1, \boldsymbol{a}_2, \cdots, \boldsymbol{a}_r\}$ が互いに直交するとき，これらを**直交系**という．とくに，n 次元計量ベクトル空間 $\boldsymbol{V}$ において，互いに直交する n 個の単位ベクトル $\{\boldsymbol{e}_1, \boldsymbol{e}_2, \cdots, \boldsymbol{e}_n\}$ は $\boldsymbol{V}$ の基底になるが，これを**正規直交基底**という．$\langle\boldsymbol{e}_1, \boldsymbol{e}_2, \cdots, \boldsymbol{e}_n\rangle$ が正規直交基底で，
$\boldsymbol{a}=a_1\boldsymbol{e}_1+a_2\boldsymbol{e}_2+\cdots+a_n\boldsymbol{e}_n$，$\boldsymbol{b}=b_1\boldsymbol{e}_1+b_2\boldsymbol{e}_2+\cdots+b_n\boldsymbol{e}_n$ ならば

内積 $\boldsymbol{a}\cdot\boldsymbol{b}=a_1\overline{b_1}+a_2\overline{b_2}+\cdots+a_n\overline{b_n}$
長さ $|\boldsymbol{a}|=\sqrt{\boldsymbol{a}\cdot\boldsymbol{a}}=\sqrt{a_1\overline{a_1}+a_2\overline{a_2}+\cdots+a_n\overline{a_n}}$

となる．$\boldsymbol{V}$ が実ベクトル空間（**ユークリッド（ベクトル）空間**）のときは，共役記号は不要である．実ベクトル空間の $\boldsymbol{R}^2$ における正規直交基底の例は
$\left\langle\begin{bmatrix}1\\0\end{bmatrix}, \begin{bmatrix}0\\1\end{bmatrix}\right\rangle$, $\left\langle\begin{bmatrix}\cos\theta\\\sin\theta\end{bmatrix}, \begin{bmatrix}-\sin\theta\\\cos\theta\end{bmatrix}\right\rangle$ などである．

本問は，閉区間 $[-\pi, \pi]$ 上の連続な実数値関数全体 $C^0([-\pi, \pi]\,;\,\boldsymbol{R})$ に対する自然内積がなす正規直交基底である．

類題を1つ挙げておこう．$P(\boldsymbol{R})$ を2次以下の多項式関数全体とする．

$p_1=\dfrac{1}{\sqrt{2}}$，$p_2=\sqrt{\dfrac{3}{2}}x$，$p_3=\sqrt{\dfrac{5}{8}}(3x^2-1)$ は，$f\cdot g=\int_{-1}^{1}fg\,dx$ によって内積を定義すると，$P(\boldsymbol{R})$ において $\langle p_1, p_2, p_3\rangle$ は正規直交基底をなす．その証明は

$$p_1\cdot p_1=\int_{-1}^{1}{p_1}^2dx=\int_{-1}^{1}\frac{1}{2}\,dx=\frac{1}{2}\cdot 2\int_{0}^{1}dx=1$$

同様に，$p_2\cdot p_2=1$，$p_3\cdot p_3=1$

さらに，$p_2\cdot p_3=\int_{-1}^{1}\sqrt{\dfrac{3}{2}}x\sqrt{\dfrac{5}{8}}(3x^2-1)\,dx=\dfrac{\sqrt{15}}{4}\int_{-1}^{1}(3x^3-x)\,dx=0$

同様に，$p_3\cdot p_1=0$，$p_1\cdot p_2=0$

また，$\dim P(\boldsymbol{R})=3$ だから，$\langle p_1, p_2, p_3\rangle$ は正規直交基底をなす．

解答

まず，$\left|\frac{1}{\sqrt{2\pi}}\right|^2=\int_{-\pi}^{\pi}\left(\frac{1}{\sqrt{2\pi}}\right)^2 dx=\frac{1}{2\pi}\int_{-\pi}^{\pi}dx=1$ ★

$$\left|\frac{1}{\sqrt{\pi}}\cos kx\right|^2=\int_{-\pi}^{\pi}\frac{1}{\pi}\cos^2 kx\,dx \quad ㋐$$

$$=\frac{2}{\pi}\int_0^{\pi}\frac{1+\cos 2kx}{2}dx=\frac{1}{\pi}\left[x+\frac{\sin 2kx}{2k}\right]_0^{\pi}=1$$

$$\left|\frac{1}{\sqrt{\pi}}\sin kx\right|^2=\int_{-\pi}^{\pi}\frac{1}{\pi}\sin^2 kx\,dx \quad ㋑$$

$$=\frac{2}{\pi}\int_0^{\pi}\frac{1-\cos 2kx}{2}dx=\frac{1}{\pi}\left[x-\frac{\sin 2kx}{2k}\right]_0^{\pi}=1$$

$$\therefore\ \left|\frac{1}{\sqrt{2\pi}}\right|=\left|\frac{1}{\sqrt{\pi}}\cos kx\right|=\left|\frac{1}{\sqrt{\pi}}\sin kx\right|=1 \quad ㋒ \quad \text{A}$$

また，$k \neq l$ のとき

$$\frac{1}{\sqrt{\pi}}\cos kx\cdot\frac{1}{\sqrt{\pi}}\cos lx$$

$$=\frac{1}{\pi}\int_{-\pi}^{\pi}\cos kx\cos lx\,dx \quad ㋓$$

$$=\frac{2}{\pi}\int_0^{\pi}\frac{1}{2}\{\cos(k+l)x+\cos(k-l)x\}dx$$

$$=\frac{1}{\pi}\left[\frac{\sin(k+l)x}{k+l}+\frac{\sin(k-l)x}{k-l}\right]_0^{\pi}=0 \quad \text{B}$$

同様に，

$$\frac{1}{\sqrt{\pi}}\sin kx\cdot\frac{1}{\sqrt{\pi}}\sin lx$$

$$=\frac{1}{\sqrt{\pi}}\int_{-\pi}^{\pi}\sin kx\sin lx\ dx=0$$

$$\frac{1}{\sqrt{\pi}}\cos kx\cdot\frac{1}{\sqrt{\pi}}\sin lx$$

$$=\frac{1}{\sqrt{\pi}}\int_{-\pi}^{\pi}\cos kx\sin lx\ dx=0 \quad \text{C}$$

さらに，$\frac{1}{\sqrt{2\pi}}\cdot\frac{1}{\sqrt{\pi}}\cos kx=\frac{1}{\sqrt{2}\,\pi}\int_{-\pi}^{\pi}\cos kx\,dx=0$

$$\frac{1}{\sqrt{2\pi}}\cdot\frac{1}{\sqrt{\pi}}\sin kx=\frac{1}{\sqrt{2}\,\pi}\int_{-\pi}^{\pi}\sin kx\,dx=0$$

以上から，題意は示された．㋔ D

★ $\left|\frac{1}{\sqrt{2\pi}}\right|^2$ は関数のノルムの 2 乗であって，数値の絶対値の 2 乗ではない．

㋐ $\cos^2 kx$ は偶関数．
一般に

$$\cos^2\theta=\frac{1+\cos 2\theta}{2}$$

㋑ $\sin^2 kx$ は偶関数．
一般に

$$\sin^2\theta=\frac{1-\cos 2\theta}{2}$$

㋒ $\frac{1}{\sqrt{2\pi}}$，$\frac{1}{\sqrt{\pi}}\cos kx$，$\frac{1}{\sqrt{\pi}}\sin kx$ のノルムは 1．

㋓ $\cos kx\cos lx$ は偶関数．

$$\cos\alpha\cos\beta=\frac{1}{2}\{\cos(\alpha+\beta)+\cos(\alpha-\beta)\}$$

また，$\sin kx\sin lx$ は偶関数．

$$\sin\alpha\sin\beta=-\frac{1}{2}\{\cos(\alpha-\beta)-\cos(\alpha-\beta)\}$$

また，$\cos kx\sin lx$ は奇関数．

㋔ 正規直交基底の条件をすべて満たす．

POINT このあたりの理論はフーリエ解析の基礎となる．

問題 60 シュミットの直交化法

シュミットの直交化法により，次のベクトルによって生成されるベクトル空間の正規直交基底 $\langle \boldsymbol{u}_1, \boldsymbol{u}_2, \boldsymbol{u}_3 \rangle$ を求めよ．

(1) $\boldsymbol{a}_1=\begin{bmatrix}1\\0\\1\end{bmatrix}$, $\boldsymbol{a}_2=\begin{bmatrix}2\\1\\0\end{bmatrix}$, $\boldsymbol{a}_3=\begin{bmatrix}2\\3\\2\end{bmatrix}$　　(2) $\boldsymbol{a}_1=\begin{bmatrix}0\\i\\0\end{bmatrix}$, $\boldsymbol{a}_2=\begin{bmatrix}1\\i\\i\end{bmatrix}$, $\boldsymbol{a}_3=\begin{bmatrix}i\\1\\1\end{bmatrix}$

解説　1次独立なベクトル $\boldsymbol{a}_1, \boldsymbol{a}_2, \cdots, \boldsymbol{a}_r$ が与えられたとき，これらの1次結合により正規直交基底 $\langle \boldsymbol{u}_1, \boldsymbol{u}_2, \cdots, \boldsymbol{u}_r \rangle$ を作る次の方法を**シュミットの直交化法**という．

$$\boldsymbol{b}_1=\boldsymbol{a}_1 \qquad \boldsymbol{u}_1=\frac{\boldsymbol{b}_1}{|\boldsymbol{b}_1|}$$

$$\boldsymbol{b}_2=\boldsymbol{a}_2-(\boldsymbol{a}_2\cdot\boldsymbol{u}_1)\boldsymbol{u}_1 \qquad \boldsymbol{u}_2=\frac{\boldsymbol{b}_2}{|\boldsymbol{b}_2|}$$

$$\boldsymbol{b}_3=\boldsymbol{a}_3-(\boldsymbol{a}_3\cdot\boldsymbol{u}_1)\boldsymbol{u}_1-(\boldsymbol{a}_3\cdot\boldsymbol{u}_2)\boldsymbol{u}_2 \qquad \boldsymbol{u}_3=\frac{\boldsymbol{b}_3}{|\boldsymbol{b}_3|}$$

$$\cdots \qquad \cdots$$

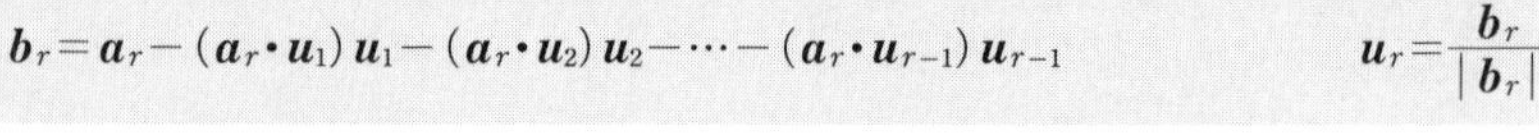

$$\boldsymbol{b}_r=\boldsymbol{a}_r-(\boldsymbol{a}_r\cdot\boldsymbol{u}_1)\boldsymbol{u}_1-(\boldsymbol{a}_r\cdot\boldsymbol{u}_2)\boldsymbol{u}_2-\cdots-(\boldsymbol{a}_r\cdot\boldsymbol{u}_{r-1})\boldsymbol{u}_{r-1} \qquad \boldsymbol{u}_r=\frac{\boldsymbol{b}_r}{|\boldsymbol{b}_r|}$$

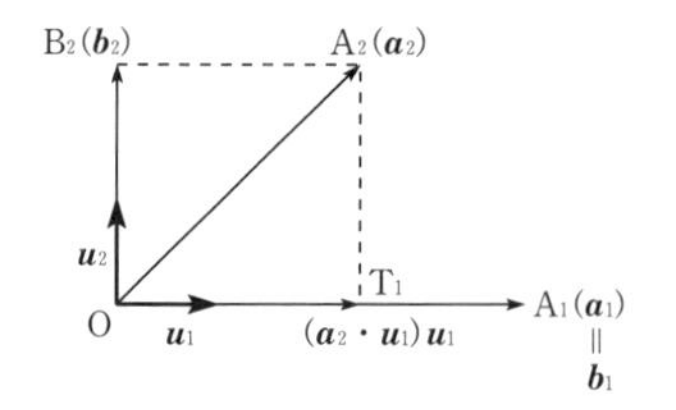

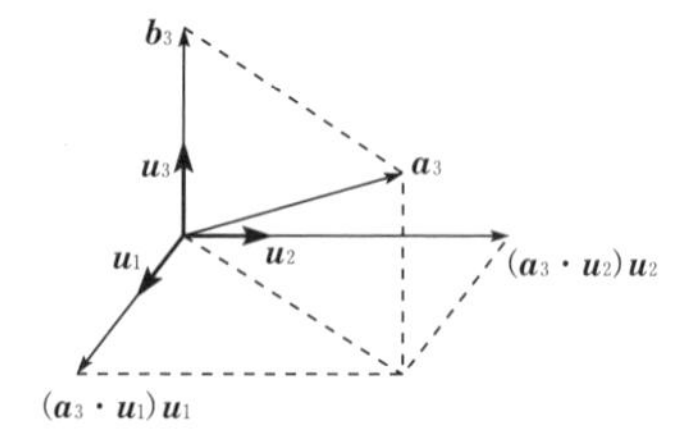

$\boldsymbol{b}_1=\boldsymbol{a}_1$ とし，$\boldsymbol{u}_1=\dfrac{\boldsymbol{b}_1}{|\boldsymbol{b}_1|}$ とおくと，$\boldsymbol{u}_1$ は $\boldsymbol{b}_1$ と同じ向きの単位ベクトルである．このとき，$(\boldsymbol{a}_2\cdot\boldsymbol{u}_1)\boldsymbol{u}_1$ は $(\boldsymbol{a}_2-(\boldsymbol{a}_2\cdot\boldsymbol{u}_1)\boldsymbol{u}_1)\cdot\boldsymbol{u}_1=\boldsymbol{a}_2\cdot\boldsymbol{u}_1-(\boldsymbol{a}_2\cdot\boldsymbol{u}_1)|\boldsymbol{u}_1|^2=0$ を満たすので，$\boldsymbol{a}_2$ の $\boldsymbol{u}_1$ 上への**正射影ベクトル**であり，$\boldsymbol{b}_2=\boldsymbol{a}_2-(\boldsymbol{a}_2\cdot\boldsymbol{u}_1)\boldsymbol{u}_1$ とおくと，左図の四角形 $\mathrm{OB_2A_2T_1}$ は長方形となる．したがって，$\boldsymbol{b}_2$ と同じ向きの単位ベクトル $\boldsymbol{u}_2$ を作ると，$|\boldsymbol{u}_1|=|\boldsymbol{u}_2|=1$ かつ $\boldsymbol{u}_1\perp\boldsymbol{u}_2$ を満たす．

さらに，$\boldsymbol{a}_3$ の $\boldsymbol{u}_1$ および $\boldsymbol{u}_2$ 上への正射影ベクトル $(\boldsymbol{a}_3\cdot\boldsymbol{u}_1)\boldsymbol{u}_1$，$(\boldsymbol{a}_3\cdot\boldsymbol{u}_2)\boldsymbol{u}_2$ を考えて，$\boldsymbol{b}_3$，すなわち $\boldsymbol{u}_3$ を上記のように定めると，$|\boldsymbol{u}_3|=1$ かつ $\boldsymbol{u}_3\perp\boldsymbol{u}_1$ および $\boldsymbol{u}_3\perp\boldsymbol{u}_2$ を満たすことが示される．

以下，これをくり返すことにより，正規直交基底 $\langle \boldsymbol{u}_1, \cdots, \boldsymbol{u}_r \rangle$ が作られる．

解答

(1)　$\boldsymbol{b}_1=\boldsymbol{a}_1=\begin{bmatrix}1\\0\\1\end{bmatrix}$より，$\boldsymbol{u}_1=\dfrac{\boldsymbol{b}_1}{|\boldsymbol{b}_1|}=\dfrac{1}{\sqrt{2}}\begin{bmatrix}1\\0\\1\end{bmatrix}$ A

$\boldsymbol{b}_2=\boldsymbol{a}_2-\underset{㋐}{(\boldsymbol{a}_2\cdot\boldsymbol{u}_1)}\,\boldsymbol{u}_1$

$=\begin{bmatrix}2\\1\\0\end{bmatrix}-\dfrac{2}{\sqrt{2}}\cdot\dfrac{1}{\sqrt{2}}\begin{bmatrix}1\\0\\1\end{bmatrix}=\begin{bmatrix}1\\1\\-1\end{bmatrix}$

$\boldsymbol{u}_2=\dfrac{\boldsymbol{b}_2}{|\boldsymbol{b}_2|}=\dfrac{1}{\sqrt{3}}\begin{bmatrix}1\\1\\-1\end{bmatrix}$ B

$\underset{㋑}{\boldsymbol{b}_3=\boldsymbol{a}_3-(\boldsymbol{a}_3\cdot\boldsymbol{u}_1)\,\boldsymbol{u}_1-(\boldsymbol{a}_3\cdot\boldsymbol{u}_2)\,\boldsymbol{u}_2}$

$=\begin{bmatrix}2\\3\\2\end{bmatrix}-\dfrac{4}{\sqrt{2}}\cdot\dfrac{1}{\sqrt{2}}\begin{bmatrix}1\\0\\1\end{bmatrix}-\dfrac{3}{\sqrt{3}}\cdot\dfrac{1}{\sqrt{3}}\begin{bmatrix}1\\1\\-1\end{bmatrix}=\begin{bmatrix}-1\\2\\1\end{bmatrix}$

$\boldsymbol{u}_3=\dfrac{\boldsymbol{b}_3}{|\boldsymbol{b}_3|}=\dfrac{1}{\sqrt{6}}\begin{bmatrix}-1\\2\\1\end{bmatrix}$

よって，上記の $\langle\boldsymbol{u}_1,\boldsymbol{u}_2,\boldsymbol{u}_3\rangle$ C　……(答)

(2)　$\boldsymbol{b}_1=\boldsymbol{a}_1=\begin{bmatrix}0\\i\\0\end{bmatrix}$より，$\boldsymbol{u}_1=\dfrac{\boldsymbol{b}_1}{\underset{㋒}{|\boldsymbol{b}_1|}}=\boldsymbol{b}_1=\begin{bmatrix}0\\i\\0\end{bmatrix}$ A

$\boldsymbol{a}_2\cdot\boldsymbol{u}_1=1\times\bar{0}+i\times\bar{i}+i\times\bar{0}=1$

$\therefore\quad \boldsymbol{b}_2=\boldsymbol{a}_2-(\boldsymbol{a}_2\cdot\boldsymbol{u}_1)\,\boldsymbol{u}_1=\begin{bmatrix}1\\i\\i\end{bmatrix}-\begin{bmatrix}0\\i\\0\end{bmatrix}=\begin{bmatrix}1\\0\\i\end{bmatrix}$

$\boldsymbol{u}_2=\dfrac{\boldsymbol{b}_2}{\underset{㋓}{|\boldsymbol{b}_2|}}=\dfrac{1}{\sqrt{2}}\begin{bmatrix}1\\0\\i\end{bmatrix}$ B

$\underset{㋔}{\boldsymbol{a}_3\cdot\boldsymbol{u}_1=-i,\ \boldsymbol{a}_3\cdot\boldsymbol{u}_2=0}$ だから，(1) と同様に

$\boldsymbol{b}_3=\begin{bmatrix}i\\0\\1\end{bmatrix}\qquad \boldsymbol{u}_3=\dfrac{\boldsymbol{b}_3}{|\boldsymbol{b}_3|}=\dfrac{1}{\sqrt{2}}\begin{bmatrix}i\\0\\1\end{bmatrix}$

よって，上記の $\langle\boldsymbol{u}_1,\boldsymbol{u}_2,\boldsymbol{u}_3\rangle$ C　……(答)

㋐　$\boldsymbol{a}_2\cdot\boldsymbol{u}_1$
$=\dfrac{1}{\sqrt{2}}(2\times1+1\times0+0\times1)$
$=\dfrac{1}{\sqrt{2}}\cdot2=\dfrac{2}{\sqrt{2}}$

㋑　左ページの図形を頭に入れておくこと．

㋒　$|\boldsymbol{b}_1|^2=0\times\bar{0}+i\times\bar{i}+0\times\bar{0}$
$=-i^2=1$

㋓　$|\boldsymbol{b}_2|^2=1\times\bar{1}+0\times\bar{0}+i\times\bar{i}$
$=2$

㋔　$\boldsymbol{a}_3\cdot\boldsymbol{u}_1=i\times\bar{0}+1\times\bar{i}+1\times\bar{0}$
$=-i$
$\boldsymbol{a}_3\cdot\boldsymbol{u}_2=i\times\overline{\left(\dfrac{1}{\sqrt{2}}\right)}+1\times\bar{0}+1\times\overline{\left(\dfrac{i}{\sqrt{2}}\right)}$
$=0$

POINT　シュミットの直交化法は正射影ベクトルの表現をつかんでおけば難しくない．

問題 61　直交補空間

$\boldsymbol{a}_1={}^t[1\ \ -2\ \ 2\ \ 5]$，$\boldsymbol{a}_2={}^t[3\ \ -2\ \ 6\ \ 7]$ によって生成されるベクトル空間 $\boldsymbol{R}^4$ の部分空間を $\boldsymbol{W}$ とする．このとき，$\boldsymbol{W}$ の直交補空間 $\boldsymbol{W}^{\perp}$ の正規直交基底を求めよ．

解説　$\boldsymbol{W}$ を $\boldsymbol{C}$ 上の計量ベクトル空間 $\boldsymbol{V}$ の部分空間とする．このとき，$\boldsymbol{W}$ のどのベクトルとも直交する $\boldsymbol{V}$ のベクトル全体は $\boldsymbol{V}$ の部分空間となるが，これを $\boldsymbol{W}$ の**直交補空間**と呼び，$\boldsymbol{W}^{\perp}$ と表す．

$\boldsymbol{W}^{\perp}$ が $\boldsymbol{V}$ の部分空間であることは次のように示される．

$\boldsymbol{a}, \boldsymbol{b}\in \boldsymbol{W}^{\perp}$，$k\in\boldsymbol{C}$ とし，$\boldsymbol{x}$ を $\boldsymbol{W}$ の任意の元とおくと

$$\boldsymbol{a}\cdot\boldsymbol{x}=0 \quad \text{かつ} \quad \boldsymbol{b}\cdot\boldsymbol{x}=0$$

このとき，$(\boldsymbol{a}+\boldsymbol{b})\cdot\boldsymbol{x}=\boldsymbol{a}\cdot\boldsymbol{x}+\boldsymbol{b}\cdot\boldsymbol{x}=0$，$(k\boldsymbol{a})\cdot\boldsymbol{x}=k(\boldsymbol{a}\cdot\boldsymbol{x})=0$

$$\therefore\quad (\boldsymbol{a}+\boldsymbol{b})\perp\boldsymbol{x} \quad \text{かつ} \quad k\boldsymbol{a}\perp\boldsymbol{x}$$

したがって，$\boldsymbol{W}^{\perp}$ は $\boldsymbol{V}$ の部分空間である．

また，$\boldsymbol{W}_1$，$\boldsymbol{W}_2$ を $\boldsymbol{C}$ 上の計量ベクトル空間 $\boldsymbol{V}$ の部分空間とするとき，直交補空間 $\boldsymbol{W}_1{}^{\perp}$，$\boldsymbol{W}_2{}^{\perp}$ については

① $\boldsymbol{W}_1\subset(\boldsymbol{W}_1{}^{\perp})^{\perp}$，　② $\boldsymbol{W}_1\subset\boldsymbol{W}_2 \Longrightarrow \boldsymbol{W}_2{}^{\perp}\subset\boldsymbol{W}_1{}^{\perp}$，　③ $\boldsymbol{W}_1\cap\boldsymbol{W}_1{}^{\perp}=\{\boldsymbol{0}\}$

が成り立つ．その証明は

① $\boldsymbol{a}\in\boldsymbol{W}_1$ とすると，任意の $\boldsymbol{b}\in\boldsymbol{W}_1{}^{\perp}$ に対して，$\boldsymbol{a}\perp\boldsymbol{b}$

$\therefore\quad \boldsymbol{a}\in(\boldsymbol{W}_1{}^{\perp})^{\perp}$　　よって，$\boldsymbol{W}_1\subset(\boldsymbol{W}_1{}^{\perp})^{\perp}$

② $\boldsymbol{W}_1\subset\boldsymbol{W}_2$ のとき，$\boldsymbol{a}\in\boldsymbol{W}_2{}^{\perp}$ とすると，任意の $\boldsymbol{b}\in\boldsymbol{W}_1$ に対して，$\boldsymbol{a}\perp\boldsymbol{b}$

$\therefore\quad \boldsymbol{a}\in\boldsymbol{W}_1{}^{\perp}$　　よって，$\boldsymbol{W}_2{}^{\perp}\subset\boldsymbol{W}_1{}^{\perp}$

③ $\boldsymbol{a}\in\boldsymbol{W}_1\cap\boldsymbol{W}_1{}^{\perp}$ とすると，$\boldsymbol{a}\in\boldsymbol{W}_1$ かつ $\boldsymbol{a}\in\boldsymbol{W}_1{}^{\perp}$

したがって，$\boldsymbol{a}\perp\boldsymbol{a}$ であり，$\boldsymbol{a}\cdot\boldsymbol{a}=0$

$\therefore\quad \boldsymbol{a}=\boldsymbol{0}$　　よって，$\boldsymbol{W}_1\cap\boldsymbol{W}_1{}^{\perp}=\{\boldsymbol{0}\}$

さらに，$\boldsymbol{W}_1$，$\boldsymbol{W}_2$ が有限次元計量ベクトル空間 $\boldsymbol{V}$ の部分空間のときは

$$(\boldsymbol{W}_1{}^{\perp})^{\perp}=\boldsymbol{W}_1,\ (\boldsymbol{W}_1+\boldsymbol{W}_2)^{\perp}=\boldsymbol{W}_1{}^{\perp}\cap\boldsymbol{W}_2{}^{\perp},\ (\boldsymbol{W}_1\cap\boldsymbol{W}_2)^{\perp}=\boldsymbol{W}_1{}^{\perp}+\boldsymbol{W}_2{}^{\perp}$$

が成り立つ．本問は，$\boldsymbol{W}$ が $\boldsymbol{a}_1$，$\boldsymbol{a}_2$ によって生成されるので，まず

$$\boldsymbol{W}^{\perp}=\{\boldsymbol{x}\mid\boldsymbol{x}\perp\boldsymbol{a}_1,\ \boldsymbol{x}\perp\boldsymbol{a}_2\}$$

によって $\boldsymbol{W}^{\perp}$ の基底を求め，それらにシュミットの直交化法を用いればよい．

解 答

$\boldsymbol{x}=\begin{bmatrix} x_1 \\ x_2 \\ x_3 \\ x_4 \end{bmatrix} \in \boldsymbol{W}^\perp$ とすると，$\boldsymbol{x}\perp\boldsymbol{a}_1$ かつ $\boldsymbol{x}\perp\boldsymbol{a}_2$ ㋐

すなわち，$\boldsymbol{x}\cdot\boldsymbol{a}_1=0$，$\boldsymbol{x}\cdot\boldsymbol{a}_2=0$ だから

$$\begin{cases} x_1-2x_2+2x_3+5x_4=0 \\ 3x_1-2x_2+6x_3+7x_4=0 \end{cases}$$ A

$\boldsymbol{W}^\perp$ はこの解空間になる．

$A=\begin{bmatrix} 1 & -2 & 2 & 5 \\ 3 & -2 & 6 & 7 \end{bmatrix}$ とおくと

$$A \underset{㋑}{\longrightarrow} \begin{bmatrix} 1 & -2 & 2 & 5 \\ 0 & 1 & 0 & -2 \end{bmatrix} \longrightarrow \begin{bmatrix} 1 & 0 & 2 & 1 \\ 0 & 1 & 0 & -2 \end{bmatrix}$$

これより，解 $\boldsymbol{x}$ は

$$\boldsymbol{x}=s\begin{bmatrix} -2 \\ 0 \\ 1 \\ 0 \end{bmatrix}+t\begin{bmatrix} -1 \\ 2 \\ 0 \\ 1 \end{bmatrix} \quad (s,\ t\in\boldsymbol{R})$$ ㋒ B

よって，$\boldsymbol{p}_1={}^t[-2\ \ 0\ \ 1\ \ 0]$，$\boldsymbol{p}_2={}^t[-1\ \ 2\ \ 0\ \ 1]$ は $\boldsymbol{W}^\perp$ の基底になるから，シュミットの直交化法によって正規直交基底を作ればよい．

$$\boldsymbol{u}_1=\frac{\boldsymbol{p}_1}{|\boldsymbol{p}_1|}=\frac{1}{\sqrt{5}}\begin{bmatrix} -2 \\ 0 \\ 1 \\ 0 \end{bmatrix}$$

$$\boldsymbol{b}_2=\boldsymbol{p}_2-(\boldsymbol{p}_2\cdot\boldsymbol{u}_1)\cdot\boldsymbol{u}_1=\frac{1}{5}\,{}^t[-1\ \ 10\ \ -2\ \ 5]$$

$$\boldsymbol{u}_2=\frac{\boldsymbol{b}_2}{|\boldsymbol{b}_2|}=\frac{1}{\sqrt{130}}\begin{bmatrix} -1 \\ 10 \\ -2 \\ 5 \end{bmatrix}$$ ㋓

求める正規直交基底は，$\langle \boldsymbol{u}_1,\ \boldsymbol{u}_2 \rangle$ C　……(答)

㋐　$\boldsymbol{W}^\perp=\{\boldsymbol{x}\mid\boldsymbol{x}\perp\boldsymbol{a}_1,\ \boldsymbol{x}\perp\boldsymbol{a}_2\}$

㋑　(②−①×3)÷4

㋒　$\begin{cases} x_1 \quad +2x_3+x_4=0 \\ \quad x_2 \quad -2x_4=0 \end{cases}$
より，$x_3=s$，$x_4=t$ とおいた．

㋓　${}^t[-1\ \ 10\ \ -2\ \ 5]$ を正規化すればよい．

POINT　部分線形空間 $\boldsymbol{W}\subset\boldsymbol{V}$ において，$\boldsymbol{W}\oplus\boldsymbol{W}^\perp=\boldsymbol{V}$（直和）となり，
任意の $\boldsymbol{x}\in\boldsymbol{V}$ で
$\boldsymbol{x}=\boldsymbol{x}_W+\boldsymbol{x}_{W^\perp}$，
$|\boldsymbol{x}|^2=|\boldsymbol{x}_W|^2+|\boldsymbol{x}_{W^\perp}|^2$
とできる．これは**直交直和**といわれる．

問題 62　計量同形写像

次の問いに答えよ．

(1)　$f: \boldsymbol{V} \to \boldsymbol{W}$ が同形写像であるとき，次を示せ．

$$f(\boldsymbol{x})\cdot f(\boldsymbol{y}) = \boldsymbol{x}\cdot\boldsymbol{y}\ \ (\boldsymbol{x}, \boldsymbol{y} \in \boldsymbol{V}) \iff |f(\boldsymbol{x})| = |\boldsymbol{x}| \quad (\boldsymbol{x} \in \boldsymbol{V})$$

(2)　計量ベクトル空間 $\boldsymbol{R}^3$ と $f\cdot g = \int_{-1}^{1} f(x)g(x)\,dx$ で内積が定義された計量ベクトル空間 $P(\boldsymbol{R})$ の間に

$$\text{線形写像 } u: \begin{bmatrix} a \\ b \\ c \end{bmatrix} \longmapsto a\sqrt{\frac{5}{8}}(3x^2-1) + b\sqrt{\frac{3}{2}}x + c\sqrt{\frac{1}{2}}$$

を定めるとき，u は計量同形写像であることを示せ．

解説　線形写像 $f: \boldsymbol{V} \to \boldsymbol{W}$ が 2 つの条件を満たすとき，f を $\boldsymbol{V}$ から $\boldsymbol{W}$ への**計量同形写像**，または**ユニタリー写像**という．

(1)　f は同形写像
(2)　$f(\boldsymbol{x}_1)\cdot f(\boldsymbol{x}_2) = \boldsymbol{x}_1\cdot\boldsymbol{x}_2 \quad (\boldsymbol{x}_1, \boldsymbol{x}_2 \in \boldsymbol{V})$

(1) は，いわゆる全単射（単射かつ全射）である．(2) は，線形写像 f によって内積が変わらないことを意味する．

計量同形写像 $f: \boldsymbol{V} \to \boldsymbol{W}$ が存在するとき，$\boldsymbol{V}$ と $\boldsymbol{W}$ は**計量同形**であるという．

たとえば，$\langle \boldsymbol{u}_1, \boldsymbol{u}_2, \cdots, \boldsymbol{u}_n \rangle$ を n 次元計量ベクトル空間 $\boldsymbol{V}$ の正規直交基底とすると，$\boldsymbol{x} \in \boldsymbol{V}$ に $\boldsymbol{x}\,(= x_1\boldsymbol{u}_1 + x_2\boldsymbol{u}_2 + \cdots + x_n\boldsymbol{u}_n)$ の基底に関する座標 (x_i) を対応させる写像 $f: \boldsymbol{V} \to \boldsymbol{C}^n$ は計量同形写像である．

証明は次のようである．f が同形写像であることは自明であろう．

また，$\boldsymbol{x}$，$\boldsymbol{y} \in \boldsymbol{V}$ とし，$\boldsymbol{x} = x_1\boldsymbol{u}_1 + x_2\boldsymbol{u}_2 + \cdots + x_n\boldsymbol{u}_n$

$$\boldsymbol{y} = y_1\boldsymbol{u}_1 + y_2\boldsymbol{u}_2 + \cdots + y_n\boldsymbol{u}_n$$

とおくと，$f(\boldsymbol{x}) = (x_1, x_2, \cdots, x_n)$，$f(\boldsymbol{y}) = (y_1, y_2, \cdots, y_n)$ であり

$$f(\boldsymbol{x})\cdot f(\boldsymbol{y}) = x_1\overline{y_1} + x_2\overline{y_2} + \cdots + x_n\overline{y_n} \qquad \cdots\cdots①$$

一方，$\boldsymbol{x}\cdot\boldsymbol{y} = (x_1\boldsymbol{u}_1 + x_2\boldsymbol{u}_2 + \cdots + x_n\boldsymbol{u}_n)\cdot(y_1\boldsymbol{u}_1 + y_2\boldsymbol{u}_2 + \cdots + y_n\boldsymbol{u}_n)$

$(x_i\boldsymbol{u}_i)\cdot(y_i\boldsymbol{u}_i) = x_i\overline{y_i}(\boldsymbol{u}_i\cdot\boldsymbol{u}_i) = x_i\overline{y_i}|\boldsymbol{u}_i|^2 = x_i\overline{y_i}$

$i \neq j$ のとき，$(x_i\boldsymbol{u}_i)\cdot(y_j\boldsymbol{u}_j) = x_i\overline{y_j}(\boldsymbol{u}_i\cdot\boldsymbol{u}_j) = 0$

だから，$\boldsymbol{x}\cdot\boldsymbol{y} = x_1\overline{y_1} + x_2\overline{y_2} + \cdots + x_n\overline{y_n}$ $\qquad\cdots\cdots②$

したがって，①，②から，$f(\boldsymbol{x})\cdot f(\boldsymbol{y}) = \boldsymbol{x}\cdot\boldsymbol{y}$

以上から，この写像 $f: \boldsymbol{V} \to \boldsymbol{C}^n$ は計量同形写像である．

解答

(1)　$f(\boldsymbol{x})\cdot f(\boldsymbol{y})=\boldsymbol{x}\cdot\boldsymbol{y}$ のとき

$$|f(\boldsymbol{x})|^2=f(\boldsymbol{x})\cdot f(\boldsymbol{x})=\boldsymbol{x}\cdot\boldsymbol{x}=|\boldsymbol{x}|^2$$

$$\therefore\quad |f(\boldsymbol{x})|=|\boldsymbol{x}|$$ A

逆に㋐，$|f(\boldsymbol{x})|=|\boldsymbol{x}|$ のとき，$\boldsymbol{V}$ の基底 $\langle \boldsymbol{u}_1, \cdots, \boldsymbol{u}_n\rangle$ として，$\boldsymbol{x}=c_1\boldsymbol{u}_1+\cdots+c_n\boldsymbol{u}_n$ とおくと

$$f(\boldsymbol{x})=c_1 f(\boldsymbol{u}_1)+\cdots+c_n f(\boldsymbol{u}_n)$$ ㋑

$$|f(\boldsymbol{x})|^2=|c_1 f(\boldsymbol{u}_1)+\cdots+c_n f(\boldsymbol{u}_n)|^2$$
$$=\sum c_i^2|f(\boldsymbol{u}_i)|^2+\sum_{i\neq j}c_ic_j f(\boldsymbol{u}_i)\cdot f(\boldsymbol{u}_j)$$
$$=\sum c_i^2|\boldsymbol{u}_i|^2+\sum_{i\neq j}c_ic_j f(\boldsymbol{u}_i)\cdot f(\boldsymbol{u}_j)$$

$$|\boldsymbol{x}|^2=\sum c_i^2|\boldsymbol{u}_i|^2+\sum_{i\neq j}c_ic_j\,\boldsymbol{u}_i\cdot\boldsymbol{u}_j$$

$$\therefore\quad \sum_{i\neq j}c_ic_j f(\boldsymbol{u}_i)\cdot f(\boldsymbol{u}_j)=\sum_{i\neq j}c_ic_j\,\boldsymbol{u}_i\cdot\boldsymbol{u}_j$$

これが任意の c_i，$c_j\,(i\neq j)$ に対して成り立つので㋒

$$f(\boldsymbol{u}_i)\cdot f(\boldsymbol{u}_j)=\boldsymbol{u}_i\cdot\boldsymbol{u}_j$$ B

ここで，$\boldsymbol{y}=d_1\boldsymbol{u}_1+\cdots+d_n\boldsymbol{u}_n$ とおくと

$$f(\boldsymbol{x})\cdot f(\boldsymbol{y})$$
$$=\{c_1 f(\boldsymbol{u}_1)+\cdots+c_n f(\boldsymbol{u}_n)\}\cdot\{d_1 f(\boldsymbol{u}_1)+\cdots+d_n f(\boldsymbol{u}_n)\}$$
$$=\sum c_id_i|f(\boldsymbol{u}_i)|^2+\sum_{i\neq j}c_id_j f(\boldsymbol{u}_i)\cdot f(\boldsymbol{u}_j)$$
$$=\sum c_id_i|\boldsymbol{u}_i|^2+\sum_{i\neq j}c_id_j\,\boldsymbol{u}_i\cdot\boldsymbol{u}_j=\boldsymbol{x}\cdot\boldsymbol{y}$$ ㋓ C

(2)　u が同形写像であることは自明．A

任意のベクトル $\boldsymbol{x}={}^t[a\ \ b\ \ c]\in\boldsymbol{R}^3$ に対して

$$|\boldsymbol{x}|^2=a^2+b^2+c^2$$ B

$$|u(\boldsymbol{x})|^2=\int_{-1}^{1}\left\{a\sqrt{\frac{5}{8}}(3x^2-1)+b\sqrt{\frac{3}{2}}x+c\sqrt{\frac{1}{2}}\right\}^2dx$$ ㋔

$$=2\int_0^1\left\{\frac{5}{8}a^2(3x^2-1)^2+\frac{3}{2}b^2x^2+\frac{c^2}{2}+\frac{\sqrt{5}}{2}ac(3x^2-1)\right\}dx$$

$$=a^2+b^2+c^2$$ C

よって，u は計量同形写像である．㋕ D

㋐　$\boldsymbol{x}\cdot\boldsymbol{y}$
$$=\left|\frac{\boldsymbol{x}+\boldsymbol{y}}{2}\right|^2-\left|\frac{\boldsymbol{x}-\boldsymbol{y}}{2}\right|^2+i\left\{\left|\frac{\boldsymbol{x}+i\boldsymbol{y}}{2}\right|^2-\left|\frac{\boldsymbol{x}-i\boldsymbol{y}}{2}\right|^2\right\}$$
と，内積をノルムで表して示すこともできる．

㋑　線形写像 f の線形性．

㋒　$c_1=c_2=1$，$c_3=\cdots=c_n=0$ とすると
$$f(\boldsymbol{u}_1)\cdot f(\boldsymbol{u}_2)=\boldsymbol{u}_1\cdot\boldsymbol{u}_2$$
が得られる．

㋓　以上から，$f:\boldsymbol{V}\to\boldsymbol{W}$ が同形写像のとき
f は計量同形写像 $\iff |f(\boldsymbol{x})|=|\boldsymbol{x}|$
が成り立つ．

㋔　偶関数・奇関数に分ける．

㋕　$|u(\boldsymbol{x})|=|\boldsymbol{x}|$ の成立より．

POINT　左ページ解説後半の例は異なる正規直交系への座標変換が計量同形，つまり合同変換になることを示す．

◆◇◆　行列式と線形変換　◇◆◇――――――――――コラム

2次元ベクトル空間 $\boldsymbol{R}^2$ において，ベクトル $\boldsymbol{a}={}^t(a,c)$，$\boldsymbol{b}={}^t(b,d)$ によって作られる平行四辺形の面積 S は，$\boldsymbol{a}$ と $\boldsymbol{b}$ のなす角を θ（$0<\theta<\pi$）とすると

$$\begin{aligned}S&=|\boldsymbol{a}||\boldsymbol{b}|\sin\theta=|\boldsymbol{a}||\boldsymbol{b}|\sqrt{1-\cos^2\theta}=\sqrt{|\boldsymbol{a}|^2|\boldsymbol{b}|^2-(|\boldsymbol{a}||\boldsymbol{b}|\cos\theta)^2}\\&=\sqrt{|\boldsymbol{a}|^2|\boldsymbol{b}|^2-(\boldsymbol{a}\cdot\boldsymbol{b})^2}\\&=\sqrt{(a^2+c^2)(b^2+d^2)-(ab+cd)^2}=\sqrt{a^2d^2-2abcd+b^2c^2}\\&=\sqrt{(ad-bc)^2}=|ad-bc|\end{aligned}$$

となるが，この結果は2次の行列式 $\det(\boldsymbol{a}\quad\boldsymbol{b})=\begin{vmatrix}a&b\\c&d\end{vmatrix}=ad-bc$

に密接な関係がある．そこで，2次元ベクトル空間 $\boldsymbol{R}^2$ 内での線形変換 f が，基本ベクトル $\boldsymbol{e}_1$，$\boldsymbol{e}_2$ を $\boldsymbol{a}$，$\boldsymbol{b}$ にうつすものとする．このとき，ベクトル $\boldsymbol{a}$，$\boldsymbol{b}$ によって作られる平行四辺形の面積を符号つきで考えて，$\boldsymbol{a}\wedge\boldsymbol{b}$ で表す．すなわち，$\boldsymbol{a}$ から $\boldsymbol{b}$ への回り方が正の向き（反時計回り）のときを正，逆向きのときを負とする．このとき，

① $(\boldsymbol{a}+\boldsymbol{b})\wedge\boldsymbol{c}=\boldsymbol{a}\wedge\boldsymbol{c}+\boldsymbol{b}\wedge\boldsymbol{c}$

$\boldsymbol{a}\wedge(\boldsymbol{b}+\boldsymbol{c})=\boldsymbol{a}\wedge\boldsymbol{b}+\boldsymbol{a}\wedge\boldsymbol{c}$

② $(k\boldsymbol{a})\wedge\boldsymbol{b}=\boldsymbol{a}\wedge(k\boldsymbol{b})=k(\boldsymbol{a}\wedge\boldsymbol{b})$

$(k\in\boldsymbol{R})$

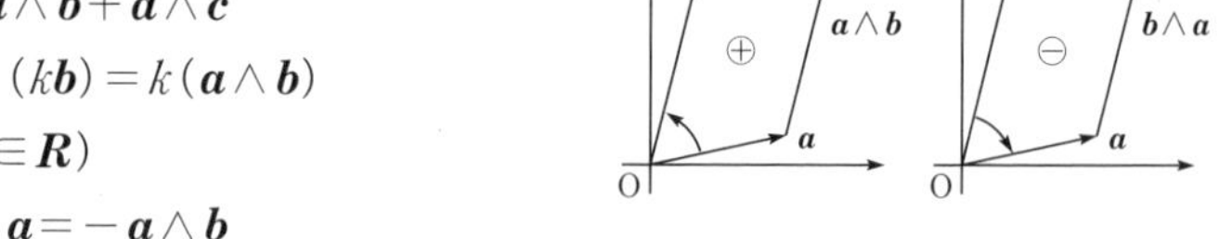

③ $\boldsymbol{a}\wedge\boldsymbol{a}=0$，$\boldsymbol{b}\wedge\boldsymbol{a}=-\boldsymbol{a}\wedge\boldsymbol{b}$

が成り立つ．（証明は省略）

線形変換 f によって，任意のベクトル $\boldsymbol{x}={}^t(x_1,y_1)=x_1\boldsymbol{e}_1+y_1\boldsymbol{e}_2$ および $\boldsymbol{y}={}^t(x_2,y_2)=x_2\boldsymbol{e}_1+y_2\boldsymbol{e}_2$ によって作られる平行四辺形の面積がどのようになるかを調べてみよう．線形変換 f の行列は $A=(\boldsymbol{a}\quad\boldsymbol{b})$ とおけるので，①～③を用いて

$$\begin{aligned}A\boldsymbol{x}\wedge A\boldsymbol{y}&=A(x_1\boldsymbol{e}_1+y_1\boldsymbol{e}_2)\wedge A(x_2\boldsymbol{e}_1+y_2\boldsymbol{e}_2)\\&=(x_1A\boldsymbol{e}_1+y_1A\boldsymbol{e}_2)\wedge(x_2A\boldsymbol{e}_1+y_2A\boldsymbol{e}_2)\\&=(x_1\boldsymbol{a}+y_1\boldsymbol{b})\wedge(x_2\boldsymbol{a}+y_2\boldsymbol{b})\\&=x_1x_2\boldsymbol{a}\wedge\boldsymbol{a}+x_1y_2\boldsymbol{a}\wedge\boldsymbol{b}+x_2y_1\boldsymbol{b}\wedge\boldsymbol{a}+y_1y_2\boldsymbol{b}\wedge\boldsymbol{b}\\&=x_1y_2\boldsymbol{a}\wedge\boldsymbol{b}+x_2y_1\boldsymbol{b}\wedge\boldsymbol{a}=(x_1y_2-x_2y_1)\boldsymbol{a}\wedge\boldsymbol{b}\end{aligned}$$

$$\begin{aligned}\boldsymbol{x}\wedge\boldsymbol{y}&=(x_1\boldsymbol{e}_1+y_1\boldsymbol{e}_2)\wedge(x_2\boldsymbol{e}_1+y_2\boldsymbol{e}_2)=(x_1y_2-x_2y_1)\boldsymbol{e}_1\wedge\boldsymbol{e}_2\\&=x_1y_2-x_2y_1\quad(\because\quad\boldsymbol{e}_1\wedge\boldsymbol{e}_2=1)\end{aligned}$$

$$\therefore\quad A\boldsymbol{x}\wedge A\boldsymbol{y}=(\boldsymbol{a}\wedge\boldsymbol{b})(\boldsymbol{x}\wedge\boldsymbol{y})$$

よって，f によって，面積は $\boldsymbol{a}\wedge\boldsymbol{b}$ 倍すなわち $|\det A|=|\det(\boldsymbol{a}\quad\boldsymbol{b})|$ 倍に拡大（または縮小）される．

Chapter 8

固有値問題とジョルダン標準形

問題 63 固有値・固有ベクトル

次の行列の固有値および各固有値に対する固有ベクトルを求めよ．

(1) $A=\begin{bmatrix} 5 & -2 \\ -2 & 2 \end{bmatrix}$　　(2) $A=\begin{bmatrix} 1 & 0 & -1 \\ 1 & 2 & 1 \\ 2 & 2 & 3 \end{bmatrix}$

解説 f を n 次元ベクトル空間 $\boldsymbol{V}$ の線形変換とするとき，

$$f(\boldsymbol{x})=\lambda\boldsymbol{x},\ \ \boldsymbol{x}\neq\boldsymbol{0} \text{ となる } \boldsymbol{x}\in\boldsymbol{V}$$

が存在するならば，λ を f の**固有値**，$\boldsymbol{x}$ を固有値 λ に対する**固有ベクトル**，さらに，固有ベクトルの全部と $\boldsymbol{0}$ を合せた集合 $\boldsymbol{W}(\lambda)=\{\boldsymbol{x}\,|\,f(\boldsymbol{x})=\lambda\boldsymbol{x}\}$ を固有値 λ に属する**固有空間**という．固有空間はベクトル空間 $\boldsymbol{V}$ の部分空間である．

また，n 次正方行列 A によって定まる線形写像 $f:\boldsymbol{C}^n\to\boldsymbol{C}^n$ において

$$A\boldsymbol{x}=\lambda\boldsymbol{x},\ \ \boldsymbol{x}\neq\boldsymbol{0} \text{ となる } \boldsymbol{x}\in\boldsymbol{C}^n$$

が存在するならば，λ を A の固有値，$\boldsymbol{x}$ を固有値 λ に対する固有ベクトル，さらに $\boldsymbol{W}(\lambda)=\{\boldsymbol{x}\,|\,A\boldsymbol{x}=\lambda\boldsymbol{x}\}$ を固有値 λ に属する固有空間という．

さて，$A\boldsymbol{x}=\lambda\boldsymbol{x}$，$\boldsymbol{x}\neq\boldsymbol{0}\Leftrightarrow(A-\lambda E)\boldsymbol{x}=\boldsymbol{0}$，$\boldsymbol{x}\neq\boldsymbol{0}$ から，$(A-\lambda E)^{-1}$ は存在しない．すなわち，　$|A-\lambda E|=0$

となるが，n 次正方行列 $A=[a_{ij}]$ に対して，λ に関する n 次多項式

$$|A-\lambda E|=\begin{vmatrix} a_{11}-\lambda & a_{12} & \cdots & a_{1n} \\ a_{21} & a_{22}-\lambda & \cdots & a_{2n} \\ \vdots & \vdots & \ddots & \vdots \\ a_{n1} & a_{n2} & \cdots & a_{nn}-\lambda \end{vmatrix}$$

を A の**固有多項式**（または**特性多項式**）という．λ の n 次方程式 $|A-\lambda E|=0$ を A の**固有方程式**（または**特性方程式**）という．A の固有値 λ を求めるには A の固有方程式を解けばよい．また，固有ベクトル $\boldsymbol{x}$ は

$$(A-\lambda E)\begin{bmatrix} x_1 \\ x_2 \\ \vdots \\ x_n \end{bmatrix}=\boldsymbol{0} \iff \begin{cases} (a_{11}-\lambda)x_1+a_{12}x_2+\cdots+a_{1n}x_n=0 \\ a_{21}x_1+(a_{22}-\lambda)x_2+\cdots+a_{2n}x_n=0 \\ \qquad\cdots\quad\cdots \\ a_{n1}x_1+a_{n2}x_2+\cdots+(a_{nn}-\lambda)x_n=0 \end{cases}$$

より，連立1次同次方程式の自明でない解を求める要領でやればよい．

なお，ここでは複素数の範囲で考え，A の固有値は重解も含めて n 個ある．

また，A が実行列で，その固有値が実数ならば，固有ベクトルの成分はすべて実数である．

解答

(1)　固有方程式は $|A-\lambda E|=\begin{vmatrix}5-\lambda & -2\\ -2 & 2-\lambda\end{vmatrix}=0$

整理して　$\lambda^2-7\lambda+6=0$ ㋐ A

$(\lambda-1)(\lambda-6)=0$　　$\therefore$　$\lambda=1,6$ ㋑ B

$\lambda=1$ のとき，$(A-E)\boldsymbol{x}_1=\boldsymbol{0}$ ㋒

$\begin{bmatrix}4 & -2\\ -2 & 1\end{bmatrix}\to\begin{bmatrix}2 & -1\\ 0 & 0\end{bmatrix}$ より

$\lambda=1$ のとき，$\boldsymbol{x}_1=c_1\begin{bmatrix}1\\ 2\end{bmatrix}$ C　……(答)

同様に，$\lambda=6$ のとき，$\boldsymbol{x}_2=c_2\begin{bmatrix}2\\ -1\end{bmatrix}$ D　……(答)

$(c_1,\ c_2\neq 0)$

(2)　固有方程式 $|A-\lambda E|=\begin{vmatrix}1-\lambda & 0 & -1\\ 1 & 2-\lambda & 1\\ 2 & 2 & 3-\lambda\end{vmatrix}=0$

$(1-\lambda)(2-\lambda)(3-\lambda)-2$

$-\{-2(2-\lambda)+2(1-\lambda)\}=0$ A

$(1-\lambda)(2-\lambda)(3-\lambda)=0$　　$\therefore$　$\lambda=1,2,3$ B

$\lambda=1$ のとき，　$(A-E)\boldsymbol{x}_1=\boldsymbol{0}$

$\begin{bmatrix}0 & 0 & -1\\ 1 & 1 & 1\\ 2 & 2 & 2\end{bmatrix}\to\begin{bmatrix}1 & 1 & 0\\ 0 & 0 & 1\\ 0 & 0 & 0\end{bmatrix}$ より ㋓

$\lambda=1$ のとき，$\boldsymbol{x}_1=c_1\begin{bmatrix}1\\ -1\\ 0\end{bmatrix}$ C　……(答)

同様に，$\lambda=2$ のとき，$\boldsymbol{x}_2=c_2\begin{bmatrix}-2\\ 1\\ 2\end{bmatrix}$ ㋔ D　……(答)

$\lambda=3$ のとき，$\boldsymbol{x}_3=c_3\begin{bmatrix}1\\ -1\\ -2\end{bmatrix}$ ㋕ E

$(c_1,\ c_2,\ c_3\neq 0)$

㋐　ケーリー・ハミルトンの定理　$A^2-7A+6E=0$ と同じ形（問題71参照）.

㋑　A の固有値.

㋒　固有ベクトルは，連立1次方程式の解 $\boldsymbol{x}_1$ と一致する.

㋓　行基本変形.

㋔　$(A-2E)\boldsymbol{x}_2=\boldsymbol{0}$

$\begin{bmatrix}-1 & 0 & -1\\ 1 & 0 & 1\\ 2 & 2 & 1\end{bmatrix}\to\begin{bmatrix}1 & 0 & 1\\ 0 & 2 & -1\\ 0 & 0 & 0\end{bmatrix}$

㋕　$(A-3E)\boldsymbol{x}_3=\boldsymbol{0}$

$\begin{bmatrix}-2 & 0 & -1\\ 1 & -1 & 1\\ 2 & 2 & 0\end{bmatrix}\to\begin{bmatrix}1 & 1 & 0\\ 0 & 2 & -1\\ 0 & 0 & 0\end{bmatrix}$

POINT　固有値の理論は，微分方程式や確率論のマルコフ過程などにも利用され，物理や経済，統計の多変量解析など，幅広い応用がある.

問題 64 正則行列による対角化

次の行列 A は正則行列 P によって対角化可能か. 可能ならば対角化せよ.

(1) $\begin{bmatrix} 1 & 0 & -1 \\ 2 & 2 & 2 \\ 2 & 1 & 2 \end{bmatrix}$ (2) $\begin{bmatrix} 2 & 2 & 1 \\ -1 & 5 & 1 \\ 2 & -4 & 1 \end{bmatrix}$

解説 n 次の正方行列 A に対して, 適当な正則行列 P によって $P^{-1}AP$ を**対角行列**, すなわち $P^{-1}AP=\begin{bmatrix} \lambda_1 & & O \\ & \ddots & \\ O & & \lambda_n \end{bmatrix}$ とすることができるとき, A は P で**対角化可能**であるという. 一般に, n 次の正方行列 A が対角化可能であるための必要十分条件は, 次のいずれかが成り立つことである.

(1) A は n 個の1次独立な固有ベクトル $\boldsymbol{p}_1, \boldsymbol{p}_2, \cdots, \boldsymbol{p}_n$ をもつ.
(2) A の相異なる固有値を $\lambda_1, \lambda_2, \cdots, \lambda_k$ とし, λ_i に属する固有空間を $\boldsymbol{V}_i$ とするとき, $\boldsymbol{C}^n=\boldsymbol{V}_1 \oplus \boldsymbol{V}_2 \oplus \cdots \oplus \boldsymbol{V}_k$
(3) $\dim \boldsymbol{V}_1+\dim \boldsymbol{V}_2+\cdots+\dim \boldsymbol{V}_k=n$
(4) 固有値 λ_i の $|A-\lambda E|=0$ における重複度（重根としての次数）$=\dim \boldsymbol{V}_i$
(5) $(A-\lambda_1 E)(A-\lambda_2 E)\cdots(A-\lambda_k E)=O$

また A の固有値がすべて異なる $\rightleftarrows$ A は対角化可能
が成り立つ.

さて, $A=\begin{bmatrix} 4 & 3 \\ 1 & 2 \end{bmatrix}$ が対角化可能かどうか調べてみよう.

固有方程式は $|A-\lambda E|=\begin{vmatrix} 4-\lambda & 3 \\ 1 & 2-\lambda \end{vmatrix}=(4-\lambda)(2-\lambda)-3\cdot 1=0$

$$\lambda^2-6\lambda+5=0 \qquad (\lambda-1)(\lambda-5)=0 \qquad \therefore \quad \lambda=1, 5$$

したがって, 固有値が異なるので A は対角化可能である. 具体的には

$\lambda=1, 5$ に対する固有ベクトルとして, $\boldsymbol{p}_1=\begin{bmatrix} 1 \\ -1 \end{bmatrix}$, $\boldsymbol{p}_2=\begin{bmatrix} 3 \\ 1 \end{bmatrix}$ とし, 行列 P を

$P=[\boldsymbol{p}_1 \ \ \boldsymbol{p}_2]=\begin{bmatrix} 1 & 3 \\ -1 & 1 \end{bmatrix}$ とおくと,

$$AP=A[\boldsymbol{p}_1 \ \ \boldsymbol{p}_2]=[A\boldsymbol{p}_1 \ \ A\boldsymbol{p}_2]=[\boldsymbol{p}_1 \ \ 5\boldsymbol{p}_2]=[\boldsymbol{p}_1 \ \ \boldsymbol{p}_2]\begin{bmatrix} 1 & 0 \\ 0 & 5 \end{bmatrix}=P\begin{bmatrix} 1 & 0 \\ 0 & 5 \end{bmatrix}$$

となることから, $P^{-1}AP=\begin{bmatrix} 1 & 0 \\ 0 & 5 \end{bmatrix}$ となり, A は対角化できることがわかる.

解答

(1)　固有方程式は　$|A-\lambda E|=0$

$$\begin{vmatrix} 1-\lambda & 0 & -1 \\ 2 & 2-\lambda & 2 \\ 2 & 1 & 2-\lambda \end{vmatrix}=(2-\lambda)^2(1-\lambda)=0$$ A

$\therefore\quad \lambda=2$（2 重解），1

2 に属する固有空間 $\boldsymbol{W}(2)$ は $(A-2E)\boldsymbol{x}=\boldsymbol{0}$ から B

$$\underset{㋐}{\begin{bmatrix} -1 & 0 & -1 \\ 2 & 0 & 2 \\ 2 & 1 & 0 \end{bmatrix}\to\begin{bmatrix} 1 & 0 & 1 \\ 0 & 1 & -2 \\ 0 & 0 & 0 \end{bmatrix}}$$

$\therefore\quad$ ㋑ $\dim \boldsymbol{W}(2)=3-\mathrm{rank}(A-2E)=1\neq$ 重複度

よって，対角化不可能である． C　……（答）

(2)
$$|A-\lambda E|=\begin{vmatrix} 2-\lambda & 2 & 1 \\ -1 & 5-\lambda & 1 \\ 2 & -4 & 1-\lambda \end{vmatrix}$$
$$=(2-\lambda)(\lambda-3)^2=0$$ A

$\therefore\quad \lambda=3$（2 重解），2

3 に属する固有空間 $\boldsymbol{W}(3)$ は $(A-3E)\boldsymbol{x}=\boldsymbol{0}$ から B

$$\begin{bmatrix} -1 & 2 & 1 \\ -1 & 2 & 1 \\ 2 & -4 & -2 \end{bmatrix}\to\begin{bmatrix} 1 & -2 & -1 \\ 0 & 0 & 0 \\ 0 & 0 & 0 \end{bmatrix}$$

$\therefore\quad \dim \boldsymbol{W}(3)=3-\mathrm{rank}(A-3E)=2=$ 重複度

したがって，対角化可能である． C

固有ベクトルは　$\boldsymbol{x}=c_1\begin{bmatrix} 2 \\ 1 \\ 0 \end{bmatrix}+c_2\begin{bmatrix} 1 \\ 0 \\ 1 \end{bmatrix}$ ㋒

また，㋓ 2 に属する固有ベクトルは　$\boldsymbol{x}=c_3\begin{bmatrix} 1 \\ 1 \\ -2 \end{bmatrix}$

よって，$P=[\boldsymbol{p}_1\quad \boldsymbol{p}_2\quad \boldsymbol{p}_3]$ とおくと

$$P^{-1}AP=\begin{bmatrix} 3 & 0 & 0 \\ 0 & 3 & 0 \\ 0 & 0 & 2 \end{bmatrix}$$ D　……（答）

㋐　行基本変形する．

固有ベクトルは

$$\begin{cases} x \quad +z=0 \\ \quad y-2z=0 \end{cases}$$ から

$\boldsymbol{x}=c_1\begin{bmatrix} -1 \\ 2 \\ 1 \end{bmatrix}$　$(c_1\neq 0)$

これより

$\dim \boldsymbol{W}(2)=1$ としてもよい．

㋑　$\dim \boldsymbol{W}(\lambda)$

$=n-\mathrm{rank}(A-\lambda E)$

㋒　$\boldsymbol{x}=\begin{bmatrix} x \\ y \\ z \end{bmatrix}$ とおくと

$x-2y-z=0$ から

$\boldsymbol{x}=\begin{bmatrix} 2c_1+c_2 \\ c_1 \\ c_2 \end{bmatrix}$

$\boldsymbol{p}_1=\begin{bmatrix} 2 \\ 1 \\ 0 \end{bmatrix}$ と $\boldsymbol{p}_2=\begin{bmatrix} 1 \\ 0 \\ 1 \end{bmatrix}$ は $\boldsymbol{W}(3)$ の基．

㋓　$A-2E\to\begin{bmatrix} 1 & 0 & \frac{1}{2} \\ 0 & 1 & \frac{1}{2} \\ 0 & 0 & 0 \end{bmatrix}$

$\boldsymbol{p}_3=\begin{bmatrix} 1 \\ 1 \\ -2 \end{bmatrix}$ は $\boldsymbol{W}(2)$ の基．

POINT　固有方程式が重解をもたない場合は，とくに問題は生じない．重解があるときの対角化可能の条件をおさえておこう．

問題 65 直交行列による対角化

次の対称行列 A を直交行列 P により対角化せよ．

$$\begin{bmatrix} 3 & 2 & -2 \\ 2 & 3 & -2 \\ -2 & -2 & 3 \end{bmatrix}$$

解説 実正方行列 P が $P\,{}^tP={}^tPP=E$ を満たすとき，P を**直交行列**という．このとき，${}^tP=P^{-1}$ である．とくに，P が 2 次の実正方行列のときは

$P=\begin{bmatrix} a & b \\ c & d \end{bmatrix}$ とおくと，$\begin{bmatrix} a & b \\ c & d \end{bmatrix}\begin{bmatrix} a & c \\ b & d \end{bmatrix}=\begin{bmatrix} a & c \\ b & d \end{bmatrix}\begin{bmatrix} a & b \\ c & d \end{bmatrix}=\begin{bmatrix} 1 & 0 \\ 0 & 1 \end{bmatrix}$ から

$$\begin{cases} a^2+b^2=c^2+d^2=a^2+c^2=b^2+d^2=1 \\ ac+bd=ab+cd=0 \end{cases}$$

となり，P の行ベクトルおよび列ベクトルはそれぞれ正規直交系をなす．

$|\boldsymbol{a}_1|=|\boldsymbol{a}_2|=1$ かつ $\boldsymbol{a}_1\perp\boldsymbol{a}_2$ だから，

$\boldsymbol{a}_1=\begin{bmatrix} \cos\theta \\ \sin\theta \end{bmatrix}$ とおくと $\left(\dfrac{\pi}{2}\text{ ラジアン}=90^\circ \text{ である}\right)$

y, $\begin{bmatrix} b \\ d \end{bmatrix}$, $\begin{bmatrix} a \\ c \end{bmatrix}$, θ, O, x, $\begin{bmatrix} b \\ d \end{bmatrix}$

$\boldsymbol{a}_2=\begin{bmatrix} \cos\left(\theta+\dfrac{\pi}{2}\right) \\ \sin\left(\theta+\dfrac{\pi}{2}\right) \end{bmatrix}=\begin{bmatrix} -\sin\theta \\ \cos\theta \end{bmatrix}$ または $\boldsymbol{a}_2=\begin{bmatrix} \cos\left(\theta-\dfrac{\pi}{2}\right) \\ \sin\left(\theta-\dfrac{\pi}{2}\right) \end{bmatrix}=\begin{bmatrix} \sin\theta \\ -\cos\theta \end{bmatrix}$ となり，

2 次の直交行列 P は $\begin{bmatrix} \cos\theta & -\sin\theta \\ \sin\theta & \cos\theta \end{bmatrix}$, $\begin{bmatrix} \cos\theta & \sin\theta \\ \sin\theta & -\cos\theta \end{bmatrix}$ のいずれかである．

一般に，n 次の実正方行列 P が直交行列であるときも，P の行ベクトルおよび列ベクトルはそれぞれ正規直交系をなす．直交行列 P は，$|P|>0$ のとき**正の直交行列**，$|P|<0$ のとき**負の直交行列**という．

さて，実対称行列の固有値はすべて実数であるが，実正方行列 A が直交行列 P で対角化可能であるための必要十分条件は，A が実対称行列であることである．すなわち，

実正方行列 A が直交行列 P で対角化可能 $\Longleftrightarrow$ A が実対称行列……(★)

が成り立つ．このとき，${}^tPAP$ は対角行列になる．

本問は A が実対称行列だから直交行列 P で対角化可能であるが，固有値が重解をもつので，固有ベクトルの求め方に注意が必要である．

解答

固有方程式は

$$|A-\lambda E|=\begin{vmatrix} 3-\lambda & 2 & -2 \\ 2 & 3-\lambda & -2 \\ -2 & -2 & 3-\lambda \end{vmatrix}$$

$$=(3-\lambda)^3+16-12(3-\lambda) \quad ㋐$$

$$=(1-\lambda)^2(7-\lambda)=0$$

$\therefore\ \lambda=1$ (2 重解), 7 **A**

$\lambda=7$ のとき

$$A-7E=\begin{bmatrix} -4 & 2 & -2 \\ 2 & -4 & -2 \\ -2 & -2 & -4 \end{bmatrix}\to\begin{bmatrix} 1 & 0 & 1 \\ 0 & 1 & 1 \\ 0 & 0 & 0 \end{bmatrix} \text{より}$$

単位固有ベクトルは, $\boldsymbol{p}_1=\dfrac{1}{\sqrt{3}}\begin{bmatrix} 1 \\ 1 \\ -1 \end{bmatrix}$ ㋑ **B**

また, $\lambda=1$ のとき

$$A-E=\begin{bmatrix} 2 & 2 & -2 \\ 2 & 2 & -2 \\ -2 & -2 & 2 \end{bmatrix}\to\begin{bmatrix} 1 & 1 & -1 \\ 0 & 0 & 0 \\ 0 & 0 & 0 \end{bmatrix} \text{より}$$

固有ベクトル $\boldsymbol{x}=\begin{bmatrix} x \\ y \\ z \end{bmatrix}$ は　$x+y-z=0$ を満たす.

この平面上に正規直交基底をなす $\boldsymbol{p}_2, \boldsymbol{p}_3$ を選ぶ. ㋒ **C**

$\boldsymbol{p}_2=\dfrac{1}{\sqrt{2}}\begin{bmatrix} 1 \\ -1 \\ 0 \end{bmatrix}$ とおくと $\boldsymbol{p}_1\perp\boldsymbol{p}_2$ を満たすので,

$\boldsymbol{p}_3$ は $\boldsymbol{p}_3=\boldsymbol{p}_1\times\boldsymbol{p}_2$ ㋓ $=\dfrac{1}{\sqrt{6}}\begin{bmatrix} -1 \\ -1 \\ -2 \end{bmatrix}$ を選べばよい.

よって, $P=[\boldsymbol{p}_1\ \boldsymbol{p}_2\ \boldsymbol{p}_3]$ は直交行列で

$${}^tPAP=\begin{bmatrix} 7 & 0 & 0 \\ 0 & 1 & 0 \\ 0 & 0 & 1 \end{bmatrix} \quad ㋔ \quad \cdots\cdots(\text{答})$$ **D**

㋐　$3-\lambda=t$ として
$t^3-12t+16$
$=(t-2)^2(t+4)$
$=(1-\lambda)^2(7-\lambda)$

㋑　固有ベクトル $\boldsymbol{x}=\begin{bmatrix} x \\ y \\ z \end{bmatrix}$ は

$\begin{cases} x \quad +z=0 \\ \quad y+z=0 \end{cases}$ より,

$\boldsymbol{x}=c_1\begin{bmatrix} 1 \\ 1 \\ -1 \end{bmatrix}$

㋒

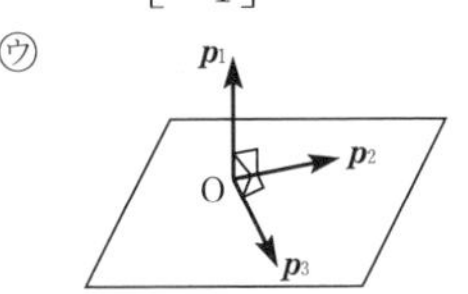

$\boldsymbol{p}_1, \boldsymbol{p}_2, \boldsymbol{p}_3$ は互いに垂直だから, $\boldsymbol{p}_2$ を $\boldsymbol{p}_1\perp\boldsymbol{p}_2$ を満たすように定めて, $\boldsymbol{p}_3$ は $\boldsymbol{p}_1$ と $\boldsymbol{p}_2$ の外積（問題 36）とすればよい.

㋓　$\boldsymbol{p}_3=\dfrac{1}{\sqrt{6}}{}^t\left[\begin{vmatrix} 1 & -1 \\ -1 & 0 \end{vmatrix}\ \begin{vmatrix} -1 & 1 \\ 0 & 1 \end{vmatrix}\ \begin{vmatrix} 1 & 1 \\ 1 & -1 \end{vmatrix}\right]$

㋔　${}^tP=P^{-1}$

POINT　左ページ（★）から, 実対称行列 A は適当な正規直交系をとってそれへの正射影の表現行列 $P_1, \cdots, P_r$ により

$A=\lambda_1P_1+\cdots+\lambda_rP_r$

と表される. これを A の**スペクトル分解**という.

問題 66　ユニタリー行列による対角化

次のエルミート行列 A をユニタリー行列 U により対角化せよ．

$$A=\begin{bmatrix} 2 & \sqrt{2}i & 1 \\ -\sqrt{2}i & 3 & -\sqrt{2}i \\ 1 & \sqrt{2}i & 2 \end{bmatrix}$$

解説　複素行列 $A=[a_{ij}]$ の各成分をその共役複素数 $\overline{a_{ij}}$ でおき換えて得られる行列 $[\overline{a_{ij}}]$ を A の**共役行列**と呼び，$\overline{A}$ と表す．さらに，$\overline{A}$ の転置行列を A の**共役転置行列**または**随伴行列**と呼び，A^* と表す．

すなわち　$A^*={}^t(\overline{A})=\overline{{}^tA}$　　A が実行列なら，$A^*={}^tA$ となる．

随伴行列については次の公式が成り立つ．

$(A^*)^*=A$，$(A+B)^*=A^*+B^*$，$(kA)^*=\overline{k}A^*$，$(AB)^*=B^*A^*$

さて，複素行列 A は

$A^*=A$ を満たすとき，**エルミート行列**

$A^*=-A$ を満たすとき，**エルミート交代行列**（**反エルミート行列**）

と呼ぶ．たとえば

$$A=\begin{bmatrix} 3 & 1+i & 2-3i \\ 1-i & 5 & i \\ 2+3i & -i & 2 \end{bmatrix}$$

は，以下の式変形により，エルミート行列である．

$$A^*={}^t(\overline{A})={}^t\begin{bmatrix} 3 & 1-i & 2+3i \\ 1+i & 5 & -i \\ 2-3i & i & 2 \end{bmatrix}=\begin{bmatrix} 3 & 1+i & 2-3i \\ 1-i & 5 & i \\ 2+3i & -i & 2 \end{bmatrix}=A$$

ここで，複素正方行列 U が $UU^*=U^*U=E$ を満たすとき，U を**ユニタリー行列**という．このとき，$U^*=U^{-1}$ であり，直交行列と同様に

U の行ベクトルおよび列ベクトルはそれぞれ正規直交系をなす

が成り立つ．また，$AA^*=A^*A$ を満たす行列 A を**正規行列**というが，複素正方行列 A がユニタリー行列 U で対角化可能であるための必要十分条件は，A が正規行列であることである．すなわち

複素正方行列 A がユニタリー行列 U で対角化可能 $\Longleftrightarrow$ A が正規行列

が成り立つ．エルミート・エルミート交代・ユニタリー行列は正規行列だから，これらはユニタリー行列 U で対角化可能となる．

解答

$$|A-\lambda E|=\begin{vmatrix} 2-\lambda & \sqrt{2}i & 1 \\ -\sqrt{2}i & 3-\lambda & -\sqrt{2}i \\ 1 & \sqrt{2}i & 2-\lambda \end{vmatrix}$$

$$=-(\lambda-1)^2(\lambda-5)=0$$

$\therefore\quad \lambda=1$(2 重解), 5 A

$\lambda=5$ のとき

$$A-5E=\begin{bmatrix} -3 & \sqrt{2}i & 1 \\ -\sqrt{2}i & -2 & -\sqrt{2}i \\ 1 & \sqrt{2}i & -3 \end{bmatrix}\to\begin{bmatrix} 1 & 0 & -1 \\ 0 & 1 & \sqrt{2}i \\ 0 & 0 & 0 \end{bmatrix}$$

㋐ 実成分の場合と同様に，行基本変形する．

より，固有ベクトル $\boldsymbol{x}$ は　$\boldsymbol{x}={}^t[i\ \sqrt{2}\ i]$

$|\boldsymbol{x}|^2=\boldsymbol{x}^*\boldsymbol{x}=-i\times i+\sqrt{2}\times\sqrt{2}+(-i)\times i=4$ より

㋑ $|\boldsymbol{x}|^2=i\times\bar{i}+\sqrt{2}\times\overline{\sqrt{2}}+i\times\bar{i}$ として求めてもよい．

5 に属する単位固有ベクトルは　$\boldsymbol{u}_1=\dfrac{1}{2}\begin{bmatrix} i \\ \sqrt{2} \\ i \end{bmatrix}$ B

$\lambda=1$ のとき

$$A-E=\begin{bmatrix} 1 & \sqrt{2}i & 1 \\ -\sqrt{2}i & 2 & -\sqrt{2}i \\ 1 & \sqrt{2}i & 1 \end{bmatrix}\to\begin{bmatrix} 1 & \sqrt{2}i & 1 \\ 0 & 0 & 0 \\ 0 & 0 & 0 \end{bmatrix}$$

固有ベクトル $\boldsymbol{u}_2$ は　$x+\sqrt{2}iy+z=0$ を満たす．

$\boldsymbol{u}_2=\dfrac{1}{\sqrt{2}}\begin{bmatrix} 1 \\ 0 \\ -1 \end{bmatrix}$ とおくと $\boldsymbol{u}_1\perp\boldsymbol{u}_2$, $|\boldsymbol{u}_2|=1$ を満たす．

㋒ たとえば，$y=0$ とおくと $x+z=0$ より $z=-x$．よって，固有ベクトルとして，$\boldsymbol{x}=\begin{bmatrix} 1 \\ 0 \\ -1 \end{bmatrix}\in\boldsymbol{W}(1)$ とする．

$\boldsymbol{u}_3=\begin{bmatrix} x \\ y \\ z \end{bmatrix}$ で $\begin{cases} x+\sqrt{2}iy+z=0 \\ \boldsymbol{u}_3\cdot\boldsymbol{u}_2=0 \\ |\boldsymbol{u}_3|=1 \end{cases}$ を満たすものを

求めると，$\boldsymbol{u}_3=\dfrac{1}{2}\begin{bmatrix} 1 \\ \sqrt{2}i \\ 1 \end{bmatrix}$ C

㋓ $\boldsymbol{u}_3\cdot\boldsymbol{u}_2=0$ から
$x\times\bar{1}+y\times\bar{0}+z\times\overline{(-1)}=0$
$\therefore\quad x-z=0$
これと $x+\sqrt{2}iy+z=0$ から，$z=x$, $y=\sqrt{2}ix$
よって，固有ベクトルとして，$\boldsymbol{x}=\begin{bmatrix} 1 \\ \sqrt{2}i \\ 1 \end{bmatrix}$ とする．

$$\therefore\quad U=[\boldsymbol{u}_1\ \ \boldsymbol{u}_2\ \ \boldsymbol{u}_3],\quad U^*AU=\begin{bmatrix} 5 & 0 & 0 \\ 0 & 1 & 0 \\ 0 & 0 & 1 \end{bmatrix}$$ D

……(答)

POINT　エルミート行列 A の固有値は実数で，これは
$\lambda|\boldsymbol{x}|^2=\lambda\boldsymbol{x}\cdot\boldsymbol{x}=A\boldsymbol{x}\cdot\boldsymbol{x}$
$=\boldsymbol{x}\cdot A\boldsymbol{x}=\boldsymbol{x}\cdot\lambda\boldsymbol{x}=\bar{\lambda}|\boldsymbol{x}|^2$
で，$\lambda=\bar{\lambda}$ から示される．

問題 67　行列の 3 角化

行列 $A=\begin{bmatrix} 3 & 0 & 0 \\ 1 & 2 & 1 \\ 1 & -1 & 4 \end{bmatrix}$ に対し，直交行列 P を選んで $P^{-1}AP$ が上 3 角行列になるようにせよ．

解説　ここでは，正方行列 A が対角化できない場合について考える．

たとえば，$A=\begin{bmatrix} 1 & 1 \\ -4 & 5 \end{bmatrix}$ は固有方程式 $|A-\lambda E|=\begin{vmatrix} 1-\lambda & 1 \\ -4 & 5-\lambda \end{vmatrix}=0$ より

$(1-\lambda)(5-\lambda)-1\cdot(-4)=0$　　$(\lambda-3)^2=0$　　$\therefore\ \lambda=3$ (2 重解)

$A-3E=\begin{bmatrix} -2 & 1 \\ -4 & 2 \end{bmatrix}\to\begin{bmatrix} -2 & 1 \\ 0 & 0 \end{bmatrix}$ より，固有ベクトルは　$c\begin{bmatrix} 1 \\ 2 \end{bmatrix}$　$(c\neq 0)$

したがって，$\dim \boldsymbol{W}(3)=1\neq$ 重複度 2 となり A は対角化不可能である．

このとき，$\boldsymbol{p}_1=\dfrac{1}{\sqrt{5}}\begin{bmatrix} 1 \\ 2 \end{bmatrix}$ とし $\langle \boldsymbol{p}_1, \boldsymbol{p}_2 \rangle$ が正規直交基底をなすように

$\boldsymbol{p}_2=\dfrac{1}{\sqrt{5}}\begin{bmatrix} -2 \\ 1 \end{bmatrix}$ とすると，$A\boldsymbol{p}_2=\begin{bmatrix} 1 & 1 \\ -4 & 5 \end{bmatrix}\dfrac{1}{\sqrt{5}}\begin{bmatrix} -2 \\ 1 \end{bmatrix}=\dfrac{1}{\sqrt{5}}\begin{bmatrix} -1 \\ 13 \end{bmatrix}=5\boldsymbol{p}_1+3\boldsymbol{p}_2$

$\left(\because\ \ \dfrac{1}{\sqrt{5}}\begin{bmatrix} -1 \\ 13 \end{bmatrix}=c_1\boldsymbol{p}_1+c_2\boldsymbol{p}_2=c_1\dfrac{1}{\sqrt{5}}\begin{bmatrix} 1 \\ 2 \end{bmatrix}+c_2\dfrac{1}{\sqrt{5}}\begin{bmatrix} -2 \\ 1 \end{bmatrix}\ \Longrightarrow\ c_1=5,\ c_2=3\right)$

これより，$P=[\boldsymbol{p}_1\ \ \boldsymbol{p}_2]=\dfrac{1}{\sqrt{5}}\begin{bmatrix} 1 & -2 \\ 2 & 1 \end{bmatrix}$ とすると P は直交行列で

$$\begin{aligned} AP&=A[\boldsymbol{p}_1\ \ \boldsymbol{p}_2]=[A\boldsymbol{p}_1\ \ A\boldsymbol{p}_2]=[3\boldsymbol{p}_1\ \ 5\boldsymbol{p}_1+3\boldsymbol{p}_2] \\ &=[\boldsymbol{p}_1\ \ \boldsymbol{p}_2]\begin{bmatrix} 3 & 5 \\ 0 & 3 \end{bmatrix}=P\begin{bmatrix} 3 & 5 \\ 0 & 3 \end{bmatrix} \end{aligned}$$

P は正則だから，$P^{-1}AP=\begin{bmatrix} 3 & 5 \\ 0 & 3 \end{bmatrix}$ となり，$P^{-1}AP$ は上 3 角行列になる．

一般に，正方行列 A に対し，適当な正則行列 P を用いて **3 角行列**に直すことを行列 A を **3 角化する**といい，P を A を **3 角化する行列**という．

正方行列 A に対して，適当な正則行列 U を選べば必ず 3 角化可能である．このとき，U の 1 つとしてユニタリー行列を採用することができる．また，実正方行列 A に対しては，A の固有値がすべて実数ならば実正則行列 P で 3 角化可能である．このとき，P の 1 つとして直交行列を採用することができる．

解答

$$|A-\lambda E|=\begin{vmatrix}3-\lambda & 0 & 0\\ 1 & 2-\lambda & 1\\ 1 & -1 & 4-\lambda\end{vmatrix}=(3-\lambda)^3=0$$

$\therefore\quad \lambda=3$(3 重解) A

$$A-3E=\begin{bmatrix}0&0&0\\1&-1&1\\1&-1&1\end{bmatrix}\to\begin{bmatrix}1&-1&1\\0&0&0\\0&0&0\end{bmatrix}\text{より}$$

固有ベクトル $\boldsymbol{x}$ は　$x-y+z=0$……①　から,

$$\therefore\quad \boldsymbol{x}=\begin{bmatrix}c_1-c_2\\c_1\\c_2\end{bmatrix}=c_1\begin{bmatrix}1\\1\\0\end{bmatrix}+c_2\begin{bmatrix}-1\\0\\1\end{bmatrix}$$ B

1 つの単位固有ベクトルとして, $\boldsymbol{p}_1=\dfrac{1}{\sqrt{2}}\begin{bmatrix}1\\1\\0\end{bmatrix}$ とし,

①を満たし, $\boldsymbol{p}_1\perp\boldsymbol{p}_2$ となる単位固有ベクトルとして

㋐$\boldsymbol{p}_2=\dfrac{1}{\sqrt{6}}\begin{bmatrix}-1\\1\\2\end{bmatrix}$ を選ぶと, 3 つ目の単位固有ベクトル $\boldsymbol{p}_3$ は

$$\boldsymbol{p}_3=\boldsymbol{p}_1\times\boldsymbol{p}_2=\frac{1}{\sqrt{12}}\begin{bmatrix}2\\-2\\2\end{bmatrix}=\frac{1}{\sqrt{3}}\begin{bmatrix}1\\-1\\1\end{bmatrix}$$ C

ここで, ㋑$A\boldsymbol{p}_3=k_1\boldsymbol{p}_1+k_2\boldsymbol{p}_2+k_3\boldsymbol{p}_3$ となる k_1, k_2, k_3 を求めると, $k_1=\dfrac{\sqrt{6}}{2}$, $k_2=\dfrac{3\sqrt{2}}{2}$, $k_3=3$

よって, ㋒$P=[\boldsymbol{p}_1\ \ \boldsymbol{p}_2\ \ \boldsymbol{p}_3]$ とおくと

$$\begin{aligned}AP&=A[\boldsymbol{p}_1\ \ \boldsymbol{p}_2\ \ \boldsymbol{p}_3]=[A\boldsymbol{p}_1\ \ A\boldsymbol{p}_2\ \ A\boldsymbol{p}_3]\\&=[3\boldsymbol{p}_1\ \ 3\boldsymbol{p}_2\ \ k_1\boldsymbol{p}_1+k_2\boldsymbol{p}_2+3\boldsymbol{p}_3]\\&=[\boldsymbol{p}_1\ \ \boldsymbol{p}_2\ \ \boldsymbol{p}_3]\begin{bmatrix}3&0&k_1\\0&3&k_2\\0&0&3\end{bmatrix}=P\begin{bmatrix}3&0&k_1\\0&3&k_2\\0&0&3\end{bmatrix}\end{aligned}$$

すなわち, $^tPAP=\dfrac{1}{2}\begin{bmatrix}6&0&\sqrt{6}\\0&6&3\sqrt{2}\\0&0&6\end{bmatrix}$　……(答) D

㋐　$\boldsymbol{p}_2=\begin{bmatrix}x\\y\\z\end{bmatrix}$ とおくと, $\boldsymbol{p}_2$ は①および $\boldsymbol{p}_1\cdot\boldsymbol{p}_2=0$ さらに $|\boldsymbol{p}_2|=1$ を満たすので

$$\begin{cases}x-y+z=0\\x+y=0\\x^2+y^2+z^2=1\end{cases}$$

㋑　$A\boldsymbol{p}_3=\begin{bmatrix}\sqrt{3}\\0\\2\sqrt{3}\end{bmatrix}$ より

$$k_1\frac{1}{\sqrt{2}}\begin{bmatrix}1\\1\\0\end{bmatrix}+k_2\frac{1}{\sqrt{6}}\begin{bmatrix}-1\\1\\2\end{bmatrix}+k_3\frac{1}{\sqrt{3}}\begin{bmatrix}1\\-1\\1\end{bmatrix}=\begin{bmatrix}\sqrt{3}\\0\\2\sqrt{3}\end{bmatrix}$$

㋒　P は直交行列.

POINT　対角行列ほどではないが, 3 角行列の n 乗はカンタンな形で表現できるので, これで一般の行列についての n 乗計算の道が開けた.

問題 68 実正規行列の標準化

次の実正規行列 A を直交行列 P により標準化せよ.

$$A=\begin{bmatrix} 1 & 6 & 2 \\ -2 & -2 & 6 \\ 6 & -2 & 1 \end{bmatrix}$$

解 説 ここでは, n 次の実正規行列 A が虚数の固有値をもつときについて考える. n 次の実正規行列 A の相異なる固有値を

$$\begin{cases} \text{実固有値}\quad \lambda_j\ (1 \leqq j \leqq r) \cdots\cdots \text{重複度はそれぞれ } m_j \\ \text{共役な虚固有値}\quad a_k \pm b_k i\ (1 \leqq k \leqq s) \cdots\cdots \text{重複度はそれぞれ } n_k \end{cases}$$

とおくと, 適当な直交行列 P により,

$${}^tPAP=\begin{bmatrix} \overbrace{\lambda_1 \ \ddots\ \lambda_1}^{m_1} & & & & & O \\ & \ddots & & & & \\ & & \overbrace{\lambda_r \ \ddots\ \lambda_r}^{m_r} & & & \\ & & & \overbrace{\begin{matrix} a_1 & -b_1 \\ b_1 & a_1 \end{matrix}}^{n_1} & & \\ & & & & \ddots & \\ O & & & & & \overbrace{\begin{matrix} a_s & -b_s \\ b_s & a_s \end{matrix}}^{n_s} \end{bmatrix} \quad \cdots\cdots ①$$

(ただし, $m_1+\cdots+m_r+2n_1+\cdots+2n_s=n$)

とすることができる. これを**実正規行列 A の標準化**という.

λ_j の固有空間 $\boldsymbol{W}(\lambda_j)$ の正規直交基底が $\langle \boldsymbol{u}_{j1}, \boldsymbol{u}_{j2}, \cdots, \boldsymbol{u}_{jm_j} \rangle$,

a_k+b_ki の固有空間 $\boldsymbol{W}(a_k+b_ki)$ の正規直交基底が $\langle \boldsymbol{v}_{k1}, \boldsymbol{v}_{k2}, \boldsymbol{v}_{kn_k} \rangle$

であるとき,

a_k-b_ki の固有空間 $\boldsymbol{W}(a_k-b_ki)$ の正規直交基底は $\langle \overline{\boldsymbol{v}_{k1}}, \overline{\boldsymbol{v}_{k2}}, \cdots, \overline{\boldsymbol{v}_{kn_k}} \rangle$

となる. ここで

$$\boldsymbol{w}_{k\,2l-1}=\frac{\boldsymbol{v}_{kl}+\overline{\boldsymbol{v}_{kl}}}{\sqrt{2}},\quad \boldsymbol{w}_{k\,2l}=\frac{\boldsymbol{v}_{kl}-\overline{\boldsymbol{v}_{kl}}}{\sqrt{2}\,i} \quad (l=1, 2, \cdots, n_k)$$

とおくと, $\boldsymbol{w}_{k\,2l-1}$, $\boldsymbol{w}_{k\,2l}$ は実ベクトルとなり,

$$\langle \boldsymbol{u}_{11}, \cdots, \boldsymbol{u}_{1m_1}, \cdots, \boldsymbol{u}_{r1}, \cdots, \boldsymbol{u}_{rm_r}, \boldsymbol{w}_{11}, \cdots, \boldsymbol{w}_{1\,2n_1}, \cdots, \boldsymbol{w}_{s1}, \cdots, \boldsymbol{w}_{s\,2n_s} \rangle$$

は正規直交基底となる.

よって, 行列 P を上の正規直交基底のなす行列とすると, ①のようにできる.

解答

$$\underset{㋐}{|A-\lambda E|}=\begin{vmatrix}1-\lambda & 6 & 2\\ -2 & -2-\lambda & 6\\ 6 & -2 & 1-\lambda\end{vmatrix}$$

$$=(\lambda-6)(\lambda^2+6\lambda+45)=0$$

$$\therefore\quad \lambda=6,\ -3\pm 6i \quad \text{A}$$

$\lambda=6$, $-3+6i$ に属する単位固有ベクトルをそれぞれ $\boldsymbol{u}, \boldsymbol{v}$ とおくと（㋑）

$$\boldsymbol{u}=\frac{1}{3}\begin{bmatrix}2\\1\\2\end{bmatrix},\quad \boldsymbol{v}=\frac{\sqrt{2}}{6}\begin{bmatrix}1-2i\\2+2i\\-2+i\end{bmatrix}$$

$\lambda=-3-6i=\overline{-3+6i}$ に属する単位固有ベクトルは，$\bar{\boldsymbol{v}}$ で与えられる（㋒）．ここで

$$\boldsymbol{w}_1=\frac{\boldsymbol{v}+\bar{\boldsymbol{v}}}{\sqrt{2}}=\frac{1}{3}\begin{bmatrix}1\\2\\-2\end{bmatrix},\quad \boldsymbol{w}_2=\frac{\boldsymbol{v}-\bar{\boldsymbol{v}}}{\sqrt{2}\,i}=\frac{1}{3}\begin{bmatrix}-2\\2\\1\end{bmatrix}$$

とおくと，$\langle \boldsymbol{u}, \boldsymbol{w}_1, \boldsymbol{w}_2\rangle$ は正規直交基底をなし，

$$P=[\boldsymbol{u}\ \ \boldsymbol{w}_1\ \ \boldsymbol{w}_2]=\frac{1}{3}\begin{bmatrix}2 & 1 & -2\\ 1 & 2 & 2\\ 2 & -2 & 1\end{bmatrix}$$

は，直交行列となる． B

ここに，$A\boldsymbol{u}=6\boldsymbol{u}$,

$$\underset{㋓}{A\boldsymbol{w}_1=-3\boldsymbol{w}_1-6\boldsymbol{w}_2},\quad A\boldsymbol{w}_2=6\boldsymbol{w}_1-3\boldsymbol{w}_2$$

となるので

$$AP=A[\boldsymbol{u}\ \ \boldsymbol{w}_1\ \ \boldsymbol{w}_2]=[A\boldsymbol{u}\ \ A\boldsymbol{w}_1\ \ A\boldsymbol{w}_2]$$

$$=[6\boldsymbol{u}\ \ -3\boldsymbol{w}_1-6\boldsymbol{w}_2\ \ 6\boldsymbol{w}_1-3\boldsymbol{w}_2]$$

$$=[\boldsymbol{u}\ \ \boldsymbol{w}_1\ \ \boldsymbol{w}_2]\begin{bmatrix}6 & 0 & 0\\ 0 & -3 & 6\\ 0 & -6 & -3\end{bmatrix}$$

よって，$${}^tPAP=\begin{bmatrix}6 & 0 & 0\\ 0 & -3 & 6\\ 0 & -6 & -3\end{bmatrix}$$ ……(答) C

㋐　行列 A は
${}^tAA$, $A\,{}^tA$ がいずれも

$$\begin{bmatrix}41 & -2 & -4\\ -2 & 44 & -2\\ -4 & -2 & 41\end{bmatrix}$$ となり，

実正規行列である．

㋑　$\lambda=6$ のとき，

$$A-6E=\begin{bmatrix}-5 & 6 & 2\\ -2 & -8 & 6\\ 6 & -2 & -5\end{bmatrix}\to\begin{bmatrix}1 & 0 & -1\\ 0 & 2 & -1\\ 0 & 0 & 0\end{bmatrix}$$

$\lambda=-3+6i$ のとき，

$$A-(-3+6i)E=\begin{bmatrix}4-6i & 6 & 2\\ -2 & 1-6i & 6\\ 6 & -2 & 4-6i\end{bmatrix}\to\begin{bmatrix}1+2i & 0 & 2+i\\ 0 & 1+2i & -2+2i\\ 0 & 0 & 0\end{bmatrix}$$

㋒　$$\bar{\boldsymbol{v}}=\frac{\sqrt{2}}{6}\begin{bmatrix}1+2i\\2-2i\\-2-i\end{bmatrix}$$

㋓　$$A\boldsymbol{w}_1=A\left(\frac{\boldsymbol{v}+\bar{\boldsymbol{v}}}{\sqrt{2}}\right)=\frac{A\boldsymbol{v}+A\bar{\boldsymbol{v}}}{\sqrt{2}}=\frac{\lambda\boldsymbol{v}+\bar{\lambda}\bar{\boldsymbol{v}}}{\sqrt{2}}$$

$$=\frac{1}{\sqrt{2}}\left\{\frac{\lambda+\bar{\lambda}}{2}(\boldsymbol{v}+\bar{\boldsymbol{v}})+\frac{\lambda-\bar{\lambda}}{2}(\boldsymbol{v}-\bar{\boldsymbol{v}})\right\}$$

$$=-3\boldsymbol{w}_1-6\boldsymbol{w}_2$$

POINT　上の㋓の変形の3行目から，$\lambda=a+bi$ として，$A\boldsymbol{w}_1=a\boldsymbol{w}_1+b\boldsymbol{w}_2$ が導ける．

問題 69　対角化による行列の n 乗

行列 $A=\begin{bmatrix} 1 & 0 & 0 \\ -1 & 2 & 2 \\ 0 & 0 & 1 \end{bmatrix}$ について，次の問に答えよ．

(1)　A の固有値と固有ベクトルを求めよ．

(2)　A^n（$n=1,2,\cdots$）を求めよ．

解説　正方行列 A が正則行列 P により $P^{-1}AP=B$ のように表されるとき，A^n は次のように求めることができる．

$P^{-1}AP=B$ の両辺を n 乗して　　$(P^{-1}AP)^n=B^n$

$$\text{左辺}=(P^{-1}AP)(P^{-1}AP)\cdots(P^{-1}AP)=P^{-1}A(PP^{-1})A(PP^{-1})\cdots A(PP^{-1})AP$$
$$=P^{-1}AEAE\cdots AEAP=P^{-1}A^nP$$

となるので　　$P^{-1}A^nP=B^n$

これより，左から P，右から P^{-1} を掛けて　$P(P^{-1}A^nP)P^{-1}=PB^nP^{-1}$

よって，$A^n=PB^nP^{-1}$ となる．

とくに，m 次正方行列 A が対角化可能なときは

$B^n=\begin{bmatrix} \lambda_1 & & \\ & \ddots & \\ & & \lambda_m \end{bmatrix}^n=\begin{bmatrix} \lambda_1{}^n & & \\ & \ddots & \\ & & \lambda_m{}^n \end{bmatrix}$ を用いることができる．

たとえば，$A=\begin{bmatrix} 1 & 1 \\ -2 & 4 \end{bmatrix}$ のとき，固有方程式は $|A-\lambda E|=\begin{vmatrix} 1-\lambda & 1 \\ -2 & 4-\lambda \end{vmatrix}=0$

$\lambda^2-5\lambda+6=0$　　　$(\lambda-2)(\lambda-3)=0$　　　$\therefore\ \lambda=2,\ 3$

$\lambda=2$ のとき，$A-2E=\begin{bmatrix} -1 & 1 \\ -2 & 2 \end{bmatrix}\to\begin{bmatrix} -1 & 1 \\ 0 & 0 \end{bmatrix}$ より，$\boldsymbol{x}_1=c_1\begin{bmatrix} 1 \\ 1 \end{bmatrix}$　$(c_1\neq 0)$

$\lambda=3$ のとき，$A-3E=\begin{bmatrix} -2 & 1 \\ -2 & 1 \end{bmatrix}\to\begin{bmatrix} -2 & 1 \\ 0 & 0 \end{bmatrix}$ より，$\boldsymbol{x}_2=c_2\begin{bmatrix} 1 \\ 2 \end{bmatrix}$　$(c_2\neq 0)$

これより，$P=\begin{bmatrix} 1 & 1 \\ 1 & 2 \end{bmatrix}$ とおくと，$P^{-1}AP=\begin{bmatrix} 2 & 0 \\ 0 & 3 \end{bmatrix}$

両辺を n 乗して，$(P^{-1}AP)^n=\begin{bmatrix} 2 & 0 \\ 0 & 3 \end{bmatrix}^n$　　　$P^{-1}A^nP=\begin{bmatrix} 2^n & 0 \\ 0 & 3^n \end{bmatrix}$

よって，$A^n=P\begin{bmatrix} 2^n & 0 \\ 0 & 3^n \end{bmatrix}P^{-1}=\begin{bmatrix} 1 & 1 \\ 1 & 2 \end{bmatrix}\begin{bmatrix} 2^n & 0 \\ 0 & 3^n \end{bmatrix}\begin{bmatrix} 2 & -1 \\ -1 & 1 \end{bmatrix}$

$=\begin{bmatrix} 2^{n+1}-3^n & -2^n+3^n \\ 2^{n+1}-2\cdot 3^n & -2^n+2\cdot 3^n \end{bmatrix}$ となる．

解答

(1)　A の固有方程式は

$$|A-\lambda E|=\begin{vmatrix} 1-\lambda & 0 & 0 \\ -1 & 2-\lambda & 2 \\ 0 & 0 & 1-\lambda \end{vmatrix}=0$$

$(1-\lambda)^2(2-\lambda)=0$　$\therefore$　$\lambda=1$(2 重解)，2　A

$\lambda=1$ のとき，㋐$(A-E)\boldsymbol{x}_1=\boldsymbol{0}$

$$A-E=\begin{bmatrix} 0 & 0 & 0 \\ -1 & 1 & 2 \\ 0 & 0 & 0 \end{bmatrix} \text{より}$$

$\lambda=1$ のとき，㋑$\boldsymbol{x}_1=c_1\begin{bmatrix} 1 \\ 1 \\ 0 \end{bmatrix}+c_2\begin{bmatrix} 2 \\ 0 \\ 1 \end{bmatrix}$　……(答)　B

同様に　$\lambda=2$ のとき，㋒$\boldsymbol{x}_2=c_3\begin{bmatrix} 0 \\ 1 \\ 0 \end{bmatrix}$　……(答)

$(c_1,\ c_2,\ c_3 \neq 0)$　C

(2)　$P=\begin{bmatrix} 1 & 2 & 0 \\ 1 & 0 & 1 \\ 0 & 1 & 0 \end{bmatrix}$ とおくと，㋓$P^{-1}AP=\begin{bmatrix} 1 & 0 & 0 \\ 0 & 1 & 0 \\ 0 & 0 & 2 \end{bmatrix}$　A

これより　$(P^{-1}AP)^n=P^{-1}A^nP=\begin{bmatrix} 1 & 0 & 0 \\ 0 & 1 & 0 \\ 0 & 0 & 2 \end{bmatrix}^n$　B

$$\therefore\quad A^n=P\begin{bmatrix} 1 & 0 & 0 \\ 0 & 1 & 0 \\ 0 & 0 & 2 \end{bmatrix}^n P^{-1}\text{㋔}$$

$$=\begin{bmatrix} 1 & 2 & 0 \\ 1 & 0 & 1 \\ 0 & 1 & 0 \end{bmatrix}\begin{bmatrix} 1 & 0 & 0 \\ 0 & 1 & 0 \\ 0 & 0 & 2^n \end{bmatrix}\begin{bmatrix} 1 & 0 & -2 \\ 0 & 0 & 1 \\ -1 & 1 & 2 \end{bmatrix}$$

$$=\begin{bmatrix} 1 & 0 & 0 \\ 1-2^n & 2^n & 2^{n+1}-2 \\ 0 & 0 & 1 \end{bmatrix}$$　……(答)　C

㋐　固有ベクトルは，連立方程式の解 $\boldsymbol{x}_1$ に一致する．

㋑　$\boldsymbol{x}_1=\begin{bmatrix} x \\ y \\ z \end{bmatrix}$ とおくと
$-x+y+2z=0$ より
$x=y+2z$ だから，$y=c_1$，
$z=c_2$ とおいて，$\boldsymbol{x}_1$ を得る．

㋒　$A-2E=\begin{bmatrix} -1 & 0 & 0 \\ -1 & 0 & 2 \\ 0 & 0 & -1 \end{bmatrix}$
$\rightarrow\begin{bmatrix} 1 & 0 & 0 \\ 0 & 0 & 1 \\ 0 & 0 & 0 \end{bmatrix}$

㋓　$\dim W(1)$
$=3-\mathrm{rank}(A-E)$
$=3-1=2$（＝重複度 2）
より対角化可能．

㋔　余因子行列あるいは掃き出し法で求める．

POINT　Chapter 2 では特殊な行列の n 乗を扱ったが，固有値によって一般的な理論が展開できる．

問題 70 多項式行列と単因子

次の行列 A について，$A-xE$ の標準形と単因子を求めよ．

$$A=\begin{bmatrix} 3 & 0 & 1 \\ 2 & 2 & 2 \\ 0 & -2 & -1 \end{bmatrix}$$

解説 成分が 1 変数 x のみの多項式である n 次の正方行列 $A(x)=[a_{ij}]$ を A の**多項式行列**という．問題 18「行列の基本変形」と同じように，多項式行列 $A(x)$ に次のような変形を行うことを**基本変形**という．

(1) 2 つの行または列を入れ換える．

(2) 1 つの行（または列）に 0 でない定数を掛ける．

(3) 1 つの行（または列）にある多項式を掛けて，それを他の行（または列）に加える．

多項式行列 $A(x)$ に基本変形を施して多項式行列 $B(x)$ になるとき，$A(x)$ と $B(x)$ は**対等である**といい，$A(x)\sim B(x)$ のように表す．

多項式行列 $A(x)$ は，基本変形を有限回くり返すことにより，

$$\begin{bmatrix} e_1(x) & & & & & & O \\ & e_2(x) & & & & & \\ & & \ddots & & & & \\ & & & e_r(x) & & & \\ & & & & 0 & & \\ & & & & & \ddots & \\ O & & & & & & 0 \end{bmatrix} \quad \cdots\cdots①$$

の形に直せる．ただし，$e_k(x)$ は最高次の係数が 1 である多項式で，$e_{k+1}(x)$ は $e_k(x)$ で割り切れるものとする．

①の形を**多項式行列** $A(x)$ **の標準形**といい，r 個の多項式 $e_1(x), e_2(x), \cdots, e_r(x)$ を $A(x)$ **の単因子**という．また，r を $A(x)$ の**階数**という．

このとき，次のことが成り立つ．

(1) $A(x)$ の単因子はただ 1 通りに定まる．

(2) $\operatorname{rank} A(x)=r$ のとき，$A(x)$ のすべての k 次（$1\leqq k\leqq r$）の小行列式の最大公約式を $d_k(x)$ とすると

$$e_1(x)=d_1(x),\ e_2(x)=\frac{d_2(x)}{d_1(x)},\ \cdots,\ e_r(x)=\frac{d_r(x)}{d_{r-1}(x)}$$

となる．

解答

$$A-xE=\begin{bmatrix}3-x & 0 & 1\\ 2 & 2-x & 2\\ 0 & -2 & -1-x\end{bmatrix}$$

$$\xrightarrow[㋐]{}\begin{bmatrix}1 & 0 & 3-x\\ 2 & 2-x & 2\\ -1-x & -2 & 0\end{bmatrix} \text{ A}$$

$$\xrightarrow[㋑]{}\begin{bmatrix}1 & 0 & 3-x\\ 0 & 2-x & 2x-4\\ 0 & -2 & 3+2x-x^2\end{bmatrix}$$

$$\xrightarrow[㋒]{}\begin{bmatrix}1 & 0 & 0\\ 0 & -2 & 3+2x-x^2\\ 0 & 2-x & 2x-4\end{bmatrix}$$

$$\xrightarrow[㋓]{}\begin{bmatrix}1 & 0 & 0\\ 0 & 1 & \dfrac{x^2-2x-3}{2}\\ 0 & 2-x & 2x-4\end{bmatrix} \text{ B}$$

$$\xrightarrow[㋔]{}\begin{bmatrix}1 & 0 & 0\\ 0 & 1 & \dfrac{x^2-2x-3}{2}\\ 0 & 0 & \dfrac{x^3-4x^2+5x-2}{2}\end{bmatrix}$$

$$\xrightarrow[㋕]{}\begin{bmatrix}1 & 0 & 0\\ 0 & 1 & 0\\ 0 & 0 & \dfrac{x^3-4x^2+5x-2}{2}\end{bmatrix} \text{ C}$$

よって，標準形は

$$\begin{bmatrix}1 & 0 & 0\\ 0 & 1 & 0\\ 0 & 0 & (x-1)^2(x-2)\end{bmatrix} \text{ D} \quad \cdots\cdots(答)$$

単因子は

$$\begin{cases} e_1(x)=1,\ e_2(x)=1,\\ e_3(x)=(x-1)^2(x-2) \text{ E}\end{cases} \quad \cdots\cdots(答)$$

㋐　1列 ↔ 3列

㋑　2行−1行×2
3行+1行×$(1+x)$

㋒　3列+1列×$(x-3)$
2行 ↔ 3行

㋓　2行÷(-2)

㋔　3行+2行×$(x-2)$

㋕　3列−2列×$\dfrac{x^2-2x-3}{2}$

POINT　本問 A の固有多項式 $|A-\lambda E|$ を計算すると $-(\lambda-1)^2(\lambda-2)$ となり，これは $e_3(x)$ と実質的に同じである．

問題 71　最小多項式

次の行列 A の最小多項式 $\mu_A(x)$ を求めよ．

(1)　$A=\begin{bmatrix} 4 & -1 & 1 \\ 7 & -4 & 1 \\ 6 & -6 & 3 \end{bmatrix}$　　(2)　$A=\begin{bmatrix} 5 & -2 & 1 \\ 2 & 1 & 1 \\ -2 & 2 & 2 \end{bmatrix}$

解説　n 次の正方行列 A の固有多項式を $\varphi_A(x)=|A-xE|$ とおくとき，$\varphi_A(A)=O$ が成り立つ．すなわち，A のすべての固有値を $\lambda_1, \lambda_2, \cdots, \lambda_n$ とするとき

$$(A-\lambda_1 E)(A-\lambda_2 E)\cdots(A-\lambda_n E)=O$$

が成り立つ（**ケーリー・ハミルトンの定理**，問題 15 参照）．

とくに，3 次の正方行列 A の場合の証明は以下のようである．
Aの固有値を $\lambda_1, \lambda_2, \lambda_3$ とすると，適当な正則行列 P により対角化も含めて

$P^{-1}AP=\begin{bmatrix} \lambda_1 & y & z \\ 0 & \lambda_2 & w \\ 0 & 0 & \lambda_3 \end{bmatrix}$ と変形できるので

$$\begin{aligned} & P^{-1}(A-\lambda_1 E)(A-\lambda_2 E)(A-\lambda_3 E)P \\ &= P^{-1}(A-\lambda_1 E)P \cdot P^{-1}(A-\lambda_2 E)P \cdot P^{-1}(A-\lambda_3 E)P \\ &= (P^{-1}AP-\lambda_1 E)(P^{-1}AP-\lambda_2 E)(P^{-1}AP-\lambda_3 E) \\ &= \begin{bmatrix} 0 & y & z \\ 0 & \lambda_2-\lambda_1 & w \\ 0 & 0 & \lambda_3-\lambda_1 \end{bmatrix}\begin{bmatrix} \lambda_1-\lambda_2 & y & z \\ 0 & 0 & w \\ 0 & 0 & \lambda_3-\lambda_2 \end{bmatrix}\begin{bmatrix} \lambda_1-\lambda_3 & y & z \\ 0 & \lambda_2-\lambda_3 & w \\ 0 & 0 & 0 \end{bmatrix}=O \end{aligned}$$

よって，$(A-\lambda_1 E)(A-\lambda_2 E)(A-\lambda_3 E)=POP^{-1}=O$ となる．

このように，任意の n 次正方行列 A は $f(A)=O$ を満たす多項式 $f(x)$ を必ずもつ．したがって，このような多項式の中で，次数が最小でかつ最高次の係数が 1 であるものが存在する．これを A の**最小多項式**といい，$\mu_A(x)$ と表す．

行列 A の最小多項式はつねにただ 1 つに定まるが，求め方は次のようである．

n 次正方行列 A のすべての異なる固有値を $\lambda_1, \lambda_2, \cdots, \lambda_r$ とし，
固有多項式を $\varphi_A(x)=(\lambda_1-x)^{m_1}(\lambda_2-x)^{m_2}\cdots(\lambda_r-x)^{m_r}$ とするとき，

A の最小多項式 $\mu_A(x)$ は

$$\mu_A(x)=(-1)^{k_1+\cdots+k_r}(\lambda_1-x)^{k_1}(\lambda_2-x)^{k_2}\cdots(\lambda_r-x)^{k_r}$$

$$(1\leqq k_i\leqq m_i\,;\ i=1, 2, \cdots, r)$$

（n 次の正方行列 A の最小多項式 $\mu_A(x)=A-xE$ の最後の単因子 $e_r(x)$）

解答

(1)　固有多項式 $\varphi_A(x)$ は

$$\varphi_A(x)=\begin{vmatrix} 4-x & -1 & 1 \\ 7 & -4-x & 1 \\ 6 & -6 & 3-x \end{vmatrix}$$

$$=-(x-3)^2(x+3)$$ A

したがって，㋐ A の最小多項式 $\mu_A(x)$ は

$$(x-3)(x+3),\ (x-3)^2(x+3)$$

のいずれかである．B

$(A-3E)(A+3E)$

$$=\begin{bmatrix} 1 & -1 & 1 \\ 7 & -7 & 1 \\ 6 & -6 & 0 \end{bmatrix}\begin{bmatrix} 7 & -1 & 1 \\ 7 & -1 & 1 \\ 6 & -6 & 6 \end{bmatrix}=\begin{bmatrix} 6 & -6 & 6 \\ 6 & -6 & 6 \\ 0 & 0 & 0 \end{bmatrix}$$ ㋑

$\neq O$

よって，$\mu_A(x)=(x-3)^2(x+3)$ C　……(答)

(2)　固有多項式 $\varphi_A(x)$ は

$$\varphi_A(x)=\begin{vmatrix} 5-x & -2 & 1 \\ 2 & 1-x & 1 \\ -2 & 2 & 2-x \end{vmatrix}$$

$$=-(x-2)(x-3)^2$$ A

したがって，A の最小多項式 $\mu_A(x)$ は

$$(x-2)(x-3),\ (x-2)(x-3)^2$$

のいずれかである．B

$(A-2E)(A-3E)$

$$=\begin{bmatrix} 3 & -2 & 1 \\ 2 & -1 & 1 \\ -2 & 2 & 0 \end{bmatrix}\begin{bmatrix} 2 & -2 & 1 \\ 2 & -2 & 1 \\ -2 & 2 & -1 \end{bmatrix}=\begin{bmatrix} 0 & 0 & 0 \\ 0 & 0 & 0 \\ 0 & 0 & 0 \end{bmatrix}$$

$=O$

よって，$\mu_A(x)=(x-2)(x-3)$ C　……(答)

㋐　$\mu_A(x)$ は $\varphi_A(x)$ の約数で $\varphi_A(x)$ の因数は必ず含む．

㋑　$(A-3E)(A+3E)=O$ なら，$\mu_A(x)$ は

$$\mu_A(x)=(x-3)(x+3)$$

$(A-3E)(A+3E)\neq O$ なら，$\mu_A(x)$ は

$$\mu_A(x)=(x-3)^2(x+3)$$

となる．ここでは $(A-3E)(A+3E)$ の $(1,1)$ 成分$=6\neq 0$ から

$(A-3E)(A+3E)\neq O$

としてよい．

POINT　問題 64 で見た対角化可能の条件の (5) から，(1) の A は対角化可能でなく，(2) の A は対角化可能である．

問題 72　ジョルダン標準形

次の行列 A のジョルダン標準形とそのときの変換行列 P を求めよ．

$$A=\begin{bmatrix} 4 & -1 & -1 \\ 0 & 3 & -1 \\ 1 & -1 & 3 \end{bmatrix}$$

解説　任意の正方行列は 3 角化できることを学んだ（問題 67）．ここでは，任意の正方行列 A を対角行列に近い 3 角行列に変形する方法を紹介する．

k 次の正方行列 $J_k(\lambda)=\begin{bmatrix} \lambda & 1 & & & O \\ & \lambda & 1 & & \\ & & \ddots & \ddots & \\ & & & & 1 \\ O & & & & \lambda \end{bmatrix}$ を λ に属する**ジョルダン細胞**または**ジョルダン・ブロック**という．

（例）　$J_1(\lambda)=[\lambda]$，$J_2(\lambda)=\begin{bmatrix} \lambda & 1 \\ 0 & \lambda \end{bmatrix}$，$J_3(\lambda)=\begin{bmatrix} \lambda & 1 & 0 \\ 0 & \lambda & 1 \\ 0 & 0 & \lambda \end{bmatrix}$

いくつかのジョルダン細胞を対角線上に並べた行列

$$J(\lambda)=\begin{bmatrix} J_{k_1}(\lambda) & & & O \\ & J_{k_2}(\lambda) & & \\ & & \ddots & \\ O & & & J_{k_r}(\lambda) \end{bmatrix}$$

を λ に属する**ジョルダン行列**という．

n 次の正方行列 A のすべての異なる固有値を $\lambda_1, \lambda_2, \cdots, \lambda_r$ とし，λ_i の重複度を m_i とする．このとき，適当な正則行列 P を用いて

$$P^{-1}AP=\begin{bmatrix} J(\lambda_1) & & & O \\ & J(\lambda_2) & & \\ & & \ddots & \\ O & & & J(\lambda_r) \end{bmatrix} \quad \cdots\cdots ①$$

と変形できる．ここで，$J(\lambda_i)$ は λ_i に属する m_i 次のジョルダン行列である．

①の右辺を行列 A の**ジョルダン標準形**といい，$J(A)$ で表す．また，行列 P を**変換行列**という．$J(A)$ はジョルダン細胞の順序を無視すると一意的に定まる．

また，$J(A)$ の中の固有値 λ に属するジョルダン細胞の個数$=\dim \boldsymbol{W}(\lambda)$ が成り立つ．

解答

固有方程式は

$$|A-\lambda E|=\begin{vmatrix} 4-\lambda & -1 & -1 \\ 0 & 3-\lambda & -1 \\ 1 & -1 & 3-\lambda \end{vmatrix}$$
$$=(4-\lambda)(3-\lambda)^2=0$$
$$\therefore\quad \lambda=3\ (2\,\text{重解}),\ 4$$ A

$\lambda=3$ のとき

$$A-3E=\begin{bmatrix} 1 & -1 & -1 \\ 0 & 0 & -1 \\ 1 & -1 & 0 \end{bmatrix}\to\begin{bmatrix} 1 & -1 & 0 \\ 0 & 0 & 1 \\ 0 & 0 & 0 \end{bmatrix}$$

$$\therefore\quad \dim \boldsymbol{W}(3)=3-\mathrm{rank}(A-3E)=1$$ B

したがって，固有値 3 に属するジョルダン細胞の個数は 1 であり，A のジョルダン標準形は

$$J=\begin{bmatrix} 3 & 1 & 0 \\ 0 & 3 & 0 \\ 0 & 0 & 4 \end{bmatrix}$$ C ……(答)

変換行列を $P=[\boldsymbol{p}_1\ \boldsymbol{p}_2\ \boldsymbol{p}_3]$ とおくと，
$P^{-1}AP=J$ から，$AP=PJ$

$$\therefore\quad [A\boldsymbol{p}_1\ A\boldsymbol{p}_2\ A\boldsymbol{p}_3]$$
$$=[\boldsymbol{p}_1\ \boldsymbol{p}_2\ \boldsymbol{p}_3]J=[3\boldsymbol{p}_1\ \boldsymbol{p}_1+3\boldsymbol{p}_2\ 4\boldsymbol{p}_3]$$

これより，$(A-3E)\boldsymbol{p}_1=\boldsymbol{0}$,
$(A-3E)\boldsymbol{p}_2=\boldsymbol{p}_1$，$(A-4E)\boldsymbol{p}_3=\boldsymbol{0}$ D

$(A-3E)\boldsymbol{p}_1=\boldsymbol{0}$ から，$\boldsymbol{p}_1=\begin{bmatrix} 1 \\ 1 \\ 0 \end{bmatrix}$

同様に，$\boldsymbol{p}_2=\begin{bmatrix} 1 \\ 1 \\ -1 \end{bmatrix}$，$\boldsymbol{p}_3=\begin{bmatrix} 0 \\ 1 \\ -1 \end{bmatrix}$

よって，$P=[\boldsymbol{p}_1\ \boldsymbol{p}_2\ \boldsymbol{p}_3]=\begin{bmatrix} 1 & 1 & 0 \\ 1 & 1 & 1 \\ 0 & -1 & -1 \end{bmatrix}$ E

……(答)

㋐　A の固有値が λ のとき，λ に属するジョルダン細胞の個数は
$\dim \boldsymbol{W}(\lambda)$
$=n-\mathrm{rank}(A-\lambda E)$
に等しい．

㋑　$\left[\begin{array}{cc|c} 3 & 1 & 0 \\ 0 & 3 & 0 \\ \hline 0 & 0 & 4 \end{array}\right]$

㋒　$A\boldsymbol{p}_1=3\boldsymbol{p}_1$,
$A\boldsymbol{p}_2=\boldsymbol{p}_1+3\boldsymbol{p}_2$,
$A\boldsymbol{p}_3=4\boldsymbol{p}_3$
より求める．

㋓　$\boldsymbol{p}_1=\begin{bmatrix} x \\ y \\ z \end{bmatrix}$ とおくと
$x-y=0$，$z=0$ より．

㋔　$\begin{bmatrix} 1 & -1 & -1 \\ 0 & 0 & -1 \\ 1 & -1 & 0 \end{bmatrix}\boldsymbol{p}_2=\begin{bmatrix} 1 \\ 1 \\ 0 \end{bmatrix}$,
$\begin{bmatrix} 0 & -1 & -1 \\ 0 & -1 & -1 \\ 1 & -1 & -1 \end{bmatrix}\boldsymbol{p}_3=\begin{bmatrix} 0 \\ 0 \\ 0 \end{bmatrix}$

POINT　ジョルダン細胞を，
$J_k(\lambda)=\lambda E+N$
と書くと，N はベキ零行列で
$N^k=O$ となる．

練習問題　　解答は211ページから　　第7，8章

解答は211ページから

[1]　$\boldsymbol{R}^3$ を標準内積に関する計量ベクトル空間とする．

$$\boldsymbol{a}_1=\begin{bmatrix}1\\-1\\0\end{bmatrix},\quad \boldsymbol{a}_2=\begin{bmatrix}2\\-1\\1\end{bmatrix},\quad \boldsymbol{a}_3=\begin{bmatrix}1\\-1\\2\end{bmatrix}$$

とおくとき，次の問いに答えよ．

(1)　ベクトルの組 $\{\boldsymbol{a}_1, \boldsymbol{a}_2, \boldsymbol{a}_3\}$ が $\boldsymbol{R}^3$ の基底であることを示せ．

(2)　$\boldsymbol{R}^3$ の基底 $\langle \boldsymbol{a}_1, \boldsymbol{a}_2, \boldsymbol{a}_3 \rangle$ にシュミットの直交化法を用いて，$\boldsymbol{R}^3$ の正規直交基底 $\langle \boldsymbol{u}_1, \boldsymbol{u}_2, \boldsymbol{u}_3 \rangle$ を作れ．

[2]　行列 $A=\begin{bmatrix}1 & -1 & 1 & 1\\2 & 0 & 1 & 1\\2 & 1 & -1 & 2\\1 & -1 & -1 & 3\end{bmatrix}$ とおく．

A の4個の列ベクトルが生成する $\boldsymbol{R}^4$ の部分空間を $\boldsymbol{W}$ とするとき，$\boldsymbol{W}$ の正規直交基底を1組求めよ．

[3]　$\boldsymbol{R}^3$ を標準内積に関する内積空間とする．

$$\boldsymbol{a}_1=\begin{bmatrix}1\\0\\-1\end{bmatrix},\quad \boldsymbol{a}_2=\begin{bmatrix}2\\2\\0\end{bmatrix},\quad \boldsymbol{b}=\begin{bmatrix}4\\1\\3\end{bmatrix}$$

とし，$\boldsymbol{R}^3$ の部分空間 $\boldsymbol{W}_1$，$\boldsymbol{W}_2$ をそれぞれ $\boldsymbol{W}_1=\boldsymbol{L}(\boldsymbol{a}_1)$，$\boldsymbol{W}_2=\boldsymbol{L}(\boldsymbol{a}_1, \boldsymbol{a}_2)$ で定める．このとき，次の問いに答えよ．

(1)　$\boldsymbol{W}_2$ の正規直交基底を1組求めよ．

(2)　$\boldsymbol{W}_2$ の直交補空間 $\boldsymbol{W}_2{}^{\perp}$ の正規直交基底を1組求めよ．

(3)　$\boldsymbol{W}_1$ の直交補空間 $\boldsymbol{W}_1{}^{\perp}$ の正規直交基底を1組求めよ．

(4)　$\boldsymbol{b}$ の $\boldsymbol{W}_1$ への正射影を求めよ．

(5)　$\boldsymbol{b}$ の $\boldsymbol{W}_2$ への正射影を求めよ．

4　$A=\begin{bmatrix} 1 & 2 & 2 \\ 1 & 2 & -1 \\ -1 & 1 & 4 \end{bmatrix}$ について，次の問いに答えよ．

(1)　A の固有値，固有ベクトルを求めよ．

(2)　$P^{-1}AP$ が対角行列になるような正則行列 P を求めよ．

(3)　自然数 n に対して，A^n を求めよ．

5　次の対称行列 A は直交行列 P で，エルミート行列 B はユニタリー行列 U でそれぞれ対角化せよ．

$$A=\begin{bmatrix} 1 & 0 & 0 \\ 0 & 3 & -1 \\ 0 & -1 & 3 \end{bmatrix}, \quad B=\begin{bmatrix} 2 & i & 0 \\ -i & 1 & 1 \\ 0 & 1 & 2 \end{bmatrix}$$

6　次の行列 A に対して，直交行列 P を選んで ${}^tPAP$ を上3角行列にせよ．

$$A=\begin{bmatrix} 2 & 0 & 0 \\ 4 & 2 & 4 \\ 1 & 0 & 3 \end{bmatrix}$$

7　2次の実行列 A が固有値 $\lambda=\alpha+i\beta$ （$\alpha, \beta\in \boldsymbol{R}$，$\beta\neq 0$，$i=\sqrt{-1}$）をもつとする．

(1)　λ の共役複素数 $\bar{\lambda}$ も A の固有値であることを示せ．

(2)　λ の固有ベクトルを $\boldsymbol{x}=\boldsymbol{u}+i\boldsymbol{v}$ （$\boldsymbol{u}, \boldsymbol{v}\in \boldsymbol{R}^2$）とするとき，$\boldsymbol{u}, \boldsymbol{v}$ は $\boldsymbol{R}^2$ において1次独立であることを示せ．

(3)　実正則行列 P で

$$P^{-1}AP=\begin{bmatrix} \alpha & \beta \\ -\beta & \alpha \end{bmatrix}$$

を満たすものが存在することを示せ．

◆◇◆ フロベニウスの定理 ◇◆◇ コラム

行列の固有値の1つの性質として，フロベニウスの定理がある．

〈フロベニウスの定理〉

> n 次行列 A のすべての固有値を $\lambda_1, \lambda_2, \cdots, \lambda_n$ とし，$f(x)$ を x の任意の多項式とする．このとき，行列多項式 $f(A)$ のすべての固有値は，$f(\lambda_1)$, $f(\lambda_2), \cdots, f(\lambda_n)$ で与えられる．

証明は次のようになされる．

正方行列 A は適当な正方行列 P により，次のような形で3角化できる．

$$P^{-1}AP=\begin{bmatrix} \lambda_1 & & & * \\ & \lambda_2 & & \\ & & \ddots & \\ O & & & \lambda_n \end{bmatrix} \quad (*\text{は } O \text{ も含めて何でもよい})$$

多項式 $f(x)=c_0x^m+c_1x^{m-1}+\cdots+c_m$ とおくと

$$\begin{aligned} P^{-1}f(A)P &= P^{-1}(c_0A^m+c_1A^{m-1}+\cdots+c_mE)P \\ &= c_0(P^{-1}A^mP)+c_1(P^{-1}A^{m-1}P)+\cdots+c_mE \\ &= c_0\begin{bmatrix} {\lambda_1}^m & & & * \\ & {\lambda_2}^m & & \\ & & \ddots & \\ O & & & {\lambda_n}^m \end{bmatrix}+c_1\begin{bmatrix} {\lambda_1}^{m-1} & & & * \\ & {\lambda_2}^{m-1} & & \\ & & \ddots & \\ O & & & {\lambda_n}^{m-1} \end{bmatrix} \\ &\quad +\cdots+c_m\begin{bmatrix} 1 & & & O \\ & 1 & & \\ & & \ddots & \\ O & & & 1 \end{bmatrix}=\begin{bmatrix} f(\lambda_1) & & & * \\ & f(\lambda_2) & & \\ & & \ddots & \\ O & & & f(\lambda_n) \end{bmatrix} \end{aligned}$$

よって，$f(A)$ の固有値は $f(\lambda_1), f(\lambda_2), \cdots, f(\lambda_n)$ で与えられる． ■

$A=\begin{bmatrix} 1 & 0 & -1 \\ 1 & 2 & 1 \\ 2 & 2 & 3 \end{bmatrix}$ のとき，$A^3-3A^2+6A-2E$ の固有値を求めてみよう．

固有方程式 $|A-\lambda E|=\begin{vmatrix} 1-\lambda & 0 & -1 \\ 1 & 2-\lambda & 1 \\ 2 & 2 & 3-\lambda \end{vmatrix}=-(\lambda-1)(\lambda-2)(\lambda-3)=0$ から

$$\lambda=1, 2, 3$$

よって，$f(x)=x^3-3x^2+6x-2$ とおくと，フロベニウスの定理から，求める $f(A)$ の固有値は，$f(1)=2$，$f(2)=6$，$f(3)=16$

Chapter 9

2 次形式と 2 次曲線・2 次曲面

問題 73　2次形式の標準化

次の2次形式を直交変換によって標準形に直し，その変換行列 T を求めよ．

$$f(x_1, x_2, x_3)=6x_1{}^2+5x_2{}^2+4x_3{}^2-4x_1x_2-4x_2x_3$$

解説　行列 $A=[a_{ij}]$ を n 次の実対称行列とし，$\boldsymbol{x}={}^t[x_1\ x_2\ \cdots\ x_n]$ を n 次元実ベクトルとするとき，変数 $x_1, x_2, \cdots, x_n$ に関する2次同次式

$$Q={}^t\boldsymbol{x}A\boldsymbol{x}=[x_1\ x_2\ \cdots\ x_n]\begin{bmatrix} a_{11} & a_{12} & \cdots & a_{1n} \\ a_{21} & a_{22} & \cdots & a_{2n} \\ \vdots & \vdots & \ddots & \vdots \\ a_{n1} & a_{n2} & \cdots & a_{nn} \end{bmatrix}\begin{bmatrix} x_1 \\ x_2 \\ \vdots \\ x_n \end{bmatrix}=\sum_{i,j=1}^{n} a_{ij}x_ix_j$$

を考える（$a_{ij}=a_{ji}$）．

このQを $x_1, x_2, \cdots, x_n$ に関する係数が a_{ij} の**2次形式**といい，A を**2次形式 Q の係数行列**，$\mathrm{rank}\,A$ を Q の**階数**という．

たとえば，$Q=2x^2-8xy+3y^2$ ならば，$Q=[x\quad y]\begin{bmatrix} 2 & -4 \\ -4 & 3 \end{bmatrix}\begin{bmatrix} x \\ y \end{bmatrix}$

$Q=c_1x_1{}^2+c_2x_2{}^2+c_3x_3{}^2+2c_4x_1x_2+2c_5x_1x_3+2c_6x_2x_3$ ならば

$$Q=[x_1\quad x_2\quad x_3]\begin{bmatrix} c_1 & c_4 & c_5 \\ c_4 & c_2 & c_6 \\ c_5 & c_6 & c_3 \end{bmatrix}\begin{bmatrix} x_1 \\ x_2 \\ x_3 \end{bmatrix}$$

2次形式 $Q={}^t\boldsymbol{x}A\boldsymbol{x}$ に適当な直交変換 $\boldsymbol{x}=T\boldsymbol{y}$（$T$ は直交行列）を行なうと

$$Q={}^t\boldsymbol{x}A\boldsymbol{x}={}^t(T\boldsymbol{y})A(T\boldsymbol{y})={}^t\boldsymbol{y}({}^tTAT)\boldsymbol{y}$$

$$=[y_1\quad y_2\quad \cdots\quad y_n]\begin{bmatrix} \lambda_1 & & & & & O \\ & \ddots & & & & \\ & & \lambda_r & & & \\ & & & 0 & & \\ & & & & \ddots & \\ O & & & & & 0 \end{bmatrix}\begin{bmatrix} y_1 \\ y_2 \\ \vdots \\ y_n \end{bmatrix}\text{（λ_i は A の0でない固有値）}$$

$$=\lambda_1y_1{}^2+\lambda_2y_2{}^2+\cdots+\lambda_ry_r{}^2$$

と変形できる．これを**2次形式 Q の標準形**という（$\mathrm{rank}\,A=r$）．このとき，$\lambda_1, \cdots, \lambda_p$ が正で，$\lambda_{p+1}, \cdots, \lambda_r$ が負ならば

$$\sqrt{\lambda_i}\,y_i=z_i\ (i=1, \cdots, p),\qquad \sqrt{-\lambda_i}\,y_i=z_i\ (i=p+1, \cdots, r)$$

とおくと，$Q=z_1{}^2+z_2{}^2+\cdots+z_p{}^2-z_{p+1}{}^2-\cdots-z_r{}^2$ と変形できる．

解答

$$f(x_1, x_2, x_3)=[x_1\ x_2\ x_3]\begin{bmatrix}6&-2&0\\-2&5&-2\\0&-2&4\end{bmatrix}\begin{bmatrix}x_1\\x_2\\x_3\end{bmatrix}$$

係数行列 A は，$A=\begin{bmatrix}6&-2&0\\-2&5&-2\\0&-2&4\end{bmatrix}$ A

$$|A-\lambda E|=\begin{vmatrix}6-\lambda&-2&0\\-2&5-\lambda&-2\\0&-2&4-\lambda\end{vmatrix}=0 \quad ㋐$$

整理して $\lambda^3-15\lambda^2+66\lambda-80=0$

$$(\lambda-2)(\lambda-5)(\lambda-8)=0$$

$$\therefore\quad \lambda=2, 5, 8$$ B

$\lambda=2$ のとき

$$A-2E=\begin{bmatrix}4&-2&0\\-2&3&-2\\0&-2&2\end{bmatrix}\to\begin{bmatrix}2&0&-1\\0&1&-1\\0&0&0\end{bmatrix}$$ より

単位固有ベクトルは，$\boldsymbol{p}_1=\dfrac{1}{3}\begin{bmatrix}1\\2\\2\end{bmatrix}$ ㋑

同様に，$\lambda=5$，8 に属する単位固有ベクトルは

それぞれ　$\boldsymbol{p}_2=\dfrac{1}{3}\begin{bmatrix}2\\1\\-2\end{bmatrix}$，$\boldsymbol{p}_3=\dfrac{1}{3}\begin{bmatrix}2\\-2\\1\end{bmatrix}$

これより，㋒ $T=[\boldsymbol{p}_1\ \boldsymbol{p}_2\ \boldsymbol{p}_3]$ C　……(答)

とおくと T は直交行列で，$\boldsymbol{x}=T\boldsymbol{y}=T\begin{bmatrix}y_1\\y_2\\y_3\end{bmatrix}$ より

$$f(x_1, x_2, x_3)={}^t\boldsymbol{x}A\boldsymbol{x}={}^t\boldsymbol{y}({}^tTAT)\boldsymbol{y}$$

$$=[y_1\ y_2\ y_3]\begin{bmatrix}2&0&0\\0&5&0\\0&0&8\end{bmatrix}\begin{bmatrix}y_1\\y_2\\y_3\end{bmatrix}$$

$$=2y_1{}^2+5y_2{}^2+8y_3{}^2$$ ㋓ D　……(答)

㋐　サラスの方法で展開．
$(6-\lambda)(5-\lambda)(4-\lambda)$
$-4(4-\lambda)-4(6-\lambda)$
$=(6-\lambda)(5-\lambda)(6-\lambda)$
$+8(\lambda-5)$
$=-(\lambda-5)\{(6-\lambda)$
$(4-\lambda)-8\}$
$=-(\lambda-5)(\lambda-2)(\lambda-8)$
としてもよい．

㋑　固有ベクトルは
$\begin{cases}2x\quad -z=0\\ \quad y-z=0\end{cases}$ より $c_1\begin{bmatrix}1\\2\\2\end{bmatrix}$

㋒　$T=\dfrac{1}{3}\begin{bmatrix}1&2&2\\2&1&-2\\2&-2&1\end{bmatrix}$

㋓　標準形．

POINT　前章での理論から，適当な直交変換（合同変換）を選ぶことで，2次形式を型分けし判別できる．

問題 74 エルミート形式の標準化

次のエルミート形式をユニタリー変換によって標準形に直し，その変換行列 U を求めよ．

$$Q=\overline{x_1}x_1+3\overline{x_2}x_2+\overline{x_3}x_3-i\overline{x_1}x_2+i\overline{x_2}x_1$$
$$-i\overline{x_2}x_3+i\overline{x_3}x_2-\overline{x_3}x_1-\overline{x_1}x_3$$

解説

行列 $A=[a_{ij}]$ を n 次のエルミート行列（${}^tA=\overline{A}$）とし，$\boldsymbol{x}=\begin{bmatrix} x_1 \\ x_2 \\ \vdots \\ x_n \end{bmatrix}$ を n 次元複素ベクトルとするとき，

$$Q=\boldsymbol{x}^*A\boldsymbol{x}=[\overline{x_1}\ \overline{x_2}\ \cdots\ \overline{x_n}]\begin{bmatrix} a_{11} & a_{12} & \cdots & a_{1n} \\ a_{21} & a_{22} & \cdots & a_{2n} \\ \vdots & \vdots & \ddots & \vdots \\ a_{n1} & a_{n2} & \cdots & a_{nn} \end{bmatrix}\begin{bmatrix} x_1 \\ x_2 \\ \vdots \\ x_n \end{bmatrix}=\sum_{i,j=1}^{n} a_{ij}\overline{x_i}x_j$$

（ただし，$a_{ji}=\overline{a_{ij}}$）

を $x_1, x_2, \cdots, x_n$ に関する a_{ij} を係数とする**エルミート形式**といい，A を**エルミート形式 Q の係数行列**，rank$A$ を Q の**階数**という．

たとえば，$Q=3\overline{x_1}x_1-2\overline{x_2}x_2-(4+i)\overline{x_1}x_2-(4-i)\overline{x_2}x_1$ ならば，

$$Q=[\overline{x_1}\ \overline{x_2}]\begin{bmatrix} 3 & -4-i \\ -4+i & -2 \end{bmatrix}\begin{bmatrix} x_1 \\ x_2 \end{bmatrix}$$

エルミート形式 Q の値はつねに実数である．それは

$$\overline{\boldsymbol{x}^*A\boldsymbol{x}}=\overline{\sum a_{ij}\overline{x_i}x_j}=\sum\overline{a_{ij}}x_i\overline{x_j}=\sum a_{ji}\overline{x_j}x_i=\boldsymbol{x}^*A\boldsymbol{x}$$

となるからである．

さて，2次形式の場合と同様に，エルミート形式 $Q=\boldsymbol{x}^*A\boldsymbol{x}$ に適当なユニタリー変換 $\boldsymbol{x}=U\boldsymbol{y}$（$U$ はユニタリー行列）を行なうと

$$Q=\boldsymbol{x}^*A\boldsymbol{x}=(U\boldsymbol{y})^*A(U\boldsymbol{y})=\boldsymbol{y}^*(U^*AU)\boldsymbol{y}$$

$$=[\overline{y_1}\ \overline{y_2}\ \cdots\ \overline{y_n}]\begin{bmatrix} \lambda_1 & & & & & O \\ & \ddots & & & & \\ & & \lambda_r & & & \\ & & & 0 & & \\ & & & & \ddots & \\ O & & & & & 0 \end{bmatrix}\begin{bmatrix} y_1 \\ y_2 \\ \vdots \\ y_n \end{bmatrix}\quad(\lambda_i \text{ は } A \text{ の0でない固有値})$$

$$=\lambda_1\overline{y_1}y_1+\lambda_2\overline{y_2}y_2+\cdots+\lambda_r\overline{y_r}y_r$$

と変形できる．これを**エルミート形式 Q の標準形**という（rank$A=r$）．

解答

$$Q=[\overline{x_1}\ \overline{x_2}\ \overline{x_3}]\begin{bmatrix}1 & -i & -1\\ i & 3 & -i\\ -1 & i & 1\end{bmatrix}\begin{bmatrix}x_1\\ x_2\\ x_3\end{bmatrix}$$

係数行列 A は，$A=\begin{bmatrix}1 & -i & -1\\ i & 3 & -i\\ -1 & i & 1\end{bmatrix}$ A

$$|A-\lambda E|=\begin{vmatrix}1-\lambda & -i & -1\\ i & 3-\lambda & -i\\ -1 & i & 1-\lambda\end{vmatrix}=0$$

整理して $\lambda^3-5\lambda^2+4\lambda=0$

$\lambda(\lambda-1)(\lambda-4)=0 \qquad \therefore\ \lambda=0,1,4$ ㋐ B

$\lambda=1$ のとき

$$A-E=\begin{bmatrix}0 & -i & -1\\ i & 2 & -i\\ -1 & i & 0\end{bmatrix}\to\begin{bmatrix}1 & 0 & 1\\ 0 & 1 & -i\\ 0 & 0 & 0\end{bmatrix}\text{より}$$

単位固有ベクトルは，$\boldsymbol{u}_1=\dfrac{1}{\sqrt{3}}\begin{bmatrix}-1\\ i\\ 1\end{bmatrix}$ ㋑

同様に，$\lambda=4$，0 に属する単位固有ベクトルは

それぞれ $\boldsymbol{u}_2=\dfrac{1}{\sqrt{6}}\begin{bmatrix}1\\ 2i\\ -1\end{bmatrix}$，$\boldsymbol{u}_3=\dfrac{1}{\sqrt{2}}\begin{bmatrix}1\\ 0\\ 1\end{bmatrix}$

これより，$U=[\boldsymbol{u}_1\ \boldsymbol{u}_2\ \boldsymbol{u}_3]$ ㋒ C　……(答)

とおくと，U はユニタリー行列で，

$\boldsymbol{x}=U\boldsymbol{y}=U\begin{bmatrix}y_1\\ y_2\\ y_3\end{bmatrix}$ により

$$Q=\boldsymbol{x}^*A\boldsymbol{x}=\boldsymbol{y}^*(U^*AU)\boldsymbol{y} \text{ ㋓}$$

$$=[\overline{y_1}\ \overline{y_2}\ \overline{y_3}]\begin{bmatrix}1 & 0 & 0\\ 0 & 4 & 0\\ 0 & 0 & 0\end{bmatrix}\begin{bmatrix}y_1\\ y_2\\ y_3\end{bmatrix}$$

$=\overline{y_1}y_1+4\overline{y_2}y_2$ D　……(答)

㋐　エルミート行列の固有値はすべて実数．

㋑　固有ベクトルは

$\begin{cases}x+z=0\\ y-iz=0\end{cases}$ より $c_1\begin{bmatrix}-1\\ i\\ 1\end{bmatrix}$

$\left\|\begin{bmatrix}-1\\ i\\ 1\end{bmatrix}\right\|$

$=\sqrt{(-1)^2+i\cdot(-i)+1^2}$

$=\sqrt{3}$

㋒

$$U=\frac{1}{\sqrt{6}}\begin{bmatrix}-\sqrt{2} & 1 & \sqrt{3}\\ \sqrt{2}i & 2i & 0\\ \sqrt{2} & -1 & \sqrt{3}\end{bmatrix}$$

㋓　U^*AU は対角行列．

$$\begin{bmatrix}1 & 0 & 0\\ 0 & 4 & 0\\ 0 & 0 & 0\end{bmatrix}$$

POINT　本問は前問の問題73を「複素化」して考えられるもので，これも前章での理論がそのまま応用できる．

問題 75　ラグランジュの方法

次の 2 次形式 Q をラグランジュの方法により標準形に直せ．

(1)　$x_1^2+x_2^2+10x_3^2+4x_1x_2-6x_1x_3-9x_2x_3$

(2)　$x_1x_2+x_1x_3+x_1x_4+x_2x_3+x_2x_4+x_3x_4$

解説　2 次形式あるいはエルミート形式を標準化するのに固有値を利用したが，固有値を求めないで行なう方法がある．それは**ラグランジュの方法**と呼ばれるものであるが，ここでは 2 次形式の場合の解法の手順を示しておこう．

(i)　$Q={}^t\boldsymbol{x}A\boldsymbol{x}=\sum_{i,j=1}^{n}a_{ij}x_ix_j$ の中に x_i^2 の項を少なくとも 1 つ含む場合；

たとえば $a_{11}\neq 0$ とすると，まず x_1 を含む項に着目して

$$Q=a_{11}x_1^2+2a_{12}x_1x_2+\cdots+2a_{1n}x_1x_n+(x_1\text{ を含まない項 }q)$$
$$=a_{11}\left\{x_1^2+2\left(\frac{a_{12}}{a_{11}}x_2+\cdots+\frac{a_{1n}}{a_{11}}x_n\right)x_1\right\}+q$$
$$=a_{11}\left(x_1+\frac{a_{12}}{a_{11}}x_2+\cdots+\frac{a_{1n}}{a_{11}}x_n\right)^2+\left\{q-a_{11}\left(\frac{a_{12}}{a_{11}}x_2+\cdots+\frac{a_{1n}}{a_{11}}x_n\right)^2\right\}$$

$y_1=x_1+\dfrac{a_{12}}{a_{11}}x_2+\cdots+\dfrac{a_{1n}}{a_{11}}x_n$ とおくと

$$Q=a_{11}y_1^2+(x_1\text{ を含まない項 }Q_1)\qquad (Q_1\text{ は }x_2, x_3, \cdots, x_n\text{ の 2 次形式})$$

となるので，Q_1 についてもこの方法をくり返し，最終的に Q を標準形に直すことができる．

たとえば，$Q=x_1^2+6x_1x_2+3x_2^2$ ならば

$$Q=x_1^2+6x_2x_1+3x_2^2=(x_1+3x_2)^2+3x_2^2-9x_2^2=(x_1+3x_2)^2-6x_2^2$$

となるので，$y_1=x_1+3x_2$，$y_2=x_2$ とおけば，$Q=y_1^2-6y_2^2$

このとき，$\begin{bmatrix}y_1\\y_2\end{bmatrix}=\begin{bmatrix}1&3\\0&1\end{bmatrix}\begin{bmatrix}x_1\\x_2\end{bmatrix}$ となるので，変換行列は $\begin{bmatrix}1&3\\0&1\end{bmatrix}^{-1}=\begin{bmatrix}1&-3\\0&1\end{bmatrix}$ となる．

(ii)　$x_1^2, x_2^2, \cdots, x_n^2$ の項がない場合；

たとえば，$a_{12}\neq 0$ とすると

$$Q=2a_{12}x_1x_2+\cdots+2a_{1n}x_1x_n+(x_1\text{ を含まない項 }q)$$
$$=2(a_{12}x_2+\cdots+a_{1n}x_n)x_1+q$$

$y_1=x_1, y_2=a_{12}x_2+\cdots+a_{1n}x_n-y_1, y_3=x_3, \cdots, y_n=x_n$ とおくと

$$Q=2(y_1+y_2)y_1+q=2(y_1^2+y_2y_1)+q$$
$$=2\left(y_1+\frac{y_2}{2}\right)^2+q-\frac{y_2^2}{2}=2z^2+(y_1\text{ を含まない項 }Q_1)$$

となり，(i) の場合に帰着できる．

解 答

(1)　まず，x_1 に着目すると

$$Q=\{x_1{}^2+2(2x_2-3x_3)x_1\}+x_2{}^2+10x_3{}^2-9x_3x_3$$

$$=(x_1+2x_2-3x_3)^2-(2x_2-3x_3)^2+x_2{}^2+10x_3{}^2-9x_2x_3$$

$$=(x_1+2x_2-3x_3)^2-3x_2{}^2+3x_2x_3+x_3{}^2 \quad \text{A}$$

さらに，x_2 に着目すると

$$Q=(x_1+2x_2-3x_3)^2-3(x_2{}^2-x_3x_2)+x_3{}^2$$

$$=(x_1+2x_2-3x_3)^2-3\left(x_2-\frac{x_3}{2}\right)^2+\frac{7}{4}x_3{}^2 \quad \text{B}$$

したがって，$y_1=x_1+2x_2-3x_3$，$y_2=x_2-\dfrac{x_3}{2}$，

$y_3=x_3$ とおくと，Q は標準形になり

$$Q=y_1{}^2-3y_2{}^2+\frac{7}{4}y_3{}^2 \quad \text{C}$$ ……(答)

(2)　$Q=x_1(x_2+x_3+x_4)+x_2(x_3+x_4)+x_3x_4$ A

$y_1=x_1$，$y_2=x_2+x_3+x_4-y_1$，$y_3=x_3$，$y_4=x_4$

とおくと

$$Q=y_1(y_1+y_2)+(y_1+y_2-y_3-y_4)(y_3+y_4)+y_3y_4$$

$$=\{y_1{}^2+(y_2+y_3+y_4)y_1\}+(y_2-y_3-y_4)(y_3+y_4)+y_3y_4$$

$$=\left(y_1+\frac{y_2+y_3+y_4}{2}\right)^2-\frac{(y_2+y_3+y_4)^2}{4}+(y_2-y_3-y_4)(y_3+y_4)+y_3y_4 \quad \text{B}$$

$$=\left(y_1+\frac{y_2+y_3+y_4}{2}\right)^2-\frac{1}{4}(y_2-y_3-y_4)^2-\left(y_3+\frac{y_4}{2}\right)^2-\frac{3}{4}y_4{}^2 \quad \text{C}$$

したがって，$z_1=y_1+\dfrac{y_2+y_3+y_4}{2}$，

$z_2=\dfrac{y_2-y_3-y_4}{2}$，$z_3=y_3+\dfrac{y_4}{2}$，$z_4=\dfrac{\sqrt{3}}{2}y_4$

とおくと，Q は標準形になり

$$Q=z_1{}^2-z_2{}^2-z_3{}^2-z_4{}^2 \quad \text{D}$$ ……(答)

㋐　$y_1=x_1+2x_2-3x_3$，
$y_2=\sqrt{3}\left(x_2-\dfrac{x_3}{2}\right)$，
$y_3=\dfrac{\sqrt{7}}{2}x_3$ とおいて
$Q=y_1{}^2-y_2{}^2+y_3{}^2$
としてもよい．

㋑　解説（ii）の考え方に従う．

㋒　y_2 についてまとめると

$$-\frac{1}{4}y_2{}^2+\frac{y_3+y_4}{2}y_2-\frac{5}{4}(y_3+y_4)^2+y_3y_4$$

$$=-\frac{1}{4}(y_2-y_3-y_4)^2-(y_3+y_4)^2+y_3y_4$$

POINT　ラグランジュの方法は，結局は，1変数ずつ「平方完成」していくというコトになる．

問題 76　2 次形式の符号判定

次の 2 次形式について問いに答えよ.

(1)　$Q=-x_1^2-2x_2^2-5x_3^2+4x_1x_2+2x_1x_3+4x_2x_3$ の符号を判定せよ.

(2)　$Q=x_1^2+3kx_2^2+6x_3^2-4x_1x_3+6kx_2x_3$ が正値となるような実定数 k の値の範囲を求めよ.

解説　2 次形式 $Q={}^t\boldsymbol{x}A\boldsymbol{x}$ およびエルミート形式 $Q=\boldsymbol{x}^*A\boldsymbol{x}$ は，その符号について次のように定義する.

Q が**正値**（正の定符号）　$\Longleftrightarrow$　任意の $\boldsymbol{x}\,(\neq\boldsymbol{0})$ に対し，$Q>0$
Q が**半正値**（正の半定符号）　$\Longleftrightarrow$　任意の $\boldsymbol{x}\,(\neq\boldsymbol{0})$ に対し，$Q\geqq0$
Q が**負値**（負の定符号）　$\Longleftrightarrow$　任意の $\boldsymbol{x}\,(\neq\boldsymbol{0})$ に対し，$Q<0$
Q が**半負値**（負の半定符号）　$\Longleftrightarrow$　任意の $\boldsymbol{x}\,(\neq\boldsymbol{0})$ に対し，$Q\leqq0$
Q が**不定符号**　$\Longleftrightarrow$　$\boldsymbol{x}$ によって Q は正にも負にもなる

ここで，$Q\geqq0$，$Q\leqq0$ では等号成立が起こることに注意する.

また，実対称行列またはエルミート行列 A に対しては，Q が正値・半正値・負値・半負値・不定符号であるに従って，それぞれ同じ呼び方と定める.

次に，$Q={}^t\boldsymbol{x}A\boldsymbol{x}$，または $Q=\boldsymbol{x}^*A\boldsymbol{x}$ の符号は，A の固有値により次のように判定できる.

Q が正値　$\Longleftrightarrow$　A の固有値はすべて正.
Q が半正値　$\Longleftrightarrow$　A の固有値には負はなくかつ 0 をもつ.
Q が負値　$\Longleftrightarrow$　A の固有値はすべて負.
Q が半負値　$\Longleftrightarrow$　A の固有値には正はなくかつ 0 をもつ.
Q が不定符号　$\Longleftrightarrow$　A の固有値には正のものも負のものもある.

さらに，n 次の正方行列 $A=[a_{ij}]$ に対して，小行列 $A_r=\begin{bmatrix} a_{11} & \cdots & a_{1r} \\ \vdots & \ddots & \vdots \\ a_{r1} & \cdots & a_{rr} \end{bmatrix}$ を A の r **次首座行列**というが，行列式 $|A_r|$ の符号による Q の判定方法もある.**ヤコビの判定法**というが，その代表例だけを挙げておく.

$$Q\text{ が正値}\iff |A_1|=a_{11}>0,\ |A_2|=\begin{vmatrix} a_{11} & a_{12} \\ a_{21} & a_{22} \end{vmatrix}>0,\cdots,\ |A_n|=\begin{vmatrix} a_{11} & \cdots & a_{1n} \\ \vdots & \ddots & \vdots \\ a_{n1} & \cdots & a_{nn} \end{vmatrix}>0$$

$$Q\text{ が負値}\iff |A_1|<0,\ |A_2|>0,\ |A_3|<0,\ |A_4|>0,\cdots,\ (-1)^n|A_n|>0$$

解答

(1)　ラグランジュの方法を用いると

$$Q=-\{x_1{}^2-2(2x_2+x_3)x_1\}-2x_2{}^2-5x_3{}^2+4x_2x_3$$
$$=-(x_1-2x_2-x_3)^2+(2x_2+x_3)^2-2x_2{}^2-5x_3{}^2+4x_2x_3$$
$$=-(x_1-2x_2-x_3)^2+2x_2{}^2+8x_2x_3-4x_3{}^2$$
$$=-(x_1-2x_2-x_3)^2+2(x_2+2x_3)^2-12x_3{}^2$$ A

$y_1=x_1-2x_2-x_3$，$y_2=\sqrt{2}(x_2+2x_3)$，
$y_3=2\sqrt{3}x_3$ とおくと

$$Q=-y_1{}^2+y_2{}^2-y_3{}^2$$ B

よって，㋐Q は不定符号．C　……(答)

（別解）　Q の係数行列 A は

$$A=\begin{bmatrix}-1 & 2 & 1\\ 2 & -2 & 2\\ 1 & 2 & -5\end{bmatrix}$$ ㋑ A

$|A_1|=-1<0$，$|A_2|=-2<0$，$|A_3|=|A|=24>0$ B

よって，Q は不定符号．C

(2)　Q の係数行列 A は

$$A=\begin{bmatrix}1 & 0 & -2\\ 0 & 3k & 3k\\ -2 & 3k & 6\end{bmatrix}$$ A

㋒Q が正値であるための必要十分条件は

$$|A_1|>0,\quad |A_2|>0,\quad |A_3|>0$$

が同時に成り立つことである．B

ここに，$|A_1|=1>0$

$|A_2|=3k>0$　……①

$|A_3|=6k-9k^2>0$　……②

①から，$k>0$

②から，$k(3k-2)<0$　∴　$0<k<\dfrac{2}{3}$

よって，求める k の値の範囲は，$0<k<\dfrac{2}{3}$ C

……(答)

㋐　Q は $\boldsymbol{x}$ のとり方によって正にも負にもなる．
たとえば

$\boldsymbol{x}=\begin{bmatrix}2\\1\\0\end{bmatrix}$ のとき，$\boldsymbol{y}=\begin{bmatrix}0\\ \sqrt{2}\\0\end{bmatrix}$

より $Q=2>0$

$\boldsymbol{x}=\begin{bmatrix}1\\0\\0\end{bmatrix}$ のとき，$\boldsymbol{y}=\begin{bmatrix}1\\0\\0\end{bmatrix}$

より $Q=-1<0$

㋑　A の固有値を求める解法も試みてみよ．

㋒　別解として，固有方程式 $|A-\lambda E|=0$ を考えると

$$\lambda^3-(3k+7)\lambda^2-(9k^2-21k-2)\lambda+9k^2-6k=0$$

3 解を λ_1，λ_2，λ_3 として，解と係数の関係を用いる．

POINT　後で出てくる 2 次曲線（曲面）の分類も，この固有値の符号での判別が基本になる．

問題 77　2次形式の最大値・最小値

次の各問いにおいて，最大値 M と最小値 m を求めよ．

(1)　$x^2+y^2+z^2=1$ のとき，$f(x,y,z)=5x^2+6y^2+4z^2+4xy+4xz$

(2)　$5x^2+4xy+2y^2=4$ のとき，$f(x,y)=x^2+y^2$

解説　ここでは，2次形式 $Q={}^t\boldsymbol{x}A\boldsymbol{x}=\sum_{i,j=1}^{n}a_{ij}x_ix_j$ の最大値・最小値の代表的なものについて，その求め方を学ぶ．

① $x_1{}^2+x_2{}^2+\cdots+x_n{}^2=1$ のとき，$Q={}^t\boldsymbol{x}A\boldsymbol{x}=\sum a_{ij}x_ix_j$ の最大値・最小値はそれぞれ $A=[a_{ij}]$ の固有値の最大値 α，最小値 β に等しい．

(証明)　行列 A は対称行列だから，適当な直交行列 P により ${}^tPAP$ を対角行列，すなわち，${}^tPAP=\begin{bmatrix}\lambda_1 & & O\\ & \ddots & \\ O & & \lambda_n\end{bmatrix}$（$\lambda_i$ は A の固有値で，$\lambda_1\leqq\lambda_2\leqq\cdots\leqq\lambda_n$）

とできる．このとき，$\boldsymbol{x}=P\boldsymbol{y}$，すなわち ${}^tP\boldsymbol{x}=\boldsymbol{y}=\begin{bmatrix}y_1\\ \vdots\\ y_n\end{bmatrix}$ とおくと，

$$
\begin{aligned}
Q&={}^t\boldsymbol{x}A\boldsymbol{x}={}^t(P\boldsymbol{y})A(P\boldsymbol{y})={}^t\boldsymbol{y}({}^tPAP)\boldsymbol{y}\\
&=\lambda_1y_1{}^2+\cdots+\lambda_ny_n{}^2\leqq\lambda_n(y_1{}^2+\cdots+y_n{}^2)
\end{aligned}
$$

ところが，$y_1{}^2+\cdots+y_n{}^2={}^t\boldsymbol{y}\boldsymbol{y}={}^t({}^tP\boldsymbol{x})({}^tP\boldsymbol{x})=({}^t\boldsymbol{x}P)({}^tP\boldsymbol{x})$

$$={}^t\boldsymbol{x}(P\,{}^tP)\boldsymbol{x}={}^t\boldsymbol{x}\boldsymbol{x}=1$$

$$\therefore\quad Q\leqq\lambda_n\qquad \text{すなわち}\qquad Q\leqq\alpha$$

等号が成り立つのは，$\boldsymbol{y}=\begin{bmatrix}0\\0\\ \vdots\\1\end{bmatrix}$ すなわち $\boldsymbol{x}=P\begin{bmatrix}0\\0\\ \vdots\\1\end{bmatrix}=\lambda_n$ の単位固有ベクトルのときである．最小値についても同様である．

② 実対称行列 A について，$\dfrac{{}^t\boldsymbol{x}A\boldsymbol{x}}{{}^t\boldsymbol{x}\boldsymbol{x}}$ の最大値・最小値は A の固有値の最大値・最小値にそれぞれ等しい．

(証明)　${}^t\boldsymbol{x}\boldsymbol{x}=|\boldsymbol{x}|^2$ だから $\dfrac{{}^t\boldsymbol{x}A\boldsymbol{x}}{{}^t\boldsymbol{x}\boldsymbol{x}}={}^t\left(\dfrac{\boldsymbol{x}}{|\boldsymbol{x}|}\right)A\left(\dfrac{\boldsymbol{x}}{|\boldsymbol{x}|}\right)$

$\dfrac{\boldsymbol{x}}{|\boldsymbol{x}|}=\boldsymbol{y}$ は単位ベクトルだから，$\dfrac{{}^t\boldsymbol{x}A\boldsymbol{x}}{{}^t\boldsymbol{x}\boldsymbol{x}}$ の最大値・最小値は $|\boldsymbol{y}|=1$ のときの2次形式 ${}^t\boldsymbol{y}A\boldsymbol{y}$ の最大値・最小値と一致し，これは①の場合に帰着される．

解答

(1)　$f(x, y, z) = [x\ \ y\ \ z]\begin{bmatrix} 5 & 2 & 2 \\ 2 & 6 & 0 \\ 2 & 0 & 4 \end{bmatrix}\begin{bmatrix} x \\ y \\ z \end{bmatrix}$

$= {}^t\boldsymbol{x}A\boldsymbol{x}$ A

$|A-\lambda E| = \begin{vmatrix} 5-\lambda & 2 & 2 \\ 2 & 6-\lambda & 0 \\ 2 & 0 & 4-\lambda \end{vmatrix} = 0$ から（ア）

$(\lambda-8)(\lambda-5)(\lambda-2)=0$　　∴　$\lambda=8,\ 5,\ 2$（イ） B

よって，求める最大値は，$M=8$　……(答)

そのときの x，y，z は 8 に属する単位固有ベクトルで $\begin{bmatrix} x \\ y \\ z \end{bmatrix} = \pm\dfrac{1}{3}\begin{bmatrix} 2 \\ 2 \\ 1 \end{bmatrix}$　……(答) C

最小値は，$m=2$　……(答)

そのときの x，y，z は 2 に属する単位固有ベクトルで $\begin{bmatrix} x \\ y \\ z \end{bmatrix} = \pm\dfrac{1}{3}\begin{bmatrix} 2 \\ -1 \\ -2 \end{bmatrix}$　……(答) D

(2)　$5x^2+4xy+2y^2=4$ のとき，

${}^t\boldsymbol{x}A\boldsymbol{x} = [x\ \ y]\begin{bmatrix} 5 & 2 \\ 2 & 2 \end{bmatrix}\begin{bmatrix} x \\ y \end{bmatrix} = 4$ A

$|A-\lambda E| = \begin{vmatrix} 5-\lambda & 2 \\ 2 & 2-\lambda \end{vmatrix} = 0$ から

$(\lambda-1)(\lambda-6)=0$　　∴　$\lambda=1, 6$ B

∴　$1 \leqq \dfrac{{}^t\boldsymbol{x}A\boldsymbol{x}}{{}^t\boldsymbol{x}\boldsymbol{x}} = \dfrac{4}{x^2+y^2} \leqq 6$（ウ）

よって $M=4$，$m=\dfrac{2}{3}$ C　……(答)

(1) と同様に，最大・最小をとる x，y はそれぞれ

$\begin{bmatrix} x \\ y \end{bmatrix} = \pm\dfrac{2}{\sqrt{5}}\begin{bmatrix} 1 \\ -2 \end{bmatrix},\ \pm\sqrt{\dfrac{2}{15}}\begin{bmatrix} 2 \\ 1 \end{bmatrix}$（エ） D　……(答)

（ア）サラスの方法で展開．

$(5-\lambda)(6-\lambda)(4-\lambda)$
$-4(6-\lambda)-4(4-\lambda)$
$=(5-\lambda)(6-\lambda)(4-\lambda)$
$+8(\lambda-5)$
$=-(\lambda-5)(\lambda-2)(\lambda-8)$

（イ）5 に属する単位固有ベクトルは　$\pm\dfrac{1}{3}\begin{bmatrix} 1 \\ -2 \\ 2 \end{bmatrix}$

よって，直交行列 P は

$P=\dfrac{1}{3}\begin{bmatrix} 2 & 1 & 2 \\ 2 & -2 & -1 \\ 1 & 2 & -2 \end{bmatrix}$

（ウ）$\dfrac{2}{3} \leqq x^2+y^2 \leqq 4$ より

x^2+y^2 の最大値は 4，

最小値は $\dfrac{2}{3}$．

（エ）$\lambda=1, 6$ のときの単位固有ベクトルを求めて，それぞれを $\sqrt{4}$ 倍，$\sqrt{\dfrac{2}{3}}$ 倍する．

POINT　本問で見たように
$\boldsymbol{x}\cdot\boldsymbol{x}={}^t\boldsymbol{x}\boldsymbol{x}=1$ のときの
${}^t\boldsymbol{x}A\boldsymbol{x}$ の最大・最小と
${}^t\boldsymbol{x}A\boldsymbol{x}=1$ のときの
$\boldsymbol{x}\cdot\boldsymbol{x}={}^t\boldsymbol{x}\boldsymbol{x}$ の最大・最小は
本質的には同じである．

問題 78　2 次曲線 (1)

次の 2 次曲線の方程式の標準形を求め，曲線の概形をかけ．

(1)　$5x^2-4xy+8y^2=36$

(2)　$x^2-4xy-2y^2=-6$

解説　平面において，2 次方程式

$$F(x,y)=ax^2+2hxy+by^2+2gx+2fy+c$$
$$={}^t\boldsymbol{x}A\boldsymbol{x}+2{}^t\boldsymbol{b}\boldsymbol{x}+c={}^t\boldsymbol{u}\tilde{A}\boldsymbol{u}=0$$
$$\left(A=\begin{bmatrix}a & h\\ h & b\end{bmatrix},\ \tilde{A}=\begin{bmatrix}a & h & g\\ h & b & f\\ g & f & c\end{bmatrix},\ \boldsymbol{b}=\begin{bmatrix}g\\ f\end{bmatrix},\ \boldsymbol{x}=\begin{bmatrix}x\\ y\end{bmatrix},\ \boldsymbol{u}=\begin{bmatrix}x\\ y\\ 1\end{bmatrix}\right)$$

によって表される図形を **2 次曲線**という．

ここでは，$F(x,y)=ax^2+2hxy+by^2+c=0$　……①　について学ぶ．

問題 65 で学んだ直交行列 $P=\begin{bmatrix}\cos\theta & -\sin\theta\\ \sin\theta & \cos\theta\end{bmatrix}$ $(=R_\theta)$ は，$\boldsymbol{x}$ を原点 O のまわりに角 θ だけ回転させて $\boldsymbol{y}$ に移す回転変換を表す行列である．それは線形変換は 2 点の像で決まるが

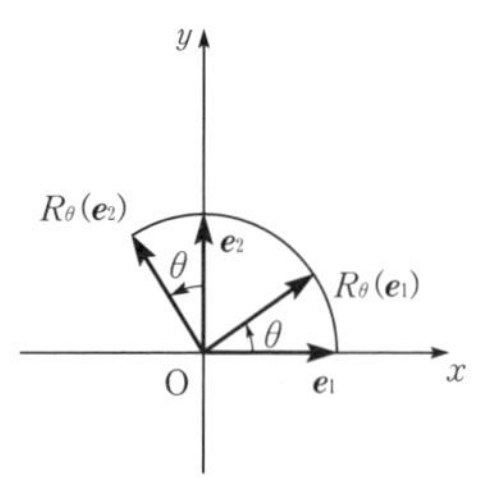

$R_\theta(\boldsymbol{e}_1)=\begin{bmatrix}\cos\theta\\ \sin\theta\end{bmatrix}$，$R_\theta(\boldsymbol{e}_2)=\begin{bmatrix}-\sin\theta\\ \cos\theta\end{bmatrix}$ が成り立つ

からである．さて，座標軸を原点 O のまわりに θ 回転させて $\boldsymbol{x}$ が $\boldsymbol{y}$ に移るとすると，図形（グラフ）は原点 O のまわりの $-\theta$ 回転だから

$$\boldsymbol{y}=R_{-\theta}\boldsymbol{x}\quad すなわち\quad \boldsymbol{x}=(R_{-\theta})^{-1}\boldsymbol{y}=R_\theta\boldsymbol{y}$$

となる．一般に，曲線①は座標軸の回転により積 xy の項をなくすことができる．これを曲線①の**標準化**という．

$A=\begin{bmatrix}a & h\\ h & b\end{bmatrix}$ の固有値を λ_1，λ_2 とし，直交行列（回転行列）を P とすると

回転変換 $\boldsymbol{x}=P\boldsymbol{y}$　$\left(ただし，\boldsymbol{x}=\begin{bmatrix}x\\ y\end{bmatrix},\ \boldsymbol{y}=\begin{bmatrix}X\\ Y\end{bmatrix}\right)$

によって，$ax^2+2hxy+by^2={}^t\boldsymbol{x}A\boldsymbol{x}$ は

$${}^t\boldsymbol{x}A\boldsymbol{x}={}^t(P\boldsymbol{y})A(P\boldsymbol{y})={}^t\boldsymbol{y}({}^tPAP)\boldsymbol{y}=[X\ \ Y]\begin{bmatrix}\lambda_1 & 0\\ 0 & \lambda_2\end{bmatrix}\begin{bmatrix}X\\ Y\end{bmatrix}=\lambda_1X^2+\lambda_2Y^2$$

となるので，①は　$\lambda_1X^2+\lambda_2Y^2+c=0$ となる．

解答

(1)　$[x \quad y]\begin{bmatrix} 5 & -2 \\ -2 & 8 \end{bmatrix}\begin{bmatrix} x \\ y \end{bmatrix} = {}^t\boldsymbol{x}A\boldsymbol{x} = 36$ ◢A

$|A-\lambda E| = \begin{vmatrix} 5-\lambda & -2 \\ -2 & 8-\lambda \end{vmatrix} = 0$ から

$(5-\lambda)(8-\lambda)-4=\lambda^2-13\lambda+36=0$

$(\lambda-4)(\lambda-9)=0 \qquad \therefore \quad \lambda=4, 9$ ◢B

4, 9 に属する単位固有ベクトルはそれぞれ

$$\boldsymbol{p}_1=\frac{1}{\sqrt{5}}\begin{bmatrix} 2 \\ 1 \end{bmatrix}, \qquad \boldsymbol{p}_2=\frac{1}{\sqrt{5}}\begin{bmatrix} -1 \\ 2 \end{bmatrix}$$

$P=[\boldsymbol{p}_1 \quad \boldsymbol{p}_2]$ ㋐ とおくと，P は回転行列だから

回転変換 $\boldsymbol{x}=P\boldsymbol{y} \iff \begin{bmatrix} x \\ y \end{bmatrix} = P\begin{bmatrix} X \\ Y \end{bmatrix}$ により ◢C

$${}^t\boldsymbol{x}A\boldsymbol{x} = {}^t\boldsymbol{y}({}^tPAP)\boldsymbol{y} = [X \quad Y]\begin{bmatrix} 4 & 0 \\ 0 & 9 \end{bmatrix}\begin{bmatrix} X \\ Y \end{bmatrix}$$

$$=4X^2+9Y^2=36$$

よって，$\dfrac{X^2}{3^2}+\dfrac{Y^2}{2^2}=1$(楕円) で右図 ㋑. ◢D ……(答)

(2)　$[x \quad y]\begin{bmatrix} 1 & -2 \\ -2 & -2 \end{bmatrix}\begin{bmatrix} x \\ y \end{bmatrix} = {}^t\boldsymbol{x}A\boldsymbol{x} = -6$ ◢A

$|A-\lambda E| = \begin{vmatrix} 1-\lambda & -2 \\ -2 & -2-\lambda \end{vmatrix} = 0$ から

$$\lambda=-3, 2$$ ◢B

−3, 2 に属する単位固有ベクトルはそれぞれ

$$\boldsymbol{p}_1=\frac{1}{\sqrt{5}}\begin{bmatrix} 1 \\ 2 \end{bmatrix}, \qquad \boldsymbol{p}_2=\frac{1}{\sqrt{5}}\begin{bmatrix} -2 \\ 1 \end{bmatrix}$$

$P=[\boldsymbol{p}_1 \quad \boldsymbol{p}_2]$ とおき，回転変換 $\boldsymbol{x}=P\boldsymbol{y}$ により ◢C

$${}^t\boldsymbol{x}A\boldsymbol{x} = {}^t\boldsymbol{y}({}^tPAP)\boldsymbol{y} = [X \quad Y]\begin{bmatrix} -3 & 0 \\ 0 & 2 \end{bmatrix}\begin{bmatrix} X \\ Y \end{bmatrix}$$

$$=-3X^2+2Y^2=-6$$

よって，$\dfrac{X^2}{(\sqrt{2})^2}-\dfrac{Y^2}{(\sqrt{3})^2}=1$(双曲線) で右図 ㋒. ◢D

……(答)

㋐　$P=\dfrac{1}{\sqrt{5}}\begin{bmatrix} 2 & -1 \\ 1 & 2 \end{bmatrix}$ は直交行列で，

$P=\begin{bmatrix} \cos\theta & -\sin\theta \\ \sin\theta & \cos\theta \end{bmatrix}$ と表せるので回転行列.

㋑

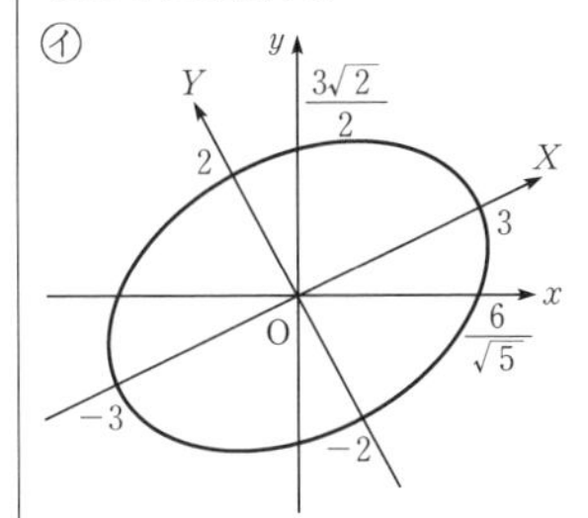

㋒

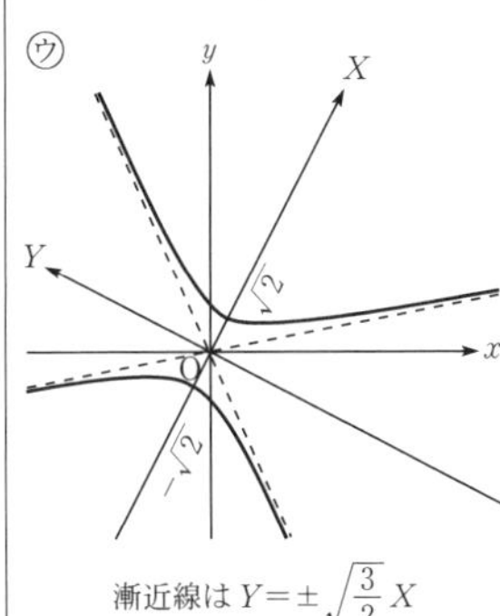

漸近線は $Y=\pm\sqrt{\dfrac{3}{2}}X$

POINT 固有ベクトルが標準化のさいの座標軸となり，固有値の符号から形状が判別できる流れをつかもう.

問題 79 2次曲線 (2)

次の2次曲線の方程式の標準形を求めよ．

$$3x^2+10xy+3y^2-38x-42y+85=0$$

解説 2次曲線 $F(x, y)=ax^2+2hxy+by^2+2gx+2fy+c$

$$={}^t\boldsymbol{x}A\boldsymbol{x}+2{}^t\boldsymbol{b}\boldsymbol{x}+c={}^t\boldsymbol{u}\tilde{A}\boldsymbol{u}=0$$

の標準化について学ぶ（A，$\tilde{A}$，$\boldsymbol{b}$，$\boldsymbol{x}$，$\boldsymbol{u}$ については前問，問題78を参照）．

2次曲線 $F(x, y)=0$ は x，y 軸を座標軸とする直交座標系のもとで表される平面図形であるが，前問でも学んだように，別の適当な直交座標系に直して曲線の方程式をできるだけ簡単な形（標準形）にすることができる．この変換を**主軸変換**というが，平行移動と回転変換の2つがある．

$\boldsymbol{x}=\begin{bmatrix} x \\ y \end{bmatrix}$ を $\boldsymbol{y}=\begin{bmatrix} x' \\ y' \end{bmatrix}$ に変換するとき，$\begin{bmatrix} x \\ y \end{bmatrix}$ を旧座標，$\begin{bmatrix} x' \\ y' \end{bmatrix}$ を新座標という．

①平行移動 座標軸の平行移動を $\boldsymbol{s}$ とすると，$\boldsymbol{x}=\boldsymbol{y}+\boldsymbol{s}$

すなわち，x，y 軸を p，q だけ平行移動すると，$\begin{bmatrix} x \\ y \end{bmatrix}=\begin{bmatrix} x' \\ y' \end{bmatrix}+\begin{bmatrix} a \\ b \end{bmatrix}$

②回転変換 原点Oのまわりに座標軸を θ だけ回転するとき

$$\boldsymbol{x}=\begin{bmatrix} \cos\theta & -\sin\theta \\ \sin\theta & \cos\theta \end{bmatrix}\boldsymbol{y} \text{ すなわち，} \begin{bmatrix} x \\ y \end{bmatrix}=\begin{bmatrix} \cos\theta & -\sin\theta \\ \sin\theta & \cos\theta \end{bmatrix}\begin{bmatrix} x' \\ y' \end{bmatrix}$$

さて，2次曲線 $F(x, y)=0$ のグラフが点対称であるとき，その中心がただ1つであるならば**有心2次曲線**，そうでないとき**無心2次曲線**という．

$$2\text{次曲線が有心である} \iff |A|\neq 0$$

であり，中心の座標は $\tilde{A}$ の第1行，第2行から作られる連立方程式の解である．

$$\begin{cases} ax+hy+g=0 \\ hx+by+f=0 \end{cases} \text{ の解 } \begin{bmatrix} x \\ y \end{bmatrix}=\begin{bmatrix} x_0 \\ y_0 \end{bmatrix}=\boldsymbol{s} \quad (F_x=0,\ F_y=0 \text{ の解と一致})$$

2次曲線 $F(x, y)=0$ を標準化する手順は次のようである．

(1) rank $A=2$（有心）のとき；固有値 $\lambda_1, \lambda_2\neq 0$

①平行移動 $\boldsymbol{x}=\boldsymbol{y}+\boldsymbol{s}$
②回転変換 $\boldsymbol{y}=P\boldsymbol{z}$
$\Longrightarrow$ 標準形 $\lambda_1x''^2+\lambda_2y''^2+\dfrac{|\tilde{A}|}{|A|}=0$

(2) rank $A=1$（無心）のとき；固有値 $\lambda_1\neq 0$，$\lambda_2=0$

①回転変換 $\boldsymbol{x}=P\boldsymbol{y}$
②適当な平行移動
$\Longrightarrow$ 標準形 $\begin{cases} \lambda_1x''^2+2f'y''=0 \\ \text{または，} \lambda_1x''^2+c'=0 \end{cases}$

これらにより，**楕円・双曲線・放物線・2直線**などの判別ができる．

解答

与えられた2次曲線は

$$[x \quad y \quad 1]\begin{bmatrix} 3 & 5 & -19 \\ 5 & 3 & -21 \\ -19 & -21 & 85 \end{bmatrix}\begin{bmatrix} x \\ y \\ 1 \end{bmatrix}=0$$

㋐ $A=\begin{bmatrix} 3 & 5 \\ 5 & 3 \end{bmatrix},\ \tilde{A}=\begin{bmatrix} 3 & 5 & -19 \\ 5 & 3 & -21 \\ -19 & -21 & 85 \end{bmatrix},$

$\boldsymbol{b}=\begin{bmatrix} -19 \\ -21 \end{bmatrix},\ \boldsymbol{c}=85$ A

㋑ $\mathrm{rank}\,A=2$ だから，$\begin{cases} 3x+5y-19=0 \\ 5x+3y-21=0 \end{cases}$ の解

$\begin{bmatrix} x \\ y \end{bmatrix}=\begin{bmatrix} 3 \\ 2 \end{bmatrix}$ を用いて，平行移動 $\begin{bmatrix} x \\ y \end{bmatrix}=\begin{bmatrix} x' \\ y' \end{bmatrix}+\begin{bmatrix} 3 \\ 2 \end{bmatrix}$ を行うと，与えられた2次曲線は，

$3x'^2+10x'y'+3y'^2-14=0$ ㋒　$({}^t\boldsymbol{y}A\boldsymbol{y}=14)$ B

となる．㋓次に，A の固有方程式は

$$|A-\lambda E|=\begin{vmatrix} 3-\lambda & 5 \\ 5 & 3-\lambda \end{vmatrix}=(3-\lambda)^2-5^2=0$$

$$\therefore\ \lambda=8,\ -2$$ C

8，−2に属する単位固有ベクトルは，それぞれ

$$\boldsymbol{p}_1=\frac{1}{\sqrt{2}}\begin{bmatrix} 1 \\ 1 \end{bmatrix},\ \boldsymbol{p}_2=\frac{1}{\sqrt{2}}\begin{bmatrix} -1 \\ 1 \end{bmatrix}$$

$P=[\boldsymbol{p}_1 \quad \boldsymbol{p}_2]$ とおくと，㋔ P は回転行列だから

回転変換 $\boldsymbol{y}=P\boldsymbol{z} \iff \begin{bmatrix} x' \\ y' \end{bmatrix}=P\begin{bmatrix} X \\ Y \end{bmatrix}$ より D

$${}^t\boldsymbol{y}A\boldsymbol{y}={}^t\boldsymbol{z}({}^tPAP)\boldsymbol{z}=[X \quad Y]\begin{bmatrix} 8 & 0 \\ 0 & -2 \end{bmatrix}\begin{bmatrix} X \\ Y \end{bmatrix}$$

$$=8X^2-2Y^2=14$$

よって，求める標準形は

㋕ 双曲線 $\dfrac{X^2}{\left(\dfrac{\sqrt{7}}{2}\right)^2}-\dfrac{Y^2}{(\sqrt{7})^2}=1$ E　……(答)

㋐ $|A|=-16$

$|\tilde{A}|=\begin{vmatrix} 3 & 5 & 0 \\ 5 & 3 & 0 \\ -19 & -21 & -14 \end{vmatrix}$
$=14\cdot16$

㋑ $\mathrm{rank}\,A=2$ のときは，まず，2次曲線の中心が原点になるように座標軸を平行移動する．$\boldsymbol{x}=\boldsymbol{y}+\boldsymbol{s}$

㋒ 定数項は

$\dfrac{|\tilde{A}|}{|A|}=\dfrac{14\cdot16}{-16}=-14$

㋓ 直交行列による回転変換を考える．

㋔ $P=R_{\frac{\pi}{4}}$ $(\frac{\pi}{4}=45^\circ$ の回転)

㋕

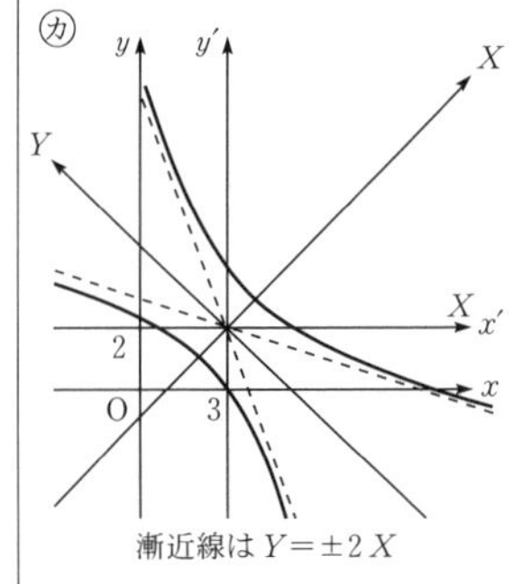

漸近線は $Y=\pm2X$

POINT 回転後の座標系で，$8X^2-2Y^2=k$ のグラフを，k をだんだん小さくして0にすると，漸近線になる．

問題 80　2次曲面

次の2次曲面の方程式の標準形を求めよ．

$$x^2-y^2+z^2-2yz+2zx+2xy+2x+2y-2z-5=0$$

解説　空間において，2次方程式

$$F(x,y,z)=ax^2+by^2+cz^2+2fyz+2gzx+2hxy+2lx+2my+2nz+d$$
$$={}^t\boldsymbol{x}A\boldsymbol{x}+2{}^t\boldsymbol{b}\boldsymbol{x}+d={}^t\boldsymbol{u}\tilde{A}\boldsymbol{u}=0$$

$$\left(A=\begin{bmatrix}a&h&g\\h&b&f\\g&f&c\end{bmatrix},\ \tilde{A}=\begin{bmatrix}a&h&g&l\\h&b&f&m\\g&f&c&n\\l&m&n&d\end{bmatrix},\ \boldsymbol{b}=\begin{bmatrix}l\\m\\n\end{bmatrix},\ \boldsymbol{x}=\begin{bmatrix}x\\y\\z\end{bmatrix},\ \boldsymbol{u}=\begin{bmatrix}x\\y\\z\\1\end{bmatrix}\right)$$

によって表される図形を**2次曲面**という．

2次曲線の場合と同様に有心2次曲面は定義されるが，中心の座標は $\tilde{A}$ の第1，2，3行から作られる連立1次方程式の解である．

$$\begin{cases}ax+hy+gz+l=0\\hx+by+fz+m=0\\gx+fy+cz+n=0\end{cases}\ \text{の解}\ \begin{bmatrix}x\\y\\z\end{bmatrix}=\begin{bmatrix}x_0\\y_0\\z_0\end{bmatrix}=\boldsymbol{s}$$

2次曲面 $F(x,y,z)=0$ を標準化する手順の概略は次のようである．

(1)　rank $A=3$ のとき；平行移動 $\boldsymbol{x}=\boldsymbol{y}+\boldsymbol{s}$ してから回転 $\boldsymbol{y}=P\boldsymbol{z}$
(2)　rank $A=2$ のとき；回転してから平行移動
(3)　rank $A=1$ のとき；回転，平行移動，回転（さらに平行移動）の順または，回転してから平行移動

ここに，2次曲面の標準形の主なものを挙げる．ただし，a，b，c は正．

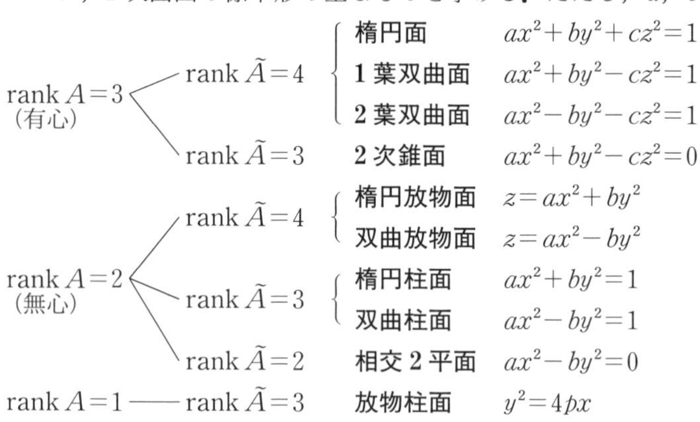

解答

$$A=\begin{bmatrix}1&1&1\\1&-1&-1\\1&-1&1\end{bmatrix},\ \tilde{A}=\begin{bmatrix}1&1&1&1\\1&-1&-1&1\\1&-1&1&-1\\1&1&-1&-5\end{bmatrix}$$ A

㋐ rank $A=3$ だから，与えられた曲面は有心 2 次曲面であり，連立方程式 ㋑

$$\begin{cases}x+y+z+1=0\\x-y-z+1=0\\x-y+z-1=0\end{cases}$$ の解 $\begin{bmatrix}x\\y\\z\end{bmatrix}=\begin{bmatrix}-1\\-1\\1\end{bmatrix}$ を用いて，

2 次曲面の中心が原点になるように座標軸を平行移動する．すなわち，

平行移動 $\begin{bmatrix}x\\y\\z\end{bmatrix}=\begin{bmatrix}x'\\y'\\z'\end{bmatrix}+\begin{bmatrix}-1\\-1\\1\end{bmatrix}$ ㋒ を行うと，B 方程式は

$$x'^2-y'^2+z'^2-2y'z'+2z'x'+2x'y'-8=0$$ ㋓ C

となる．次に，A の固有方程式は

$(\lambda-2)(\lambda-1)(\lambda+2)=0$ から，$\lambda=2,1,-2$

この順に単位固有ベクトル $\boldsymbol{p}_1$，$\boldsymbol{p}_2$，$\boldsymbol{p}_3$ を求めて，

直交行列 $P=(\boldsymbol{p}_1\ \boldsymbol{p}_2\ \boldsymbol{p}_3)=\dfrac{1}{\sqrt{6}}\begin{bmatrix}\sqrt{3}&\sqrt{2}&1\\0&\sqrt{2}&-2\\\sqrt{3}&-\sqrt{2}&-1\end{bmatrix}$ D

とおくと，回転変換 $\boldsymbol{y}=P\boldsymbol{z} \Longleftrightarrow \begin{bmatrix}x'\\y'\\z'\end{bmatrix}=P\begin{bmatrix}X\\Y\\Z\end{bmatrix}$ により

$${}^t\boldsymbol{y}A\boldsymbol{y}=[X\ \ Y\ \ Z]\begin{bmatrix}2&0&0\\0&1&0\\0&0&-2\end{bmatrix}\begin{bmatrix}X\\Y\\Z\end{bmatrix}$$ ㋔

$$=2X^2+Y^2-2Z^2=8$$

よって，求める標準形は

$$\frac{X^2}{2^2}+\frac{Y^2}{(2\sqrt{2})^2}-\frac{Z^2}{2^2}=1$$ E ㋕ ……(答)

㋐ $|A|=-4$
$|\tilde{A}|=32$

㋑ rank $A=3$ のときは，まず座標軸の平行移動をし，その次に新しい原点のまわりの座標軸の回転を行う．

㋒ $\boldsymbol{x}=\boldsymbol{y}+\boldsymbol{s}$

㋓ 定数項は
$\dfrac{|\tilde{A}|}{|A|}=\dfrac{32}{-4}=-8$

㋔ ${}^t\boldsymbol{y}A\boldsymbol{y}$
$={}^t\boldsymbol{z}({}^tPAP)\boldsymbol{z}$
$={}^t\boldsymbol{z}\begin{bmatrix}2&&O\\&1&\\O&&-2\end{bmatrix}\boldsymbol{z}$

㋕ 1 葉双曲面という．

POINT グラフの形状をイメージしたければ，X，Y，Z を定数に見たてれば，それぞれの軸に垂直な平面での切り口がわかる．本問では水平に切ると楕円，垂直には 2 方向とも双曲線になる．

練習問題　解答は 216 ページから　第9章

1 $x^2+y^2=1$ のもとで，$f(x,y)=x^2+4\sqrt{2}\,xy+3y^2$ の最大値，最小値，およびそれらを与える x, y を求めよ．

2 次の問いに答えよ．

(1) 実対称行列 $A=\begin{bmatrix} 0 & 2 \\ 2 & 3 \end{bmatrix}$ の固有値を求めよ．また，A を直交行列 P により対角化せよ．

(2) $4xy+3y^2-\dfrac{4}{\sqrt{5}}x+\dfrac{2}{\sqrt{5}}y-5=0$ を標準形に変換し，この 2 次式が表す 2 次曲線の名称および曲線の概形をかけ．

3 次の 2 次曲線の方程式の標準形を求めよ．また，2 次曲線の名称をかけ．

(1) $5x^2-4xy+8y^2-6x-12y-27=0$

(2) $x^2-2xy+y^2-8x+6y+15=0$

(3) $x^2+4xy+4y^2+2x+4y-3=0$

4 次の 2 次曲面の方程式の標準形を求めよ．

(1) $5x^2+3y^2+3z^2+2yz+2zx+2xy-4y-8z+5=0$

(2) $y^2+z^2+yz+zx-xy-2x+2y-2z+3=0$

5 2 次形式 $Q=x^2+y^2+z^2-a(xy+yz+zx)$ が正値となるような実定数 a の値の範囲を求めよ．

練習問題　解答

第1，2章（pp. 38〜42）

1

(1)　分点の公式から

$$\overrightarrow{AP}=\frac{2\overrightarrow{AB}+\overrightarrow{AC}}{1+2}$$

$$=\frac{1}{3}\{2(\vec{b}-\vec{a})+(\vec{c}-\vec{a})\}$$

$$=\frac{1}{3}(2\vec{b}+\vec{c}-3\vec{a})\quad\cdots\cdots(答)$$

$$\overrightarrow{AQ}=\frac{3}{4}\overrightarrow{AC}=\frac{3}{4}(\vec{c}-\vec{a})\quad\cdots\cdots(答)$$

$$\overrightarrow{AR}=\frac{6}{5}\overrightarrow{AB}=\frac{6}{5}(\vec{b}-\vec{a})\quad\cdots\cdots(答)$$

(2)　$\overrightarrow{RP}=\overrightarrow{AP}-\overrightarrow{AR}$

$$=\frac{1}{3}(2\vec{b}+\vec{c}-3\vec{a})-\frac{6}{5}(\vec{b}-\vec{a})$$

$$=\frac{1}{15}(3\vec{a}-8\vec{b}+5\vec{c})\quad\cdots\cdots①$$

$$\overrightarrow{RQ}=\overrightarrow{AQ}-\overrightarrow{AR}$$

$$=\frac{3}{4}(\vec{c}-\vec{a})-\frac{6}{5}(\vec{b}-\vec{a})$$

$$=\frac{3}{20}(3\vec{a}-8\vec{b}+5\vec{c})\quad\cdots\cdots②$$

①，②から $\overrightarrow{RP}=\frac{4}{9}\overrightarrow{RQ}$

よって，3点P，Q，Rは一直線上にある．

2

(1)　辺BCの中点をMとすると

$$\overrightarrow{OB}+\overrightarrow{OC}=2\overrightarrow{OM}\quad\cdots\cdots①$$

右図のように，Dを外接円Oの直径ADの端点とすると，DC⊥AC

また，BH⊥AC

$\therefore$　BH∥DC　……②

同様に，BD⊥AB，CH⊥ABから

BD∥HC　……③

したがって，②，③から四辺形BDCHは平行四辺形である．Mはその対角線の中点であるから，HDの中点でもある．

よって，△ADHでOはADの中点，MはHDの中点であり，中点連結定理から

$$OM /\!/ AH,\ OM=\frac{1}{2}AH$$

$$\therefore\ \overrightarrow{AH}=2\overrightarrow{OM}$$

これと①から　$\overrightarrow{AH}=\overrightarrow{OB}+\overrightarrow{OC}$

よって　$\overrightarrow{OH}=\overrightarrow{OA}+\overrightarrow{OB}+\overrightarrow{OC}$

(2)　$\overrightarrow{OG}=\dfrac{\overrightarrow{OA}+\overrightarrow{OB}+\overrightarrow{OC}}{3}$ だから

$$\overrightarrow{OH}=3\overrightarrow{OG}$$

よって，O，H，Gは同一直線上にある．

［**別解**］　$\overrightarrow{OA}=\vec{a}$，$\overrightarrow{OB}=\vec{b}$，$\overrightarrow{OC}=\vec{c}$ とする．このとき $\overrightarrow{OH'}=\vec{a}+\vec{b}+\vec{c}$ となる点H′が垂心Hと一致することを示せばよい．点Oは外心だから，$|\vec{a}|=|\vec{b}|=|\vec{c}|$ で，

$$\overrightarrow{AH'}\cdot\overrightarrow{BC}=(\vec{a}+\vec{b}+\vec{c}-\vec{a})\cdot(\vec{c}-\vec{a})$$

$$=(\vec{b}+\vec{c})\cdot(\vec{b}-\vec{c})$$

$$=|\vec{b}|^2-|\vec{c}|^2=0$$

同様に $\overrightarrow{BH'}\cdot\overrightarrow{CA}=0$，$\overrightarrow{CH'}\cdot\overrightarrow{AB}=0$ となるので，H′は垂心Hとなるから

$$\overrightarrow{OH}=\vec{a}+\vec{b}+\vec{c}$$

3

(1)　$\overrightarrow{DC}=\overrightarrow{OC}-\overrightarrow{OD}$

$$=\frac{1}{4}\overrightarrow{OA}-\frac{1}{m+1}\overrightarrow{OB}\quad\cdots\cdots(答)$$

$$\overrightarrow{DE}=\overrightarrow{OE}-\overrightarrow{OD}$$

$$=\frac{2\overrightarrow{OC}+3\overrightarrow{OB}}{5}-\frac{1}{m+1}\overrightarrow{OB}$$

$$=\frac{1}{10}\overrightarrow{OA}+\left(\frac{3}{5}-\frac{1}{m+1}\right)\overrightarrow{OB}\quad\cdots\cdots(答)$$

(2)　$\overrightarrow{BC}=\overrightarrow{OC}-\overrightarrow{OB}=\frac{1}{4}\overrightarrow{OA}-\overrightarrow{OB}$

$\overrightarrow{DE}\perp\overrightarrow{BC}$ であるとき，$\overrightarrow{DE}\cdot\overrightarrow{BC}=0$ から

$$\left\{\frac{1}{10}\overrightarrow{OA}+\left(\frac{3}{5}-\frac{1}{m+1}\right)\overrightarrow{OB}\right\}\cdot\left(\frac{1}{4}\overrightarrow{OA}-\overrightarrow{OB}\right)=0$$

$$\frac{1}{40}|\overrightarrow{OA}|^2+\left\{\frac{1}{4}\left(\frac{3}{5}-\frac{1}{m+1}\right)-\frac{1}{10}\right\}\overrightarrow{OA}\cdot\overrightarrow{OB}$$
$$-\left(\frac{3}{5}-\frac{1}{m+1}\right)|\overrightarrow{OB}|^2=0$$

ここで，$\overrightarrow{OA}$ と，$\overrightarrow{OB}$ のなす角を θ とし，
$|\overrightarrow{OB}|=l$ とおくと，$|\overrightarrow{OA}|=4l$

$$\overrightarrow{OA}\cdot\overrightarrow{OB}=|\overrightarrow{OA}||\overrightarrow{OB}|\cos\theta=4l^2\cos\theta$$

したがって

$$\frac{1}{40}\cdot16l^2+\left\{\frac{1}{20}-\frac{1}{4(m+1)}\right\}\cdot4l^2\cos\theta$$
$$-\left(\frac{3}{5}-\frac{1}{m+1}\right)l^2=0$$

$l>0$ だから l^2 で割って

$$\frac{2}{5}+\left(\frac{1}{5}-\frac{1}{m+1}\right)\cos\theta-\left(\frac{3}{5}-\frac{1}{m+1}\right)=0$$
$$\therefore\quad\left(\frac{1}{5}-\frac{1}{m+1}\right)(\cos\theta-1)=0$$

$0<\theta<180^\circ$ だから $\cos\theta-1\neq0$ であり

$$\frac{1}{5}-\frac{1}{m+1}=0\qquad\therefore\quad m=4\ \cdots\cdots(\text{答})$$

4

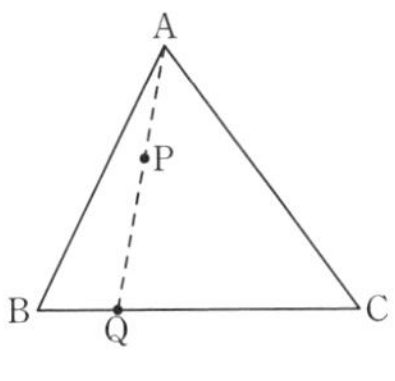

位置ベクトルの始点をOとする．

P＝A のとき

$\overrightarrow{OP}=\overrightarrow{OA}=\vec{a}$
$=1\vec{a}+0\vec{b}+0\vec{c}$

P≠A のとき，AP の延長と辺 BC との交点を Q とおくと

$$\overrightarrow{OP}=\overrightarrow{OA}+\overrightarrow{AP}=\overrightarrow{OA}+t\,\overrightarrow{AQ}$$
$$=\overrightarrow{OA}+t(\overrightarrow{OQ}-\overrightarrow{OA})$$
$$=(1-t)\overrightarrow{OA}+t\,\overrightarrow{OQ}$$

（ただし，$0<t\leqq1$）

ここに　$\overrightarrow{OQ}=\overrightarrow{OB}+\overrightarrow{BQ}=\overrightarrow{OB}+s\,\overrightarrow{BC}$
$=(1-s)\overrightarrow{OB}+s\,\overrightarrow{OC}$

（ただし，$0\leqq s\leqq1$）

$$\therefore\quad\overrightarrow{OP}=(1-t)\vec{a}+t(1-s)\vec{b}+ts\vec{c}$$

ここで，$1-t=\alpha$，$t(1-s)=\beta$，$ts=\gamma$ とおくと

$$\overrightarrow{OP}=\alpha\vec{a}+\beta\vec{b}+\gamma\vec{c}$$

$(\alpha+\beta+\gamma=1,\ 0\leqq\alpha<1,\ 0\leqq\beta\leqq1,\ 0\leqq\gamma\leqq1)$

よって，P＝A の場合と合わせて成り立つ．

5

(1)　四面体を ABCD とすると，同一平面上にない 2 辺の対は (AB, CD)，(AC, BD)，(AD, BC) の 3 組　……(答)

辺 BC，CD，DB，AB，AC，AD の中点をそれぞれ E，F，G，H，I，J とおく．ここで，線分 EJ の中点を L とすると

$$\overrightarrow{AL}=\frac{1}{2}(\overrightarrow{AE}+\overrightarrow{AJ})=\frac{1}{2}\left(\frac{\overrightarrow{AB}+\overrightarrow{AC}}{2}+\frac{\overrightarrow{AD}}{2}\right)$$
$$=\frac{1}{4}(\overrightarrow{AB}+\overrightarrow{AC}+\overrightarrow{AD})\qquad\cdots\cdots①$$

FH，GI の中点 M，N についても，$\overrightarrow{AM}$，$\overrightarrow{AN}$ は①と同じ式となる．

よって，$\overrightarrow{AL}=\overrightarrow{AM}=\overrightarrow{AN}$ となるので，3 組の対辺の中点を結ぶ線分は 1 点で交わる．

(2)　$\overrightarrow{EJ}\cdot\overrightarrow{FH}$

$$=(\overrightarrow{AJ}-\overrightarrow{AE})\cdot(\overrightarrow{AH}-\overrightarrow{AF})$$
$$=\left(\frac{\overrightarrow{AD}}{2}-\frac{\overrightarrow{AB}+\overrightarrow{AC}}{2}\right)\cdot\left(\frac{\overrightarrow{AB}}{2}-\frac{\overrightarrow{AC}+\overrightarrow{AD}}{2}\right)$$
$$=\frac{1}{4}\{(\overrightarrow{AD}-\overrightarrow{AB})-\overrightarrow{AC}\}\cdot\{-(\overrightarrow{AD}-\overrightarrow{AB})-\overrightarrow{AC}\}$$
$$=\frac{1}{4}(|\overrightarrow{AC}|^2-|\overrightarrow{AD}-\overrightarrow{AB}|^2)$$
$$=\frac{1}{4}(|\overrightarrow{AC}|^2-|\overrightarrow{AD}|^2-|\overrightarrow{AB}|^2+2|\overrightarrow{AD}||\overrightarrow{AB}|\cos60^\circ)$$
$$=0$$

$(\because\quad|\overrightarrow{AB}|=|\overrightarrow{AC}|=|\overrightarrow{AD}|)$

同様に　$\overrightarrow{EJ}\cdot\overrightarrow{GI}=\overrightarrow{FH}\cdot\overrightarrow{GI}=0$

よって，各線分のなす角は　90°　……(答)

［注］　四面体が正四面体のとき，(1) の各中点を結んでできる立体は正八面体となることから，(2) の事実がわかる．

6

条件から，$|\vec{a}|=|\vec{b}|=|\vec{c}|=1$

$$\vec{a}\cdot\vec{b}=|\vec{a}||\vec{b}|\cos45^\circ=\frac{1}{\sqrt{2}}$$
$$\vec{a}\cdot\vec{c}=|\vec{a}||\vec{c}|\cos60^\circ=\frac{1}{2}$$

$\vec{b}\cdot\vec{c}=0$

このとき

$$|\vec{a}+x\vec{b}+y\vec{c}|^2$$
$$=|\vec{a}|^2+x^2|\vec{b}|^2+y^2|\vec{c}|^2+2x\vec{a}\cdot\vec{b}+2xy\vec{b}\cdot\vec{c}+2y\vec{a}\cdot\vec{c}$$
$$=1+x^2+y^2+\sqrt{2}x+y$$
$$=\left(x+\frac{\sqrt{2}}{2}\right)^2+\left(y+\frac{1}{2}\right)^2+\frac{1}{4}\geqq\frac{1}{4}$$

よって，$|\vec{a}+x\vec{b}+y\vec{c}|$ が最小となる x，y の値は

$$x+\frac{\sqrt{2}}{2}=0 \quad \text{かつ} \quad y+\frac{1}{2}=0$$

$$\therefore \quad x=-\frac{\sqrt{2}}{2},\ y=-\frac{1}{2} \qquad \cdots\cdots(\text{答})$$

［注］ 図形的には，$\vec{a}$，$\vec{b}$，$\vec{c}$ が位置ベクトルとなる点をA，B，Cとしたとき，点Aから平面OBCまでのキョリが最小値.

7

$\vec{a}$，$\vec{b}$ のなす角を θ $(0\leqq\theta\leqq180^\circ)$ とおくと

$$\cos\theta=\frac{\vec{a}\cdot\vec{b}}{|\vec{a}||\vec{b}|}$$
$$=\frac{2\cdot1+4\cdot(-1)+(-2)\cdot2}{\sqrt{2^2+4^2+(-2)^2}\sqrt{1^2+(-1)^2+2^2}}$$
$$=\frac{-6}{2\sqrt{6}\sqrt{6}}=-\frac{1}{2}$$

$$\therefore \quad \theta=120^\circ \qquad \cdots\cdots(\text{答})$$

よって，$\vec{a}$ と $\vec{b}$ で作る平行四辺形の面積は

$$|\vec{a}||\vec{b}|\sin\theta=2\sqrt{6}\cdot\sqrt{6}\sin120^\circ$$
$$=6\sqrt{3} \qquad \cdots\cdots(\text{答})$$

［注］ 面積 $S=\sqrt{|\vec{a}|^2|\vec{b}|^2-(\vec{a}\cdot\vec{b})^2}$

$$=\sqrt{24\cdot6-(-6)^2}$$
$$=\sqrt{18\cdot6}=6\sqrt{3}$$

外積で考えても，

```
2    4   -2   2    4   -2
       ×    ×    ×
1   -1    2   1   -1    2
------------------------------
          6   -6   -6
```

$$\vec{a}\times\vec{b}=\begin{bmatrix}6\\-6\\-6\end{bmatrix}$$

$=6\ {}^t[1\ \ -1\ \ -1]$ で（問題36参照），

$$S=\sqrt{|\vec{a}\times\vec{b}|}=6\sqrt{3}$$

8

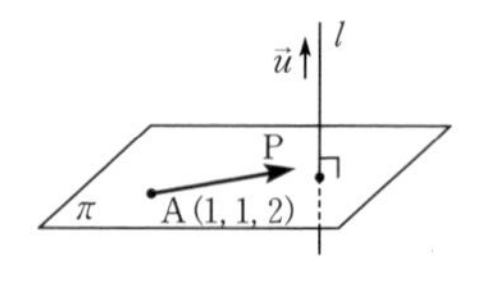

(1) 平面 π の法線ベクトル $\vec{u}$ は，直線 l の方向ベクトルに等しいので，

$$\vec{u}=\begin{bmatrix}2\\-3\\1\end{bmatrix}$$

よって，平面 π の方程式は $\overrightarrow{\mathrm{AP}}\perp\vec{u}$

すなわち $\overrightarrow{\mathrm{AP}}\cdot\vec{u}=0$ から

$$2(x-1)-3(y-1)+(z-2)=0$$

$$\therefore \quad 2x-3y+z-1=0 \qquad \cdots\cdots(\text{答})$$

(2) 直線 l 上の点は

$$\begin{bmatrix}x\\y\\z\end{bmatrix}=\begin{bmatrix}0\\10\\3\end{bmatrix}+t\begin{bmatrix}2\\-3\\1\end{bmatrix}=\begin{bmatrix}2t\\10-3t\\3+t\end{bmatrix}$$

これを平面 π の方程式に代入して

$$2(2t)-3(10-3t)+(3+t)-1=0$$
$$14t=28 \qquad \therefore \quad t=2$$

求める交点は $(4,\ 4,\ 5)$ $\qquad\cdots\cdots$(答)

［注］ 点 $(x_1,\ y_1,\ z_1)$ を通り，ベクトル $\vec{u}={}^t[a\ \ b\ \ c]$ に垂直な平面の方程式は

$$a(x-x_1)+b(y-y_1)+c(z-z_1)=0$$

9

(1) l は平面 α の上にあり，g は l と交わるから，l は g と α の交点を通る.

g の点は，$\begin{bmatrix}x\\y\\z\end{bmatrix}=t\begin{bmatrix}1\\-3\\4\end{bmatrix}=\begin{bmatrix}t\\-3t\\4t\end{bmatrix}$ より，α の方程式に代入して

$$6t+7\cdot(-3t)+4\cdot4t-2=0$$
$$\therefore \quad t=2$$

したがって，交点は $(2,-6,\ 8)$

l は，$(2,-6,\ 8)$ と $(-4,\ 2,\ 3)$ を通るから，l の方程式は

$$\begin{bmatrix}x\\y\\z\end{bmatrix}=\begin{bmatrix}-4\\2\\3\end{bmatrix}+t\begin{bmatrix}2-(-4)\\-6-2\\8-3\end{bmatrix}$$
$$=\begin{bmatrix}-4\\2\\3\end{bmatrix}+t\begin{bmatrix}6\\-8\\5\end{bmatrix} \qquad \cdots\cdots(\text{答})$$

(2)　平面 β と原点との距離は2だから，その方程式は

$$Ax+By+Cz+2=0 \qquad \cdots\cdots①$$

$$A^2+B^2+C^2=1 \qquad \cdots\cdots②$$

とおける．β は l 上の2点 $(2, -6, 8)$, $(-4, 2, 3)$ を通るから

$$\begin{cases} 2A-6B+8C+2=0 & \cdots\cdots③ \\ -4A+2B+3C+2=0 & \cdots\cdots④ \end{cases}$$

③，④から

$$A=\frac{17C+8}{10},\ B=\frac{19C+6}{10}$$

これらを②に代入して

$$\left(\frac{17C+8}{10}\right)^2+\left(\frac{19C+6}{10}\right)^2+C^2=1$$

$$750C^2+500C=0$$

$$C(3C+2)=0 \qquad \therefore\ C=0, -\frac{2}{3}$$

これより，$C=0$，$A=\dfrac{4}{5}$，$B=\dfrac{3}{5}$

または，$C=-\dfrac{2}{3}$，$A=-\dfrac{1}{3}$，$B=-\dfrac{2}{3}$

よって，求める β の方程式は

$$4x+3y+10=0, \qquad x+2y+2z-6=0$$

……(答)

［注］　上の①②の式の意味を解説すると，球面 $x^2+y^2+z^2=r^2$ 上の点P (x_0, y_0, z_0) における接平面の式は，$\overrightarrow{\mathrm{OP}}$ が法線ベクトルで点Pを通ることから

$$x_0x+y_0y+z_0z=r^2$$

ここで，$A=-\dfrac{x_0}{r}$，$B=-\dfrac{y_0}{r}$，$C=-\dfrac{z_0}{r}$ とすると $r=2$ で①②が成り立つ．あるいは，平面 β の法線ベクトルを単位ベクトル $\vec{u}$ にとって，平面 β 上の点Pの位置ベクトル $\vec{x}$ との内積が正射影（の長さ）を表すから，$\vec{u}\cdot\vec{x}=2$ としてもよい．

(3)　求める直線と h, l との交点をそれぞれP, Qとし，原点をOとおくと

$$\overrightarrow{\mathrm{OQ}}=r\,\overrightarrow{\mathrm{OP}} \quad (r \text{ は実数})$$

$$\overrightarrow{\mathrm{OP}}={}^t[6k+13 \quad -k-2 \quad 8k-2]$$

$$\overrightarrow{\mathrm{OQ}}={}^t[6t-4 \quad -8t+2 \quad 5t+3]$$

とおけるので

$$\begin{cases} 6t-4=r(6k+13) & \cdots\cdots⑤ \\ -8t+2=r(-k-2) & \cdots\cdots⑥ \\ 5t+3=r(8k-2) & \cdots\cdots⑦ \end{cases}$$

まず r, k を消去する．

⑤＋⑥×6から　$-42t+8=r$

⑥×8＋⑦から　$-59t+19=-18r$

$$\therefore\ t=\frac{1}{5}, \quad r=-\frac{2}{5}$$

したがって　$\mathrm{Q}\left(-\dfrac{14}{5}, \dfrac{2}{5}, 4\right)$

よって，求める直線の方程式は

$$\frac{x}{-7}=y=\frac{z}{10} \qquad \cdots\cdots(答)$$

［注］　点 (x_1, y_1, z_1) と
平面 $ax+by+cz+d=0$ との距離は

$$\frac{|ax_1+by_1+cz_1+d|}{\sqrt{a^2+b^2+c^2}}$$

10　(1)　$|\vec{a}_1|=\sqrt{2}$ だから，求めるベクトルは

$$\frac{\vec{a}_1}{|\vec{a}_1|}=\frac{1}{\sqrt{2}}\begin{bmatrix}1\\1\\0\end{bmatrix} \qquad \cdots\cdots(答)$$

(2)　$\vec{u}_1=\dfrac{1}{\sqrt{2}}\begin{bmatrix}1\\1\\0\end{bmatrix}$ より，$\vec{u}_1\cdot\vec{a}_2=\sqrt{2}$

したがって

$$(\vec{a}_2-(\vec{u}_1\cdot\vec{a}_2)\vec{u}_1)\cdot\vec{a}_2$$

$$=\vec{a}_2\cdot\vec{a}_2-(\vec{u}_1\cdot\vec{a}_2)(\vec{u}_1\cdot\vec{a}_2)$$

$$=5-2=3 \qquad \cdots\cdots(答)$$

(3)　$\vec{a}_2-(\vec{u}_1\cdot\vec{a}_2)\vec{u}_1$

$$=\begin{bmatrix}2\\0\\1\end{bmatrix}-\sqrt{2}\cdot\frac{1}{\sqrt{2}}\begin{bmatrix}1\\1\\0\end{bmatrix}=\begin{bmatrix}1\\-1\\1\end{bmatrix}$$

したがって，$\vec{u}_2=\dfrac{1}{\sqrt{3}}\begin{bmatrix}1\\-1\\1\end{bmatrix}$ ……(答)

$\vec{u}_3=\vec{a}_3-\alpha\,\vec{u}_1-\beta\,\vec{u}_2$ とおくとき，$\vec{u}_3\perp\vec{u}_1$ から，$\vec{u}_3\cdot\vec{u}_1=\vec{a}_3\cdot\vec{u}_1-\alpha\,\vec{u}_1\cdot\vec{u}_1-\beta\,\vec{u}_2\cdot\vec{u}_1$

$$=\frac{4}{\sqrt{2}}-\alpha=0$$

また，$\vec{u}_3\perp\vec{u}_2$ から

$$\vec{u}_3\cdot\vec{u}_2=\vec{a}_3\cdot\vec{u}_2-\alpha\,\vec{u}_1\cdot\vec{u}_2-\beta\,\vec{u}_2\cdot\vec{u}_2$$

$$=\sqrt{3}-\beta=0$$

よって　$\alpha=2\sqrt{2}$,　$\beta=\sqrt{3}$　……(答)

［注］　シュミットの直交化法（問題60）を参照.

11

(1)　$4A-3B$

$$=4\begin{bmatrix}1&2&3\\4&5&6\\7&8&9\end{bmatrix}-3\begin{bmatrix}2&1&0\\1&0&-1\\0&-1&-2\end{bmatrix}$$

$$=\begin{bmatrix}4&8&12\\16&20&24\\28&32&36\end{bmatrix}-\begin{bmatrix}6&3&0\\3&0&-3\\0&-3&-6\end{bmatrix}$$

$$=\begin{bmatrix}-2&5&12\\13&20&27\\28&35&42\end{bmatrix}$$ ……(答)

(2)　$$CD=\begin{bmatrix}1&2\\6&3\\5&4\end{bmatrix}\begin{bmatrix}1&0&-1\\1&3&4\end{bmatrix}$$

$$=\begin{bmatrix}3&6&7\\9&9&6\\9&12&11\end{bmatrix}$$ ……(答)

$$DC=\begin{bmatrix}1&0&-1\\1&3&4\end{bmatrix}\begin{bmatrix}1&2\\6&3\\5&4\end{bmatrix}=\begin{bmatrix}-4&-2\\39&27\end{bmatrix}$$

……(答)

12

$$A=\begin{bmatrix}1&1&0\\0&1&1\\0&0&1\end{bmatrix}$$ のとき

$${}^tA=\begin{bmatrix}1&0&0\\1&1&0\\0&1&1\end{bmatrix}$$

対称行列を B，交代行列を C とおくと

$A=B+C$，${}^tA={}^tB+{}^tC=B-C$ より

$$B=\frac{A+{}^tA}{2},\qquad C=\frac{A-{}^tA}{2}$$

$$\therefore\quad B=\begin{bmatrix}1&\frac{1}{2}&0\\\frac{1}{2}&1&\frac{1}{2}\\0&\frac{1}{2}&1\end{bmatrix},$$

$$C=\begin{bmatrix}0&\frac{1}{2}&0\\-\frac{1}{2}&0&\frac{1}{2}\\0&-\frac{1}{2}&0\end{bmatrix}$$

よって，A を対称行列と交代行列の和として表すと

$$A=\begin{bmatrix}1&\frac{1}{2}&0\\\frac{1}{2}&1&\frac{1}{2}\\0&\frac{1}{2}&1\end{bmatrix}+\begin{bmatrix}0&\frac{1}{2}&0\\-\frac{1}{2}&0&\frac{1}{2}\\0&-\frac{1}{2}&0\end{bmatrix}$$

……(答)

13

行列を分割して求める.

$$与式=\left[\begin{array}{ccc|cc}1&-2&3&1&0\\4&7&5&0&1\\\hline 0&0&0&8&9\\0&0&0&3&2\end{array}\right]$$

$$\times\left[\begin{array}{ccc|cc}1&0&0&1&2\\0&1&0&3&4\\0&0&1&5&6\\\hline 3&-1&4&0&0\\-1&2&-1&0&0\end{array}\right]$$

$$=\begin{bmatrix}A_{11}&E\\O&A_{22}\end{bmatrix}\begin{bmatrix}E&B_{12}\\B_{21}&O\end{bmatrix}$$

$$=\begin{bmatrix}A_{11}E+EB_{21}&A_{11}B_{12}+EO\\OE+A_{22}B_{21}&OB_{12}+A_{22}O\end{bmatrix}$$

$$=\begin{bmatrix}A_{11}+B_{21}&A_{11}B_{12}\\A_{22}B_{21}&O\end{bmatrix}$$

$$=\begin{bmatrix}4&-3&7&10&12\\3&9&4&50&66\\15&10&23&0&0\\7&1&10&0&0\end{bmatrix}$$ ……(答)

14

(1)　$A=\begin{bmatrix}a&b\\c&d\end{bmatrix}$ とおくと，ケーリー・ハミルトンの定理から

$$A^2-(a+d)A+(ad-bc)E=O$$

が成り立つ. $A^2=O$ のとき

$$-(a+d)A+(ad-bc)E=O$$

……①

(i)　$a+d \neq 0$ のとき

$$A=\frac{ad-bc}{a+d}E=kE$$

$A^2=O$ に代入して　$(kE)^2=O$

$k^2E=O$　　　$E \neq O$ から　$k^2=0$

$\therefore\ k=0$

このとき $A=O$ となり，不合理.

(ii)　$a+d=0$ のとき

①から　$ad-bc=0$

したがって　$a+d=0,\ ad=bc$

$\therefore\ a=\pm\sqrt{-bc},\quad d=\mp\sqrt{-bc}$

よって，求める行列 A は

$$A=\begin{bmatrix} \pm\sqrt{-bc} & b \\ c & \mp\sqrt{-bc} \end{bmatrix}$$

(複号同順，$bc \leqq 0$ で b，c の少なくとも一方は 0 でない)

……(答)

(2)　$A=\begin{bmatrix} a & b \\ c & d \end{bmatrix}$ とおくと，$A^2=E$ のとき，

$E-(a+d)A+(ad-bc)E=O$

$(a+d)A=(ad-bc+1)E$　　……②

(i)　$a+d \neq 0$ のとき

$A=kE$

$A^2=E$ に代入して　　$(kE)^2=E$

$(k^2-1)E=O$

$E \neq O$ から　$k^2-1=0$　　$\therefore\ k=\pm 1$

したがって　$A=\pm E$

(ii)　$a+d=0$ のとき

②から　$ad-bc+1=0$

したがって　$a+d=0,\ ad=bc-1$

$\therefore\ a=\pm\sqrt{1-bc},\ d=\mp\sqrt{1-bc}$

よって，求める行列 A は

$$A=\begin{bmatrix} 1 & 0 \\ 0 & 1 \end{bmatrix},\ \begin{bmatrix} -1 & 0 \\ 0 & -1 \end{bmatrix},$$

$$\begin{bmatrix} \pm\sqrt{1-bc} & b \\ c & \mp\sqrt{1-bc} \end{bmatrix}$$

(複号同順，$bc \leqq 1$)　　……(答)

15

行列 $A=[a_{ki}]$，$B=[b_{ik}]$ とし，それぞれ $l \times m$ 行列，$m \times n$ 行列とする．このとき行列 AB の $(i,\ k)$ 成分 c_{ik} は，$c_{ik}=\sum_{j=1}^{m} a_{ij}b_{jk}$ となり，これは行列 ${}^t(AB)$ の $(k,\ i)$ 成分 ${}^tc_{ki}$ となる．

一方，行列 ${}^tB\,{}^tA$ の $(k,\ i)$ 成分 d_{ki} は，行列 ${}^tB$ の上から k 行目の行ベクトル，つまり，行列 B の左から k 列目の列ベクトルを転置したものと，行列 ${}^tA$ の左から i 列目の列ベクトル，つまり行列 A の上から i 行目の行ベクトルを転置したものとの積となるから，

$$d_{ki}=[b_{1k} \cdots b_{jk} \cdots b_{mk}]\ {}^t[a_{i1} \cdots a_{ij} \cdots a_{im}]$$

$$=\sum_{j=1}^{m} b_{jk}a_{ij}=\sum_{j=1}^{m} a_{ij}b_{jk}=c_{ik}$$

となり，これは行列 ${}^t(AB)$ の $(k,\ i)$ 成分に等しいから，${}^t(AB)={}^tB\,{}^tA$

16

行列 A が直交行列のとき，${}^tAA=E$ より

$$\frac{1}{4}\begin{bmatrix} 1 & 1 & 1 & 1 \\ 1 & -1 & 1 & -1 \\ 1 & 1 & -1 & -1 \\ a & b & c & d \end{bmatrix}\begin{bmatrix} 1 & 1 & 1 & a \\ 1 & -1 & 1 & b \\ 1 & 1 & -1 & c \\ 1 & -1 & -1 & d \end{bmatrix}$$

$$=\frac{1}{4}\begin{bmatrix} 1 & 1 & 1 & a \\ 1 & -1 & 1 & b \\ 1 & 1 & -1 & c \\ 1 & -1 & -1 & d \end{bmatrix}\begin{bmatrix} 1 & 1 & 1 & 1 \\ 1 & -1 & 1 & -1 \\ 1 & 1 & -1 & -1 \\ a & b & c & d \end{bmatrix}$$

$$=\begin{bmatrix} 1 & 0 & 0 & 0 \\ 0 & 1 & 0 & 0 \\ 0 & 0 & 1 & 0 \\ 0 & 0 & 0 & 1 \end{bmatrix}\qquad\cdots\cdots①$$

各項の 1 列成分に着目して

$$\frac{1}{4}\begin{bmatrix} 4 \\ 0 \\ 0 \\ a+b+c+d \end{bmatrix}=\frac{1}{4}\begin{bmatrix} 3+a^2 \\ 1+ab \\ 1+ac \\ -1+ad \end{bmatrix}=\begin{bmatrix} 1 \\ 0 \\ 0 \\ 0 \end{bmatrix}$$

これより

$3+a^2=4,\ 1+ab=0,\ 1+ac=0,$

$a+b+c+d=-1+ad=0$

$\therefore\ a=\pm 1,\ b=\mp 1,\ c=\mp 1$

$d=\pm 1$　　(複号同順)　……(答)

このとき，①は成り立つ．

17

(1)　ケーリー・ハミルトンの定理から

$A^2-(b+1)A+(b-2a)E=O$

よって　　$A^2-(b+1)A=(2a-b)E$

……(答)

(2) $AB=\begin{bmatrix}1 & 2\\ a & b\end{bmatrix}\begin{bmatrix}b & -2\\ -a & 1\end{bmatrix}$

$=\begin{bmatrix}b-2a & 0\\ 0 & b-2a\end{bmatrix}=(b-2a)E$

これより

$A(AB)B=A\cdot(b-2a)E\cdot B$

$=(b-2a)AB=(b-2a)^2E$

$\therefore\quad A^2B^2=(b-2a)^2E$

同様にして，$A^3B^3=(b-2a)^3E$

$A^4B^4=(b-2a)^4E$

左から A を掛けて

$A^5B^4=A(b-2a)^4E=(b-2a)^4A$

$=(b-2a)^4\begin{bmatrix}1 & 2\\ a & b\end{bmatrix}$ ……(答)

(3) $A^5=O$ のとき，$A^5B^4=O$ より

$(b-2a)^4A=O$

$A\neq O$ から，$b-2a=0$

(1) の結果から，$A^2-(b+1)A=O$

$\therefore\quad A^2=(b+1)A$

$A^4=(A^2)^2=(b+1)^2A^2=(b+1)^3A$

$A^5=A^4A=(b+1)^3A^2=(b+1)^4A$

したがって，$A^5=O$，$A\neq O$ のとき

$b+1=0\qquad\therefore\quad b=-1$

よって　$a=-\dfrac{1}{2},\quad b=-1$ ……(答)

18

(1) $A=\begin{bmatrix}a & b\\ c & d\end{bmatrix}$ は

$A^2-(a+d)A+(ad-bc)E=O$

を満たすので，$ad-bc=1$，$p=a+d$ のとき，ケーリー・ハミルトンの定理から，

$A^2-pA+E=O$

よって　$A^2=pA-E$

(2) $A^3=A^2A=(pA-E)A$

$=pA^2-A=p(pA-E)-A$

$=(p^2-1)A-pE$ ……①

$A^3=E$ となるとき

$E=(p^2-1)A-pE$

$\therefore\quad (p^2-1)A=(p+1)E$

A は単位型ではないから

$p^2-1=0$　かつ　$p+1=0$

よって　$p=-1$ ……(答)

(3) $A^2=pA-E$ のとき，①が成り立つので，さらに

$A^5=A^3A^2$

$=\{(p^2-1)A-pE\}(pA-E)$

$=(p^2-1)pA^2-\{(p^2-1)+p^2\}A+pE$

$=(p^2-1)p(pA-E)-(2p^2-1)A+pE$

$=(p^4-3p^2+1)A-(p^3-2p)E$

したがって，

$A^5=E$

$\Longleftrightarrow E=(p^4-3p^2+1)A-(p^3-2p)E$

$\Longleftrightarrow (p^4-3p^2+1)A=(p^3-2p+1)E$

A は単位型ではないから

$A^5=E$

$\Longleftrightarrow\begin{cases}p^4-3p^2+1=0\\ p^3-2p+1=0\end{cases}$

$\Longleftrightarrow\begin{cases}(p^2-p-1)(p^2+p-1)=0\\ (p-1)(p^2+p-1)=0\end{cases}$

$\Longleftrightarrow p^2+p-1=0$

よって，題意は示された．

19

(1) A^2 を計算して

$A^2=\begin{bmatrix}0&0&0&1\\0&0&1&0\\0&1&0&0\\1&0&0&0\end{bmatrix}\begin{bmatrix}0&0&0&1\\0&0&1&0\\0&1&0&0\\1&0&0&0\end{bmatrix}$

$=\begin{bmatrix}1&0&0&0\\0&1&0&0\\0&0&1&0\\0&0&0&1\end{bmatrix}=E$

$\therefore\quad A^3=A^2A=EA=A$

よって，n が偶数のとき　$A^n=E$
　　　　n が奇数のとき　$A^n=A$ ……(答)

(2) $A=\begin{bmatrix}0&0&1&0\\0&0&0&1\\-1&0&0&0\\0&-1&0&0\end{bmatrix}=\begin{bmatrix}O & E\\ -E & O\end{bmatrix}$

とおくと

$A^2=\begin{bmatrix}O & E\\ -E & O\end{bmatrix}\begin{bmatrix}O & E\\ -E & O\end{bmatrix}=\begin{bmatrix}-E & O\\ O & -E\end{bmatrix}$

$=-E$

$\therefore\quad A^3=-A,\ A^4=-A^2=E,$

$$A^5=A,\ A^6=A^2=-E,\ \cdots\cdots$$

よって　$A^n=\begin{cases} E & (n=4m) \\ A & (n=4m+1) \\ -E & (n=4m+2) \\ -A & (n=4m+3) \end{cases}$

……(答)

(3)　ケーリー・ハミルトンの定理から，

$a+d=6$，$ad-bc=9$ より

$$A^2-6A+9E=O$$

$$\therefore\quad (A-3E)^2=O$$

ここで，$P=A-3E$ とおくと，

$A=P+3E$ と $P^2=O$ より，$m\geqq 2$ で $P^m=O$．また P と E は可換だから，2項定理が利用できて，

$$A^n=(3E)^n+{}_nC_1(3E)^{n-1}P+{}_nC_2(3E)^{n-2}P^2+\cdots$$
$$=3^nE+n3^{n-1}EP$$
$$=3^{n-1}(3E+nP)$$

で，$P=A-3E=\begin{bmatrix} 2-3 & 1 \\ -1 & 4-3 \end{bmatrix}=\begin{bmatrix} -1 & 1 \\ -1 & 1 \end{bmatrix}$

から，$A^n=3^{n-1}\begin{bmatrix} 3-n & n \\ -n & 3+n \end{bmatrix}$　……(答)

20

ここでは数学的帰納法で示す．

(I)　$n=1$ のとき，$A=[0]=O$ より明らかに成り立つ．

(II)　$n=k$ のとき，成り立つとすると

$$A=\begin{bmatrix} 0 & a_{12} & a_{13} & \cdots & a_{1k} \\ 0 & 0 & a_{23} & \cdots & a_{2k} \\ \vdots & & \ddots & & \vdots \\ 0 & 0 & 0 & \cdots & a_{k-1\ k} \\ 0 & 0 & 0 & \cdots & 0 \end{bmatrix}=A_1 \text{ は}$$

$A_1{}^k=O$ を満たす．このとき，$n=k+1$ での

$$A=\left[\begin{array}{c:c} & a_{1\ k+1} \\ A_1 & a_{2\ k+2} \\ & \vdots \\ & a_{k\ k+1} \\ \hdashline 0\ \ 0\ \ 0\ \cdots\ 0 & 0 \end{array}\right]$$

$=\begin{bmatrix} A_1 & \boldsymbol{b} \\ {}^t\boldsymbol{0} & 0 \end{bmatrix}$ とおくと

$$A^2=\begin{bmatrix} A_1 & \boldsymbol{b} \\ {}^t\boldsymbol{0} & 0 \end{bmatrix}\begin{bmatrix} A_1 & \boldsymbol{b} \\ {}^t\boldsymbol{0} & 0 \end{bmatrix}$$
$$=\begin{bmatrix} A_1{}^2+\boldsymbol{b}\,{}^t\boldsymbol{0} & A_1\boldsymbol{b}+\boldsymbol{b}\,0 \\ {}^t\boldsymbol{0}\,A_1+0\,{}^t\boldsymbol{0} & {}^t\boldsymbol{0}\,\boldsymbol{b}+0\cdot 0 \end{bmatrix}$$
$$\begin{bmatrix} A_1{}^2 & A_1\boldsymbol{b} \\ {}^t\boldsymbol{0} & 0 \end{bmatrix}=\begin{bmatrix} A_1{}^2 & \boldsymbol{b}_1 \\ {}^t\boldsymbol{0} & 0 \end{bmatrix}$$

これを繰り返し用いると

$$A^k=\begin{bmatrix} A_1{}^k & \boldsymbol{b}_{k-1} \\ {}^t\boldsymbol{0} & 0 \end{bmatrix}$$

仮定から $A_1{}^k=O$ だから

$$A^k=\begin{bmatrix} O & \boldsymbol{b}_{k-1} \\ {}^t\boldsymbol{0} & 0 \end{bmatrix}$$

$$\therefore\quad A^{k+1}=A^kA=\begin{bmatrix} O & \boldsymbol{b}_{k-1} \\ {}^t\boldsymbol{0} & 0 \end{bmatrix}\begin{bmatrix} A_1 & \boldsymbol{b} \\ {}^t\boldsymbol{0} & 0 \end{bmatrix}$$
$$=\begin{bmatrix} OA_1+\boldsymbol{b}_{k-1}\,{}^t\boldsymbol{0} & O\boldsymbol{b}+\boldsymbol{b}_{k-1}\,0 \\ {}^t\boldsymbol{0}\,A_1+0\,{}^t\boldsymbol{0} & {}^t\boldsymbol{0}\,\boldsymbol{b}+0\cdot 0 \end{bmatrix}$$
$$=\begin{bmatrix} O & \boldsymbol{0} \\ {}^t\boldsymbol{0} & 0 \end{bmatrix}=O$$

したがって，$n=k+1$ のときも成り立つ．

以上から，すべての n で $A^n=O$ となる．

21

(1)　A は2次だから，$A=\begin{bmatrix} a & b \\ c & d \end{bmatrix}$ とおく．

任意の2次の正方行列 X に対して，

$AX=XA$ が成り立つから

$X=\begin{bmatrix} 1 & 0 \\ 0 & 0 \end{bmatrix}$ のとき

$\begin{bmatrix} a & b \\ c & d \end{bmatrix}\begin{bmatrix} 1 & 0 \\ 0 & 0 \end{bmatrix}=\begin{bmatrix} 1 & 0 \\ 0 & 0 \end{bmatrix}\begin{bmatrix} a & b \\ c & d \end{bmatrix}$ から

$\begin{bmatrix} a & 0 \\ c & 0 \end{bmatrix}=\begin{bmatrix} a & b \\ 0 & 0 \end{bmatrix}$　　$\therefore\quad b=c=0$

$X=\begin{bmatrix} 0 & 1 \\ 0 & 0 \end{bmatrix}$ のとき

$\begin{bmatrix} a & b \\ c & d \end{bmatrix}\begin{bmatrix} 0 & 1 \\ 0 & 0 \end{bmatrix}=\begin{bmatrix} 0 & 1 \\ 0 & 0 \end{bmatrix}\begin{bmatrix} a & b \\ c & d \end{bmatrix}$ から

$\begin{bmatrix} 0 & a \\ 0 & c \end{bmatrix}=\begin{bmatrix} c & d \\ 0 & 0 \end{bmatrix}$　　$\therefore\quad a=d,\ c=0$

以上から，A は

$$A=\begin{bmatrix} a & 0 \\ 0 & a \end{bmatrix}=aE$$

このとき，任意の2次の正方行列 X に対し

$AX=XA$ は成り立つ.

(2)　AX および XA が定義されるので，A は X と同じ n 次の正方行列である.

$A=[a_{ij}]$，$X=[x_{ij}]$ とおくと，$AX=XA$ のとき，任意の p，q $(1\leqq p,\ q\leqq n)$ に対して，次の2式は一致する.

AXの $(p,\ q)$ 成分

$=a_{p1}x_{1q}+\cdots+a_{pr}x_{rq}+\cdots+a_{pn}x_{nq}$ ……①

XA の $(p,\ q)$ 成分

$=x_{p1}a_{1q}+\cdots+x_{pr}a_{rq}+\cdots+x_{pn}a_{nq}$ ……②

p，r を $1\leqq p,\ r\leqq n$ かつ $p\neq r$ である任意の整数とする．X を r 行の成分がすべて1で，それ以外の成分がすべて0である行列とすると，$a_{pr}=0$ $(p\neq r)$

したがって，A は対角行列である.

次に，p，q を $1\leqq p,\ q\leqq n$ である任意の整数とする．X を x_{pq} だけが1で他の成分がすべて0である行列とすると，①で $r=p$，②で $r=q$ として

$$a_{pp}=a_{qq}$$

これは任意の p，q に対して成り立つので，A の対角成分はすべて等しい．これを a とおくと，$A=aE$ となる.

第3，4章 (pp. 84～86)

1

$A\to\begin{bmatrix}1&3\\0&-1\end{bmatrix}$ より　rank $A=2$ ……(答)

$$B\to\begin{bmatrix}1&2&3\\0&2&4\\0&1&2\end{bmatrix}\to\begin{bmatrix}1&0&-1\\0&1&2\\0&0&0\end{bmatrix}$$

∴　rank $B=2$ ……(答)

$$C\to\begin{bmatrix}1&-1&1&0\\-1&1&0&2\\3&2&1&1\\4&1&3&3\end{bmatrix}$$

$$\to\begin{bmatrix}1&-1&1&0\\0&0&1&2\\0&5&-2&1\\0&5&-1&3\end{bmatrix}\to\begin{bmatrix}1&-1&1&0\\0&0&1&2\\0&5&-2&1\\0&0&1&2\end{bmatrix}$$

$$\to\begin{bmatrix}1&-1&1&0\\0&5&-2&1\\0&0&1&2\\0&0&0&0\end{bmatrix}$$

∴　rank $C=3$ ……(答)

2

(1)　拡大係数行列に行基本変形を行う.

$$[A\quad \boldsymbol{b}]=\begin{bmatrix}1&1&4&-1\\0&1&1&2\\-1&2&5&4\end{bmatrix}$$

$$\xrightarrow{(③+①)\div3}\begin{bmatrix}1&1&4&-1\\0&1&1&2\\0&1&3&1\end{bmatrix}$$

$$\xrightarrow[(③-②)\div2]{①-②}\begin{bmatrix}1&0&3&-3\\0&1&1&2\\0&0&1&-\frac{1}{2}\end{bmatrix}$$

$$\xrightarrow[②-③]{①-③\times3}\begin{bmatrix}1&0&0&-\frac{3}{2}\\0&1&0&\frac{5}{2}\\0&0&1&-\frac{1}{2}\end{bmatrix}$$

よって　$x=-\frac{3}{2}$，$y=\frac{5}{2}$，$z=-\frac{1}{2}$ ……(答)

(2)　$[A\quad \boldsymbol{b}]=\begin{bmatrix}1&2&1&5\\4&7&4&18\\2&3&2&8\end{bmatrix}$

$$\xrightarrow[\substack{③-①\times 2}]{②-①\times 4}\begin{bmatrix}1 & 2 & 1 & 5\\ 0 & -1 & 0 & -2\\ 0 & -1 & 0 & -2\end{bmatrix}$$

$$\xrightarrow[\substack{③-②\\ ②\times(-1)}]{①+②\times 2}\begin{bmatrix}1 & 0 & 1 & 1\\ 0 & 1 & 0 & 2\\ 0 & 0 & 0 & 0\end{bmatrix}$$

$$\therefore\ \begin{cases}x \qquad +z=1\\ \quad y \qquad =2\end{cases}$$

よって $\begin{bmatrix}x\\ y\\ z\end{bmatrix}=\begin{bmatrix}t\\ 2\\ 1-t\end{bmatrix}=\begin{bmatrix}0\\ 2\\ 1\end{bmatrix}+t\begin{bmatrix}1\\ 0\\ -1\end{bmatrix}$

(t は任意定数)　……(答)

(3)　$[A\quad \boldsymbol{b}]=\begin{bmatrix}1 & 1 & 3 & 2 & -1 & 1\\ 3 & 2 & 4 & 1 & -2 & 0\end{bmatrix}$

$$\xrightarrow{②-①\times 3}\begin{bmatrix}1 & 1 & 3 & 2 & -1 & 1\\ 0 & -1 & -5 & -5 & 1 & -3\end{bmatrix}$$

$$\xrightarrow[\substack{②\times(-1)}]{①+②}\begin{bmatrix}1 & 0 & -2 & -3 & 0 & -2\\ 0 & 1 & 5 & 5 & -1 & 3\end{bmatrix}$$

$$\therefore\ \begin{cases}x \qquad -2z-3u \qquad =-2\\ \quad y \quad +5z+5u-w=\ 3\end{cases}$$

$z=p$，$u=q$，$w=r$ として

$$\begin{bmatrix}x\\ y\\ z\\ u\\ w\end{bmatrix}=\begin{bmatrix}2p+3q-2\\ -5p-5q+r+3\\ p\\ q\\ r\end{bmatrix}$$

$$=\begin{bmatrix}-2\\ 3\\ 0\\ 0\\ 0\end{bmatrix}+p\begin{bmatrix}2\\ -5\\ 1\\ 0\\ 0\end{bmatrix}+q\begin{bmatrix}3\\ -5\\ 0\\ 1\\ 0\end{bmatrix}+r\begin{bmatrix}0\\ 1\\ 0\\ 0\\ 1\end{bmatrix}$$

(p，q，r は任意定数)　……(答)

3

拡大係数に行基本変形を行って

$$[A\quad \boldsymbol{b}]=\begin{bmatrix}1 & 1 & a+1 & 2\\ 1 & 0 & a & 3\\ 1 & 2 & a+2 & a\end{bmatrix}$$

$$\xrightarrow[\substack{③-①}]{(②-①)\times(-1)}\begin{bmatrix}1 & 1 & a+1 & 2\\ 0 & 1 & 1 & -1\\ 0 & 1 & 1 & a-2\end{bmatrix}$$

$$\xrightarrow[\substack{③-②}]{①-②}\begin{bmatrix}1 & 0 & a & 3\\ 0 & 1 & 1 & -1\\ 0 & 0 & 0 & a-1\end{bmatrix}$$

したがって，解をもつための a の条件は

$a-1=0$　　$\therefore\ a=1$　　……(答)

このとき，$\begin{cases}x \quad +z=3\\ \quad y+z=-1\end{cases}$ より

連立1次方程式の解は

$$\begin{bmatrix}x\\ y\\ z\end{bmatrix}=\begin{bmatrix}3-t\\ -1-t\\ t\end{bmatrix}=\begin{bmatrix}3\\ -1\\ 0\end{bmatrix}+t\begin{bmatrix}-1\\ -1\\ 1\end{bmatrix}$$

(t は任意定数)　……(答)

4

(1)　$A^k=E$ を満たす自然数 k があれば

$A\cdot A^{k-1}=E$

よって，A は正則で　$A^{-1}=A^{k-1}$

(2)　$A^2=A-E$ のとき　$A-A^2=E$

$A(E-A)=E$

よって，A は正則で

$A^{-1}=E-A$　　……(答)

(3)　$A^m=O$ のとき　$E-A^m=E$

$AE=EA=A$ だから

$(E-A)(E+A+A^2+\cdots+A^{m-1})=E$

よって，$E-A$ は正則で

$(E-A)^{-1}=E+A+A^2+\cdots+A^{m-1}$

5

$$[A\,\vdots\,E]$$

$$=\left[\begin{array}{cccc:cccc}0 & 3 & -4 & -1 & 1 & 0 & 0 & 0\\ -3 & 0 & -4 & 3 & 0 & 1 & 0 & 0\\ 3 & 0 & 3 & -4 & 0 & 0 & 1 & 0\\ -1 & 1 & -3 & 1 & 0 & 0 & 0 & 1\end{array}\right]$$

$$\xrightarrow[\substack{①'\times(-1)\\ ③+②}]{①\leftrightarrow④}\left[\begin{array}{cccc:cccc}1 & -1 & 3 & -1 & 0 & 0 & 0 & -1\\ -3 & 0 & -4 & 3 & 0 & 1 & 0 & 0\\ 0 & 0 & -1 & -1 & 0 & 1 & 1 & 0\\ 0 & 3 & -4 & -1 & 1 & 0 & 0 & 0\end{array}\right]$$

$$\xrightarrow[\substack{\times(-1)\\ ③\times(-1)}]{(②+①\times 3)}\left[\begin{array}{cccc:cccc}1 & -1 & 3 & -1 & 0 & 0 & 0 & -1\\ 0 & 3 & -5 & 0 & 0 & -1 & 0 & 3\\ 0 & 0 & 1 & 1 & 0 & -1 & -1 & 0\\ 0 & 3 & -4 & -1 & 1 & 0 & 0 & 0\end{array}\right]$$

$$\xrightarrow[\substack{\text{④−②}\\ \text{②÷3}}]{}\left[\begin{array}{cccc|cccc} 1 & -1 & 3 & -1 & 0 & 0 & 0 & -1 \\ 0 & 1 & -\frac{5}{3} & 0 & 0 & -\frac{1}{3} & 0 & 1 \\ 0 & 0 & 1 & 1 & 0 & -1 & -1 & 0 \\ 0 & 0 & 1 & -1 & 1 & 1 & 0 & -3 \end{array}\right]$$

$$\xrightarrow[\substack{\text{(④−③)}\\ \div(-2)\\ \text{①+②}}]{}\left[\begin{array}{cccc|cccc} 1 & 0 & \frac{4}{3} & -1 & 0 & -\frac{1}{3} & 0 & 0 \\ 0 & 1 & -\frac{5}{3} & 0 & 0 & -\frac{1}{3} & 0 & 1 \\ 0 & 0 & 1 & 1 & 0 & -1 & -1 & 0 \\ 0 & 0 & 0 & 1 & -\frac{1}{2} & -1 & -\frac{1}{2} & \frac{3}{2} \end{array}\right]$$

$$\xrightarrow[\text{③−④}]{}\left[\begin{array}{cccc|cccc} 1 & 0 & \frac{4}{3} & -1 & 0 & -\frac{1}{3} & 0 & 0 \\ 0 & 1 & -\frac{5}{3} & 0 & 0 & -\frac{1}{3} & 0 & 1 \\ 0 & 0 & 1 & 1 & \frac{1}{2} & 0 & -\frac{1}{2} & -\frac{3}{2} \\ 0 & 0 & 0 & 1 & -\frac{1}{2} & -1 & -\frac{1}{2} & \frac{3}{2} \end{array}\right]$$

$$\xrightarrow[\substack{\text{①−③}\times\frac{4}{3}\\ +\text{④}\\ \text{②+③}\times\frac{5}{3}}]{}\left[\begin{array}{cccc|cccc} 1 & 0 & 0 & 0 & -\frac{7}{6} & -\frac{4}{3} & \frac{1}{6} & \frac{7}{2} \\ 0 & 1 & 0 & 0 & \frac{5}{6} & -\frac{1}{3} & -\frac{5}{6} & -\frac{3}{2} \\ 0 & 0 & 1 & 0 & \frac{1}{2} & 0 & -\frac{1}{2} & -\frac{3}{2} \\ 0 & 0 & 0 & 1 & -\frac{1}{2} & -1 & -\frac{1}{2} & \frac{3}{2} \end{array}\right]$$

よって　$A^{-1}=\frac{1}{6}\begin{bmatrix} -7 & -8 & 1 & 21 \\ 5 & -2 & -5 & -9 \\ 3 & 0 & -3 & -9 \\ -3 & -6 & -3 & 9 \end{bmatrix}$

……(答)

6

(1) $\begin{vmatrix} 4 & -3 \\ 8 & 7 \end{vmatrix}=4\cdot7-(-3)\cdot8=52$

……(答)

(2) $\begin{vmatrix} 1 & 3 & 2 \\ -3 & 1 & 2 \\ 1 & 4 & 1 \end{vmatrix}=-24+1+6-(-9+2+8)$

$=-18$ ……(答)

(3) $\begin{vmatrix} 1 & 1 & 1 & 1 \\ 1 & 2 & 2 & 2 \\ 1 & 2 & 3 & 3 \\ 1 & 2 & 3 & 4 \end{vmatrix}=\begin{vmatrix} 1 & 1 & 1 & 1 \\ 1 & 2 & 2 & 2 \\ 1 & 2 & 3 & 3 \\ 0 & 0 & 0 & 1 \end{vmatrix}$

$=\begin{vmatrix} 1 & 1 & 1 & 1 \\ 1 & 2 & 2 & 2 \\ 0 & 0 & 1 & 1 \\ 0 & 0 & 0 & 1 \end{vmatrix}=\begin{vmatrix} 1 & 1 & 1 & 1 \\ 0 & 1 & 1 & 1 \\ 0 & 0 & 1 & 1 \\ 0 & 0 & 0 & 1 \end{vmatrix}=1$

……(答)

7

(1)

$\begin{vmatrix} 5 & -4 & 1 & 3 \\ 1 & 5 & 0 & 1 \\ 3 & -6 & 1 & -1 \\ 9 & 3 & -1 & -1 \end{vmatrix}=\begin{vmatrix} 5 & -4 & 1 & 3 \\ 1 & 5 & 0 & 1 \\ -2 & -2 & 0 & -4 \\ 14 & -1 & 0 & 2 \end{vmatrix}$

3列目で展開して

与式$=1\times(-1)^{1+3}\begin{vmatrix} 1 & 5 & 1 \\ -2 & -2 & -4 \\ 14 & -1 & 2 \end{vmatrix}$

$=-2\begin{vmatrix} 1 & 5 & 1 \\ 1 & 1 & 2 \\ 14 & -1 & 2 \end{vmatrix}$

$=-2\begin{vmatrix} 1 & 5 & 1 \\ 0 & -4 & 1 \\ 0 & -71 & -12 \end{vmatrix}$

$=-2\begin{vmatrix} -4 & 1 \\ -71 & -12 \end{vmatrix}$

$=-2(48+71)=-238$ ……(答)

(2) $\begin{vmatrix} 1 & 2 & 3 & 4 \\ 1^2 & 2^2 & 3^2 & 4^2 \\ 1^3 & 2^3 & 3^3 & 4^3 \\ 1^4 & 2^4 & 3^4 & 4^4 \end{vmatrix}$

$=2\cdot3\cdot4\begin{vmatrix} 1 & 1 & 1 & 1 \\ 1 & 2 & 3 & 4 \\ 1 & 2^2 & 3^2 & 4^2 \\ 1 & 2^3 & 3^3 & 4^3 \end{vmatrix}$

$=4!\begin{vmatrix} 1 & 1 & 1 & 1 \\ -3 & -2 & -1 & 0 \\ -3 & -2^2 & -3 & 0 \\ -3 & -2^3 & -3^2 & 0 \end{vmatrix}$

$$=4!(-1)^{1+4}(-3)\cdot(-2)\cdot(-1)\begin{vmatrix}1&1&1\\1&2&3\\1&2^2&3^2\end{vmatrix}$$

$$=4!\,3!\begin{vmatrix}1&1&1\\-2&-1&0\\-2&-2&0\end{vmatrix}$$

$$=4!\,3!\,2!\begin{vmatrix}1&1\\1&2\end{vmatrix}=4!\,3!\,2!$$

$$=288$$ ……(答)

8

(1) $$D=\begin{vmatrix}a-b&a^2-b^2&c(b-a)\\b-c&b^2-c^2&a(c-b)\\c&c^2&ab\end{vmatrix}$$

$$=(a-b)(b-c)\begin{vmatrix}1&a+b&-c\\1&b+c&-a\\c&c^2&ab\end{vmatrix}$$

$$=(a-b)(b-c)\begin{vmatrix}1&a+b&-c\\0&c-a&c-a\\c&c^2&ab\end{vmatrix}$$

$$=(a-b)(b-c)(c-a)\begin{vmatrix}1&a+b&-c\\0&1&1\\c&c^2&ab\end{vmatrix}$$

$$=(a-b)(b-c)(c-a)\begin{vmatrix}1&a+b+c&-c\\0&0&1\\c&c^2-ab&ab\end{vmatrix}$$

$$=(a-b)(b-c)(c-a)(ab+bc+ca)$$

……(答)

(2) $$D=\begin{vmatrix}0&a^2-b^2&(b+c)^2-(c+a)^2\\0&b^2-c^2&(c+a)^2-(a+b)^2\\1&c^2&(a+b)^2\end{vmatrix}$$

$$=\begin{vmatrix}a^2-b^2&(a+b+2c)(b-a)\\b^2-c^2&(2a+b+c)(c-b)\end{vmatrix}$$

$$=(a-b)(b-c)\cdot\begin{vmatrix}a+b&-(a+b+2c)\\b+c&-(2a+b+c)\end{vmatrix}$$

$$=(a-b)(b-c)\begin{vmatrix}a+b&-2c\\b+c&-2a\end{vmatrix}$$

$$=2(a-b)(b-c)\begin{vmatrix}a+b&-c\\c-a&c-a\end{vmatrix}$$

$$=2(a-b)(b-c)(c-a)(a+b+c)$$

……(答)

［注］ a，b，c の交代性に着目すると，(1) は 5 次同次式，(2) は 4 次同次式より

$k(a-b)(b-c)(c-a)\times$(2 次の対称式)

$m(a-b)(b-c)(c-a)\times$(1 次の対称式)

になることを利用してもよい．

9

与えられた方程式の左辺を変形して

$$\begin{vmatrix}x-a&a-x&0&0\\0&x-b&b-x&0\\0&0&x-c&c-x\\a&b&c&x\end{vmatrix}=0$$

$$(x-a)(x-b)(x-c)\begin{vmatrix}1&-1&0&0\\0&1&-1&0\\0&0&1&-1\\a&b&c&x\end{vmatrix}=0$$

∴　$(x-a)(x-b)(x-c)=0$ ……①

または $$\begin{vmatrix}1&-1&0&0\\0&1&-1&0\\0&0&1&-1\\a&b&c&x\end{vmatrix}=0$$ ……②

①から，$x=a$，b，c

②の左辺 $$=\begin{vmatrix}0&-1&0&0\\0&1&-1&0\\0&0&1&-1\\a+b+c+x&b&c&x\end{vmatrix}$$

$$=(x+a+b+c)\begin{vmatrix}-1&0&0\\1&-1&0\\0&1&-1\end{vmatrix}$$

$$=0$$

すなわち，$x+a+b+c=0$

∴　$x=-(a+b+c)$

以上から　$x=a$，b，c，$-(a+b+c)$

……(答)

10

左辺 $$=\left|\begin{bmatrix}x_1&x_2&x_3\\y_1&y_2&y_3\\z_1&z_2&z_3\end{bmatrix}\begin{bmatrix}0&q&c\\a&0&r\\p&b&0\end{bmatrix}\right|$$

$$=\begin{vmatrix}x_1&x_2&x_3\\y_1&y_2&y_3\\z_1&z_2&z_3\end{vmatrix}\begin{vmatrix}0&q&c\\a&0&r\\p&b&0\end{vmatrix}$$

$$=(abc+pqr)\begin{vmatrix} x_1 & x_2 & x_3 \\ y_1 & y_2 & y_3 \\ z_1 & z_2 & z_3 \end{vmatrix}$$

〈注〉 多重線形性により示してもよい．

すなわち，$\boldsymbol{x}_i={}^t[x_i\ y_i\ z_i]$ として，

$$\det(a\boldsymbol{x}_2+p\boldsymbol{x}_3\ \ b\boldsymbol{x}_3+q\boldsymbol{x}_1\ \ c\boldsymbol{x}_1+r\boldsymbol{x}_2)$$
$$=a\det(\boldsymbol{x}_2\ \ b\boldsymbol{x}_3+q\boldsymbol{x}_1\ \ c\boldsymbol{x}_1+r\boldsymbol{x}_2)$$
$$+p\det(\boldsymbol{x}_3\ \ b\boldsymbol{x}_3+q\boldsymbol{x}_1\ \ c\boldsymbol{x}_1+r\boldsymbol{x}_2)$$
$$=a\det(\boldsymbol{x}_2\ \ b\boldsymbol{x}_3+q\boldsymbol{x}_1\ \ c\boldsymbol{x}_1)$$
$$+p\det(\boldsymbol{x}_3\ \ q\boldsymbol{x}_1\ \ c\boldsymbol{x}_1+r\boldsymbol{x}_2)$$
$$=a\det(\boldsymbol{x}_2\ \ b\boldsymbol{x}_3\ \ c\boldsymbol{x}_1)+p\det(\boldsymbol{x}_3\ \ q\boldsymbol{x}_1\ \ r\boldsymbol{x}_2)$$
$$=abc\det(\boldsymbol{x}_1\ \boldsymbol{x}_2\ \boldsymbol{x}_3)+pqr\det(\boldsymbol{x}_1\ \boldsymbol{x}_2\ \boldsymbol{x}_3)$$
$$=(abc+pqr)\det(\boldsymbol{x}_1\ \boldsymbol{x}_2\ \boldsymbol{x}_3)$$

11

(1) D_n を1行目について展開すると

$$D_n=(1+x^2)\begin{vmatrix} 1+x^2 & x & & & \\ x & 1+x^2 & x & & \\ & \ddots & \ddots & \ddots & \\ & & x & 1+x^2 & x \\ & & & x & 1+x^2 \end{vmatrix}$$
$$-x\begin{vmatrix} x & x & & & & \\ & 1+x^2 & x & & & \\ & x & 1+x^2 & x & & \\ & & \ddots & \ddots & \ddots & \\ & & & x & 1+x^2 & x \\ & & & & x & 1+x^2 \end{vmatrix}$$

後の項をさらに1列目で展開すると

$$D_n=(1+x^2)D_{n-1}$$
$$-x^2\begin{vmatrix} 1+x^2 & x & & & \\ x & 1+x^2 & x & & \\ & \ddots & \ddots & \ddots & \\ & & x & 1+x^2 & x \\ & & & x & 1+x^2 \end{vmatrix}$$

よって，$n\geqq 3$ のとき

$$D_n=(1+x^2)D_{n-1}-x^2D_{n-2}\quad\cdots\cdots(\text{答})$$

(2) (1) の結果から，$n\geqq 1$ のとき

$$D_{n+2}=(1+x^2)D_{n+1}-x^2D_n$$

(i) $x^2\neq 1$，すなわち $x\neq\pm 1$ のとき

$$\begin{cases} D_{n+2}-D_{n+1}=x^2(D_{n+1}-D_n) & \cdots\cdots① \\ D_{n+2}-x^2D_{n+1}=D_{n+1}-x^2D_n & \cdots\cdots② \end{cases}$$

ここで，$D_1=|1+x^2|=1+x^2$

$$D_2=\begin{vmatrix} 1+x^2 & x \\ x & 1+x^2 \end{vmatrix}=1+x^2+x^4$$

①から $D_{n+1}-D_n=(D_2-D_1)(x^2)^{n-1}$
$$=x^4(x^2)^{n-1}$$
$$=(x^2)^{n+1}$$

②から $D_{n+1}-x^2D_n=D_2-x^2D_1$
$$=1$$

よって $D_n=\dfrac{(x^2)^{n+1}-1}{x^2-1}$ ……(答)

(ii) $x^2=1$，すなわち $x=\pm 1$ のとき

$D_{n+1}-D_n=1$ から

$$D_n=D_1+(n-1)\cdot 1=2+n-1$$
$$=n+1\quad\cdots\cdots(\text{答})$$

12

(1) 行列 A の各余因子 A_{ij} を求める．

$$A_{11}=\begin{vmatrix} 0 & 1 \\ 1 & 3 \end{vmatrix}=-1,\ A_{21}=-\begin{vmatrix} 1 & 2 \\ 1 & 3 \end{vmatrix}=-1,$$
$$A_{31}=\begin{vmatrix} 1 & 2 \\ 0 & 1 \end{vmatrix}=1$$

同様にして

$A_{12}=-7$，$A_{22}=2$，$A_{32}=4$

$A_{13}=3$，$A_{23}=0$，$A_{33}=-3$

したがって $\tilde{A}=\begin{bmatrix} -1 & -1 & 1 \\ -7 & 2 & 4 \\ 3 & 0 & -3 \end{bmatrix}$

……(答)

ここで，$|A|=-3\neq 0$ だから A は正則で

$$A^{-1}=\frac{1}{|A|}\tilde{A}=\frac{1}{3}\begin{bmatrix} 1 & 1 & -1 \\ 7 & -2 & -4 \\ -3 & 0 & 3 \end{bmatrix}$$

……(答)

(2) (1) と同様にして

$A_{11}=-11$，$A_{21}=8$，$A_{31}=3$，$A_{41}=1$，

$A_{12}=-4$，$A_{22}=4$，$A_{32}=4$，$A_{42}=2$，

$A_{13}=0$，$A_{23}=2$，$A_{33}=4$，$A_{43}=2$

$A_{14}=1$，$A_{24}=0$，$A_{34}=1$，$A_{44}=1$

したがって $\tilde{A}=\begin{bmatrix} -11 & 8 & 3 & 1 \\ -4 & 4 & 4 & 2 \\ 0 & 2 & 4 & 2 \\ 1 & 0 & 1 & 1 \end{bmatrix}$

……(答)

ここで

$$|A|=\begin{vmatrix}1&-3&2&1\\0&1&-1&0\\0&-1&2&-2\\0&1&-2&4\end{vmatrix}=\begin{vmatrix}1&-1&0\\-1&2&-2\\1&-2&4\end{vmatrix}$$

$$=\begin{vmatrix}1&-1&0\\0&1&-2\\0&0&2\end{vmatrix}=2\neq 0$$

よって，A は正則で

$$A^{-1}=\frac{1}{2}\begin{bmatrix}-11&8&3&1\\-4&4&4&2\\0&2&4&2\\1&0&1&1\end{bmatrix}\qquad\cdots\cdots(答)$$

13

未知数の係数の作る行列を A とおく．

(1)　$|A|=\begin{vmatrix}3&2&2\\5&-4&3\\-2&6&1\end{vmatrix}=-44\neq 0$

したがって

$$x=\frac{1}{|A|}\begin{vmatrix}1&2&2\\8&-4&3\\-1&6&1\end{vmatrix}=\frac{44}{-44}=-1$$

$$y=\frac{1}{|A|}\begin{vmatrix}3&1&2\\5&8&3\\-2&-1&1\end{vmatrix}=\frac{44}{-44}=-1$$

$$z=\frac{1}{|A|}\begin{vmatrix}3&2&1\\5&-4&8\\-2&6&-1\end{vmatrix}=\frac{-132}{-44}=3$$

よって　$x=-1,\ y=-1,\ z=3$ ……(答)

(2)　$|A|=\begin{vmatrix}1&1&1\\a&b&c\\a^2&b^2&c^2\end{vmatrix}$

$$=\begin{vmatrix}0&0&1\\a-c&b-c&c\\a^2-c^2&b^2-c^2&c^2\end{vmatrix}$$

$$=\begin{vmatrix}a-c&b-c\\a^2-c^2&b^2-c^2\end{vmatrix}$$

$$=(a-c)(b-c)\begin{vmatrix}1&1\\a+c&b+c\end{vmatrix}$$

$$=(a-b)(b-c)(c-a)$$

したがって

$$x=\frac{1}{|A|}\begin{vmatrix}1&1&1\\k&b&c\\k^2&b^2&c^2\end{vmatrix}$$

$$=\frac{(k-b)(b-c)(c-k)}{(a-b)(b-c)(c-a)}$$

$$=\frac{(k-b)(c-k)}{(a-b)(c-a)}$$

$$y=\frac{1}{|A|}\begin{vmatrix}1&1&1\\a&k&c\\a^2&k^2&c^2\end{vmatrix}$$

$$=\frac{(a-k)(k-c)(c-a)}{(a-b)(b-c)(c-a)}$$

$$=\frac{(a-k)(k-c)}{(a-b)(b-c)}$$

$$z=\frac{1}{|A|}\begin{vmatrix}1&1&1\\a&b&k\\a^2&b^2&k^2\end{vmatrix}$$

$$=\frac{(a-b)(b-k)(k-a)}{(a-b)(b-c)(c-a)}$$

$$=\frac{(b-k)(k-a)}{(b-c)(c-a)}$$

よって　$x=\dfrac{(k-b)(c-k)}{(a-b)(c-a)}$

$y=\dfrac{(a-k)(k-c)}{(a-b)(b-c)}$　……(答)

$z=\dfrac{(b-k)(k-a)}{(b-c)(c-a)}$

14

$$\begin{cases}f(x)=x^3+mx+2=0 & \cdots\cdots①\\ g(x)=x^2+2x+m=0 & \cdots\cdots②\end{cases}$$

①，②の共通解を $x=\alpha$ とおくと

$$\begin{cases}\alpha^3+m\alpha+2=0 & \cdots\cdots③\\ \alpha^2+2\alpha+m=0 & \cdots\cdots④\end{cases}$$

③×α および④×α^2，④×α を作り

$$\begin{cases}\alpha^4+m\alpha^2+2\alpha=0\\ \alpha^3+m\alpha+2=0\\ \alpha^4+2\alpha^3+m\alpha^2=0\\ \alpha^3+2\alpha^2+m\alpha=0\\ \alpha^2+2\alpha+m=0\end{cases}$$

したがって

$$\begin{bmatrix} 1 & 0 & m & 2 & 0 \\ 0 & 1 & 0 & m & 2 \\ 1 & 2 & m & 0 & 0 \\ 0 & 1 & 2 & m & 0 \\ 0 & 0 & 1 & 2 & m \end{bmatrix} \begin{bmatrix} \alpha^4 \\ \alpha^3 \\ \alpha^2 \\ \alpha \\ 1 \end{bmatrix} = \begin{bmatrix} 0 \\ 0 \\ 0 \\ 0 \\ 0 \end{bmatrix}$$

$\begin{bmatrix} \alpha^4 \\ \alpha^3 \\ \alpha^2 \\ \alpha \\ 1 \end{bmatrix} \neq \begin{bmatrix} 0 \\ 0 \\ 0 \\ 0 \\ 0 \end{bmatrix}$ であるから

$$\begin{vmatrix} 1 & 0 & m & 2 & 0 \\ 0 & 1 & 0 & m & 2 \\ 1 & 2 & m & 0 & 0 \\ 0 & 1 & 2 & m & 0 \\ 0 & 0 & 1 & 2 & m \end{vmatrix} = 0 \qquad \cdots\cdots⑤$$

$$左辺 = \begin{vmatrix} 1 & 0 & m & 2 & 0 \\ 0 & 1 & 0 & m & 2 \\ 0 & 2 & 0 & -2 & 0 \\ 0 & 1 & 2 & m & 0 \\ 0 & 0 & 1 & 2 & m \end{vmatrix}$$

$$= \begin{vmatrix} 1 & 0 & m & 2 \\ 2 & 0 & -2 & 0 \\ 1 & 2 & m & 0 \\ 0 & 1 & 2 & m \end{vmatrix}$$

$$= 2 \begin{vmatrix} 1 & 0 & m & 2 \\ 1 & 0 & -1 & 0 \\ 1 & 2 & m & 0 \\ 0 & 1 & 2 & m \end{vmatrix}$$

$$= 2 \begin{vmatrix} 0 & 0 & m+1 & 2 \\ 1 & 0 & -1 & 0 \\ 0 & 2 & m+1 & 0 \\ 0 & 1 & 2 & m \end{vmatrix}$$

$$= -2 \begin{vmatrix} 0 & m+1 & 2 \\ 2 & m+1 & 0 \\ 1 & 2 & m \end{vmatrix}$$

$$= 4(m^2+2m-3)$$

$$= 4(m+3)(m-1) = 0$$

実際に $m=-3$ のとき $\alpha=1$，$m=1$ のとき $\alpha=-1$ を共通解にもつ．

よって　　$m=-3,\ 1$　　　　　……(答)

［注］ ⑤の左辺の行列式を $f(x)$，$g(x)$ の終結式という．

［別解］ ④×α－③ で，$2\alpha^2-2=0$ より，$\alpha=\pm 1$．

$\alpha=1$ のとき，③④はともに $m=-3$ で成立．

$\alpha=-1$ のとき，③④はともに $m=1$ で成立．

$\therefore\quad m=-3,\ 1$

第5，6章（pp. 130～132）

1

$\boldsymbol{x}_1, \boldsymbol{x}_2, \cdots, \boldsymbol{x}_n$ が1次独立のとき

$$a_1\boldsymbol{x}_1 + a_2\boldsymbol{x}_2 + \cdots + a_n\boldsymbol{x}_n = \boldsymbol{0}$$

$$\iff a_1 = a_2 = \cdots = a_n = 0 \qquad \cdots\cdots①$$

このとき，$p_1\boldsymbol{y}_1 + p_2\boldsymbol{y}_2 + \cdots + p_n\boldsymbol{y}_n = \boldsymbol{0}$

とおくと

$\boldsymbol{y}_k = \boldsymbol{x}_1 + \boldsymbol{x}_2 + \cdots + \boldsymbol{x}_k\ (1 \leqq k \leqq n)$ より

$$p_1\boldsymbol{x}_1 + p_2(\boldsymbol{x}_1 + \boldsymbol{x}_2) + p_n(\boldsymbol{x}_1 + \boldsymbol{x}_2 + \cdots + \boldsymbol{x}_n) = \boldsymbol{0}$$

$$\therefore\ (p_1 + p_2 + \cdots + p_n)\boldsymbol{x}_1 + (p_2 + p_3 + \cdots + p_n)\boldsymbol{x}_2 + \cdots\cdots + (p_{n-1} + p_n)\boldsymbol{x}_{n-1} + p_n\boldsymbol{x}_n = \boldsymbol{0}$$

①により

$$\begin{cases} p_1 + p_2 + \cdots\cdots + p_n = 0 \\ p_2 + \cdots\cdots + p_n = 0 \\ \cdots\cdots \\ p_{n-1} + p_n = 0 \\ p_n = 0 \end{cases}$$

下から順に，$p_n = p_{n-1} = \cdots = p_2 = p_1 = 0$

よって，n 個のベクトル $\boldsymbol{y}_k\ (k = 1, 2, \cdots, n)$ も1次独立である．

2

(1)　$\boldsymbol{a} = {}^t[x_1\ x_2\ x_3\ x_4] \in \boldsymbol{V}$ および $\boldsymbol{b} = {}^t[y_1\ y_2\ y_3\ y_4] \in \boldsymbol{V}$ とすると

$$\begin{cases} x_1 + 2x_2 + 3x_3 + 4x_4 = 0 \\ 4x_1 + 3x_2 + 2x_3 + x_4 = 0 \end{cases}$$

かつ $\begin{cases} y_1 + 2y_2 + 3y_3 + 4y_4 = 0 \\ 4y_1 + 3y_2 + 2y_3 + y_4 = 0 \end{cases}$ より

$$(x_1 + y_1) + 2(x_2 + y_2) + 3(x_3 + y_3) + 4(x_4 + y_4) = 0$$

$$4(x_1 + y_1) + 3(x_2 + y_2) + 2(x_3 + y_3) + (x_4 + y_4) = 0$$

$$\therefore\ \boldsymbol{a} + \boldsymbol{b} \in \boldsymbol{V} \qquad \cdots\cdots①$$

さらに，$k \in \boldsymbol{R}$ とすると

$$(kx_1) + 2(kx_2) + 3(kx_3) + 4(kx_4) = 0$$

$$4(kx_1) + 3(kx_2) + 2(kx_3) + (kx_4) = 0$$

$$\therefore\ k\boldsymbol{a} \in \boldsymbol{V} \qquad \cdots\cdots②$$

よって，①，②から $\boldsymbol{V}$ は $\boldsymbol{R}^4$ の部分空間である．

［別解］　Chapter 6 問題 54 での事実から

行列 $\begin{bmatrix} 1 & 2 & 3 & 4 \\ 4 & 3 & 2 & 1 \end{bmatrix}$ で表される $\boldsymbol{R}^4 \to \boldsymbol{R}^2$ への線形写像を f としたとき，$\boldsymbol{V} = \mathrm{Ker}\, f$ であるから，$\boldsymbol{R}^4$ の部分空間である，とできるが，ここでは問題 55 での事柄を前提とせずに示した．

(2)

$$\begin{bmatrix} 1 & 2 & 3 & 4 \\ 4 & 3 & 2 & 1 \end{bmatrix} \to \begin{bmatrix} 1 & 2 & 3 & 4 \\ 0 & -5 & -10 & -15 \end{bmatrix} \to \begin{bmatrix} 1 & 2 & 3 & 4 \\ 0 & 1 & 2 & 3 \end{bmatrix} \to \begin{bmatrix} 1 & 0 & -1 & -2 \\ 0 & 1 & 2 & 3 \end{bmatrix}$$

したがって

$$\begin{cases} x_1 \quad - x_3 - 2x_4 = 0 \\ x_2 + 2x_3 + 3x_4 = 0 \end{cases}$$

$$\therefore\ \boldsymbol{x} = \begin{bmatrix} s + 2t \\ -2s - 3t \\ s \\ t \end{bmatrix} = s\begin{bmatrix} 1 \\ -2 \\ 1 \\ 0 \end{bmatrix} + t\begin{bmatrix} 2 \\ -3 \\ 0 \\ 1 \end{bmatrix}$$

$$(s, t \in \boldsymbol{R})$$

よって，$\boldsymbol{V}$ の基底の1組は

$$\left\langle \begin{bmatrix} 1 \\ -2 \\ 1 \\ 0 \end{bmatrix}, \begin{bmatrix} 2 \\ -3 \\ 0 \\ 1 \end{bmatrix} \right\rangle \qquad \cdots\cdots(答)$$

(3)　(2) で得られた2つのベクトルに，

$\begin{bmatrix} 0 \\ 0 \\ 1 \\ 0 \end{bmatrix}, \begin{bmatrix} 0 \\ 0 \\ 0 \\ 1 \end{bmatrix}$ をつけ加えてできる4次の行列式

$$\begin{vmatrix} 1 & 2 & 0 & 0 \\ -2 & -3 & 0 & 0 \\ 1 & 0 & 1 & 0 \\ 0 & 1 & 0 & 1 \end{vmatrix} = \begin{vmatrix} 1 & 2 \\ -2 & -3 \end{vmatrix} \neq 0$$

より，求める $\boldsymbol{R}^4$ の基底の1組は

$$\left\langle \begin{bmatrix} 1 \\ -2 \\ 1 \\ 0 \end{bmatrix}, \begin{bmatrix} 2 \\ -3 \\ 0 \\ 1 \end{bmatrix}, \begin{bmatrix} 0 \\ 0 \\ 1 \\ 0 \end{bmatrix}, \begin{bmatrix} 0 \\ 0 \\ 0 \\ 1 \end{bmatrix} \right\rangle \qquad \cdots\cdots(答)$$

3

まず，$\boldsymbol{W}_1$ について，2つの要素を

$\boldsymbol{a} = {}^t[y_1\ y_2\ \cdots\ y_n]$，$\boldsymbol{b} = {}^t[z_1\ z_2\ \cdots\ z_n]$ とお

くと

$$\boldsymbol{a}+\boldsymbol{b}={}^t[y_1+z_1\ \ y_2+z_2\ \cdots\ y_n+z_n]$$

$$(y_1+z_1)+(y_2+z_2)+\cdots+(y_n+z_n)$$
$$=(y_1+y_2+\cdots+y_n)+(z_1+z_2+\cdots+z_n)$$
$=0+0=0$ より

$\therefore\ \ \boldsymbol{a}+\boldsymbol{b}\in \boldsymbol{W}_1$

$k\in \boldsymbol{R}$ とおくと

$$k\boldsymbol{a}={}^t[ky_1\ \ ky_2\ \cdots\ ky_n]$$

$$ky_1+ky_2+\cdots+ky_n$$
$=k(y_1+y_2+\cdots+y_n)=k\cdot 0=0$ より

$\therefore\ \ k\boldsymbol{a}\in \boldsymbol{W}_1$

よって，$\boldsymbol{W}_1$ は部分ベクトル空間である．

ここで，$x_n=-x_1-x_2-\cdots-x_{n-1}$ より

$$\begin{bmatrix} x_1 \\ x_2 \\ \vdots \\ x_{n-1} \\ x_n \end{bmatrix}=\begin{bmatrix} x_1 \\ x_2 \\ \vdots \\ x_{n-1} \\ -x_1-x_2\cdots-x_{n-1} \end{bmatrix}$$

$$=x_1\begin{bmatrix} 1 \\ 0 \\ \vdots \\ 0 \\ -1 \end{bmatrix}+x_2\begin{bmatrix} 0 \\ 1 \\ \vdots \\ 0 \\ -1 \end{bmatrix}+\cdots+x_{n-1}\begin{bmatrix} 0 \\ \vdots \\ 0 \\ 1 \\ -1 \end{bmatrix}$$

$\therefore\ \ \dim \boldsymbol{W}_1=n-1$ ……(答)

基底の1組は

$$\left\langle\begin{bmatrix} 1 \\ 0 \\ \vdots \\ \vdots \\ 0 \\ -1 \end{bmatrix},\begin{bmatrix} 0 \\ 1 \\ 0 \\ \vdots \\ 0 \\ -1 \end{bmatrix},\cdots,\begin{bmatrix} 0 \\ \vdots \\ 0 \\ 1 \\ 0 \\ -1 \end{bmatrix},\begin{bmatrix} 0 \\ \vdots \\ \vdots \\ 0 \\ 1 \\ -1 \end{bmatrix}\right\rangle$$

……(答)

次に，$\boldsymbol{W}_2$ について，2つの要素を前述のようにおくと

$$\begin{cases} y_1+y_n=y_2+y_{n-1}=\ \cdots\ =0 \\ z_1+z_n=z_2+z_{n-1}=\ \cdots\ =0 \end{cases}$$ となり，

$$(y_i+z_i)+(y_{n+1-i}+z_{n+1-i})$$
$$=(y_i+y_{n+1-i})+(z_i+z_{n+1-i})=0$$

$\therefore\ \ \boldsymbol{a}+\boldsymbol{b}\in \boldsymbol{W}_2$

$k\in \boldsymbol{R}$ とおくと

$$ky_i+ky_{n+1-i}=k(y_i+y_{n+1-i})=0$$

$\therefore\ \ k\boldsymbol{a}\in \boldsymbol{W}_2$

よって，$\boldsymbol{W}_2$ は部分ベクトル空間である．

ここで，$n=2m\,(m\in \boldsymbol{N})$ のとき

$$x_1+x_{2m}=x_2+x_{2m-1}=\cdots=x_m+x_{m+1}=0$$

$$\begin{bmatrix} x_1 \\ \vdots \\ x_m \\ x_{m+1} \\ \vdots \\ x_{2m} \end{bmatrix}=\begin{bmatrix} x_1 \\ \vdots \\ x_m \\ -x_m \\ \vdots \\ -x_1 \end{bmatrix}$$

$$=x_1\begin{bmatrix} 1 \\ 0 \\ \vdots \\ \vdots \\ 0 \\ -1 \end{bmatrix}+x_2\begin{bmatrix} 0 \\ 1 \\ \vdots \\ \vdots \\ -1 \\ 0 \end{bmatrix}+\cdots+x_m\begin{bmatrix} 0 \\ \vdots \\ 1 \\ -1 \\ \vdots \\ 0 \end{bmatrix}$$

（上の「⋮」部分はすべて0）

$\therefore\ \ \dim \boldsymbol{W}_2=m=\dfrac{n}{2}$ ……(答)

基底の1組は

$$\left\langle\begin{bmatrix} 1 \\ 0 \\ 0 \\ \vdots \\ \vdots \\ 0 \\ 0 \\ -1 \end{bmatrix},\begin{bmatrix} 0 \\ 1 \\ 0 \\ \vdots \\ \vdots \\ 0 \\ -1 \\ 0 \end{bmatrix},\cdots,\begin{bmatrix} 0 \\ \vdots \\ 0 \\ 1 \\ -1 \\ 0 \\ \vdots \\ 0 \end{bmatrix}\right\rangle$$ ……(答)

また，$n=2m-1$ のときも同様に考えて

$\dim \boldsymbol{W}_2=m-1=\dfrac{n-1}{2}$ ……(答)

基底の1組は

$$\left\langle\begin{bmatrix} 1 \\ 0 \\ 0 \\ \vdots \\ \vdots \\ \vdots \\ 0 \\ 0 \\ -1 \end{bmatrix},\begin{bmatrix} 0 \\ 1 \\ 0 \\ \vdots \\ \vdots \\ \vdots \\ 0 \\ -1 \\ 0 \end{bmatrix},\cdots,\begin{bmatrix} 0 \\ \vdots \\ 0 \\ 1 \\ 0 \\ -1 \\ 0 \\ \vdots \\ 0 \end{bmatrix}\right\rangle$$ ……(答)

4

(1)　$\boldsymbol{y}=-2\begin{bmatrix}1\\2\\3\end{bmatrix}=-2\boldsymbol{y}_1$ および

$\boldsymbol{u}=-4\begin{bmatrix}1\\1\\1\end{bmatrix}=-4\,\boldsymbol{u}_1$ とおく．

$[A \vdots B]=[\boldsymbol{x}\ \ \boldsymbol{y}_1\ \ \boldsymbol{z} \vdots \boldsymbol{u}_1\ \ \boldsymbol{v}]$ を基本変形して

$$\longrightarrow \left[\begin{array}{ccc:cc}1&1&3&1&-1\\2&2&7&1&0\\8&3&11&1&1\end{array}\right]$$

$$\longrightarrow \left[\begin{array}{ccc:cc}1&1&3&1&-1\\0&0&1&-1&2\\0&-5&-13&-7&9\end{array}\right]$$

$$\longrightarrow \left[\begin{array}{ccc:cc}1&1&3&1&-1\\0&1&\frac{13}{5}&\frac{7}{5}&-\frac{9}{5}\\0&0&1&-1&2\end{array}\right]$$

$$\longrightarrow \left[\begin{array}{ccc:cc}1&1&0&4&-7\\0&1&0&4&-7\\0&0&1&-1&2\end{array}\right]$$

$$\longrightarrow \left[\begin{array}{ccc:cc}1&0&0&0&0\\0&1&0&4&-7\\0&0&1&-1&2\end{array}\right]$$

よって $\dim \boldsymbol{V}=\operatorname{rank} A=3$　……(答)

$\dim \boldsymbol{W}=\operatorname{rank} B=2$　……(答)

(2)　$\dim(\boldsymbol{V}+\boldsymbol{W})=\operatorname{rank}(A \vdots B)$

$=3$　……(答)

基底の１組は $\langle \boldsymbol{x}, \boldsymbol{y}_1, \boldsymbol{z}\rangle$　……(答)

また $\dim(\boldsymbol{V}\cap\boldsymbol{W})$

$=\dim\boldsymbol{V}+\dim\boldsymbol{W}-\dim(\boldsymbol{V}+\boldsymbol{W})$

$=3+2-3=2$　……(答)

(1) の基本変形から

$\boldsymbol{u}_1=4\boldsymbol{y}_1-\boldsymbol{z},\ \ \boldsymbol{v}=-7\boldsymbol{y}_1+2\,\boldsymbol{z}$

$\therefore$ $\boldsymbol{u}_1\in\boldsymbol{V}$ かつ $\boldsymbol{v}\in\boldsymbol{V}$

さらに $\boldsymbol{u}_1\in\boldsymbol{W}$ かつ $\boldsymbol{v}\in\boldsymbol{W}$

したがって $\boldsymbol{u}_1\in\boldsymbol{V}\cap\boldsymbol{W}$，$\boldsymbol{v}\in\boldsymbol{V}\cap\boldsymbol{W}$

よって，$\boldsymbol{V}\cap\boldsymbol{W}$ の基底の１組は

$\langle \boldsymbol{u}_1, \boldsymbol{v}\rangle$　……(答)

[注]　$\boldsymbol{V}+\boldsymbol{W}$ の基底は $\langle \boldsymbol{x}, \boldsymbol{y}, \boldsymbol{z}\rangle$，また，$\boldsymbol{V}\cap\boldsymbol{W}$ の基底は $\langle \boldsymbol{u}, \boldsymbol{v}\rangle$ としても可．

5

(1)　$\boldsymbol{a}=\begin{bmatrix}x_1\\y_1\end{bmatrix}$，$\boldsymbol{b}=\begin{bmatrix}x_2\\y_2\end{bmatrix}$ とおくと

$$f(\boldsymbol{a}+\boldsymbol{b})=f\left(\begin{bmatrix}x_1+x_2\\y_1+y_2\end{bmatrix}\right)$$

$$=\begin{bmatrix}(x_1+x_2)-(y_1+y_2)\\-3(x_1+x_2)+2(y_1+y_2)\end{bmatrix}$$

$$=\begin{bmatrix}x_1-y_1\\-3x_1+2y_1\end{bmatrix}+\begin{bmatrix}x_2-y_2\\-3x_2+2y_2\end{bmatrix}$$

$$=f(\boldsymbol{a})+f(\boldsymbol{b})$$

また，$k\in\boldsymbol{R}$ とすると

$$f(k\boldsymbol{a})=k\left(\begin{bmatrix}kx_1\\ky_1\end{bmatrix}\right)=\begin{bmatrix}kx_1-ky_1\\-3kx_1+2ky_1\end{bmatrix}$$

$$=k\begin{bmatrix}x_1-y_1\\-3x_1+2y_1\end{bmatrix}=k\,f(\boldsymbol{a})$$

よって，f は線形写像である．

(2)　$f(\boldsymbol{x})=\begin{bmatrix}1&-1\\-3&2\end{bmatrix}\begin{bmatrix}x\\y\end{bmatrix}$ より，f の表現行列は

$$A=\begin{bmatrix}1&-1\\-3&2\end{bmatrix}$$　……(答)

6

$\begin{bmatrix}x\\y\\z\end{bmatrix}=p\begin{bmatrix}1\\1\\0\end{bmatrix}+q\begin{bmatrix}1\\0\\1\end{bmatrix}+r\begin{bmatrix}0\\1\\1\end{bmatrix}$ とおくと

$$\begin{bmatrix}1&1&0\\1&0&1\\0&1&1\end{bmatrix}\begin{bmatrix}p\\q\\r\end{bmatrix}=\begin{bmatrix}x\\y\\z\end{bmatrix}$$

$$\begin{bmatrix}1&1&0&x\\1&0&1&y\\0&1&1&z\end{bmatrix}$$

$$\to\begin{bmatrix}1&1&0&x\\0&-1&1&-x+y\\0&1&1&z\end{bmatrix}$$

$$\to\begin{bmatrix}1&1&0&x\\0&1&-1&x-y\\0&0&1&\frac{-x+y+z}{2}\end{bmatrix}$$

$$\to\begin{bmatrix}1&0&0&\frac{x+y-z}{2}\\0&1&0&\frac{x-y+z}{2}\\0&0&1&\frac{-x+y+z}{2}\end{bmatrix}$$

$$\therefore\ \begin{bmatrix}p\\q\\r\end{bmatrix}=\frac{1}{2}\begin{bmatrix}x+y-z\\x-y+z\\-x+y+z\end{bmatrix}$$

したがって，線形性から

$$f\left(\begin{bmatrix}x\\y\\z\end{bmatrix}\right)=pf\left(\begin{bmatrix}1\\1\\0\end{bmatrix}\right)+qf\left(\begin{bmatrix}1\\0\\1\end{bmatrix}\right)+rf\left(\begin{bmatrix}0\\1\\1\end{bmatrix}\right)$$

$$=3p+4q+5r$$

$$=3\cdot\frac{x+y-z}{2}+4\cdot\frac{x-y+z}{2}+5\cdot\frac{-x+y+z}{2}$$

$$=x+2y+3z \qquad \cdots\cdots(\text{答})$$

［別解］ $\boldsymbol{a}={}^t[1\ 1\ 0]$，$\boldsymbol{b}={}^t[1\ 0\ 1]$

$\boldsymbol{c}={}^t[0\ 1\ 1]$ としたとき，

$$\boldsymbol{d}=\frac{1}{2}(\boldsymbol{a}+\boldsymbol{b}+\boldsymbol{c})={}^t[1\ 1\ 1]\ \text{で，}$$

$$\boldsymbol{d}-\boldsymbol{a}={}^t[1\ 0\ 0]=\boldsymbol{e}_1$$
$$\boldsymbol{d}-\boldsymbol{b}={}^t[0\ 1\ 0]=\boldsymbol{e}_2$$
$$\boldsymbol{d}-\boldsymbol{c}={}^t[0\ 0\ 1]=\boldsymbol{e}_3$$

から，$\boldsymbol{x}={}^t[x\ y\ z]$ において

$$f(\boldsymbol{x})=f(x\boldsymbol{e}_1+y\boldsymbol{e}_2+z\boldsymbol{e}_3)$$
$$=xf(\boldsymbol{d}-\boldsymbol{a})+yf(\boldsymbol{d}-\boldsymbol{b})+zf(\boldsymbol{d}-\boldsymbol{c})$$
$$=(x+y+z)f(\boldsymbol{d})-xf(\boldsymbol{a})-yf(\boldsymbol{b})-zf(\boldsymbol{c})$$

で $f(\boldsymbol{d})=f\left(\frac{1}{2}(\boldsymbol{a}+\boldsymbol{b}+\boldsymbol{c})\right)$

$$=\frac{1}{2}\{f(\boldsymbol{a})+f(\boldsymbol{b})+f(\boldsymbol{c})\}$$

$$=\frac{1}{2}(3+4+5)=6\ \text{より}$$

$$f(\boldsymbol{x})=6(x+y+z)-3x-4y-5z$$
$$=3x+2y+z$$

7

(1) $p\boldsymbol{a}+q\boldsymbol{b}=\boldsymbol{0}$ とおくと

$$p\begin{bmatrix}1\\0\\1\end{bmatrix}+q\begin{bmatrix}0\\1\\0\end{bmatrix}=\begin{bmatrix}p\\q\\p\end{bmatrix}=\begin{bmatrix}0\\0\\0\end{bmatrix}$$

$$\therefore\ p=q=0$$

よって，$\boldsymbol{a}$，$\boldsymbol{b}$ は1次独立である．

(2) $$|\boldsymbol{a}\ \boldsymbol{b}\ \boldsymbol{c}|=\begin{vmatrix}1&0&1\\0&1&1\\1&0&1\end{vmatrix}=\begin{vmatrix}1&0&1\\0&1&1\\0&0&0\end{vmatrix}=0$$

よって，$\boldsymbol{a}$，$\boldsymbol{b}$，$\boldsymbol{c}$ は1次従属である．

(3) $p\boldsymbol{a}+q\boldsymbol{b}+r\boldsymbol{c}=\boldsymbol{0}$ とおくと，(2) の結果から　$\boldsymbol{c}=\boldsymbol{a}+\boldsymbol{b}$

したがって，$f(\boldsymbol{a})=\begin{bmatrix}1\\0\end{bmatrix}$，$f(\boldsymbol{b})=\begin{bmatrix}0\\1\end{bmatrix}$ となるとき，線形性から

$$f(\boldsymbol{c})=f(\boldsymbol{a}+\boldsymbol{b})=f(\boldsymbol{a})+f(\boldsymbol{b})$$
$$=\begin{bmatrix}1\\0\end{bmatrix}+\begin{bmatrix}0\\1\end{bmatrix}=\begin{bmatrix}1\\1\end{bmatrix}$$

これは，$f(\boldsymbol{c})\neq\begin{bmatrix}1\\3\end{bmatrix}$ となり不合理．

よって，3つの条件全てを満たす f は存在しない．

8 (1) n についての帰納法で示す．

［I］ $n=1$ のときは，$f(1\cdot x)=1\cdot f(x)$ でもちろん成立．

［II］ $n=k$ のとき，$f(kx)=k\cdot f(x)$ が成り立つとすると

$$f((k+1)x)=f(kx+x)$$
$$=f(kx)+f(x)$$
$$=k\cdot f(x)+f(x)$$
$$=(k+1)\cdot f(x)$$

したがって，$n=k+1$ でも成り立つ．

［I］［II］より，$n\in\boldsymbol{N}$ で $f(nx)=n\cdot f(x)$

(2) まず，条件の式で $x=y=0$ として，

$f(0+0)=f(0)+f(0)$ から，$f(0)=0$

さらに，条件式で $y=-x$ とおくと

$$f(x+(-x))=f(x)+f(-x)$$
$$\therefore\ f(-x)=-f(x)$$

したがって，(1) から，$n\in\boldsymbol{N}$ として

$$f(-nx)=-f(nx)=-n\cdot f(x)$$

これは，u が負の整数のときに，$f(ux)=uf(x)$ が成り立つことを示しており，$u=0$ のときも $f(0\cdot x)=0\cdot f(x)$ から，$u\in\boldsymbol{Z}$ で，$f(ux)=u\cdot f(x)$

(3)　$q=\dfrac{n}{m}(m\in\boldsymbol{N}, n\in\boldsymbol{Z})$ とする．このとき，(1) より

$$f\left(m\cdot\frac{n}{m}x\right)=m\cdot f\left(\frac{n}{m}x\right)$$

$$\therefore\ f(nx)=mf\left(\frac{n}{m}x\right)$$

また，(2) より，$f(nx)=nf(x)$ から，

$$nf(x)=mf\left(\frac{n}{m}x\right)$$

$$f\left(\frac{n}{m}x\right)=\frac{n}{m}f(x)$$

よって，$q\in\boldsymbol{Q}$ で，$f(qx)=qf(x)$

［注］　$r\in\boldsymbol{R}$ のときの $f(rx)=r\cdot f(x)$ は無条件では（選択公理のもとでは）成立せず，f が連続であるとか，単調であるなどの条件がいる．

(1)　平面 π の方程式は

$$ax+by+cz=0$$

とおける．

$\boldsymbol{x}'-\boldsymbol{x}\,/\!/\,\boldsymbol{a}$ から

$$\boldsymbol{x}'-\boldsymbol{x}=t\boldsymbol{a}$$

$$\therefore\ \boldsymbol{x}'=\boldsymbol{x}+t\boldsymbol{a}$$

また，中点 $\dfrac{\boldsymbol{x}'+\boldsymbol{x}}{2}=\dfrac{(\boldsymbol{x}+t\boldsymbol{a})+\boldsymbol{x}}{2}$

$$=\boldsymbol{x}+\frac{t}{2}\boldsymbol{a}$$

$$=\begin{bmatrix}x\\y\\z\end{bmatrix}+\frac{t}{2}\begin{bmatrix}a\\b\\c\end{bmatrix}$$

は平面 π 上の点だから

$$a\left(x+\frac{t}{2}a\right)+b\left(y+\frac{t}{2}b\right)+c\left(z+\frac{t}{2}c\right)=0$$

$$ax+by+cz+\frac{t}{2}(a^2+b^2+c^2)=0$$

$|\boldsymbol{a}|=1$ より $a^2+b^2+c^2=1$ だから

$$t=-2(ax+by+cz)$$

よって，$\boldsymbol{x}'$ は

$$\boldsymbol{x}'=\begin{bmatrix}x'\\y'\\z'\end{bmatrix}=\begin{bmatrix}x\\y\\z\end{bmatrix}-2(ax+by+cz)\begin{bmatrix}a\\b\\c\end{bmatrix}$$

$$=\begin{bmatrix}(1-2a^2)x-2aby-2caz\\-2abx+(1-2b^2)y-2bcz\\-2cax-2bcy+(1-2c^2)z\end{bmatrix}$$

……(答)

(2)　$\boldsymbol{e}_1=\begin{bmatrix}1\\0\\0\end{bmatrix}$ の像 $\boldsymbol{e}_1{}'$ は $\begin{bmatrix}1-2a^2\\-2ab\\-2ca\end{bmatrix}$　……(答)

(3)　(1) の結果から，s は

$$\begin{bmatrix}x'\\y'\\z'\end{bmatrix}=\begin{bmatrix}1-2a^2&-2ab&-2ca\\-2ab&1-2b^2&-2bc\\-2ca&-2bc&1-2c^2\end{bmatrix}\begin{bmatrix}x\\y\\z\end{bmatrix}$$

……(答)

［別解］　(1) の図で $\boldsymbol{x}$ の $\boldsymbol{a}$ 方向の正射影ベクトルは $(\boldsymbol{x}\cdot\boldsymbol{a})\boldsymbol{a}$ だから，図より

$$\boldsymbol{x}'=\boldsymbol{x}-2(\boldsymbol{x}\cdot\boldsymbol{a})\boldsymbol{a}$$

で，(1)(3)の答が得られる．

10

(1)　$\boldsymbol{x}_1, \boldsymbol{x}_2\in\boldsymbol{R}^n$ とおくと

$$l(\boldsymbol{x}_1+\boldsymbol{x}_2)$$
$$=\boldsymbol{x}_1+\boldsymbol{x}_2-c(\boldsymbol{a}\cdot(\boldsymbol{x}_1+\boldsymbol{x}_2))\boldsymbol{a}$$
$$=\boldsymbol{x}_1+\boldsymbol{x}_2-c(\boldsymbol{a}\cdot\boldsymbol{x}_1+\boldsymbol{a}\cdot\boldsymbol{x}_2)\boldsymbol{a}$$
$$=\{\boldsymbol{x}_1-c(\boldsymbol{a}\cdot\boldsymbol{x}_1)\boldsymbol{a}\}+\{\boldsymbol{x}_2-c(\boldsymbol{a}\cdot\boldsymbol{x}_2)\boldsymbol{a}\}$$
$$=l(\boldsymbol{x}_1)+l(\boldsymbol{x}_2)$$

また，$k\in\boldsymbol{R}$ とおくと

$$l(k\boldsymbol{x}_1)=k\boldsymbol{x}_1-c(\boldsymbol{a}\cdot k\boldsymbol{x}_1)\boldsymbol{a}$$
$$=k\boldsymbol{x}_1-ck(\boldsymbol{a}\cdot\boldsymbol{x}_1)\boldsymbol{a}$$
$$=k\{\boldsymbol{x}_1-c(\boldsymbol{a}\cdot\boldsymbol{x}_1)\boldsymbol{a}\}$$
$$=k\cdot l(\boldsymbol{x}_1)$$

よって，l は線形写像である．

さらに，$\boldsymbol{R}^n$ から $\boldsymbol{R}^n$ すなわち自分自身への写像なので，l は $\boldsymbol{R}^n$ から $\boldsymbol{R}^n$ への線形変換である．

(2)　$\boldsymbol{a}={}^t[a_1\ \ a_2\ \ \cdots\ \ a_n]$，$\boldsymbol{x}={}^t[x_1\ \ x_2\ \ \cdots\ \ x_n]$ とおくと

$\boldsymbol{a}\cdot\boldsymbol{x}=a_1x_1+a_2x_2+\cdots+a_nx_n$ より

$$l(\boldsymbol{x})=\begin{bmatrix} x_1 \\ x_2 \\ \vdots \\ x_n \end{bmatrix}-c(a_1x_1+\cdots+a_nx_n)\begin{bmatrix} a_1 \\ a_2 \\ \vdots \\ a_n \end{bmatrix}$$

$$=\begin{bmatrix} (1-ca_1^2)x_1-ca_1a_2x_2-\cdots-ca_1a_nx_n \\ -ca_2a_1x_1+(1-ca_2^2)x_2-\cdots-ca_2a_nx_n \\ \vdots \\ -ca_na_1x_1-ca_na_2x_2-\cdots+(1-ca_n^2)x_n \end{bmatrix}$$

よって，$l(\boldsymbol{x})=A\boldsymbol{x}$ を満たす行列 $A=[a_{ij}]$ は

$$\begin{cases} i=j \text{ のとき，} a_{ij}=1-ca_i^2 \\ i\neq j \text{ のとき，} a_{ij}=-ca_ia_j \end{cases}$$

……(答)

11

$$A=\begin{bmatrix} 1 & 1 & -1 & 1 \\ 1 & 3 & -1 & 6 \\ 2 & 0 & -2 & -3 \end{bmatrix}$$を基本変形して

$$A\to\begin{bmatrix} 1 & 1 & -1 & 1 \\ 0 & 2 & 0 & 5 \\ 0 & -2 & 0 & -5 \end{bmatrix}$$

$$\to\begin{bmatrix} 1 & 0 & -1 & -\frac{3}{2} \\ 0 & 1 & 0 & \frac{5}{2} \\ 0 & 0 & 0 & 0 \end{bmatrix}$$となるので

$$\text{rank } A=2$$

$$\therefore\ \dim(\text{Im } u)=\text{rank } A=2$$ ……(答)

Im u の基底は$\left\langle\begin{bmatrix} 1 \\ 1 \\ 2 \end{bmatrix},\ \begin{bmatrix} 1 \\ 3 \\ 0 \end{bmatrix}\right\rangle$ ……(答)

また，次元定理から

$$\dim(\text{Ker } u)=4-\dim(\text{Im } u)$$
$$=4-2=2$$ ……(答)

次に，$A\boldsymbol{x}=\mathbf{0}$ を解いて

$$\begin{cases} x_1 \quad -x_3-\frac{3}{2}x_4=0 \\ \quad x_2 \qquad +\frac{5}{2}x_4=0 \end{cases}$$

したがって，Ker u は

$$\boldsymbol{x}=\begin{bmatrix} s+\frac{3}{2}t \\ -\frac{5}{2}t \\ s \\ t \end{bmatrix}=s\begin{bmatrix} 1 \\ 0 \\ 1 \\ 0 \end{bmatrix}+\frac{t}{2}\begin{bmatrix} 3 \\ -5 \\ 0 \\ 2 \end{bmatrix}$$

よって，Ker u の基底は，$\left\langle\begin{bmatrix} 1 \\ 0 \\ 1 \\ 0 \end{bmatrix},\ \begin{bmatrix} 3 \\ -5 \\ 0 \\ 2 \end{bmatrix}\right\rangle$

……(答)

第 7，8 章 (pp. 168～169)

1

(1) $|\boldsymbol{a}_1\ \boldsymbol{a}_2\ \boldsymbol{a}_3|=\begin{vmatrix} 1 & 2 & 1 \\ -1 & -1 & -1 \\ 0 & 1 & 2 \end{vmatrix}=2\neq 0$

よって，$\{\boldsymbol{a}_1, \boldsymbol{a}_2, \boldsymbol{a}_3\}$ は $\boldsymbol{R}^3$ の基底である．

(2) $\boldsymbol{b}_1=\boldsymbol{a}_1=\begin{bmatrix} 1 \\ -1 \\ 0 \end{bmatrix}$ より，

$$\boldsymbol{u}_1=\frac{\boldsymbol{b}_1}{|\boldsymbol{b}_1|}=\frac{1}{\sqrt{2}}\begin{bmatrix} 1 \\ -1 \\ 0 \end{bmatrix}$$

$$\boldsymbol{b}_2=\boldsymbol{a}_2-(\boldsymbol{a}_2\cdot\boldsymbol{u}_1)\boldsymbol{u}_1$$

$$=\begin{bmatrix} 2 \\ -1 \\ 1 \end{bmatrix}-\frac{3}{\sqrt{2}}\cdot\frac{1}{\sqrt{2}}\begin{bmatrix} 1 \\ -1 \\ 0 \end{bmatrix}=\frac{1}{2}\begin{bmatrix} 1 \\ 1 \\ 2 \end{bmatrix}$$

$$\boldsymbol{u}_2=\frac{\boldsymbol{b}_2}{|\boldsymbol{b}_2|}=\frac{1}{\sqrt{6}}\begin{bmatrix} 1 \\ 1 \\ 2 \end{bmatrix}$$

$$\boldsymbol{b}_3=\boldsymbol{a}_3-(\boldsymbol{a}_3\cdot\boldsymbol{u}_1)\boldsymbol{u}_1-(\boldsymbol{a}_3\cdot\boldsymbol{u}_2)\boldsymbol{u}_2$$

$$=\begin{bmatrix} 1 \\ -1 \\ 2 \end{bmatrix}-\sqrt{2}\cdot\frac{1}{\sqrt{2}}\begin{bmatrix} 1 \\ -1 \\ 0 \end{bmatrix}-\frac{4}{\sqrt{6}}\cdot\frac{1}{\sqrt{6}}\begin{bmatrix} 1 \\ 1 \\ 2 \end{bmatrix}$$

$$=\frac{2}{3}\begin{bmatrix} -1 \\ -1 \\ 1 \end{bmatrix}$$

$$\boldsymbol{u}_3=\frac{\boldsymbol{b}_3}{|\boldsymbol{b}_3|}=\frac{1}{\sqrt{3}}\begin{bmatrix} -1 \\ -1 \\ 1 \end{bmatrix}$$

よって，求める正規直交基底は

$$\left\langle\frac{1}{\sqrt{2}}\begin{bmatrix} 1 \\ -1 \\ 0 \end{bmatrix}, \frac{1}{\sqrt{6}}\begin{bmatrix} 1 \\ 1 \\ 2 \end{bmatrix}, \frac{1}{\sqrt{3}}\begin{bmatrix} -1 \\ -1 \\ 1 \end{bmatrix}\right\rangle$$

……(答)

2

$$A=\begin{bmatrix} 1 & -1 & 1 & 1 \\ 2 & 0 & 1 & 1 \\ 2 & 1 & -1 & 2 \\ 1 & -1 & -1 & 3 \end{bmatrix}$$

$$\to\begin{bmatrix} 1 & -1 & 1 & 1 \\ 0 & 2 & -1 & -1 \\ 0 & 1 & -1 & 0 \\ 0 & 0 & 1 & -1 \end{bmatrix}$$

$$\to\begin{bmatrix} 1 & 0 & 0 & 1 \\ 0 & 1 & 0 & -1 \\ 0 & 1 & -1 & 0 \\ 0 & 0 & 1 & -1 \end{bmatrix}$$

$$\to\begin{bmatrix} 1 & 0 & 0 & 1 \\ 0 & 1 & 0 & -1 \\ 0 & 0 & 1 & -1 \\ 0 & 0 & 0 & 0 \end{bmatrix}$$

$\therefore\ \mathrm{rank}\,A=3$

ここに，次の 3 つのベクトルは 1 次独立であり，$\boldsymbol{W}$ の基底をなす．

$$\boldsymbol{a}_1=\begin{bmatrix} 1 \\ 2 \\ 2 \\ 1 \end{bmatrix},\ \boldsymbol{a}_2=\begin{bmatrix} -1 \\ 0 \\ 1 \\ -1 \end{bmatrix},\ \boldsymbol{a}_3=\begin{bmatrix} 1 \\ 1 \\ -1 \\ -1 \end{bmatrix}$$

$\boldsymbol{a}_1\cdot\boldsymbol{a}_2=0$ より

$$\boldsymbol{u}_1=\frac{\boldsymbol{a}_1}{|\boldsymbol{a}_1|}=\frac{1}{\sqrt{10}}\begin{bmatrix} 1 \\ 2 \\ 2 \\ 1 \end{bmatrix},\ \boldsymbol{u}_2=\frac{1}{\sqrt{3}}\begin{bmatrix} -1 \\ 0 \\ 1 \\ -1 \end{bmatrix}$$

とおける．

$$\boldsymbol{b}_3=\boldsymbol{a}_3-(\boldsymbol{a}_3\cdot\boldsymbol{u}_1)\boldsymbol{u}_1-(\boldsymbol{a}_3\cdot\boldsymbol{u}_2)\boldsymbol{u}_2$$

$$=\begin{bmatrix} 1 \\ 1 \\ -1 \\ -1 \end{bmatrix}-0\,\boldsymbol{u}_1-\left(-\frac{1}{\sqrt{3}}\right)\cdot\frac{1}{\sqrt{3}}\begin{bmatrix} -1 \\ 0 \\ 1 \\ -1 \end{bmatrix}$$

$$=\frac{1}{3}\begin{bmatrix} 2 \\ 3 \\ -2 \\ -4 \end{bmatrix}$$

$$\boldsymbol{u}_3=\frac{\boldsymbol{b}_3}{|\boldsymbol{b}_3|}=\frac{1}{\sqrt{33}}\begin{bmatrix} 2 \\ 3 \\ -2 \\ -4 \end{bmatrix}$$

よって，求まる正規直交基底は

$$\left\langle \frac{1}{\sqrt{10}}\begin{bmatrix}1\\2\\2\\1\end{bmatrix},\ \frac{1}{\sqrt{3}}\begin{bmatrix}-1\\0\\1\\-1\end{bmatrix},\ \frac{1}{\sqrt{33}}\begin{bmatrix}2\\3\\-2\\-4\end{bmatrix}\right\rangle$$

……(答)

3

(1)　$\boldsymbol{a}_1 \not\parallel \boldsymbol{a}_2$ だから，$\boldsymbol{a}_1$ と $\boldsymbol{a}_2$ は1次独立である．

$\boldsymbol{b}_1 = \boldsymbol{a}_1 = \begin{bmatrix}1\\0\\-1\end{bmatrix}$ より，

$$\boldsymbol{u}_1 = \frac{\boldsymbol{b}_1}{|\boldsymbol{b}_1|} = \frac{1}{\sqrt{2}}\begin{bmatrix}1\\0\\-1\end{bmatrix}$$

$$\boldsymbol{b}_2 = \boldsymbol{a}_2 - (\boldsymbol{a}_2\cdot\boldsymbol{u}_1)\boldsymbol{u}_1$$

$$= \begin{bmatrix}2\\2\\0\end{bmatrix} - \sqrt{2}\cdot\frac{1}{\sqrt{2}}\begin{bmatrix}1\\0\\-1\end{bmatrix} = \begin{bmatrix}1\\2\\1\end{bmatrix}$$

$$\boldsymbol{u}_2 = \frac{\boldsymbol{b}_2}{|\boldsymbol{b}_2|} = \frac{1}{\sqrt{6}}\begin{bmatrix}1\\2\\1\end{bmatrix}$$

よって，$\boldsymbol{W}_2$ の正規直交基底は

$$\left\langle \frac{1}{\sqrt{2}}\begin{bmatrix}1\\0\\-1\end{bmatrix},\ \frac{1}{\sqrt{6}}\begin{bmatrix}1\\2\\1\end{bmatrix}\right\rangle$$

……(答)

(2)　$\boldsymbol{x} = \begin{bmatrix}x_1\\x_2\\x_3\end{bmatrix} \in \boldsymbol{W}_2{}^{\perp}$ とすると，$\boldsymbol{x}\perp\boldsymbol{a}_1$ かつ $\boldsymbol{x}\perp\boldsymbol{a}_2$ から，$\boldsymbol{x}\cdot\boldsymbol{a}_1 = \boldsymbol{x}\cdot\boldsymbol{a}_2 = 0$ より

$$\begin{cases} x_1 \qquad\quad - x_3 = 0 \\ 2x_1 + 2x_2 \qquad = 0 \end{cases}$$

$\boldsymbol{W}_2{}^{\perp}$ はこの解空間となる．

$A = \begin{bmatrix}1 & 0 & -1\\2 & 2 & 0\end{bmatrix}$ とおくと

$$A \to \begin{bmatrix}1 & 0 & -1\\1 & 1 & 0\end{bmatrix} \to \begin{bmatrix}1 & 0 & -1\\0 & 1 & 1\end{bmatrix}$$

解 $\boldsymbol{x}$ は

$$\boldsymbol{x} = s\begin{bmatrix}1\\-1\\1\end{bmatrix} \qquad (s\in\boldsymbol{R})$$

よって，求める $\boldsymbol{W}_2{}^{\perp}$ の正規直交基底は

$$\left\langle \frac{1}{\sqrt{3}}\begin{bmatrix}1\\-1\\1\end{bmatrix}\right\rangle$$

……(答)

(3)　$\boldsymbol{x} = \begin{bmatrix}x_1\\x_2\\x_3\end{bmatrix} \perp \boldsymbol{W}_1{}^{\perp}$ とすると，$\boldsymbol{x}\perp\boldsymbol{a}_1$ から，$\boldsymbol{x}\cdot\boldsymbol{a}_1 = 0$

$x_1 - x_3 = 0 \qquad x_1 = x_3$

$$\therefore\ \boldsymbol{x} = \begin{bmatrix}s\\t\\s\end{bmatrix} = s\begin{bmatrix}1\\0\\1\end{bmatrix} + t\begin{bmatrix}0\\1\\0\end{bmatrix}$$

$(s, t\in\boldsymbol{R})$

$\begin{bmatrix}1\\0\\0\end{bmatrix} \perp \begin{bmatrix}0\\1\\0\end{bmatrix}$ だから，$\begin{bmatrix}1\\0\\1\end{bmatrix}$，$\begin{bmatrix}0\\1\\0\end{bmatrix}$ は $\boldsymbol{W}_1{}^{\perp}$ の基底となり，$\boldsymbol{W}_1{}^{\perp}$ の正規直交基底は

$$\left\langle \frac{1}{\sqrt{2}}\begin{bmatrix}1\\0\\1\end{bmatrix},\ \begin{bmatrix}0\\1\\0\end{bmatrix}\right\rangle$$

……(答)

(4)　$\boldsymbol{b}$ の $\boldsymbol{W}_1$ への正射影を $\boldsymbol{c}$ とおくと $\boldsymbol{c} = t\boldsymbol{a}_1$ とおける．$\boldsymbol{c} - \boldsymbol{b}$ は $\boldsymbol{a}_1$ に垂直だから

$(\boldsymbol{c} - \boldsymbol{b})\cdot\boldsymbol{a}_1 = 0$

$(t\boldsymbol{a}_1 - \boldsymbol{b})\cdot\boldsymbol{a}_1 = 0$

$t\boldsymbol{a}_1\cdot\boldsymbol{a}_1 - \boldsymbol{b}\cdot\boldsymbol{a}_1 = 0$

$$\therefore\ t = \frac{\boldsymbol{a}_1\cdot\boldsymbol{b}}{|\boldsymbol{a}_1|^2} = \frac{1}{2}$$

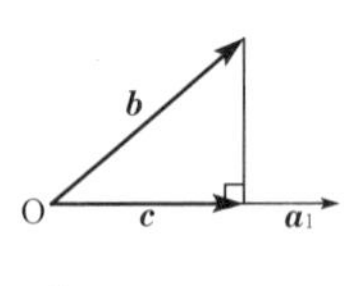

よって，$\boldsymbol{c} = \dfrac{1}{2}\boldsymbol{a}_1 = \dfrac{1}{2}\begin{bmatrix}1\\0\\-1\end{bmatrix}$ ……(答)

(5)　$\boldsymbol{b}$ の $\boldsymbol{W}_2$ への正射影を $\boldsymbol{d}$ とおくと

$\boldsymbol{d} = p\boldsymbol{a}_1 + q\boldsymbol{a}_2$

とおける．

$\boldsymbol{d} - \boldsymbol{b}$ は $\boldsymbol{a}_1$ かつ $\boldsymbol{a}_2$ の両方に垂直であるから

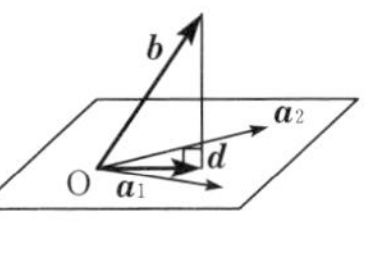

$$\begin{cases} (p\boldsymbol{a}_1 + q\boldsymbol{a}_2 - \boldsymbol{b})\cdot\boldsymbol{a}_1 = 0 \\ (p\boldsymbol{a}_1 + q\boldsymbol{a}_2 - \boldsymbol{b})\cdot\boldsymbol{a}_2 = 0 \end{cases}$$

これより，$p\boldsymbol{a}_1\cdot\boldsymbol{a}_1 + q\boldsymbol{a}_2\cdot\boldsymbol{a}_1 - \boldsymbol{b}\cdot\boldsymbol{a}_1 = 0$

$p\boldsymbol{a}_1\cdot\boldsymbol{a}_2 + q\boldsymbol{a}_2\cdot\boldsymbol{a}_2 - \boldsymbol{b}\cdot\boldsymbol{a}_2 = 0$

$$\begin{cases} 2p + 2q = 1 \\ 2p + 8q = 10 \end{cases}$$

$$\therefore\ p=-1,\ q=\frac{3}{2}$$

よって　$\boldsymbol{d}=-\boldsymbol{a}_1+\frac{3}{2}\boldsymbol{a}_2=\begin{bmatrix}2\\3\\1\end{bmatrix}$　……(答)

4

(1)　A の固有方程式は

$$|A-\lambda E|=\begin{vmatrix}1-\lambda & 2 & 2\\ 1 & 2-\lambda & -1\\ -1 & 1 & 4-\lambda\end{vmatrix}=0$$

$$\begin{vmatrix}1-\lambda & 2 & 2\\ 1 & 2-\lambda & -1\\ 0 & 3-\lambda & 3-\lambda\end{vmatrix}=0$$

$$(3-\lambda)\begin{vmatrix}1-\lambda & 2 & 2\\ 1 & 2-\lambda & -1\\ 0 & 1 & 1\end{vmatrix}=0$$

$$(3-\lambda)\begin{vmatrix}1-\lambda & 0 & 0\\ 1 & 3-\lambda & 0\\ 0 & 1 & 1\end{vmatrix}=0$$

$$(1-\lambda)(3-\lambda)^2=0$$

$$\therefore\ \lambda=1, 3$$

$\lambda=1$ のとき

$$A-E=\begin{bmatrix}0 & 2 & 2\\ 1 & 1 & -1\\ -1 & 1 & 3\end{bmatrix}\to\begin{bmatrix}1 & 0 & -2\\ 0 & 1 & 1\\ 0 & 0 & 0\end{bmatrix}$$

$$\therefore\ \boldsymbol{x}=c_1\begin{bmatrix}2\\-1\\1\end{bmatrix}$$

$\lambda=3$ のとき

$$A-3E=\begin{bmatrix}-2 & 2 & 2\\ 1 & -1 & -1\\ -1 & 1 & 1\end{bmatrix}$$

$$\to\begin{bmatrix}1 & -1 & -1\\ 0 & 0 & 0\\ 0 & 0 & 0\end{bmatrix}$$

$$\therefore\ \boldsymbol{x}=\begin{bmatrix}c_2+c_3\\ c_2\\ c_3\end{bmatrix}=c_2\begin{bmatrix}1\\1\\0\end{bmatrix}+c_3\begin{bmatrix}1\\0\\1\end{bmatrix}$$

よって，固有値，固有ベクトルの組合せは

$$1,\ c_1\begin{bmatrix}2\\-1\\1\end{bmatrix};\ 3,\ c_2\begin{bmatrix}1\\1\\0\end{bmatrix}+c_3\begin{bmatrix}1\\0\\1\end{bmatrix}$$

$(c_1, c_2, c_3 \neq 0)$　……(答)

(2)　$P=\begin{bmatrix}2 & 1 & 1\\ -1 & 1 & 0\\ 1 & 0 & 1\end{bmatrix}=[\boldsymbol{x}_1\ \boldsymbol{x}_2\ \boldsymbol{x}_3]$ とおくと

$$\begin{aligned}AP&=A[\boldsymbol{x}_1\ \boldsymbol{x}_2\ \boldsymbol{x}_3]\\ &=[A\boldsymbol{x}_1\ A\boldsymbol{x}_2\ A\boldsymbol{x}_3]\\ &=[\boldsymbol{x}_1\ 3\boldsymbol{x}_2\ 3\boldsymbol{x}_3]\\ &=[\boldsymbol{x}_1\ \boldsymbol{x}_2\ \boldsymbol{x}_3]\begin{bmatrix}1 & 0 & 0\\ 0 & 3 & 0\\ 0 & 0 & 3\end{bmatrix}\end{aligned}$$

$$\therefore\ P^{-1}AP=\begin{bmatrix}1 & 0 & 0\\ 0 & 3 & 0\\ 0 & 0 & 3\end{bmatrix}$$

よって　$P=\begin{bmatrix}2 & 1 & 1\\ -1 & 1 & 0\\ 1 & 0 & 1\end{bmatrix}$　……(答)

(3)　$(P^{-1}AP)^n=\begin{bmatrix}1 & 0 & 0\\ 0 & 3 & 0\\ 0 & 0 & 3\end{bmatrix}^n$

左辺 $=P^{-1}A^nP$

右辺 $=\begin{bmatrix}1 & 0 & 0\\ 0 & 3^n & 0\\ 0 & 0 & 3^n\end{bmatrix}$

したがって，$P^{-1}A^nP=\begin{bmatrix}1 & 0 & 0\\ 0 & 3^n & 0\\ 0 & 0 & 3^n\end{bmatrix}$

$$\begin{aligned}\therefore\ A^n&=P\begin{bmatrix}1 & 0 & 0\\ 0 & 3^n & 0\\ 0 & 0 & 3^n\end{bmatrix}P^{-1}\\ &=\begin{bmatrix}2 & 1 & 1\\ -1 & 1 & 0\\ 1 & 0 & 1\end{bmatrix}\begin{bmatrix}1 & 0 & 0\\ 0 & 3^n & 0\\ 0 & 0 & 3^n\end{bmatrix}\\ &\quad\times\frac{1}{2}\begin{bmatrix}1 & -1 & -1\\ 1 & 1 & -1\\ -1 & 1 & 3\end{bmatrix}\\ &=\frac{1}{2}\begin{bmatrix}2 & 3^n & 3^n\\ -1 & 3^n & 0\\ 1 & 0 & 3^n\end{bmatrix}\begin{bmatrix}1 & -1 & -1\\ 1 & 1 & -1\\ -1 & 1 & 3\end{bmatrix}\end{aligned}$$

$$=\frac{1}{2}\begin{bmatrix}2 & 2\cdot3^n-2 & 2\cdot3^n-2\\ 3^n-1 & 3^n+1 & 1-3^n\\ 1-3^n & 3^n-1 & 3^{n+1}-1\end{bmatrix}$$　……(答)

5

A の固有方程式は

$$|A-\lambda E|=\begin{vmatrix} 1-\lambda & 0 & 0 \\ 0 & 3-\lambda & -1 \\ 0 & -1 & 3-\lambda \end{vmatrix}$$

$$=(1-\lambda)(3-\lambda)^2-(1-\lambda)$$
$$=(1-\lambda)\{(3-\lambda)^2-1\}$$
$$=(1-\lambda)(4-\lambda)(2-\lambda)=0$$

$\therefore\ \lambda=1, 2, 4$

$\lambda=1$ のとき

$$A-E=\begin{bmatrix} 0 & 0 & 0 \\ 0 & 2 & -1 \\ 0 & -1 & 2 \end{bmatrix} \to \begin{bmatrix} 0 & 1 & 0 \\ 0 & 0 & 1 \\ 0 & 0 & 0 \end{bmatrix}$$

$$\therefore\ \boldsymbol{x}_1=c_1\begin{bmatrix} 1 \\ 0 \\ 0 \end{bmatrix} \qquad (c_1\neq 0)$$

$\lambda=2$ のとき

$$A-2E=\begin{bmatrix} -1 & 0 & 0 \\ 0 & 1 & -1 \\ 0 & -1 & 1 \end{bmatrix} \to \begin{bmatrix} 1 & 0 & 0 \\ 0 & 1 & -1 \\ 0 & 0 & 0 \end{bmatrix}$$

$$\therefore\ \boldsymbol{x}_2=c_2\begin{bmatrix} 0 \\ 1 \\ 1 \end{bmatrix} \qquad (c_2\neq 0)$$

$\lambda=4$ のとき

$$A-4E=\begin{bmatrix} -3 & 0 & 0 \\ 0 & -1 & -1 \\ 0 & -1 & -1 \end{bmatrix} \to \begin{bmatrix} 1 & 0 & 0 \\ 0 & 1 & 1 \\ 0 & 0 & 0 \end{bmatrix}$$

$$\therefore\ \boldsymbol{x}_3=c_3\begin{bmatrix} 0 \\ 1 \\ -1 \end{bmatrix} \qquad (c_3\neq 0)$$

$$\boldsymbol{p}_1=\begin{bmatrix} 1 \\ 0 \\ 0 \end{bmatrix},\ \boldsymbol{p}_2=\frac{1}{\sqrt{2}}\begin{bmatrix} 0 \\ 1 \\ 1 \end{bmatrix},\ \boldsymbol{p}_3=\frac{1}{\sqrt{2}}\begin{bmatrix} 0 \\ 1 \\ -1 \end{bmatrix}$$

とおくと，行列 $P=[\boldsymbol{p}_1\ \boldsymbol{p}_2\ \boldsymbol{p}_3]$ は直交行列であり

$${}^tPAP=\begin{bmatrix} 1 & 0 & 0 \\ 0 & 2 & 0 \\ 0 & 0 & 4 \end{bmatrix}$$

次に，B の固有方程式は

$$|B-\lambda E|=\begin{vmatrix} 2-\lambda & i & 0 \\ -i & 1-\lambda & 1 \\ 0 & 1 & 2-\lambda \end{vmatrix}$$

$$=(2-\lambda)(1-\lambda)(2-\lambda)$$
$$\quad-(2-\lambda)-(2-\lambda)$$
$$=(2-\lambda)\{(1-\lambda)(2-\lambda)-2\}$$
$$=(2-\lambda)\lambda(\lambda-3)=0$$

$\therefore\ \lambda=0, 2, 3$

$\lambda=0$ のとき

$$B-0E=\begin{bmatrix} 2 & i & 0 \\ -i & 1 & 1 \\ 0 & 1 & 2 \end{bmatrix} \to \begin{bmatrix} 1 & 0 & -i \\ 0 & 1 & 2 \\ 0 & 0 & 0 \end{bmatrix}$$

$$\therefore\ \boldsymbol{x}=c_1\begin{bmatrix} i \\ -2 \\ 1 \end{bmatrix} \qquad (c_1\neq 0)$$

$\lambda=2$ のとき

$$B-2E=\begin{bmatrix} 0 & i & 0 \\ -i & -1 & 1 \\ 0 & 1 & 0 \end{bmatrix} \to \begin{bmatrix} 1 & 0 & i \\ 0 & 1 & 0 \\ 0 & 0 & 0 \end{bmatrix}$$

$$\therefore\ \boldsymbol{x}=c_2\begin{bmatrix} 1 \\ 0 \\ i \end{bmatrix} \qquad (c_2\neq 0)$$

$\lambda=3$ のとき

$$B-3E=\begin{bmatrix} -1 & i & 0 \\ -i & -2 & 1 \\ 0 & 1 & -1 \end{bmatrix} \to \begin{bmatrix} 1 & 0 & -i \\ 0 & 1 & -1 \\ 0 & 0 & 0 \end{bmatrix}$$

$$\therefore\ \boldsymbol{x}=c_3\begin{bmatrix} i \\ 1 \\ 1 \end{bmatrix} \qquad (c_3\neq 0)$$

$$\boldsymbol{u}_1=\frac{1}{\sqrt{6}}\begin{bmatrix} i \\ -2 \\ 1 \end{bmatrix},\ \boldsymbol{u}_2=\frac{1}{\sqrt{2}}\begin{bmatrix} 1 \\ 0 \\ i \end{bmatrix},\ \boldsymbol{u}_3=\frac{1}{\sqrt{3}}\begin{bmatrix} i \\ 1 \\ 1 \end{bmatrix}$$

とおくと，行列 $U=[\boldsymbol{u}_1\ \boldsymbol{u}_2\ \boldsymbol{u}_3]$ はユニタリー行列であり

$$U^*AU=\begin{bmatrix} 0 & 0 & 0 \\ 0 & 2 & 0 \\ 0 & 0 & 3 \end{bmatrix} \qquad \cdots\cdots(\text{答})$$

6

固有方程式は

$$|A-\lambda E|=\begin{vmatrix} 2-\lambda & 0 & 0 \\ 4 & 2-\lambda & 4 \\ 1 & 0 & 3-\lambda \end{vmatrix}$$

$$=(2-\lambda)^2(3-\lambda)=0$$

$\therefore\ \lambda=2, 3$

$\lambda=2$ のとき

$$A-2E=\begin{bmatrix}0&0&0\\4&0&4\\1&0&1\end{bmatrix}\to\begin{bmatrix}1&0&1\\0&0&0\\0&0&0\end{bmatrix}$$

$$\therefore\ \boldsymbol{x}=\begin{bmatrix}c_1\\c_2\\-c_1\end{bmatrix}=c_1\begin{bmatrix}1\\0\\-1\end{bmatrix}+c_2\begin{bmatrix}0\\1\\0\end{bmatrix}$$

(c_1, c_2 は同時には 0 でない)

$\lambda=3$ のとき

$$A-3E=\begin{bmatrix}-1&0&0\\4&-1&4\\1&0&0\end{bmatrix}\to\begin{bmatrix}1&0&0\\0&1&-4\\0&0&0\end{bmatrix}$$

$$\therefore\ \boldsymbol{x}=c_3\begin{bmatrix}0\\4\\1\end{bmatrix}\qquad(c_3\neq 0)$$

ここで $\boldsymbol{p}_1=\dfrac{1}{\sqrt{2}}\begin{bmatrix}1\\0\\-1\end{bmatrix}$, $\boldsymbol{p}_2=\begin{bmatrix}0\\1\\0\end{bmatrix}$ とおくと

$\boldsymbol{p}_1$, $\boldsymbol{p}_2$ は直交する単位固有ベクトルであるから，$\boldsymbol{p}_3$ としては外積 $\boldsymbol{p}_1\times\boldsymbol{p}_2$ を考えて

$$\boldsymbol{p}_1\times\boldsymbol{p}_2=\frac{1}{\sqrt{2}}\begin{bmatrix}1\\0\\1\end{bmatrix}\qquad(\text{単位ベクトル})$$

$$\therefore\ \boldsymbol{p}_3=\frac{1}{\sqrt{2}}\begin{bmatrix}1\\0\\1\end{bmatrix}$$

したがって，$P=[\boldsymbol{p}_1\ \boldsymbol{p}_2\ \boldsymbol{p}_3]$ とおくと，P は直交行列である．

$A\boldsymbol{p}_3=k_1\boldsymbol{p}_1+k_2\boldsymbol{p}_2+k_3\boldsymbol{p}_3$ となる k_1, k_2, k_3 を求めると

$$\begin{bmatrix}2&0&0\\4&2&4\\1&0&3\end{bmatrix}\begin{bmatrix}1\\0\\1\end{bmatrix}=k_1\begin{bmatrix}1\\0\\-1\end{bmatrix}+k_2\cdot\sqrt{2}\begin{bmatrix}0\\1\\0\end{bmatrix}+k_3\begin{bmatrix}1\\0\\1\end{bmatrix}$$

$$\begin{bmatrix}2\\8\\4\end{bmatrix}=\begin{bmatrix}k_1&&+k_3\\&\sqrt{2}k_2&\\-k_1&&+k_3\end{bmatrix}$$

$$\therefore\ k_1=-1,\ k_2=4\sqrt{2},\ k_3=3$$

したがって

$$AP=[A\boldsymbol{p}_1\ A\boldsymbol{p}_2\ A\boldsymbol{p}_3]$$
$$=[2\boldsymbol{p}_1\ 2\boldsymbol{p}_2\ -\boldsymbol{p}_1+4\sqrt{2}\boldsymbol{p}_2+3\boldsymbol{p}_3]$$
$$=[\boldsymbol{p}_1\ \boldsymbol{p}_2\ \boldsymbol{p}_3]\begin{bmatrix}2&0&-1\\0&2&4\sqrt{2}\\0&0&3\end{bmatrix}$$
$$=P\begin{bmatrix}2&0&-1\\0&2&4\sqrt{2}\\0&0&3\end{bmatrix}$$

$$\therefore\ {}^tPAP=\begin{bmatrix}2&0&-1\\0&2&4\sqrt{2}\\0&0&3\end{bmatrix}$$

……(答)

7

(1)　2 次の実行列 A を $A=\begin{bmatrix}a&b\\c&d\end{bmatrix}$ とおく．

A の固有方程式は，$|A-\lambda E|=0$ より

$$\begin{vmatrix}a-\lambda&b\\c&d-\lambda\end{vmatrix}=0$$

$$(a-\lambda)(d-\lambda)-bc=0$$

$$\lambda^2-(a+d)\lambda+(ad-bc)=0$$

$a+d=p$, $ad-bc=q$ とおくと

$$\lambda^2-p\lambda+q=0\qquad(p, q\in\boldsymbol{R})$$

λ が虚数解をもつときは，判別式 D が

$$D=p^2-4q<0$$

のときで，λ は

$$\lambda=\frac{p\pm\sqrt{p^2-4q}}{2}=\frac{p\pm\sqrt{D}}{2}$$
$$=\frac{p\pm\sqrt{-D}\,i}{2}\qquad(-D>0)$$

したがって，虚数の固有値 $\lambda=\alpha+i\beta$ をもつときは，共役複素数 $\bar{\lambda}=\alpha-i\beta$ も固有値である．

[別解]　A の固有値 λ に属する固有ベクトルを $\boldsymbol{x}$ とおくと，$A\boldsymbol{x}=\lambda\boldsymbol{x}$.

両辺の共役をとると，$\bar{A}\bar{\boldsymbol{x}}=\bar{\lambda}\bar{\boldsymbol{x}}$

ここで A は実行列だから，$\bar{A}=A$

$$\therefore\ A\bar{\boldsymbol{x}}=\bar{\lambda}\bar{\boldsymbol{x}}$$

よって，$\bar{\lambda}$ は A の固有値で，$\bar{\boldsymbol{x}}$ は $\bar{\lambda}$ に属する固有ベクトルである．

(2)　λ に属する固有ベクトルを $\boldsymbol{x}=\boldsymbol{u}+i\boldsymbol{v}$ とおくと，$A\boldsymbol{x}=\lambda\boldsymbol{x}$ から

$$A(\boldsymbol{u}+i\boldsymbol{v})=(\alpha+i\beta)(\boldsymbol{u}+i\boldsymbol{v})$$
$$A\boldsymbol{u}+iA\boldsymbol{v}=\alpha\boldsymbol{u}-\beta\boldsymbol{v}+i(\alpha\boldsymbol{v}+\beta\boldsymbol{u})$$

A は実行列，$\boldsymbol{u}$ と $\boldsymbol{v}$ は実ベクトルだから

$$\begin{cases} A\boldsymbol{u}=\alpha\boldsymbol{u}-\beta\boldsymbol{v} & \cdots\cdots① \\ A\boldsymbol{v}=\alpha\boldsymbol{v}+\beta\boldsymbol{u} & \cdots\cdots② \end{cases}$$

ここで，$\boldsymbol{u}$，$\boldsymbol{v}(\in \boldsymbol{R}^2)$ が１次従属であると仮定すると，$\boldsymbol{u}=t\boldsymbol{v}(t\in \boldsymbol{R})$ とおけて，①に代入すると

$$A(t\boldsymbol{v})=\alpha(t\boldsymbol{v})-\beta\boldsymbol{v}$$
$$tA\boldsymbol{v}=\alpha t\boldsymbol{v}-\beta\boldsymbol{v}$$

②を代入して

$$t(\alpha\boldsymbol{v}+\beta t\boldsymbol{v})=\alpha t\boldsymbol{v}-\beta\boldsymbol{v}$$
$$\alpha t\boldsymbol{v}+\beta t^2\boldsymbol{v}=\alpha t\boldsymbol{v}-\beta\boldsymbol{v}$$
$$\beta(t^2+1)\boldsymbol{v}=\boldsymbol{0}$$

ここに $\beta\neq 0$，t は実数，$\boldsymbol{v}\neq\boldsymbol{0}$ であるから，上式は不合理．

よって，$\boldsymbol{u}$，$\boldsymbol{v}(\in \boldsymbol{R}^2)$ は１次独立である．

(3)　①，②から

$$A[\boldsymbol{u}\ \ \boldsymbol{v}]=[\alpha\boldsymbol{u}-\beta\boldsymbol{v}\ \ \alpha\boldsymbol{v}+\beta\boldsymbol{u}]$$
$$=[\boldsymbol{u}\ \ \boldsymbol{v}]\begin{bmatrix} \alpha & \beta \\ -\beta & \alpha \end{bmatrix}$$

よって，$P=[\boldsymbol{u}\ \ \boldsymbol{v}]$ とおくと

$$AP=P\begin{bmatrix} \alpha & \beta \\ -\beta & \alpha \end{bmatrix}$$

$\boldsymbol{u}$，$\boldsymbol{v}$ は１次独立だから，P は正則であり

$$P^{-1}AP=\begin{bmatrix} \alpha & \beta \\ -\beta & \alpha \end{bmatrix}$$

とできる．

第９章（p. 188）

1

$$f(x,y)=[x\ \ y]\begin{bmatrix} 1 & 2\sqrt{2} \\ 2\sqrt{2} & 3 \end{bmatrix}\begin{bmatrix} x \\ y \end{bmatrix}$$

$A=\begin{bmatrix} 1 & 2\sqrt{2} \\ 2\sqrt{2} & 3 \end{bmatrix}$ とおくと，固有方程式は

$$|A-\lambda E|=\begin{vmatrix} 1-\lambda & 2\sqrt{2} \\ 2\sqrt{2} & 3-\lambda \end{vmatrix}$$
$$=(1-\lambda)(3-\lambda)-2\sqrt{2}\cdot 2\sqrt{2}$$
$$=\lambda^2-4\lambda-5=0$$
$$\lambda=-1, 5$$

よって，最大値は 5

そのときの x，y は

$$A-5E=\begin{bmatrix} -4 & 2\sqrt{2} \\ 2\sqrt{2} & -2 \end{bmatrix}\to\begin{bmatrix} \sqrt{2} & -1 \\ 0 & 0 \end{bmatrix}$$

より，$\boldsymbol{x}=c_1\begin{bmatrix} 1 \\ \sqrt{2} \end{bmatrix}(c_1\neq 0)$ だから，単位固有ベクトルで　$\pm\dfrac{1}{\sqrt{3}}\begin{bmatrix} 1 \\ \sqrt{2} \end{bmatrix}$

また，最小値は -1

そのときの x，y は

$$A+E=\begin{bmatrix} 2 & 2\sqrt{2} \\ 2\sqrt{2} & 4 \end{bmatrix}\to\begin{bmatrix} 1 & \sqrt{2} \\ 0 & 0 \end{bmatrix}$$ より，

同様にして　$\pm\dfrac{1}{\sqrt{3}}\begin{bmatrix} -1 \\ \sqrt{2} \end{bmatrix}$

よって，最大値 5，$\begin{bmatrix} x \\ y \end{bmatrix}=\pm\dfrac{1}{\sqrt{3}}\begin{bmatrix} 1 \\ \sqrt{2} \end{bmatrix}$

最小値 -1，$\begin{bmatrix} x \\ y \end{bmatrix}=\pm\dfrac{1}{\sqrt{3}}\begin{bmatrix} -1 \\ \sqrt{2} \end{bmatrix}$

……(答)

2

(1)　$$|A-\lambda E|=\begin{vmatrix} -\lambda & 2 \\ 2 & 3-\lambda \end{vmatrix}$$
$$=-\lambda(3-\lambda)-2\cdot 2$$
$$=\lambda^2-3\lambda-4=0$$ より

固有値は $\lambda=4, -1$　……(答)

$\lambda=4$ のとき

$$A-4E=\begin{bmatrix} -4 & 2 \\ 2 & -1 \end{bmatrix}\to\begin{bmatrix} 2 & -1 \\ 0 & 0 \end{bmatrix}$$ より

単位固有ベクトルは　$\dfrac{1}{\sqrt{5}}\begin{bmatrix}1\\2\end{bmatrix}$

また，$\lambda=-1$ のとき

$$A+E=\begin{bmatrix}1&2\\2&4\end{bmatrix}\to\begin{bmatrix}1&2\\0&0\end{bmatrix}\text{より}$$

単位固有ベクトルは　$\dfrac{1}{\sqrt{5}}\begin{bmatrix}-2\\1\end{bmatrix}$

よって，直交行列 $P=\dfrac{1}{\sqrt{5}}\begin{bmatrix}1&-2\\2&1\end{bmatrix}$により

$$^tPAP=\begin{bmatrix}4&0\\0&-1\end{bmatrix}$$

と対角化できる．

(2)　与えられた 2 次曲線は

$$[x\ \ y\ \ 1]\begin{bmatrix}0&2&-\frac{2}{\sqrt{5}}\\2&3&\frac{1}{\sqrt{5}}\\-\frac{2}{\sqrt{5}}&\frac{1}{\sqrt{5}}&-5\end{bmatrix}\begin{bmatrix}x\\y\\1\end{bmatrix}=0$$

$$A=\begin{bmatrix}0&2\\2&3\end{bmatrix},\ \widetilde{A}=\begin{bmatrix}0&2&-\frac{2}{\sqrt{5}}\\2&3&\frac{1}{\sqrt{5}}\\-\frac{2}{\sqrt{5}}&\frac{1}{\sqrt{5}}&-5\end{bmatrix},$$

$$\boldsymbol{b}=\frac{1}{\sqrt{5}}\begin{bmatrix}-2\\1\end{bmatrix},\ c=-5$$

rank$A$ =2 だから

$$\begin{cases}2y-\dfrac{2}{\sqrt{5}}=0\\2x+3y+\dfrac{1}{\sqrt{5}}=0\end{cases}\text{の解}\begin{bmatrix}x\\y\end{bmatrix}=\frac{1}{\sqrt{5}}\begin{bmatrix}-2\\1\end{bmatrix}$$

を用いて，平行移動$\begin{bmatrix}x\\y\end{bmatrix}=\begin{bmatrix}x'\\y'\end{bmatrix}+\dfrac{1}{\sqrt{5}}\begin{bmatrix}-2\\1\end{bmatrix}$

を行うと，曲線は

$$4x'y'+3y'^2-4=0\qquad(^t\boldsymbol{y}A\boldsymbol{y}=4)$$

となる．次に

$P=\dfrac{1}{\sqrt{5}}\begin{bmatrix}1&-2\\2&1\end{bmatrix}$とおくと，$P$ は回転行列

だから，回転変換 $\boldsymbol{y}=P\boldsymbol{z}\Leftrightarrow\begin{bmatrix}x'\\y'\end{bmatrix}=P\begin{bmatrix}X\\Y\end{bmatrix}$

により

$$^t\boldsymbol{y}A\boldsymbol{y}={}^t(P\boldsymbol{z})A(P\boldsymbol{z})$$

$$={}^t\boldsymbol{z}(^tPAP)\boldsymbol{z}$$

$$=[X\ \ Y]\begin{bmatrix}4&0\\0&-1\end{bmatrix}\begin{bmatrix}X\\Y\end{bmatrix}$$

$$=4X^2-Y^2=4$$

よって，標準形は

$$\text{双曲線 } X^2-\frac{Y^2}{4}=1\qquad\cdots\cdots(\text{答})$$

グラフの概形は下の通り．

漸近線は $Y=\pm2X$

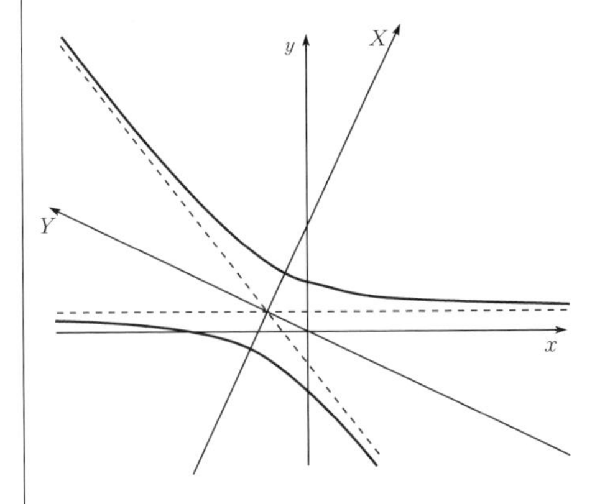

3

(1)　$A=\begin{bmatrix}5&-2\\-2&8\end{bmatrix}$,

$$\widetilde{A}=\begin{bmatrix}5&-2&-3\\-2&8&-6\\-3&-6&-27\end{bmatrix}$$

$|A|=36\neq0$ より，2 次曲線は有心．

$$|\widetilde{A}|=\begin{vmatrix}0&0&-36\\-2&8&-6\\-3&-6&-27\end{vmatrix}=-36\begin{vmatrix}-2&8\\-3&-6\end{vmatrix}$$

$$=-36^2$$

$$|A-\lambda E|=\begin{vmatrix}5-\lambda&-2\\-2&8-\lambda\end{vmatrix}$$

$$=\lambda^2-13\lambda+36=0\text{ より}$$

固有値は $\lambda=9, 4$

よって，標準形は

$$9X^2+4Y^2+\frac{|\widetilde{A}|}{|A|}=0$$

$$\therefore\ 9X^2+4Y^2=36$$

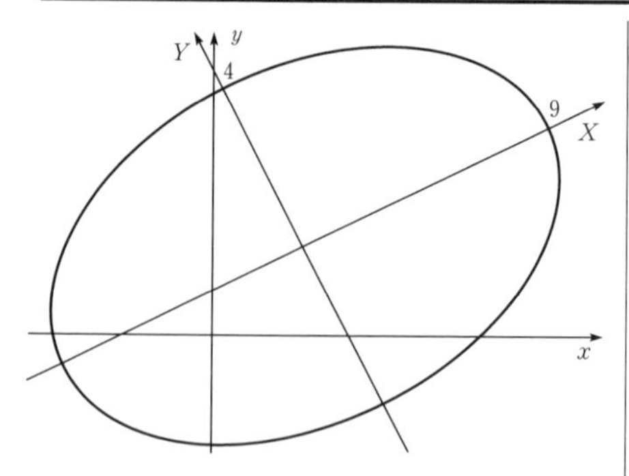

すなわち，楕円 $\dfrac{X^2}{4}+\dfrac{Y^2}{9}=1$ ……(答)

$\left(\text{または，}\dfrac{X^2}{9}+\dfrac{Y^2}{4}=1\right)$

(2) $A=\begin{bmatrix} 1 & -1 \\ -1 & 1 \end{bmatrix}$,

$$\tilde{A}=\begin{bmatrix} 1 & -1 & 1 \\ -1 & 1 & 2 \\ 1 & 2 & -3 \end{bmatrix}$$

$|A|=0$ より，2次曲線は無心.

さらに，$|\tilde{A}|=-1\neq 0$ だから放物線である.

$$|A-\lambda E|=\begin{vmatrix} 1-\lambda & -1 \\ -1 & 1-\lambda \end{vmatrix}$$
$$=\lambda^2-2\lambda=0 \text{ より}$$

固有値は，$\lambda=2, 0$

したがって，0でない固有値 $\lambda=2$ を用いて，標準形は

$$\lambda Y^2+2pX=0$$

すなわち，$Y^2+pX=0$

ここに $p^2=-\dfrac{|\tilde{A}|}{\lambda}=-\dfrac{-1}{2}=\dfrac{1}{2}$

$$p=\pm\frac{1}{\sqrt{2}}$$

よって，標準形は放物線

$$Y^2=\frac{1}{\sqrt{2}}X \quad \text{……(答)}$$

$\left(p=-\dfrac{1}{\sqrt{2}}\text{ を用いた}\right)$

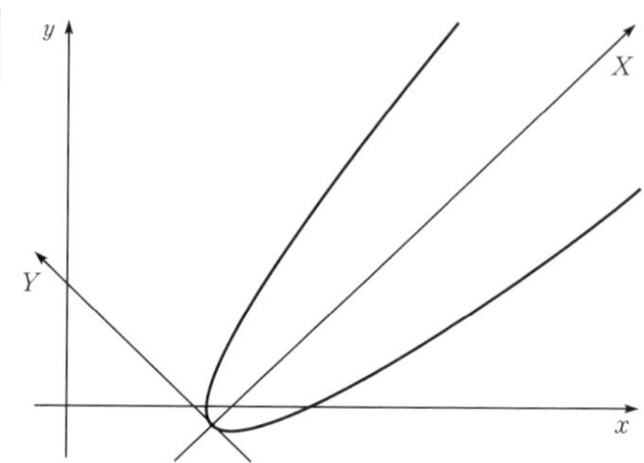

(3) $A=\begin{bmatrix} 1 & 2 \\ 2 & 4 \end{bmatrix}$, $\tilde{A}=\begin{bmatrix} 1 & 2 & 1 \\ 2 & 4 & 2 \\ 1 & 2 & -3 \end{bmatrix}$,

$\boldsymbol{b}=\begin{bmatrix} 1 \\ 2 \end{bmatrix}$, $c=-3$

$\mathrm{rank}A=1$, $|\tilde{A}|=0$ なので，2直線.

$A\boldsymbol{x}+\boldsymbol{b}=\boldsymbol{0}$ を満たす $\boldsymbol{x}$ を1つ求めると

$\begin{bmatrix} 1 & 2 \\ 2 & 4 \end{bmatrix}\begin{bmatrix} -1 \\ 0 \end{bmatrix}+\begin{bmatrix} 1 \\ 2 \end{bmatrix}=\boldsymbol{0}$ より，

平行移動 $\begin{bmatrix} x \\ y \end{bmatrix}=\begin{bmatrix} x' \\ y' \end{bmatrix}+\begin{bmatrix} -1 \\ 0 \end{bmatrix}$ を行って，

与えられた2次曲線は

$$x'^2+4x'y'-4y'^2=4 \qquad ({}^t\boldsymbol{y}A\boldsymbol{y}=4)$$

A の固有方程式は

$$|A-\lambda E|=\begin{vmatrix} 1-\lambda & 2 \\ 2 & 4-\lambda \end{vmatrix}$$
$$=(1+\lambda)(4-\lambda)-2^2=0$$

$\lambda^2-5\lambda=\lambda(\lambda-5)=0$ より，$\lambda=0, 5$

$\lambda=0, 5$ に属する単位固有ベクトルは，

それぞれ，$\boldsymbol{p}_1=\dfrac{1}{\sqrt{5}}\begin{bmatrix} 2 \\ -1 \end{bmatrix}$, $\boldsymbol{p}_2=\dfrac{1}{\sqrt{5}}\begin{bmatrix} 1 \\ 2 \end{bmatrix}$

$P=[\boldsymbol{p}_1\ \boldsymbol{p}_2]$ とおくと，P は回転行列で，

回転変換 $\boldsymbol{y}=P\boldsymbol{y}$ により，

$${}^t\boldsymbol{y}A\boldsymbol{y}={}^t\boldsymbol{z}({}^tPAP)\boldsymbol{z}$$
$$=[X\ \ Y]\begin{bmatrix} 0 & 0 \\ 0 & 5 \end{bmatrix}\begin{bmatrix} X \\ Y \end{bmatrix}=5Y^2=4$$

よって，求める標準形は

平行な2直線 $Y=\pm\dfrac{2}{\sqrt{5}}$ ……(答)

［注］ $x^2+4xy+4y^2+2x+4y-3$

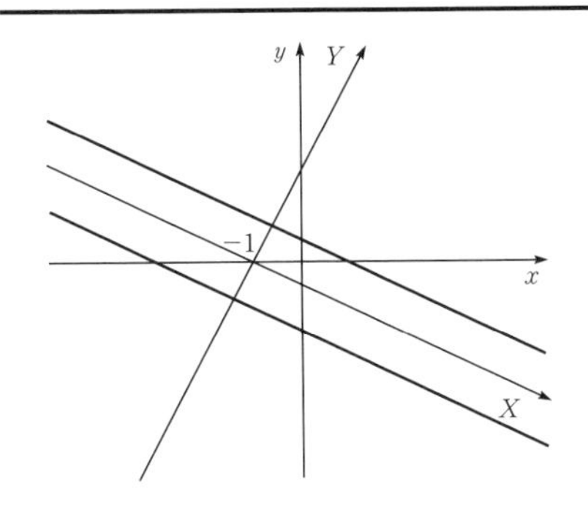

$$=(x+2y)^2+2(x+2y)-3$$
$$=(x-2y-1)(x+2y+3)=0$$

と因数分解できることから，2 直線であるとわかる．

4

(1)　$A=\begin{bmatrix}5 & 1 & 1\\ 1 & 3 & 1\\ 1 & 1 & 3\end{bmatrix}$,

$$\tilde{A}=\begin{bmatrix}5 & 1 & 1 & 0\\ 1 & 3 & 1 & -2\\ 1 & 1 & 3 & -4\\ 0 & -2 & -4 & 5\end{bmatrix}$$

$|A|=36\neq 0$ より，2 次曲面は有心．

$$|\tilde{A}|=\begin{vmatrix}0 & -4 & -14 & 20\\ 0 & 2 & -2 & 2\\ 1 & 1 & 3 & -4\\ 0 & -2 & -4 & 5\end{vmatrix}$$
$$=\begin{vmatrix}-4 & -14 & 20\\ 2 & -2 & 2\\ -2 & -4 & 5\end{vmatrix}$$
$$=\begin{vmatrix}0 & -6 & 10\\ 0 & -6 & 7\\ -2 & -4 & 5\end{vmatrix}=-2\begin{vmatrix}-6 & 10\\ -6 & 7\end{vmatrix}$$
$$=-36$$

$$|A-\lambda E|=\begin{vmatrix}5-\lambda & 1 & 1\\ 1 & 3-\lambda & 1\\ 1 & 1 & 3-\lambda\end{vmatrix}$$
$$=\begin{vmatrix}5-\lambda & 1 & 1\\ 1 & 3-\lambda & 1\\ 0 & \lambda-2 & 2-\lambda\end{vmatrix}$$
$$=(\lambda-2)\begin{vmatrix}5-\lambda & 1 & 1\\ 1 & 3-\lambda & 1\\ 0 & 1 & -1\end{vmatrix}$$
$$=(\lambda-2)\begin{vmatrix}5-\lambda & 2 & 0\\ 1 & 4-\lambda & 0\\ 0 & 1 & -1\end{vmatrix}$$
$$=-(\lambda-2)\{(5-\lambda)(4-\lambda)-2\}$$
$$=-(\lambda-2)(\lambda-3)(\lambda-6)=0$$
$$\therefore\ \lambda=2, 3, 6$$

よって，標準形は

$$2X^2+3Y^2+6Z^2+\frac{-36}{36}=0$$

$\therefore$ 楕円面　$2X^2+3Y^2+6Z^2=1$

……(答)

(2)　与式を 2 倍して

$$2y^2+2z^2+2yz+2zx-2xy$$
$$=-4x+4y-4z+6=0$$

$$A=\begin{bmatrix}0 & -1 & 1\\ -1 & 2 & 1\\ 1 & 1 & 2\end{bmatrix},$$

$$\tilde{A}=\begin{bmatrix}0 & -1 & 1 & -2\\ -1 & 2 & 1 & 2\\ 1 & 1 & 2 & -2\\ -2 & 2 & -2 & 6\end{bmatrix}$$

$|A|=-6\neq 0$ より，有心．

$$|\tilde{A}|=\begin{vmatrix}0 & -1 & 1 & -2\\ 0 & 3 & 3 & 0\\ 1 & 1 & 2 & -2\\ 0 & 4 & 2 & 2\end{vmatrix}$$
$$=\begin{vmatrix}-1 & 1 & -2\\ 3 & 3 & 0\\ 4 & 2 & 2\end{vmatrix}=0$$

$$|A-\lambda E|=\begin{vmatrix}-\lambda & -1 & 1\\ -1 & 2-\lambda & 1\\ 1 & 1 & 2-\lambda\end{vmatrix}$$
$$=(3-\lambda)\begin{vmatrix}-\lambda & -1 & 1\\ 0 & 1 & 1\\ 1 & 1 & 2-\lambda\end{vmatrix}$$
$$=(3-\lambda)\{-\lambda(2-\lambda)-2+\lambda\}$$
$$=-(\lambda-3)(\lambda+1)(\lambda-2)=0$$
$$\therefore\ \lambda=2, 3, -1$$

よって，標準形は

錐面　$2X^2+3Y^2-Z^2=0$　　　……(答)

5　Q の係数行列 A は

$$A=\begin{bmatrix} 1 & -\frac{a}{2} & -\frac{a}{2} \\ -\frac{a}{2} & 1 & -\frac{a}{2} \\ -\frac{a}{2} & -\frac{a}{2} & 1 \end{bmatrix}$$

Q が正値であるための必要十分条件は

$|A_1|>0,\ |A_2|>0,\ |A_3|>0$

が同時に成り立つことである．

ここに，$|A_1|=1>0$

$$|A_2|=1-\left(-\frac{a}{2}\right)^2>0 \quad \cdots\cdots①$$

$$|A_3|=1+2\cdot\left(-\frac{a}{2}\right)^3-3\left(-\frac{a}{2}\right)^2$$

$$=1-\frac{a^3}{4}-\frac{3}{4}a^2>0 \quad \cdots\cdots②$$

①より，$a^2<4$ から，$-2<a<2$

②より，$a^3+3a^2-4<0$

$a^3+3a^2-4=(a-1)(a+2)^2<0$

で $(a+2)^2$ は常に正より，$a-1<0$

したがって，$-2<a<1$　　　……(答)

［別解］　ラグランジュの方法で

$$Q=\left\{x-\frac{a}{2}(y+z)\right\}^2$$

$$+\frac{(2+a)(2-a)}{4}$$

$$\times\left\{\left(y-\frac{a}{2-a}z\right)^2+\frac{4(1-a)}{(2-a)^2}z^2\right\}$$

で，$(2+a)(2-a)>0$，$4(1-a)>0$ が条件となり，あとは同様．

索　引

◆英字◆

◆ア行◆

◆カ行◆

◆サ行◆

◆タ行◆

◆ナ行◆

◆ハ行◆

◆マ・ヤ行◆

◆ラ・ワ行◆

●著者紹介

江川博康

横浜市立大学文理学部数学科卒業.
1976年より予備校教師となる.
両国予備校を経て，現在は，中央ゼミナール，一橋学院で教えている.
ミスのない，確実な計算力をもとにした模範解答作りには定評がある.
数学全般に精通している実力派人気講師.
著書に
『合格ナビ！数学検定1級1次 解析・確率統計』
『合格ナビ！数学検定1級1次 線形代数』
『改訂版　大学1・2年生のためのすぐわかる数学』
『弱点克服 大学生の微積分』
『弱点克服 大学生の微分方程式』(以上，東京図書)
他がある.

弱点克服 大学生の線形代数　改訂版

2006年12月25日　第1版第1刷発行
2016年 6 月25日　改訂版第1刷発行
2021年10月25日　改訂版第4刷発行

Printed in Japan

著 者 江 川 博 康

発行所 東京図書株式会社

〒102-0072　東京都千代田区飯田橋3-11-19
振替 00140-4-13803　　電話 03(3288)9461
http://www.tokyo-tosho.co.jp

ISBN 978-4-489-02241-8